普通高等教育"十二五"规划教材

# 大 学 物 理

主　编　李　光　陈文钦
副主编　周诗文　虞学红
参　编　郭　惠　李　娜　袁　珍
　　　　魏要丽　庾名槐　张月芳

机械工业出版社

本书是为高等院校农林渔、生命科学和海洋科学等专业的"大学物理学"课程编写的教材。

全书内容包括液体的表面性质、流体力学、气体动理论、热力学基础、静电场、稳恒磁场、电磁感应、振动和波、光学、量子物理基础等共10章。本书对物理学基础理论进行了精简、凝练，适当增加了例题和习题，精选了一些与农林和生命科学紧密相关的内容，并简要介绍了一些物理学家和物理学史。

本书适合农林院校50学时左右的少学时"大学物理学"课程教学，对理工科和人文专业学生以及农林和生命科学工作者也有参考价值。

## 图书在版编目（CIP）数据

大学物理/李光，陈文钦主编. —北京：机械工业出版社，2013.7
（2022.7重印）
普通高等教育"十二五"规划教材
ISBN 978-7-111-42670-7

Ⅰ.①大… Ⅱ.①李… ②陈… Ⅲ.①物理学-高等学校-教材 Ⅳ.①O4

中国版本图书馆CIP数据核字（2013）第188003号

机械工业出版社（北京市百万庄大街22号　邮政编码100037）
策划编辑：李永联　责任编辑：李永联　任正一
版式设计：霍永明　封面设计：马精明
责任印制：单爱军
北京虎彩文化传播有限公司印刷
2022年7月第1版·第8次印刷
169mm×239mm·17.25印张·354千字
标准书号：ISBN 978-7-111-42670-7
定价：39.00元

电话服务　　　　　　　网络服务
客服电话：010-88361066　机 工 官 网：www.cmpbook.com
　　　　　010-88379833　机 工 官 博：weibo.com/cmp1952
　　　　　010-68326294　金 书 网：www.golden-book.com
封底无防伪标均为盗版　　机工教育服务网：www.cmpedu.com

# 前　　言

物理学是研究自然界中物质基本结构、作用规律和运动规律的科学，是人类认识自然、改造自然和推动社会进步的动力和源泉。物理学的概念、原理和定律具有普遍性，它渗透到自然科学的每个领域，成为包括生命科学在内的一切自然科学的基础，在培养学生的科学素质方面起着极为重要的作用，因此，物理学是高等院校学生重要的必修的公共基础课。

本书是为高等农、林、水院校各专业开设的大学物理公共基础课程所编写的教材，教学基本目标除了要求学生系统掌握物理现象和规律之外，更要重视掌握物理知识的科学应用，培养厚基础、宽专业、强能力、高素质的复合型人才。尤其是在学时少、内容多、学生基础弱的背景下，如何解决物理课学生难学、教师难教、学生厌学的问题。如何让学生系统地学习物理规律，掌握物理科学的应用，成为编写本书要着重考虑的问题。为了实现上述目标，本书编排了液体的表面性质、流体力学、气体动理论、热力学基础、静电场、稳恒磁场、电磁感应、振动和波、光学和量子物理基础等共10章内容，基本包括了大学物理教学所要求的知识点，强调了学生必备的基本概念和基本理论，推导了重要的定理和公式，并适量介绍了物理学在现代科技中的应用。本书内容的编排有利于培养学生的物理思想和科学素质，让学生比较系统地掌握物理学的基本知识，为后继课程的学习打好基础，同时激发学生的学习兴趣，培养学生的创新精神和创新能力。编写过程遵循了文字精练、深浅适中、通俗易懂、可读性强、篇幅适量等原则。

本书的编写人员全部都是一线的大学物理教师，他们根据教育部高等学校大学物理课程教学基本要求，汲取了国内外同类教材的优点，总结了自己多年在农林及生命科学类各专业物理课程教学和教材改革的实践经验，准确把握教学的热点、重点和难点，对教材内容的编写、例题安排、习题采编做到更加合理到位。参加编写的教师有：郭惠（第1章）、李娜（第2章）、陈文钦（第3章及附录）、李光（第4章）、袁珍（第5章）、周诗文（第6章）、魏要丽（第7章）、虞学红（第8章）、庾名槐（第9章）、张月芳（第10章）。陈文钦、虞学红、周诗文对各章内容进行了修改补充，李光审核定稿。

本书的编写参考了许多相关教材和文献，在此，对这些教材和文献的作者表示衷心的感谢。

由于我们的水平有限，在编写过程中难免有不足和缺点，敬请读者批评指正。

编　者

# 目　　录

前言
## 第1章　液体的表面性质 ················································································ 1
　1.1　液体的表面张力 ···················································································· 1
　1.2　弯曲液面下的附加压强 ·········································································· 6
　1.3　固体表面润湿与毛细现象 ····································································· 10
　1.4　弯曲液面上方的饱和蒸气压 ································································· 14
　习题 ············································································································· 15
## 第2章　流体力学 ·························································································· 18
　2.1　理想流体的流动 ··················································································· 19
　2.2　黏滞液体的运动规律 ············································································ 27
　习题 ············································································································· 36
## 第3章　气体动理论 ······················································································ 38
　3.1　平衡态　状态方程 ················································································ 38
　3.2　理想气体的压强和温度 ········································································ 41
　3.3　能量按自由度均分定理　理想气体的内能 ··········································· 45
　3.4　气体分子速率分布规律 ········································································ 48
　习题 ············································································································· 52
## 第4章　热力学基础 ······················································································ 54
　4.1　热力学第一定律 ··················································································· 54
　4.2　热力学第一定律在典型理想等值过程中的应用 ··································· 59
　4.3　热力学第二定律 ··················································································· 65
　4.4　熵 ········································································································· 71
　习题 ············································································································· 77
## 第5章　静电场 ······························································································ 82
　5.1　电场　电场强度 ··················································································· 83
　5.2　静电场中的高斯定理 ············································································ 92
　5.3　静电场的环路定理　电势 ···································································· 97
　5.4　静电场中的电介质 ·············································································· 105
　5.5　静电场中的能量 ················································································· 110
　习题 ··········································································································· 116
## 第6章　稳恒磁场 ························································································ 119
　6.1　稳恒电流的磁场 ················································································· 119
　6.2　稳恒磁场的基本特性 ·········································································· 127

  6.3 磁场对运动电荷的作用 ·················· 133
  6.4 磁场与物质的相互作用 ······················ 143
  习题 ····························································· 149

## 第7章 电磁感应 155
  7.1 电磁感应定律 ········································ 155
  7.2 动生电动势和感生电动势 ·················· 159
  7.3 自感、互感和磁场中的能量 ·············· 162
  7.4 麦克斯韦方程组 ·································· 166
  习题 ····························································· 167

## 第8章 振动和波 170
  8.1 机械振动 ················································ 170
  8.2 机械波 ···················································· 184
  8.3 电磁振荡和电磁波 ······························ 192
  8.4 多普勒效应 ············································ 195
  习题 ····························································· 197

## 第9章 光学 200
  9.1 光的干涉 ················································ 201
  9.2 光的衍射 ················································ 213
  9.3 光的偏振 ················································ 222
  习题 ····························································· 229

## 第10章 量子物理基础 232
  10.1 光的量子性 ·········································· 233
  10.2 波粒二象性 ·········································· 239
  10.3 不确定关系 ·········································· 242
  10.4 薛定谔方程 ·········································· 244
  习题 ····························································· 255

## 附录 256
  附录A 国际单位制（SI）····················· 256
  附录B 常用物理常数 ···························· 257
  附录C 希腊字母 ···································· 258
  附录D 矢量 ············································ 258
  附录E 数学公式 ···································· 260
  附录F 习题参考答案 ···························· 261

## 参考文献 270

# 第 1 章　液体的表面性质

从本章开始，我们将步入丰富多彩的物理世界，首先看看这样一组现象：雨水打在荷叶上很快就变成球形水珠滚落到地上；清晨的露水总是一个个晶莹剔透的水珠，它们的表面总是球形的，为什么不是方形的呢？水黾总能轻松地在水面上滑行而不掉入水中，如图 1-1 所示。要解释这些有趣的现象，就需要讨论液体在静止状态下的表面性质。

历史上对液体表面现象的研究是从力学开始的。早在 19 世纪初人们就提出了表面张力的概念。1805 年，托马斯·杨（T. Young）指出：系统中两个相接触的均匀流体，从力学的观点看，就像是被一张无限薄的弹性膜分开，界面张力则存在于这一弹性膜中。1806 年，拉普拉斯（P. S. Laplace）导出了弯曲液面两边附加压力与表面张力和曲率半径的关系，该公式可用于解释毛细现象。1859 年，开尔文（Kelvin）将表面扩展时伴随的热效应与表面张力随温度

图 1-1　水黾在水面上滑行

的变化联系起来，后来，他又导出蒸气压随表面曲率变化的方程，即著名的开尔文方程。随着测量技术的进步，表面现象的研究已经从宏观水平发展到微观水平的研究阶段，成为一门独立的学科。表面科学研究的内容涉及工农医科相关专业的很多领域，如能源科学、化肥、环保、催化技术、吸附过程及食品科学等。

本章内容提要
◆液体表面张力系数
◆球形液面下的附加压强
◆毛细现象
◆弯曲液面上方的饱和蒸气压

## 1.1　液体的表面张力

为了研究表面张力，我们先对液体表面作一个简单介绍。

### 1.1.1　液体表面的定义

通常，物质有三态，对应着三相：固、液、气相。在一个非均匀的体系中，至

少存在着两个性质不同的相。两相共存必然有界面，界面是相与相之间在交界处所形成的物理区域。

界面相是一个准三维区域，其广度无限，而厚度约为几个分子的线度。若其中一相为气体，这种界面称为表面。严格地说，表面应是液体或固体与其饱和蒸气之间的界面，但习惯上把液体或固体与空气的界面称为液体或固体的表面。常见的界面有：气-液表面，气-固表面，液-液界面，液-固界面，固-固界面。

### 1.1.2 液体表面张力的概念

水珠表面总是球形的，一些昆虫可以漂浮在水面，这些都是由于液体表面上存在表面张力的缘故，以下通过几个实验来认识表面张力的特点。

**1. 表面张力实验**

如图 1-2a 所示，先将一个含有一活动边框的金属线框架浸放在肥皂液中（活动边在下方），然后向上提起悬挂，这时，由于金属框上的肥皂膜的表面张力的作用，可滑动的边会被向上拉，直至顶部。

如果在活动边框上挂一重物，如图 1-2b 所示，使重物质量 $m_2$ 与边框质量 $m_1$ 所产生的重力 $G = (m_1 + m_2)g$ 与总的表面张力 $F$ 大小相等、方向相反，则金属丝不再滑动。

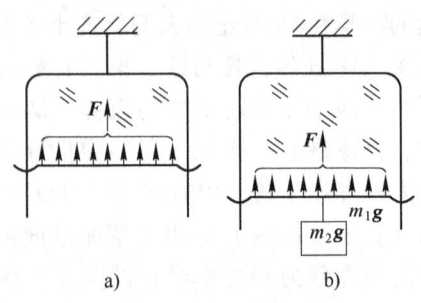

图 1-2 表面张力实验 1

再如图 1-3a 所示，将一个系有松软丝线的金属丝环放在肥皂液中，然后取出，用针刺破其中一边的液膜，这时由于剩下一边的肥皂膜的表面张力的作用，使丝线被张紧如图 1-3b 所示。如果在金属丝环中间系一线圈，如图 1-3c 所示，再浸入肥皂液中，然后取出，上面形成一液膜。由于以线圈为边界的两边表面张力大小相等方向相反，所以成任意形状的线圈可在液膜上移动；如果刺破线圈中央的液膜，线圈内侧张力消失，外侧表面张力立即将线圈绷成一个圆形，如图 1-3d所示。

通过以上两个实验说明：表面张力的作用是均匀分布的，力的方向与液面相切，使得液面都收缩至最小。我们把这种使液体表面具有收缩趋势的、存在于液体表面上的力称为**表面张力**（Surface tension）。

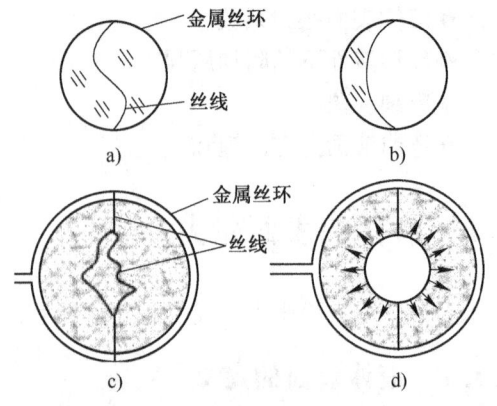

图 1-3 表面张力实验 2

**2. 表面张力的微观解释**

在液体中，虽然每个分子与最邻近分子之间的斥力和引力相互抵消，但其他分子对这个分子的作用却都表现为大小不等的引力作用。

图 1-4 揭示了液体中两个分子 $\alpha$ 和 $\beta$ 受周围分子引力作用的情形。分子 $\alpha$ 处于液体内部，受到邻近分子的引力必定是球对称的，合力等于零。处于表面层中的分子 $\beta$ 只受到液面处或液面下邻近分子的作用，合力不等于零。所以，处于表面层中的液体分子都受到垂直于液面并指向液体内部的引力的作用。把分子从液体内部移到表面层，需克服分子间引力做功；外力做功使分子势能增加，即表面层内分子的势能比液体内部分子的势能大，表面层为高势能区；各个分子势能增量的总和称为**表面自由能**（Surface energy），简称表面能，用 $G$ 表示，单位是 J。

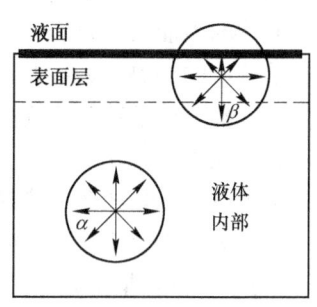

图 1-4 表面张力的微观解释

对于任何系统，其能量越小越稳定。对于一个液体系统，在稳定状态下应该具有最低的表面能，这就要求表面层中应包含尽可能少的分子，从而也就要求液体系统应具有最小的表面积。因此，表面层内的分子有尽量挤入液体内部的趋势，即液面有收缩的趋势，液体的表面张力就是这种趋势在宏观上的表现。表面张力是宏观力，与液面相切。

## 1.1.3 液体表面张力系数

以上实验让我们从本质上对表面张力有了定性的认识。事实上，表面张力概念的建立要比表面自由能早一个世纪，现在我们从这两个角度定量地对表面张力下定义。

（1）**从力的角度给出表面张力系数的定义** 可以想象，在液面上画一条直线段（见图 1-5），线段两侧液面均有收缩的趋势，即有表面张力作用，该力与液面相切，与线段垂直，指向各自的一方，分别用 $F_s$ 和 $F_s'$ 表示，这恰为一对相互作用力，由于线段上各点均有表面张力作用，所以线段越长，合力越大。设线段长为 $l$，则有

$$F_s = \gamma l \tag{1-1}$$

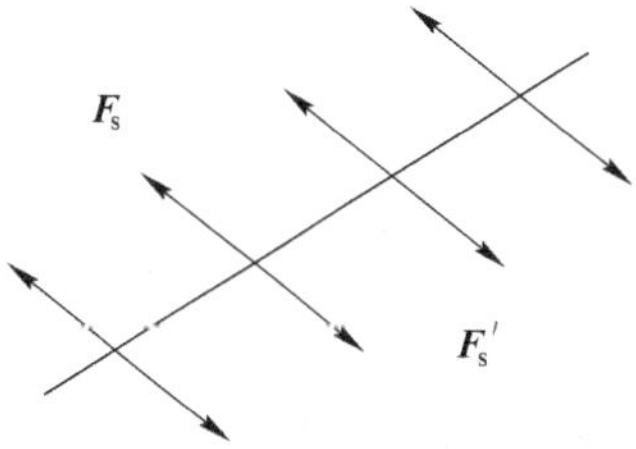

或

图 1-5 液体表面假想线段处表面张力

$$\gamma = \frac{F_s}{l} \tag{1-2}$$

式中，比例系数 $\gamma$ 称为表面张力系数，表示表面张力在两相（特别是气-液）界面

上,方向垂直于表面的边界,指向液体方向,并与表面相切,它是作用于单位边界线上的力,单位是牛顿每米(N/m)。通常,液体的表面张力直接用表面张力系数来表示。

液体的表面张力是表面紧缩力,它使液体表面积有自动缩小的趋势。若要扩展液体的表面,即要把液体内的一部分分子移到表面上来,则必须克服液体内侧对其的拉力而做功,因此,液体自动收缩表面的趋势,也可以从能量的角度来解释。

(2) 从能量角度给出表面张力系数的定义 如图1-6所示,铁丝框上挂有液膜,将 AB 边无摩擦、匀速、等温地右移,在这个过程中,$F = F_s$。外力 $F$ 所做的功 $W = F\Delta x$,在 AB 边上加的表面张力为 $F_s = 2\gamma l$,则

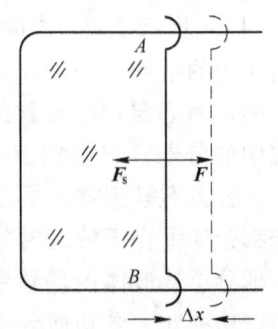

图1-6 表面张力系数的推导

$$W = 2\gamma l \Delta x = \gamma \Delta S$$

$\Delta S$ 是这一过程中液体表面积的增量,所以

$$\gamma = \frac{W}{\Delta S} \tag{1-3}$$

式(1-3)表示增加单位表面积时所需外力做的功。表面能的增加量 $\Delta G$ 应等于外力所做的功 $W$,即

$$\Delta G = W = \gamma \Delta S$$

或

$$\gamma = \frac{\Delta G}{\Delta S} \tag{1-4}$$

从式(1-4)看出,表面张力系数在数值上等于增加单位液体表面积时,表面能的增加。

式(1-4)的物理意义是:在恒温恒压条件下,增加单位表面积表面所引起的体系自由能的增量,也就是单位表面上的分子比相同数量的内部分子过剩的自由能,因此,叫比表面过剩自由能,常简称为"比表面能",单位是焦每平方米(J/m²)。因为1J = 1N·m,所以,一种物质的比表面能与表面张力数值上完全一样,量纲也一样,但物理意义有所不同,所用的单位也不同。式(1-3)为测定表面张力提供了一种重要方法——拉脱法,即只要测定外力所做的功及增加的表面积,就可以计算出液体的表面张力系数。

**例题1-1** 将1g水分散成半径为 $10^{-6}$m 的小水滴(视为球形),其表面积增加了多少倍?吸收了多少能量?(假设水滴呈球状,水的表面张力系数 $7.27 \times 10^{-2}$ N/m,在此过程中温度保持不变。)

**解**:质量为1g的大水滴的体积 $V$ 和表面积 $S$ 分别为

$$V = \frac{4}{3}\pi R^3 = \frac{1\text{g}}{1\text{g/cm}^3} = 1\text{cm}^3 = 1\times 10^{-6}\text{m}^3$$

$$S = 4\pi R^2 = 4\pi\left(\frac{3V}{4\pi}\right)^{2/3} = 4\pi\left(\frac{3\times 10^{-6}}{4\pi}\right)^{2/3}\text{m}^2 = 4.84\times 10^{-4}\text{m}^2$$

分散成小水滴后的总表面积 $S'$ 为

$$S' = \frac{1\times 10^{-6}\text{m}^3}{\frac{4}{3}\pi r^3}4\pi r^2 = \frac{3\times 10^{-6}\text{m}^2}{1\times 10^{-6}} = 3.0\text{m}^2$$

分散成小水滴后，总表面积与大水滴原表面积的比为

$$\frac{S'}{S} = \frac{3.0}{4.84}\times 10^4 = 6.2\times 10^3$$

此过程吸收能量为

$$\begin{aligned}\Delta E &= \gamma\times\Delta S \\ &= 7.27\times 10^{-2}\times(3 - 4.84\times 10^{-4})\text{J} \\ &= 2.18\times 10^{-1}\text{J}\end{aligned}$$

同样地，如果1g水外形是一个立方体时，其表面积为$6\text{cm}^2$，但把它喷洒成直径为10nm的小水滴时，它们表面积的总和将增大到约$1600\text{m}^2$，这相当于一个半篮球场的总面积，表面能急剧增加。

从结果可以看出，当系统表面积增大时，系统要吸收热量，同时表面能也增加。

综上所述，表面张力与表面能是描述液体表面状态的物理量。因此，知道了液体表面张力系数，就会知道两相界面处单位长度上的表面张力或增加单位面积所增加的表面能。下面讨论影响液体表面张力系数的因素。

### 1.1.4 影响表面张力系数的因素

表面张力是液体（包括固体）表面的一种强度性质，它受多种因素的影响。

(1) 物质性质　表面张力起源于净吸引力，而净吸引力又起因于范德华引力，因此，表面张力取决于物质分子间相互作用力的大小，即取决于物质本身的性质。例如，水的极性很大，分子间相互作用很强，常压下20℃时的表面张力高达$7.27\times 10^{-2}\text{N/m}$，而相同条件下非极性的正己烷的表面张力只有$1.84\times 10^{-2}\text{N/m}$。水银分子间存在金属键作用，具有强大的内聚力，室温下其表面张力（$48.5\times 10^{-2}\text{N/m}$）在所有液体中为最大。

(2) 温度　从实验中观察到，随着温度的上升，一般液体的表面张力都降低，表1-1给出了水的表面张力系数和温度的关系。这不难理解，因为温度升高时，分子间距离增大，吸引力减小。当温度升高至接近临界温度时，液-气界面消失，表面张力必趋向于零。故测定表面张力时，必须固定温度，否则会造成较大的测量误差。

表 1-1 水的表面张力系数和温度的关系

| 温度/℃ | 表面张力/×$10^{-2}$N/m |
| --- | --- |
| 10 | 7.42 |
| 20 | 7.27 |
| 30 | 7.12 |
| 50 | 6.79 |
| 80 | 6.26 |
| 100 | 5.89 |

(3) 杂质 与液体内所含杂质有关：在液体内加入杂质，液体的表面张力系数将显著改变，有的使其值增加；有的使其值减小。使表面张力系数减小的物质称为**表面活性物质**（surface activator）。

大家熟悉的蛋白质由氨基酸构成，其实质上是高分子表面活性剂。蛋白质是人体必需的营养物，多用做食品乳化剂，其种类亦多，如牛奶、卵蛋白、酪蛋白、大豆蛋白等，均具有乳化、起泡及胶体的保护作用，在食品工业中多作为食品乳化剂应用。

长期以来，我国的农药使用技术较为落后，普遍为小型手动施药器具，而国外大多使用大型机械或飞机喷撒，甚至使用全球定位系统，其农药利用率是我国的 2 倍多。国内科研技术人员一直在为改进我国农药剂型的使用技术而不懈努力，同时也在研究药液表面张力与靶标植物的表面张力之间的关系，科学利用表面活性剂，提高农药在疏水植物上的利用率，从而有效减少农药用量。

(4) 与相邻物质性质有关 同一液体与不同物质交界，表面张力系数值并不相同。通常所说的某种液体的表面张力是指该液体与含有本身蒸气的空气相接触时的测量值。两个液相之间的界面张力是两液体已相互饱和（尽管互溶度可能很小）时，它们的表面张力系数之差。

## 1.2 弯曲液面下的附加压强

在实践中我们观察到下列现象：从一小管吹出一个肥皂泡，当停止吹气并让另一端连接大气时，肥皂泡将自动缩小，这表明气泡内外存在压力差。将一根细管插入液体，若液面呈凹形，液体在管内将上升一段距离；反之，若液面呈凸形，液体将在管内下降，这表明弯曲液面两侧也存在压力差，而且此压力差与弯曲液面的形状有关。本节讨论这种压力差与液面形状及液体表面张力的关系。

### 1.2.1 一般液面下的附加压强

由于表面张力的作用，在弯曲表面内外两侧存在压力差，或者说表面层处的液体分子总是受到一种附加的收缩压力，该附加压力总是指向液面的曲率中心。定义 $p_s$ 为由附加压力引起的液体表面内侧与外侧的压强之差，$p_0$ 为外界大气压，则

（1）水平液面 如图 1-7 所示，在表面层中取一小薄层液片，忽略重力，分析其受力情况，则水平液面的附加压强为零，即

$$p_s = p_{内} - p_{外} = p_1 - p_0 = 0$$

图 1-7 水平液面小薄层液片受力

（2）凸液面 如图 1-8 所示，分析小薄层液片的受力情况。表面张力的合力沿法线方向指向凸液面曲率中心，则凸液面的附加压强大于零，即

$$p_s = p_{内} - p_{外} = p_2 - p_0 > 0$$

（3）凹液面 如图 1-9 所示，分析小薄层液片的受力情况。表面张力的合力沿法线方向指向凹液面曲率中心，则凹液面的附加压强小于零，即

$$p_s = p_{内} - p_{外} = p_3 - p_0 < 0$$

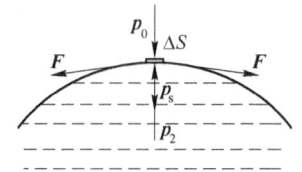
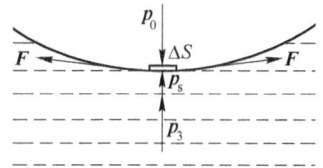

图 1-8 凸液面小薄层液片受力　　　　图 1-9 凹液面小薄层液片受力

## 1.2.2 球形液面下的附加压强

图 1-10 所示为一个半径为 R 的球形液珠，设液珠内外的压强分别为 $p_{内}$ 和 $p_{外}$，在恒温条件下使液珠体积增加 $dV$，则液珠表面积增加 $dS$。在此过程中为克服表面张力，环境消耗的体积功等于液珠表面自由能的增加，即

$$(p_{内} - p_{外}) dV = dW \tag{1-5}$$

因为是球面，所以由球面积公式 $S = 4\pi R^2$ 得 $dS = 8\pi R dR$，由球体积公式 $V = 4\pi R^3/3$ 得 $dV = 4\pi R^2 dR$，将式（1-4）代入式（1-5），得

$$p_s = p_{内} - p_{外} = \frac{2\gamma}{R} \tag{1-6}$$

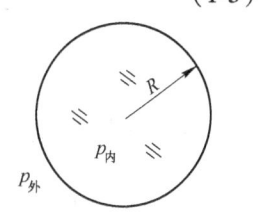

图 1-10 球状液滴的内外压差

式（1-6）表明：①球形弯曲液面的附加压强 $p_s$ 与表面张力系数成正比，与液面的曲率半径 $R$ 成反比。即 $\gamma$ 越大，$R$ 越小，$p_s$ 越大，反之，$\gamma$ 越小，$R$ 越大，则 $p_s$ 越小；②$p_s$ 与液面的形状有关，平液面 $R \to \infty$，$p_s = 0$。凸形液面 $R > 0$，$p_s > 0$；凹形液面 $R < 0$，$p_s < 0$；③液面下附加压强 $p_s = \pm 2\gamma/R$，其中，"+"对应凸液面，

"-"对应凹液面。

一般地，我们分析图 1-11 所示的球形液面的一部分，设其面积为 $\Delta S$，其周界是半径为 $r$ 的圆周。周界以外的液面作用于所取液面 $\Delta S$ 的表面张力，处处与该周界垂直并与球面相切。如果 d$F$ 是周界以外的液面通过周界线元 d$l$ 作用于液面 $\Delta S$ 的表面张力，那么其大小可以表示为

$$\mathrm{d}F = \gamma \mathrm{d}l$$

如图 1-11 所示，其竖直分量 d$F_\perp$ 和水平分量 d$F_{//}$ 分别为

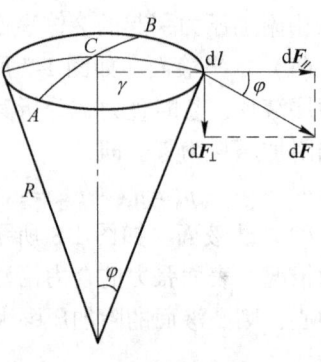

图 1-11 球形液面一部分

$$\mathrm{d}F_\perp = \mathrm{d}F\sin\varphi = \gamma\mathrm{d}l\sin\varphi$$
$$\mathrm{d}F_{//} = \mathrm{d}F\cos\varphi = \gamma\mathrm{d}l\cos\varphi$$

由于水平分量相互抵消，竖直分量各处相同，所以整个周界作用于液面 $\Delta S$ 的表面张力为

$$F = F_\perp = \oint \mathrm{d}F_\perp = \oint \gamma \mathrm{d}l\sin\varphi = 2\pi r\gamma\sin\varphi$$

如图 1-11 中所示，

$$\sin\varphi = \frac{r}{R}$$

得

$$F = \frac{2\pi r^2 \gamma}{R}$$

凸形球状液面下的液体附加压强为

$$p_s = \frac{F_\perp}{\pi r^2} = \frac{2\gamma}{R}$$

**例题 1-2**  如图 1-12 所示，求球形液膜内、外的压强差。

**解：**由于球形液膜很薄，则内外膜半径近似相等，设 $A$，$B$，$C$ 三点压强分别为 $p_A$，$p_B$，$p_C$，

由弯曲液面的附加压强公式得

$$p_B = p_A + \frac{2\gamma}{R} \quad p_B = p_C - \frac{2\gamma}{R}$$

$$p_A + \frac{2\gamma}{R} = p_C - \frac{2\gamma}{R}$$

$$p_C - p_A = \frac{4\gamma}{R}$$

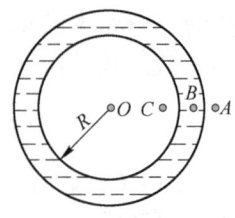

图 1-12 例题 1-2 图

膜内压强大于膜外压强，并与半径成反比。

**例题 1-3** 动物肺泡的活动

肺泡紧贴于胸腔壁,肺泡壁上分布着许多毛细血管,呼吸时新鲜空气进入肺泡,其中的氧气进入血液中,而血液中的二氧化碳则排至肺泡,再由气管排出体外,因此,肺泡是气体交换的场所。成人大约有 3~4 亿个肺泡,紧贴于封闭的胸腔壁,肺泡大小不一,可近似看做球形,其半径约为 0.05mm,肺泡内壁上附着一层黏性组织液,与肺泡内气体形成分界面,这层组织液的表面张力系数约为 0.05N/m。

肺泡内壁上的组织液层产生的附加压强为

$$p_s = \frac{2\gamma}{R} = \frac{2 \times 0.05}{0.05 \times 10^{-3}}\text{Pa} = 2 \times 10^3 \text{Pa}$$

肺泡内气体的压强 $p$ 等于胸腔内压强 $p_i$ 与肺泡内壁组织液层的附加压强 $p_s$ 之和,即

$$p = p_i + p_s$$

一般在正常呼吸时,$p = -0.4\text{kPa}$,则胸腔内压强应为

$$p_i = p - p_s = (-0.4 - 2.0)\text{kPa} = -2.4\text{kPa}$$

但正常呼吸时,胸腔内负压实际上只有 $-0.7 \sim -1.3\text{kPa}$。

肺泡如何能维持正常呼吸呢?原来,肺泡内壁的组织液层上覆盖着一层表面活性物质——磷脂类物质,使组织液层的表面张力系数降低为原来的 1/7~1/15,则肺泡内壁上的组织液层产生的附加压强变为

$$p_s = \frac{2\gamma}{R} = \frac{2 \times 0.05 \times 1/15}{0.05 \times 10^{-3}}\text{Pa} = 0.13 \times 10^3 \text{Pa}$$

这样就能使肺泡在上述负压下进行正常呼吸。

由于大小气泡是连通的,按照式 (1-6),如果肺泡内壁组织液层的表面张力系数不变,小气泡附加压强大,而大气泡附加压强小,小气泡萎缩,大气泡则胀破,但实际上这种现象并没有发生。大小不同的所有肺泡能够维持正常呼吸的原因在于:肺泡内壁存在表面活性物质,这种活性物质能够调节大小肺泡的表面张力系数,使大小气泡的压强稳定,使小气泡不致萎缩,大气泡不致过分膨胀,从而维持大小不同的所有肺泡进行正常呼吸。

肺泡表面张力系数的调节过程为:肺泡内壁上表面活性物质的量是不变的,吸气时,肺泡扩张,表面积增大,表面活性物质的浓度相对减少,而使表面张力系数和附加压强相应增大,对肺泡的扩大起抑制作用。呼气时,肺泡收缩,表面积缩小,表面活性物质浓度相对增大,而使表面张力系数和附加压强相应变小,对肺泡的收缩起抑制作用。

## 1.2.3 任意弯曲液面下附加压强和拉普拉斯公式

任意非球形液面就是一个曲面,我们通常用相应的两个曲率半径来描述曲面,

如图 1-13 所示,在曲面 ABCD 上过 B 点作垂直于表面的直线 OO',再通过此线作一平面,此平面与曲面的截线为曲线 AB,在 O 点与曲线相重合的圆半径 $R_1$ 称为该曲线的曲率半径。通过表面垂线 OO'并垂直于第一个平面 AOB 再作第二个平面并与曲面相交,可得到第二条截线 BC 和它的曲率半径 $R_2$,用 $R_1$ 与 $R_2$ 即可表示出该液体表面的弯曲情况。

如图 1-13 所示,在液面平衡时使其扩张无限小量,即 $x \to x+dx$,$y \to y+dy$,$z \to z+dz$,则扩大表面积所需之功为 $p_s xydz$,表面能的增加为 $\gamma d(xy)$,两者应相等,即

$$p_s xydz = \gamma d(xy) = \gamma(xdy + ydx)$$

由三角形 AOB 和三角形 A'OB'的相似性可得

$$\frac{x+dx}{R_1+dz} = \frac{x}{R_1}$$

即有 $dx = xdz/R_1$。

同理可得,$dy = ydz/R_2$。于是:

$$p_s xydz = \gamma(xydz/R_1 + xydz/R_2),\text{简化即得}$$

$$p_s = \gamma\left(\frac{1}{R_1} + \frac{1}{R_2}\right) \tag{1-7}$$

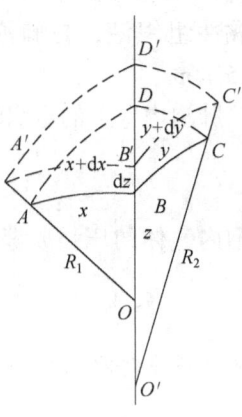

图 1-13 非球形曲面

式(1-7)即为著名的**拉普拉斯公式**(Laplace formula),它表示出了弯曲液面两侧的压力差与表面张力、曲率半径的关系。显然,当 $R_1 = R_2$ 时,曲面即为球面,上式还原为式(1-6),所以,球形液面下的附加压强公式是拉普拉斯公式的特例。

拉普拉斯(P. S. Laplace),法国数学家、天文学家,法国科学院院士,天体力学的主要奠基人、天体演化学的创立者之一,分析概率论的创始人,因此可以说他是应用数学的先驱。1749年3月23日生于法国西北部卡尔瓦多斯的博蒙昂诺日,曾任巴黎军事学院数学教授。1799年他担任过法国经度局局长,并在拿破仑政府中任过6个星期的内政部长。1816年被选为法兰西学院院士,1817年任该院院长。1827年3月5日卒于巴黎。拉普拉斯在研究天体问题的过程中,创造和发展了许多数学的方法,以他的名字命名的拉普拉斯变换、拉普拉斯定理和拉普拉斯方程,在科学技术的各个领域有着广泛的应用。他发表的天文学、数学和物理学的论文有270多篇,专著合计有4000多页,其中最具代表性的专著有《天体力学》、《宇宙体系论》和《概率分析理论》(1812年发表)。

## 1.3 固体表面润湿与毛细现象

在实践中我们观察到一滴水在干净的玻璃上会铺开,使玻璃表面变湿,而一滴汞在玻璃表面则呈球状,不能铺开。前面提到的将同一根细管插入不同液体,液面形状也不同,液面可能呈凹形,也可能呈凸形。这就是自然界的一种普遍现象——润湿。

## 1.3.1 固体表面润湿

固体表面**润湿**(wetting)通常是指表面上一种液体或气体被另一种液体或气体取代的情况。我们这里分为润湿和不润湿加以讨论。

(1) 接触角 把液体滴在平滑的固体表面，表面上便形成一液滴，当液滴处于平衡状态时，在固、液、气三相的交界处，自"液-固"界面，经液体内部，到达"气-液"界面的夹角叫做**接触角**(contact angle)，用 $\theta$ 表示，如图 1-14 所示。通常把 $\theta=90°$ 作为润湿与否的界限，当 $\theta>90°$ 时，叫做不润湿，如汞在玻璃表面；当 $\theta<90°$ 时，叫做润湿，如水在洁净的玻璃表面。$\theta$ 角愈小，润湿性能愈好，当 $\theta=0°$ 时，液体在固体表面上铺展平，固体被完全润湿。当 $\theta=180°$ 时，液体完全不润湿固体。因此，称 $\theta<90°$ 的固体为亲液固体，$\theta>90°$ 的固体为憎液固体。若把干净的玻璃板浸入水中，取出时将看到玻璃表面全沾上了水，$\theta \to 0°$；而石蜡浸入水中却不沾水，$\theta \to 180°$。接触角的大小可以用实验测量，也可以用公式计算。

(2) 润湿现象的微观解释 润湿与不润湿现象是由于分子力不对称而引起的。在固体与液体接触处，厚度等于液体或固体分子有效作用半径（以大者为准）的一层液体称为附着层，即图 1-14 中虚线与固-液界面之间的部分。在附着层内分子既受液体分子引力（内聚力）作用也受固体分子引力（附着力）作用。

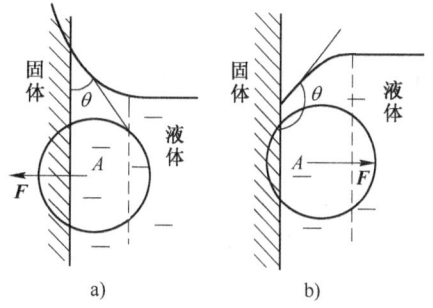

图 1-14 固液气三相界面
a) 润湿界面 b) 不润湿界面

1) 当 $F_{附}>F_{内}$ 时，A 分子所受合力 $F$ 垂直于附着层指向固体，液体内部分子势能大于附着层中分子势能，液体内的分子尽量挤进附着层，使附着层扩展，这就导致了液体与固体接触处的液面沿固体表面延展，即向上弯曲，如图 1-14a 所示，宏观上表现为液体润湿固体。

2) 当 $F_{附}<F_{内}$ 时，A 分子所受合力 $F$ 垂直于附着层指向液体内部，液体内部分子势能小于附着层中分子势能，附着层中分子尽量挤进液体内部，使附着层收缩，这就导致了液体与固体接触处的液面沿固体表面收缩，即向下弯曲，如图 1-14b 所示，宏观上表现为液体不润湿固体。

## 1.3.2 毛细现象

**1. 毛细现象原理**

将一根管径很小的管子插入液体中，润湿管壁的液体在细管里升高，不润湿管壁的液体在细管里下降的现象，称为**毛细现象**(capillarity)。能够发生毛细现象的管子称为**毛细管**（capillary）。

运用拉普拉斯公式可以很方便地解释毛细现象。如图 1-15a 所示，将毛细管插入液体，当液体润湿管壁时，管内液面为凹形，接触角 $\theta < 90°$。由拉普拉斯公式得 $p_s < 0$，即毛细管内液面上的压力小于平面上的压力。在此在 $p_s$ 的作用下，液面上升至某一高度 $h$，使液柱的静压与此 $p_s$ 相平衡。若忽略弯月面部分液体的重量，则有

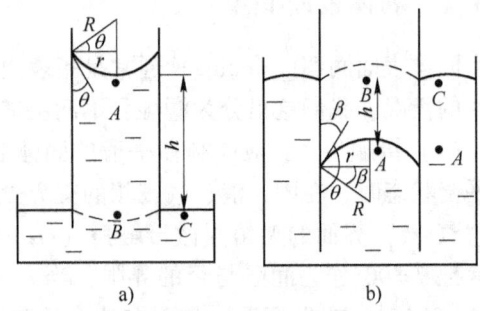

图 1-15 毛细上升和下降
a) 毛细上升 b) 毛细下降

$$p_s = \rho g h \tag{1-8}$$

式中，$\rho$ 为液体的密度；$g$ 为重力加速度。

代入拉普拉斯公式 (1-7) 后有

$$\frac{2\gamma}{R} = \rho g h \tag{1-9}$$

式中，$R$ 为液面的曲率半径，其与毛细管半径的关系为 $r = R\cos\theta$。

代入式 (1-9) 得

$$h = \frac{2\gamma\cos\theta}{\rho g r} \tag{1-10}$$

在完全润湿的情况下，即 $\theta = 0°$ 时，有

$$h = \frac{2\gamma}{\rho g r} \tag{1-11a}$$

即只有当弯月面为半球形时，式 (1-11a) 才成立。同理，当液体不能润湿管壁时，接触角大于 90°，管内液面为凸形，于是 $p_s > 0$，管内液面上的压力大于平面上的压力，迫使液面下降，下降深度亦服从式 (1-10)，此时 $\cos\theta < 0$，$h$ 为负值，表示液面下降。

式 (1-11a) 亦可写成

$$\gamma = \frac{\rho g r}{2} h \tag{1-11b}$$

即表面张力系数与毛细管内液体上升高度成正比。这为表面张力系数的测定提供了一个经典方法。

**2. 我们身边的毛细现象**

在水文学中，毛细现象常被用来解释土壤对水的吸引力。在土壤中，水分会由较潮湿处移动到干燥处，即是由毛细现象引起的。某些材质的运动衣料，会透过毛细现象吸汗。纸巾透过毛细现象吸收液体，其充满细孔的材质使得液体能够被纸巾吸收。海绵有非常多的细小孔洞（相当于毛细管），这使得海绵能够吸收大量的液

体。蜡烛芯将蜡引到火附近。毛细现象也是眼泪能够自眼睛不断流出的必要因素。化学家常利用毛细现象来进行薄板层析（薄板色谱分析）。

**例题 1-4** 气体栓塞现象

当液体在毛细管中流动时，如果管中出现气泡，液体的流动会受阻，如果气泡产生得多了，就会堵住毛细管，使液滴不能流动。这种现象称为气体栓塞现象。

如图 1-16 所示的实验装置，假设活塞下气柱的压强为大气压 $p_0$，当活塞不施加压力时，由式（1-10）得

$$h = \frac{2\gamma\cos\theta}{\rho g r}$$

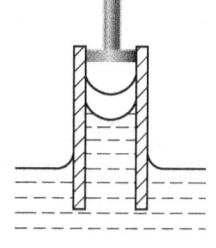

图 1-16  例题 1-4 图

然后对活塞施加逐渐增大的压强，人们发现：当施加的压强很小时，液面并不降低，但液面的曲率半径变小了，只有当压强增加到一定程度时液面才下降。这是由于液体具有黏滞性，当给活塞施加一较小压强时，只是凹形液面的曲率半径变小，使附加压强增大，但液面下压强仍然能够保持不变，即液面不下降。这种现象对生物毛细管中液体的流动有影响。

根据上面分析，由图 1-17 说明毛细管栓塞的原因。图 1-17a 表示在毛细管内有一液滴，液滴左右两端是对称的弯曲液面；如逐渐增大 $B$ 端的压强，刚开始时液滴并不移动，只是 $B$ 端液面的曲率半径减小，如图 1-17b 所示；只有当压强增量超过一定的限度 $p + \Delta p$ 时，液滴才开始移动。图 1-17c 表示毛细管中有 $n$ 个液滴，根据上述讨论，如果最左边弯液面处压强为 $p$，要使第二个液滴移动，第二个气泡中的压强必须大于 $p + 2\Delta p$，如果要使这 $n$ 个液滴移动，则最右端必须施以大于 $p + n\Delta p$ 的压强。因此，即使在毛细管两端的压强差达到几个大气压，液体也不能在管内流动，从而产生栓塞。

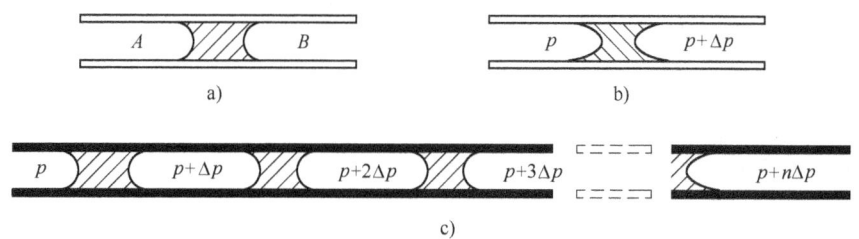

图 1-17  液体在毛细管中流动

人体和动物体内的微血管，植物体内的导管都是很细的毛细管。在温度升高时，植物体内的水分也会析出气体，形成气泡堵塞毛细管，使部分枝叶的水分或营养缺乏而枯萎。当环境气压突然降低时，人体血管中溶解的气体因为溶解度下降而析出形成气泡，如潜水员从深海迅速上升到水面时容易造成血栓而致命。

**例题 1-5** 植物水分的输运

植物体内的主要输水管道木质部导管是一个典型的毛细管系统，它由许多丧失

了原生质的死细胞构成，直径约为 0.04～0.05mm。在室温条件下，水的表面张力系数约为 $\gamma = 7.27 \times 10^{-2}$ N/m，取毛细管的半径 $r = 0.02$mm，假设水完全润湿毛细管壁，得

$$h = \frac{2\gamma\cos\theta}{\rho g r} = \frac{2 \times 7.27 \times 10^{-2}}{10^3 \times 9.8 \times 2 \times 10^{-5}}\text{m} = 0.74\text{m}$$

这个结论似乎说明对于低矮的植物靠毛细现象就可以满足水分向上输运的需要。

与上述毛细管模型不同，植物导管的上端实际上并不是敞开的，导管中从上到下均充满了水分，而且毛细现象无法满足稍高的植物的输水需要，更不要说参天大树了。实践证明，植物水分输运还有渗透作用和负压作用之说，这里不详述，读者有兴趣可以查阅相关资料。

## 1.4 弯曲液面上方的饱和蒸气压

一定温度下的液体具有一定的饱和蒸气压，既然弯曲液面上的压力不同于平液面上的，那么弯曲液面上的蒸气压是否也不同于平面上的呢？

考察一半径为 $r$ 的小液珠，并和平液面对比（图 1-18），平液面 a) 两侧压力皆为 $p$，但液珠内侧的压力不等于 $p$，设其为 $p'$。由拉普拉斯公式，有：

$$p' = p + p_s = p + \frac{2\gamma}{r}$$

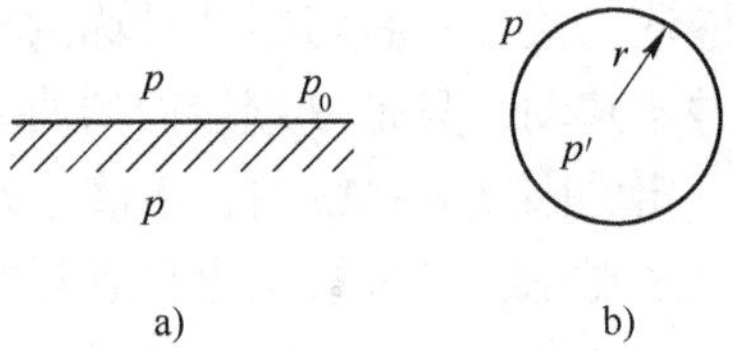

考虑在恒温下把 1mol 液体自水平液面转变成半径为 $r$ 的液珠，则该过程的表面自由能变化为

图 1-18 平面和弯曲界面液体
a) 平液面 b) 液珠

$$\Delta G = (p' - p)V = p_s V = \frac{M}{\rho}\frac{2\gamma}{r} \tag{1-12}$$

式中 $V$，$M$ 和 $\rho$ 分别为液体的摩尔体积，相对分子质量以及密度。设液珠和平面液体的饱和蒸气压分别为 $p_r$ 和 $p_0$，气/液平衡时，可证得

$$\Delta G = RT\ln\left(\frac{p_r}{p_0}\right) \tag{1-13}$$

结合式(1-12)和式(1-13)得

$$\ln\frac{p_r}{p_0} = \frac{2\gamma M}{RT r \rho} \tag{1-14}$$

式 (1-14) 即为著名的**开尔文方程**（Kelvin formula）。它表示：①液滴半径越小，与之相平衡的蒸气压就越大；②当 $r \to \infty$ 时，即平面液体，$p_r = p_0$；③凹面（$r$ 为负值）上的平衡蒸气压小于 $p_0$。

表 1-2 列出了 20℃时不同半径小水滴的饱和蒸气压与平液面水的饱和蒸气压的

比值。可见当水滴半径很小时，此比值很大。这一结果在实际过程中有重要的应用价值。

我们先来看看人工降雨是怎样实现的。大气中的水蒸气在开始凝结成水时，需要比平液面高得多的蒸气压以使水蒸气过饱和，如果撒入凝结核心（如 AgI 小晶粒）使凝结水滴的初始曲率半径增大，则其对应的蒸气压小于空气中水蒸气已有的蒸气压，于是水蒸气迅速凝结成水滴，形成人工降雨。

喷雾干燥过程正好与此相反，在喷雾中将液体喷成小液滴，因小液滴蒸气压高，使得液体不易凝结成水滴，从而易于干燥。

在液体蒸馏过程中刚开始形成的极小气泡，由于小气泡半径 $r$ 为负值，泡内饱和蒸气压极低，远小于外压，致使气泡难以形成，导致液体成为过热液体。而过热液体易发生爆沸，这是导致实验室和工厂出事故的原因。若加入沸石或插入毛细管，因沸石多孔，已有较大的气泡存在，泡内压力不至于很小，因而可防止过热爆沸现象。此外，Kelvin 方程还可应用于晶体的溶解度，并表明小晶体具有较大的溶解度，从而能说明溶液的过饱和液体的过冷现象等。

在毛细凝聚现象中，如果毛细管越细，则与液体成平衡的饱和蒸汽压就越小，所以在蒸汽压小于正常饱和蒸汽压时就会发生毛细管凝聚现象。土壤、纤维织物以及大多数植物叶面都含很多的毛细管孔隙，由于水分在毛细管中润湿呈凹液面，故对平面液体尚未达到饱和的蒸汽压，在毛细管中可能开始凝结，因此，土壤中的毛细管结构具有保持水份的作用。这也解释了为什么大多数植物叶面在早晨呈现露珠。

表 1-2  水滴半径与相对蒸气压的关系

| 水滴半径/cm | $10^{-4}$ | $10^{-5}$ | $10^{-6}$ | $10^{-7}$ |
|---|---|---|---|---|
| $p_r/p_0$ | 1.001 | 1.011 | 1.111 | 2.95 |

## 习 题

1-1 同一体系，比表面自由能和表面张力都用 $\gamma$ 表示，它们（    ）。
(A) 物理意义相同，数值相同  (B) 量纲和单位完全相同
(C) 物理意义相同，单位不同  (D) 物理意义不同，单位不同

1-2 通常称为表面活性剂的物质是指将其加入液体中后（    ）。
(A) 能降低液体的表面张力  (B) 能增大液体的表面张力
(C) 能显著增大液体的表面张力  (D) 能显著降低液体的表面张力

1-3 一个玻璃毛细管分别插入 25℃ 和 75℃ 的水中，则毛细管中的水在两不同温度水中上升的高度（    ）。
(A) 相同  (B) 无法确定
(C) 25℃ 水中高于 75℃ 水中  (D) 75℃ 水中高于 25℃ 水中

1-4 在液面上，某一小面积 $S$ 周围表面对 $S$ 有表面张力，下列叙述不正确的是（    ）。
(A) 表面张力与液面垂直

(B) 表面张力与 $S$ 的周边垂直
(C) 表面张力沿周边与表面相切
(D) 表面张力的合力在凸液面指向液体内部（曲面球心），在凹液面指向液体外部

1-5 对处于平衡状态的液体，下列叙述不正确的是（　　）。
(A) 凸液面内部分子所受压力大于外部压力
(B) 凹液面内部分子所受压力小于外部压力
(C) 水平液面内部分子所受压力大于外部压力
(D) 水平液面内部分子所受压力等于外部压力

1-6 对于指定的液体，恒温条件下，（　　）。
(A) 液滴的半径越小，它的蒸气压越大　　(B) 液滴的半径越小，它的蒸气压越小
(C) 液滴的半径与蒸气压无关　　(D) 蒸气压与液滴的半径成正比

1-7 习题1-7图所示的毛细管中装有部分液体，当在右端加热时，液体移动的方向是（　　）。

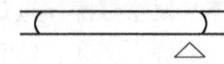

习题1-7 图

(A) 左移　　(B) 右移
(C) 不动　　(D) 不一定

1-8 下列叙述不正确的是（　　）。
(A) 比表面自由能的物理意义是，在定温定压下，可逆地增加单位表面积引起系统吉布斯自由能的增量
(B) 表面张力系数的物理意义是，在相表面的切面上，垂直作用于表面上任意单位长度贡献的表面紧缩力
(C) 比表面自由能与表面张力系数量纲相同，单位不同
(D) 比表面自由能单位为 $J/m^2$，表面张力系数单位为 $N/m$ 时，两者数值不同

1-9 已知20℃时水/空气的界面张力为 $7.27 \times 10^{-2} N/m$，当在20℃和100kPa下可逆地增加水的表面积 $4cm^2$，则系统的表面能 $\Delta G$ 为（　　）。
(A) $2.91 \times 10^{-5} J$　　(B) $2.91 \times 10^{-1} J$
(C) $-2.91 \times 10^{-5} J$　　(D) $-2.91 \times 10^{-1} J$

1-10 为什么喷洒农药时要在农药中加表面活性剂？

1-11 为什么在玻璃管中水呈凹形液面，而水银则呈凸形？

1-12 如习题1-12 图所示，用三通活塞，在玻璃管的两端吹两个大小不等的肥皂泡，当将两个肥皂泡相通时，两个泡的大小有何变化？

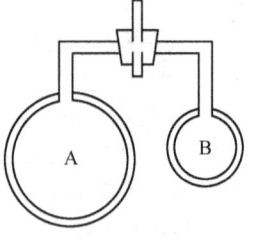

1-13 通过学习，你知道几种测定表面张力的方法？

1-14 如果毛细管的实际高 $h_0$ 比液体上升的高度 $h$ 小，液体能否自动从管子中流出来形成"毛细永动机"？

1-15 影响表面力的因素有哪些？

习题1-12 图

1-16 人工降雨的原理是什么？

1-17 水在疏松土壤的毛细管中的饱和蒸气压为 $p$，平面状态水的饱和蒸气压为 $p_0$，根据疏松土壤比板结土壤防干旱的事实，可以断定 $p$ 与 $p_0$ 哪个大？

1-18 把大小不等的液滴封在一个玻璃罩内，经过相当长时间后，将会发生什么现象？

1-19 20℃时，把半径为 1.0mm 的水滴分散成半径为 1.0μm 的小液滴，问（已知20℃时水

的表面自由能为 $0.072\text{J}/\text{m}^2$）（1）表面积是原来的多少倍？（2）表面自由能增加多少？（3）完成该变化时环境至少需要做多少功？

1-20  在20℃和101.325kPa压力下，将直径为 $1.0\mu\text{m}$ 的毛细管插入水中，需在管内加多大压力才能防止水上升？若不加压力，水面将上升，当达到平衡时管内液面上升多高？（已知293K时水的表面张力 $\gamma = 72\times 10^{-3}\text{N}/\text{m}$，水密度为 $\rho = 1.0\times 10^3\text{kg}/\text{m}^3$，设接触角为0°，重力加速度为 $9.8\text{m}/\text{s}^2$）

1-21  在水下深度为30cm处有一直径 $d = 0.02\text{mm}$ 的空气泡。设水面压强为大气压，$p_0 = 1.013\times 10^5\text{Pa}$，水的密度为 $\rho = 1.0\times 10^3\text{kg}/\text{m}^3$，水的表面张力系数 $\gamma = 7.27\times 10^{-2}\text{N}/\text{m}$。求空气泡内压强。

1-22  习题1-22图中表示土壤中的悬着水，其上、下两液面都与大气接触。已知上、下两液面的曲率半径分别为 $R_A$ 和 $R_B$，且 $R_A < R_B$，水的表面张力系数为 $\gamma$，密度为 $\rho$。求悬着水的高度 $h$。

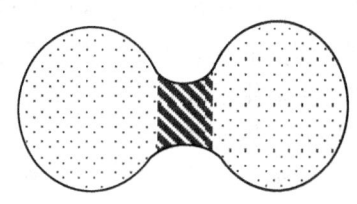

习题1-22 图

1-23  植物的根毛上有一层很薄的水膜套，根毛的尖端表面可视为半径为 $R_1$ 的半球形，而根毛的其他部分可视为半径为 $R_2$ 的圆柱形。求根毛尖端及其他部分的水膜所产生的附加压强。已知 $R_1 = R_2 = 5\times 10^{-6}\text{m}$，土壤溶液的表面张力系数 $\gamma = 70\times 10^{-3}\text{N}/\text{m}$。

1-24  有一株高 $H = 40\text{m}$ 的树，其木质部导管（树液传输管）可视为均匀的圆管，其半径 $r = 3.0\times 10^{-4}\text{mm}$，设树液的表面张力系数 $\gamma = 50\times 10^{-3}\text{N}/\text{m}$，接触角 $\theta = 45°$。问树根部的最小压强应为多少时，方能使树液升到树的顶端？（树液的密度 $\rho = 1.0\times 10^3\text{kg}/\text{m}^3$）

1-25  汞对玻璃表面完全不润湿，若将直径为0.1mm的玻璃毛细管插入大量汞中，试求管内汞面的相对位置。已知汞的密度 $\rho = 1.36\times 10^4\text{kg}/\text{m}^3$，表面张力系数 $\gamma = 520\times 10^{-3}\text{N}/\text{m}$，重力加速度 $g = 9.8\text{m}/\text{s}^2$。

# 第 2 章　流 体 力 学

我们生活在一个流体的世界里，鹰击长空，鱼翔浅底；汽车飞奔，乒乓极旋，许许多多的现象都与流体力学有关。生活中的很多事物都在经意或不经意中巧妙地掌握和运用了流体力学的原理，让其行动变得更灵活快捷。本章我们将踏入流体力学精彩世界的大门。

流体力学是在人类同自然界作斗争和在生产实践中逐步发展起来的。古时中国有大禹治水疏通江河的传说；秦朝李冰父子带领劳动人民修建的都江堰，至今还在发挥着作用；大约与此同时，古罗马人建成了大规模的供水管道系统等等。公元前 250 年，希腊数学家及力学家阿基米德（Archimedes）发表的"论浮体"的论文是第一篇有明确记载的最早的流体力学著作。16 世纪意大利的达·芬奇（L. da Vinci）是文艺复兴时期出类拔萃的美术家、科学家兼工程师，他倡导用实验方法了解水流性态，并通过实验描绘和讨论了许多水力现象，如自由射流、旋涡形成原理等等；18~19 世纪，流体力学得到了较大的发展，成为独立的一门学科；1891 年，兰彻斯特（F. W.）提出速度环量产生升力的概念，这为建立升力理论创造了条件，他也是第一个提出有限翼展机翼理论的人。进入 20 世纪以后，流体力学的理论与实验研究除了在已经开始的各个领域继续开展以外，在发展航空航天事业方面取得了迅猛的发展，20 世纪中叶以后，流体力学的研究内容，有了明显的转变，除了一些较难较复杂的问题，如紊流、流动稳定性与过渡、涡流动力学和非定常流等继续研究外，更主要的是转向研究石油、化工、能源、环保等领域的流体力学问题，并与相关的邻近学科相互渗透，形成许多新分支或交叉学科。本章主要介绍理想流体的定常运动规律及应用，黏性流体的定常运动规律与应用。

本章内容提要
◆理想流体、定常流动的概念
◆连续性方程、伯努利方程及其应用
◆黏滞流体、层流与湍流、雷诺数的概念

◆泊肃叶公式、斯托克斯公式及其应用

## 2.1 理想流体的流动

### 2.1.1 流体力学基本概念

流体是气体和液体的统称，是由大量的、不断地作热运动而且无固定平衡位置的分子构成的体系。流体的基本特征是具有流动性、没有一定的形状，也就是说流体在一个微小的剪切力作用下，就能够连续不断地发生变形，即发生流动，只有外力停止作用后，变形才能停止。为了描述流体的运动规律，我们首先引入以下基本概念。

**1. 流迹**

流体流动时某质元在空间所描绘的曲线称为它的**流迹**（flow mark）。它是同一流体质元运动规律的几何表示。与质点力学中质点的轨迹的含义是相同的，因此，流迹上各点沿时间增加方向的切线表示该质元各时刻运动的方向。

$$v = v(x, y, z, t)$$

**2. 流线**

**流线**（stream line）是某一时刻在流场中画出的一条空间曲线，在该时刻，曲线上的所有质点的速度矢量均与这条曲线相切。在运动液体的整个空间，可绘出一系列的流线，称为流线簇，如图2-1所示。

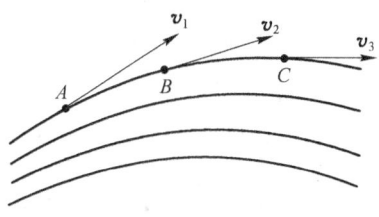

图2-1 稳定流动的流速场与流线

流线与电场线、磁场线类似，是一种假想的曲线，流线簇的疏密程度反映了该时刻流场中各点速度的变化。因为流线上每一点都有唯一值，所以流线不能相交，不能折转，只能是一条光滑曲线。一般而言，流体中各点的速度是随时间变化的，因而流线的形状将随时间变化。

**3. 流管**

在过水断面上任意取一微小面积 dA，通过该面积上的周界的每一个点，均可作一根流线，这样就构成一个封闭的管状曲面，称为**流管**（stream tube），如图2-2b所示。由于流线不会相交，因此流管内、外的流体都不会穿越管壁，流管仿佛就是一条实际的水管，其周界可以视为固体器壁一样。将流体分成若干个流管后，只要知道了每一个流管中流体的运动规律，就知道了整个流体的运动规律。

**4. 定常流动**

流体内各空间的流速通常随时间而变化。在特殊情况下，尽管各空间点的流速不一定相同，但任意空间点的流速不随时间而改变，这种流动称为**定常流动**（steady flow），可以表示为

$$v = v(x, y, z)$$

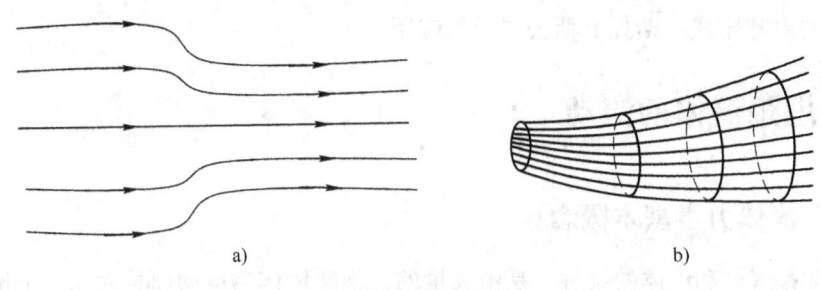

图 2-2 流线和流管
a) 流线 b) 流管

  定常流动时的流线和流管均保持固定的形状和位置，这时，流管像是固定的"管子"，而流体在这些由流线所围成的管道中运动。对于定常流动，流体在固定的流管中运动，而流管无限变细即成为流线，流线就是流体质元的运动轨迹，换句话说，定常流动的流线与流迹重合。

  在所考察的范围内，如果流动随时间变化不明显，就认为流动是不随时间变化的，例如，流速不大的管道中水的流动，流速不大且不涨不落的河水的运动，在一段不太长的时间内都可以看成是定常流动。与之相反的情况称为**非定常流动**（unsteady flow）。本节主要讨论不可压缩流体，即液体和低速流动的气体的定常流动问题。

**5. 理想流体**

  流体的密度或容积随压力或温度变化而变化的性质称为流体的压缩性。流体都有一定的可压缩性，通常可不考虑液体的可压缩性，而气体的可压缩性很明显。例如，水的压力从 1 个大气压增加到 100 个大气压时，容积仅缩小 0.5%，温度从 20℃ 变化到 100℃，容积仅降低 4%。因此，通常把液体近似为不可压缩流体。但在某些问题中，例如水中爆炸、击水或研究水声的传播等问题中，则必须考虑液体的压缩性。气体的压缩性比液体大得多，在通常情况下气体作为可压缩流体处理。譬如用不太大的力推动活塞即可使气缸中的气体明显压缩；又如地球表面的大气密度随高度的增加而减小，但在一定条件下，我们常常又可以把流动的气体看做是不可压缩的，因为气体密度小，即使压力差不大，流速不很高，也能够迅速驱使密度较大处的气体流向密度较小的地方，使密度区域均匀。如果气流速度接近或超过声速，引起气体运动所造成的各处的密度差别来不及消失，使得气体表现出明显的压缩性，此时的流体不能再看做是不可压缩的。在一定问题中，若不考虑流体的压缩性，便可将它抽象为不可压缩流体的理想模型，反之，则需要看做是可压缩流体。

  流体流动时，将表现出或多或少的黏性，它是由流体运动时，层与层之间存在的阻碍相对运动的内摩擦力引起的。两块固体沿接触面滑动时，它们之间有阻碍相对滑动的摩擦力。类似地，当两层流体之间有相对运动时，其间也会产生阻碍相对运动的力，运动快的流层对运动慢的流层施加拉力，运动慢的流层对运动快的流层施加阻力，流体的这种抵抗相对运动的属性称为流体的黏滞性。如河流中心的水流动较快，由于黏性，靠近岸边的水流却几乎不动。在某些问题中，若流体的流动性是主要的，黏性居于次要的地位，可认为流体完全没有黏性，这样的理想模型叫做**非黏性流体**；若黏性起着重要作用，则需看做黏性流体。

如果在流体运动的问题中，可压缩性和黏性都处于极为次要的地位，就可以把它看做**理想流体**（ideal fluid）。理想流体是一种理想化的模型，即**不可压缩的、没有黏滞性**的流体。

1) 不容易被压缩的液体，在不太精确的研究中可以认为是理想流体。研究气体时，如果气体的密度没有明显变化，也可以认为是理想流体。

2) 理想流体没有黏滞性，流体在流动中机械能不会转化为内能。

## 2.1.2 连续性方程

依据质量守恒定律，流体在连续流动中，质量既不能产生，也不能消失，反映这个定律的数学关系就是连续性方程式。

任取一段流管，参考图 2-3a，在 $\Delta t$ 时间间隔内，通过流管某横截面 $\Delta S$ 的流体体积 $\Delta V = l \Delta S$，$\Delta V$ 和 $\Delta t$ 之比当 $\Delta t \to 0$ 时的极限称为该横截面上的**流量**（flow rate），换句话说，流量就是单位时间内流过该横截面的流体的体积。如果流管很细，则形成流管的各条流线互相平行，且横截面上各点流速相等，取与这些流线垂直的横截面，用 $v$ 表示该横截面上的流速，用 $Q$ 表示流量，则

$$Q = \lim_{\Delta t \to 0} (\Delta V / \Delta t) = \mathrm{d}V/\mathrm{d}t = v \Delta S \tag{2-1}$$

在国际单位制中，流量的单位为 $m^3/s$。因体积单位常用升，$1L = 10^{-3} m^3$，故流量单位亦常用 L/s。

如图 2-3b 所示，在细流管中任意两点画垂直于流线的假想面元 $\Delta S_1$ 和 $\Delta S_2$，与它们之间的流管壁面共同围成封闭体积。根据流管的性质，流体不能通过流管面出入流管，只能顺流管通过 $\Delta S_1$ 进入封闭体积并通过 $\Delta S_2$ 排出。又因所讨论的流体不可压缩，封闭体积内密度恒定、质量恒定，根据质量守恒定律，进出流管的流量相同，即

$$v_1 \Delta S_1 = v_2 \Delta S_2 \tag{2-2}$$

选择 $\Delta S_1$ 和 $\Delta S_2$ 时未附加任何条件，故上式对任意两个与流线垂直的截面都是正确的，一般可以写为

$$v \Delta S = 常量 \tag{2-3}$$

对于不可压缩流体，通过流管各横截面的流量都相等，这叫做**不可压缩流体的连续性原理**，式 (2-2) 和式 (2-3) 叫做**不可压缩流体的连续性方程**。利用这一方程若已知流管上两横截面积，且知道一截面上的流速，即可求出另一截面上的流速。

由式 (2-3) 知，横截面较大处流速较小，横截面较小处流速较大；横截面较大处流线较疏，横截面较小流线较密。所以，流线的疏密反映流速的高低。不过，流线的上述特点对于可压缩流体并不一定正确。例如，超音速流动的气体就不能视为是不

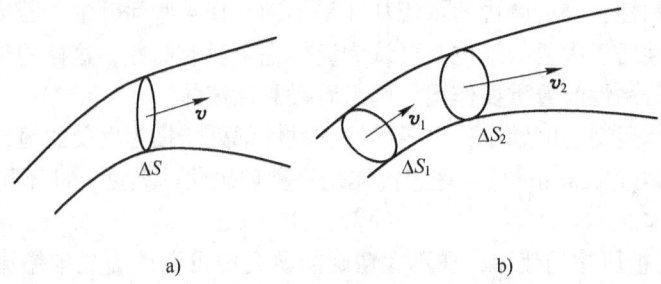

图 2-3 连续性方程
a) 流量的定义用图  b) 连续性方程用图

可压缩的。对超音速气流来说，流线较密处流速较小，而流线较疏处流速却较大。

**例题 2-1**  水以 3.0m/s 的速度从水龙头流下，向下运动的加速度为 $g$，水龙头口的横截面积为 $1.0\text{cm}^2$，在水龙头下 0.50m 处，水流的截面积为多少？

**解**：用 $v_0$ 代表水流的初始速度，$A_0$ 代表初始的横截面，水流自由下落 $h$ 后，速度为 $v_1 = \sqrt{v_0^2 + 2gh}$，若水流是稳定流动的，则满足不可压缩流体连续性方程 $\rho_0 A_0 v_0 = \rho_1 A_1 v_1$，水不可压缩，则 $\rho_0 = \rho_1$，所以，$A_1 = (v_0/v_1)A_0$，代入数据，可得

$$v_1 = \sqrt{3.0^2 + 2 \times 9.8 \times 0.50}\,\text{m/s} = 4.34\,\text{m/s}$$

$$A_1 = (3.0/4.34) \times 1.0\,\text{cm}^2 = 0.69\,\text{cm}^2$$

**例题 2-2**  河床的一部分为长度为 $b$、半径为 $a$ 的四分之一柱面，柱面的上沿深度为 $h$，求水作用于柱面的总压力的大小、方向和在柱面上的作用点。

**解**：取图 2-4 中所示 $\text{d}\theta$ 对应的柱面，其面积为 $ba\text{d}\theta$，所受压力的大小

$$\text{d}F = [p_0 + \rho g(h + a\sin\theta)]ba\text{d}\theta$$

方向如图 2-4 所示，取图示坐标系 $Oxy$，

$$\text{d}F_x = [p_0 + \rho g(h + a\sin\theta)]ba\text{d}\theta\cos\theta$$
$$\text{d}F_y = [p_0 + \rho g(h + a\sin\theta)]ba\text{d}\theta\sin\theta$$

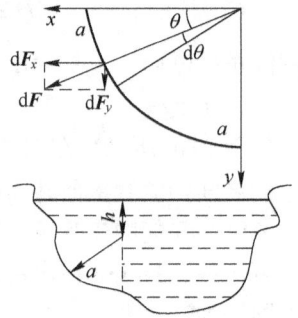

图 2-4  例题 2-2 图

$$F_x = ab\left[(p_0 + \rho gh)\int_0^{\pi/2}\cos\theta\text{d}\theta + \rho ga\int_0^{\pi/2}\sin\theta\text{d}(\sin\theta)\right]$$

$$= ab\left[(p_0 + \rho gh)\sin\theta\Big|_0^{\pi/2} + \frac{\rho ga\sin^2\theta}{2}\Big|_0^{\pi/2}\right]$$

$$= ab\left(p_0 + \rho gh + \frac{\rho ga}{2}\right)$$

$$F_y = ab\left[(p_0 + \rho gh)\int_0^{\pi/2}\sin\theta\text{d}\theta + \frac{\rho ga}{2}\int_0^{\pi/2}(1 - \cos2\theta)\text{d}\theta\right]$$

$$= ab\left[(p_0 + \rho gh)\cos\theta\Big|_{\pi/2}^{0} + \frac{\pi\rho ga}{4} - \frac{\rho ga\sin2\theta}{4}\Big|_0^{\pi/2}\right]$$

$$= ab\left(p_0 + \rho gh + \frac{\pi\rho ga}{4}\right)$$

(在上面积分中，运用了三角函数公式 $\sin^2\theta = (1 - \cos 2\theta)/2$)

总压力大小 $F = \sqrt{F_x^2 + F_y^2}$。

方向：总压力作用线过坐标原点，与柱面垂直，且与 $x$ 轴夹角

$$\alpha = \arctan\frac{F_y}{F_x} = \arctan\frac{p_0 + \rho gh + \frac{\pi}{4}\rho ga}{p_0 + \rho gh + \frac{1}{2}\rho ga}$$

总压力作用点：总压力作用线与柱面的交点。

## 2.1.3 伯努利方程

欧拉方程和伯努利方程的建立，是流体动力学作为一个分支学科建立的标志，从此开始了用微分方程和实验测量进行流体运动定量研究的阶段。基于能量守恒定律在流体力学中的应用，1738 年，伯努利（D. Bernoulli）首先提出了**伯努利方程**（Bernoulli equation）。

研究流体力学问题必须注意流体是处于静止还是在流动状态，因为在流动中的流体压强分布与静止流体中是迥然不同的。理想流体的伯努利方程反映了在惯性系中观察理想流体在重力场中作定常流动时，同一流线上的压强、流速和高度的关系，它是质点系功能原理在流体中的应用。

参考图 2-5，在作定常流动的理想流体内某一细流管中任取微团 $ab$ 自位置 1 运动到位置 2，因形状发生变化，在 1 处和 2 处的长度各为 $\Delta l_1$ 和 $\Delta l_2$，底面积分别为 $\Delta S_1$ 和 $\Delta S_2$。由于不可压缩，密度不变，微团 $ab$ 的质量 $m = \rho\Delta l_1\Delta S_1 = \rho\Delta l_2\Delta S_2$。另外，微团 $ab$ 的体积相对于流体流过的空间很小，微团范围内各点的压强和流速也可以认为是均匀的，分别用 $p_1$ 与 $p_2$ 和 $v_1$ 与 $v_2$ 表示。设微团始末位置距重力势能零点的高度各为 $h_1$ 和 $h_2$。

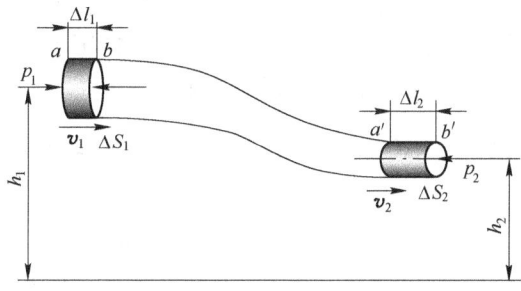

图 2-5 理想流体在细管中的运动

考虑到微团 $ab$ 本身的线度和它所经过的路径相比非常小，因而可将其视为质点，应用质点系功能原理，得

微团动能增量为
$$W_{\text{外}} + W_{\text{内非}} = (E_k + E_p) - (E_{k0} + E_{p0})$$

微团动能增量为
$$E_k - E_{k0} = \frac{1}{2}mv_2^2 - \frac{1}{2}mv_1^2 = \frac{1}{2}\rho\Delta l_2 \Delta S_2 v_2^2 - \frac{1}{2}\rho\Delta l_1 \Delta S_1 v_1^2$$

微团势能增量为
$$E_p - E_{p0} = mgh_2 - mgh_1 = \rho g \Delta l_2 \Delta S_2 h_2 - \rho g \Delta l_1 \Delta S_1 h_1$$

理想流体没有黏性，故不存在黏性力的功，只需考虑周围流体对微团压力所做的功。但压力总与所取截面垂直，因此，作用于柱侧面上的压力不做功，只有作用于微团前后两底面的压力做功，它包括两部分：作用于后底的压力由 $a$ 至 $a'$ 做的正功，及作用于前底面的压力由 $b$ 至 $b'$ 做的负功。值得注意的是，前底和后底都经过路程 $ab$。因为是定常流动，它们先后通过这段路程同一位置时的截面积相同，压强也相等，不同的只是一力做正功，另一力做负功，其和恰好为零。所以，只包括压力推后底由 $a$ 至 $b$ 做的正功及压力阻止前底面由 $a'$ 至 $b'$ 做的负功，即
$$W_{\text{外}} + W_{\text{内非}} = p_1 \Delta S_1 \Delta l_1 - p_2 \Delta S_2 \Delta l_2$$

代入功能原理，得
$$\frac{1}{2}\rho v_2^2 \Delta l_2 \Delta S_2 + \rho g h_2 \Delta l_2 \Delta S_2 - \frac{1}{2}\rho \Delta l_1 \Delta S_1 v_1^2 - \rho g h_1 \Delta l_1 \Delta S_1 = p_1 \Delta S_1 \Delta l_1 - p_2 \Delta S_2 \Delta l_2$$

因理想流体不可压缩，依连续性原理
$$\Delta l_2 \Delta S_2 = \Delta l_1 \Delta S_1 = \Delta V$$

代入前式，并用 $\Delta V$ 除等式两端
$$\frac{1}{2}\rho v_1^2 + \rho g h_1 + p_1 = \frac{1}{2}\rho v_2^2 + \rho g h_2 + p_2 \tag{2-4}$$

因为位置 1 和 2 是任意选定的，所以对同一细流管内各不同截面有
$$\frac{1}{2}\rho v^2 + \rho g h + p = 常量 \tag{2-5}$$

式 (2-4) 和式 (2-5) 称为伯努利方程。

伯努利方程反映了理想流体作定常流动时的动力学规律，它指的是同一细管内任一点的单位体积流体的动能、势能和压强之和是一恒定值，对不同的流管，这一恒值可能会不同，所以伯努利方程只能在同一流管中应用。

### 2.1.4 伯努利方程的应用

#### 应用 1 水翼艇

水翼艇是一种在艇体装有水翼的高速舰艇（见图 2-6）。在通常情况下，水翼艇能以 93km/h 的速度持续航行，最高航速可达 110km/h。水翼艇之所以能在水上飞行关键是速度快，而这全靠其特有的水翼。

水翼的上下表面水的流速不同，这就在水翼的表面造成了上下的压强差，于是在水翼上就产生了一个向上的举力。当水翼艇开足马力到达一定的速度时，水翼产

生的举力开始大于艇的重力，把艇托出水面，使艇与水面保持一定的距离，减小了艇在水中的航行阻力。

**应用 2　小孔流速**

如图 2-7 所示，水桶侧壁有一小孔，小孔的线度比水桶的线度小很多，桶内盛满了可视为理想流体的水。讨论在重力场中液体从小孔流出的速度。

图 2-6　水翼艇

如图 2-7 所示，在液体内作一条从 $A$ 至 $B$ 的细流管，$A$ 为液面的自由表面，$B$ 取在流出的液体流线呈平行处，因桶的横截面积比小孔大得多，根据连续性原理可知，$A$ 一端速度几乎为 0，水面到小孔的高度差为 $h$，此流线两端的压强皆为大气压 $p_0$，故由伯努利方程有

$$p_0 + \rho g h = p_0 + \frac{1}{2}\rho v^2$$

由此得小孔流速为 $v = \sqrt{2gh}$，这表示，液体质点从小孔中流出的速度与它从 $h$ 高处自由落下的速度相同。

图 2-8 所示为引出液体的虹吸管，它使液体由管道从较高液位的一端经过高出液面的管道自动流向较低液位的另一端。经过和小孔流速类似的分析，可知从虹吸管管口流出的液体速度为

$$v = \sqrt{2g(h_A - h_B)}$$

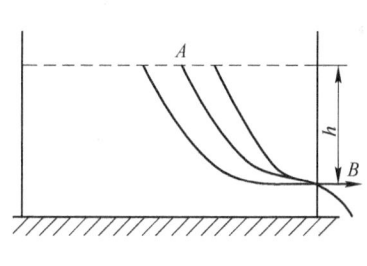

图 2-7　小孔流速

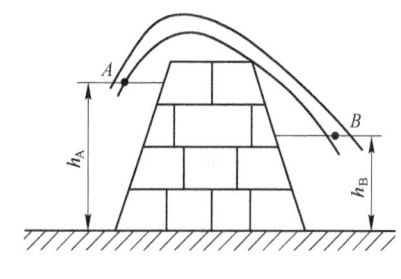

图 2-8　虹吸管

**应用 3　皮托管**

皮托（Pitot）管是一根弯成直角、两端开口的玻璃管，是测量流速用的一种比较古老的仪器。

图 2-9 表示利用皮托管测量水流速度时水在管中上升到一定高度 $h$ 时的情形。设 $A$，$B$ 为同一水平线上的两点，$A$ 点的流速为 $v_A$，该点在水面下的深度为 $d$，故该处的压强为 $p_A = \rho g d + p_0$，$B$ 点在管口之前，因水流被管口内的水挡住，水流绕着管口周围流去，故管口前的流速 $v_B = 0$，而管口处的压强 $p_B = \rho g(d + h) + p_0$。根

据伯努利方程有

$$p_A + \frac{1}{2}\rho v_A^2 = p_B$$

所以 $v_A = \sqrt{2(p_B - p_A)/\rho} = \sqrt{2gh}$

在实际应用时，上式需修正为

$$v_A = C\sqrt{2gh}$$

式中，$C$ 为皮托管的修正系数，由实验来测定。

**应用4　文特利流量计**

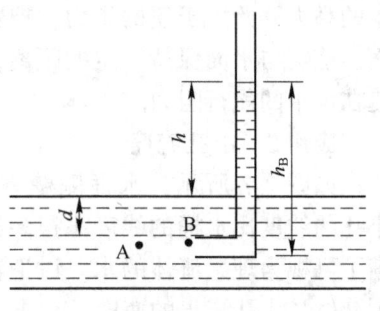

图2-9　皮托管

文特利管也用于管道中的流量测量。如图2-10所示，在变截面管的下方装有 U 形管，内装水银。测量水平管道内的流速时，可将流量计串联于管道中，根据水银表面的高度差，即可求出流量或流速，这就是文特利流量计的原理。

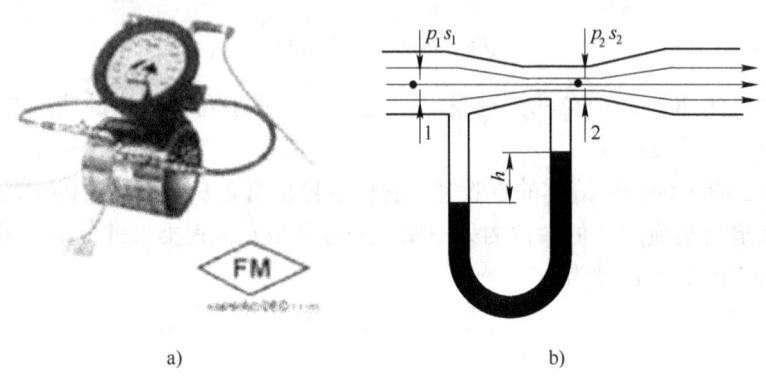

图2-10　文特利流量计
a) 实物图　b) 原理图

已知管道的大、小横截面分别为 $S_1$ 和 $S_2$，水银与液体的密度各为 $\rho_{汞}$ 与 $\rho$，水银面高度差为 $h$，求液体流量。设管中为理想流体，文特利管内理想流体在重力作用下作定常流动。

在管道中心轴线处取细流线，对流线上 1, 2 两点，有

$$\frac{1}{2}\rho v_1^2 + p_1 = \frac{1}{2}\rho v_2^2 + p_2$$

在 1 与 2 两处取与管道垂直的横截面 $S_1$ 和 $S_2$，根据连续性方程

$$v_1 S_1 = v_2 S_2$$

由于通过 $S_1$ 和 $S_2$ 截面的流线是平行的，横截面上压强随高度分布的规律与静止流体中相同，U 形管内显然为静止流体。因此，自 1 点经 U 形管到 2 点，可运用不可压缩静止流体的压强公式得出管道中心线上 1 处与 2 处的压强差为

$$p_1 - p_2 = (\rho_{汞} - \rho)gh$$

将以上三式联立，可解出流量

$$Q = v_1 S_1 = v_2 S_2 = \sqrt{\frac{2(\rho_{汞} - \rho)ghS_2^2 S_1^2}{\rho(S_1^2 - S_2^2)}}$$

等式右方除 $h$ 外均为常数。因此，可根据高度差求出流量。

**应用 5　台风**

台风从一栋坐北朝南、关门闭户的民房吹过，如果室内外压强差为 $0.02p_0$，

（1）风速为多少（空气密度为 $1.29\text{kg/m}^3$）？

（2）试解释为什么台风容易将屋顶掀翻。

**解**：（1）由根据伯努利方程，有

$$\frac{1}{2}\rho v^2 + p = p_0$$

依照题意，有

$$0.02 p_0 = \frac{1}{2}\rho v^2$$

则

$$v = \sqrt{\frac{2 \times 0.02 p_0}{\rho}} = \sqrt{\frac{2 \times 0.02 \times 1.01 \times 10^5}{1.29}}\text{m}\cdot\text{s}^{-1} = 56\text{m}\cdot\text{s}^{-1}$$

这样的风速属于超强台风。

（2）台风过处，室内外存在较大的压强差，与正常情况相比，屋顶受到室内外气压的净作用力是向上的，故易掀翻屋顶，也容易造成房屋倒塌。

## 2.2　黏滞液体的运动规律

上节讨论的流体动力学规律没有考虑流体的黏滞性。不考虑流体的黏滞性，在不少情况下可对现象做出令人满意的解释，但实际的流体在流动过程中总会受到黏滞性的影响，甚至有些现象从本质上是由于黏滞性引起的，这时就不得不考虑流体黏滞性的影响。例如，用管道长距离输送一些流体（水、石油、蒸汽等）时，必须考虑由于流体黏滞性引起的能量损耗，因此，要提供给流体足够的能量来克服流体在流动过程中产生的阻力。

黏滞性是流体抵抗剪切变形的一种属性，由流体的力学特点可知，静止流体不能承受剪切力，即在任何微小剪切力的持续作用下，流体要发生连续不断的变形。但不同的流体在相同的剪切力作用下其变形速度是不同的，它反映了流体抵抗剪切变形能力的差别，这种能力就是流体的黏滞性。

### 2.2.1　牛顿黏滞定律

黏滞性流体的特点是流体内各层以不同的速度流动，由于层与层之间存在着相对运动，层间会产生切向力。在流体中取一假想截面，截面两侧流体以不同速度运

动，则两侧流体间将相互作用有沿截面的切向力，较快层流体对较慢层流体施加向前的"拉力"，较慢层对较快层施加"阻力"。这一对相当于固体间的"动摩擦力"，因为它是流体内不同部分间的摩擦力，故称为**内摩擦力**，又称为**黏性力**（viscous force）。流体的这种性质称为**黏滞性**（viscosity）。

当流体流经固体表面时，由于靠近固体表面的一层流体附着在固体表面上不动，又因流层之间存在着黏滞力，层层牵制，使各层的流速不同。例如，河水的流动通常就是上述情况，近岸边的河水几乎不流动，而越近河心的流层的水流速度越大；又如，圆形管道内作层流时流体速度的分布也有类似的特点，靠近管轴处流速最大，在管壁处流速最小，如图 2-11 所示。

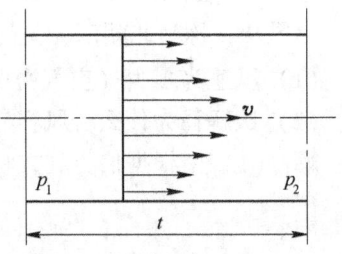

图 2-11  圆管内黏性流体层流的速度分布

实验告诉我们，当流体作层流时，流体内部相邻近的两个流层之间的黏滞力 $F$ 的大小正比于两层间接触面积 $\Delta S$，也正比于两层流速的差异程度，我们可引入速度梯度来描述两层流速的差异程度。图 2-12 所示为黏性流体内部某一点附近的流动情况，两部分以不同的速率 $v_1$ 和 $v_2$ 运动。建立直角坐标系 $Oxyz$，$y$ 轴与流速 $v_1$，$v_2$ 的方向垂直，且用 $\Delta y$ 表示以速率 $v_1$ 到 $v_2$ 运动的两层流体间的距离，用比值 $\Delta v/\Delta y = (v_2 - v_1)/$

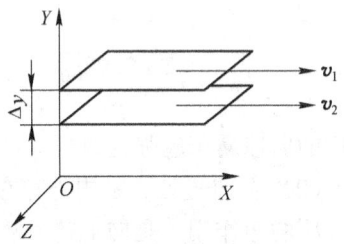

图 2-12  流速梯度示意图

$\Delta y$ 描述在 $y$ 至 $y + \Delta y$ 间流速相对空间的平均变化率。不过，它并不能精确地反映在 $y$ 点处流速对空间的变化率。于是取上式当 $\Delta y \to 0$ 的极限，得

$$\frac{\mathrm{d}v}{\mathrm{d}y} = \lim_{\Delta y \to 0} \frac{\Delta v}{\Delta y} \tag{2-6}$$

流速沿与速度垂直方向上的变化率 $\mathrm{d}v/\mathrm{d}y$ 称为速度梯度，它反映了速度随空间位置变化缓急的情况。

著名物理家、力学奠基人牛顿在此基础上归纳总结出**牛顿黏性定律**：

流体内面元两侧相互作用的黏性力 $F$ 与面元面积及速率梯度 $\mathrm{d}v/\mathrm{d}y$ 成正比，即

$$F = \eta \frac{\mathrm{d}v}{\mathrm{d}y} \Delta S \tag{2-7}$$

式中，比例系数 $\eta$ 称为**黏度**。在国际单位制中 $\eta$ 的单位为 $\mathrm{N \cdot s/m^2}$（牛顿·秒/米$^2$），即 $\mathrm{Pa \cdot s}$（帕·秒）；在厘米克秒单位制中的单位为 $\mathrm{g/(cm \cdot s)}$，即为 P（泊）。$1\mathrm{P} = 0.1\mathrm{Pa \cdot s}$。$\eta$ 决定于流体本身的性质，除与物质材料有关外，还和温度、压强有关。

流体黏度随压强和温度的变化而变化。在常压下,压强对流体的黏度影响很小,可忽略不计,但在高压下,流体的黏度随压强升高而增大。流体的黏度受温度的影响很大,液体黏度随温度升高而减小,但气体的黏度随温度升高而增大。造成液体和气体黏度随温度不同变化的原因是由于构成它们黏度的主要因素不同。分子间的吸引力是构成液体黏度的主要因素,温度升高,分子间的吸引力减小,液体的黏度降低;构成气体黏度的主要因素是气体分子作不规则热运动时,在不同速度分子层间所进行的动量交换。温度越高,气体分子热运动越强烈。动量交换就越频繁,气体的黏度也就越大。

一般来说,液体内黏性力小于固体间干摩擦力,故在机械上常用机油润滑,以减少磨损,延长使用寿命。气体黏性力更小,气垫船就是利用气体的这一特点。在技术上,根据不同需要,对黏度的要求也不同。例如在液压传动中,油黏度过高,将增大摩擦和功率的损失;黏度过低,则加重漏油现象,这两方面是相互矛盾的。此外,在液压传动中,还希望在使用范围内黏度不因温度变化而发生显著的改变,因此,油的型号的选择由具体情况而定。几种物质的黏度约略值见表 2-1。

表 2-1 几种物质的黏度约略值

| 物质 | 温度/℃ | $\eta$/Pa·s |
|---|---|---|
| 空气 | 0 | $1.7 \times 10^{-5}$ |
| | 20 | $1.8 \times 10^{-5}$ |
| 水蒸气 | 100 | $1.3 \times 10^{-5}$ |
| 乙醇 | 20 | $1.2 \times 10^{-3}$ |
| 血浆 | 37 | $1.3 \times 10^{-3}$ |
| 血液(因流速而不同) | 37 | $2.0 \times 10^{-3}$ |
| 甘油 | 20 | $0.83 \times 10^{-3}$ |
| 水 | 20 | $1.0 \times 10^{-3}$ |
| | 40 | $0.66 \times 10^{-3}$ |
| | 80 | $0.36 \times 10^{-3}$ |

测定黏度在许多方面有重大的意义。例如在输送流体(水、石油和天然气等)的管道设计中,轴承中润滑油的选择等必须考虑黏度的大小,而且由于黏度与分子结构有关,生物学和医学上常用来测定蛋白质的相对分子质量,还有人体中的不少病变(例如心肌梗塞、急性炎症等)导致血液黏度变化很大,因此,测定血液的黏度可为病因诊断提供有价值的信息。

值得指出的是,凡遵守式 (2-7) 的流体称牛顿流体,但有些层流的液体,层间的黏滞力并不与速度梯度成正比,不遵守式 (2-7) 这一关系的流体称为非牛顿流体。例如水和血浆都是牛顿液体,血液因含血细胞,严格说来不是牛顿液体,它的黏度 $\eta$ 不是常数,但是在正常生理条件下其值变化不大。

## 2.2.2 泊肃叶公式

在推导理想流体伯努利方程式（2-5）时，忽略了黏度 $\eta$ 的作用。根据这个方程，对于一个粗细均匀的水平管道中的流体作定常层流时，管道中等高点的压强应是相等的，但实际的流体都有黏滞作用，流体要维持流动，必须克服黏滞力做功。对于水平管道来说，管道内必须有一定的压强差才能推动黏滞流体作定常流动。图 2-13 说明了实际的黏滞液体在水平管道中作层流时，沿着液流方向，液体的压强确实是逐渐降低的。

在许多实际问题中，我们需要关注流体在管道中的流量。以下推导黏滞流体在水平圆形管道中作层流运动时的流量关系式，即泊肃叶公式。

如图 2-14 所示，设想在半径为 $R$ 的水平管道中隔离出一圆筒状薄层，其厚度为 $\mathrm{d}r$，半径为 $r$，现考虑这薄层中长度为 $l$ 的一段短圆筒状流体的流动情况。在流动中，内部流体作用在短圆筒内表面上的黏滞力为 $F_V = \eta S \mathrm{d}v/\mathrm{d}r$，其中 $S$ 是短圆筒的内侧面积 $S = 2\pi r l$，由此得

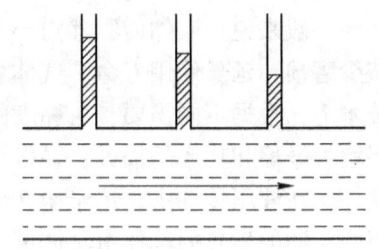

图 2-13 沿着液流方向，水平管道中的压强是逐渐降低的

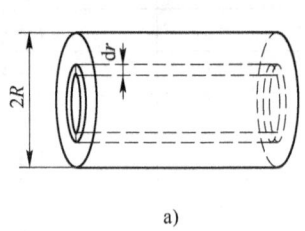
a)

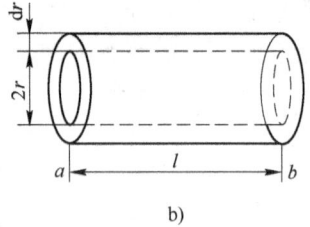
b)

图 2-14 水平圆形管道中流体热量公式的推导

$$F_V = 2\pi l \eta r \frac{\mathrm{d}v}{\mathrm{d}r} \quad (2\text{-}8)$$

外部的流体作用在短圆筒外表面上的黏滞力为 $F_V + \mathrm{d}F_V$。因此，作用在短圆筒上的黏滞合力为 $-(F_V + \mathrm{d}F_V) + F_V = -\mathrm{d}F_V$。此合力与流体流速方向相反，阻碍流层流动。由式(2-8)，得

$$-\mathrm{d}F_V = -2\pi l \eta \mathrm{d}\left(\frac{\mathrm{d}v}{\mathrm{d}r} r\right) \quad (2\text{-}9)$$

若流层要保持定常流动，必须有压力差 $(p_a - p_b)2\pi r\mathrm{d}r$ 与黏滞力合力相平衡，即

$$(p_a - p_b)2\pi r\mathrm{d}r = -2\pi l \eta \mathrm{d}\left(r \frac{\mathrm{d}v}{\mathrm{d}r}\right)$$

或写成

$$\mathrm{d}\left(r \frac{\mathrm{d}v}{\mathrm{d}r}\right) = -\frac{(p_a - p_b)}{2l\eta}\mathrm{d}r^2$$

积分可得

$$r\frac{dv}{dr} = -\frac{(p_a - p_b)}{2l\eta}r^2 + C_1$$

式中，$C_1$ 是待定常数，由具体物理条件决定。因为在管轴处流速有最大值，即在 $r=0$ 处，$dv/dr=0$，故得 $C_1=0$。于是，有

$$\frac{dv}{dr} = -\frac{(p_a - p_b)}{2\eta l}r \tag{2-10}$$

上式表明，速度梯度随 $r$ 线性变化，由于 $dv/dr<0$，故要求 $p_a<p_b$，再对式 (2-10) 积分，得

$$v = -\frac{(p_a - p_b)}{4l\eta}r^2 + C_2$$

利用 $r=R$ 处的速度值 $v=0$ 可确定 $C_2=(p_b-p_a)R^2/4\eta l$
将 $C_2$ 代入前式中，得

$$v = \frac{p_a - p_b}{4l\eta}(R^2 - r^2) = \frac{\Delta p}{4l\eta}(R^2 - r^2) \tag{2-11}$$

式中，$\Delta p = p_a - p_b$。

有了上述流体速度随 $r$ 的分布公式，就可以计算出流过短圆筒截面积 $2\pi r dr$ 的流量

$$dQ = 2\pi v r dr = \frac{\Delta p}{4\eta l}(R^2 - r^2)2\pi r dr$$

于是，通过整个管道横截面的流量为

$$Q = \frac{\pi \Delta p R^4}{8\eta l} \tag{2-12}$$

式 (2-12) 为**泊肃叶公式**（Poiseuilles equation）。式中，$l$ 表示管内被观测长度，$\Delta p$ 表示这段长度两端压强差，$R$ 表示管内半径。

泊肃叶公式是研究水平管内的流体作层流流动的一个重要方程，它是泊肃叶在 1840 年研究动物的毛细管内的血液流动时得到的，根据此式可知黏滞性流体在水平圆管内的流速分布曲线是一抛物线，通过该公式还可以计算流过圆管横截面的流量 $Q$。

在流速相等、高度相同的情况下，由伯努利方程，各截面上的压强相等，即在水平管内维持流动不需要压强差；而按泊肃叶公式，若无压强差，则流量等于零，即需要压强差维持水平管内的流动。究竟哪个结论正确？无疑泊肃叶公式更正确些，因为流体确有黏性，为保证流体的流动必须利用压力差来克服内摩擦力，这个例子反映了伯努利方程的局限性。由于考虑到黏性的影响，泊肃叶公式比伯努利方程前进了一步。

泊肃叶公式是研究流体黏滞性的重要公式。研究流体在细管内缓慢的流动常常可以看做是层流。例如血液在支血管和微血管中的流动就可以看做层流并可应用泊

肃叶公式。像心肌梗塞患者血液的黏性将增加，急性炎症和其他许多病症也会不同程度地引起血液黏性的变化。研究血液的黏性流动对于病理学和药学都是很有价值的。这一公式还提供了测定黏度的方法，已知细管的半径和长度，并测出这一长度上的压强和流量，即可算出黏度。泊肃叶公式（2-12）的成立条件之一是水平圆形管道，但是许多实际问题中，例如远距离输送石油、天然气的管道不可能完全是水平放置的，管道两端可能有一个高度差 $\Delta h$，这时泊肃叶公式可以修改为

$$Q = \frac{\pi R^4}{8\eta l}(\Delta p + \rho g \Delta h) \tag{2-13}$$

**例题 2-3** 奥氏黏度计

奥氏黏度计是奥斯瓦尔德（W. Ostwald）设计的。它是一根带有两个球泡的 U 形玻璃管，1 泡上、下方各有一刻痕 $a$ 和 $b$，其下方为一段毛细管。使用时，使体积相等的两种不同液体分别流过 1 泡下的同一毛细管，由于两种液体的黏度不同，因而流完的时间不同。

测定时，一般都是用水作为标准液体。先将水注入 2 泡内，然后吸入 1 泡中，并使水面达到刻痕 $a$ 以上。由于重力作用，水经毛细管流入 2 泡，当水面从刻痕 $a$ 降到刻痕 $b$ 时，记下其间经历的时间 $t_1$，然后在 2 泡内换以相同体积的待测液体，用相同的方法测出相应的时间 $t_2$，根据泊肃叶公式（2-12），作层流的流体在 $t_1$，$t_2$ 时间内流过一均匀细管的体积为

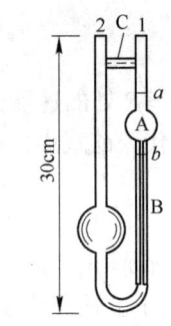

图 2-15　奥氏黏度计
A—球　B—毛细管
C—加固用的玻璃棒
$a$、$b$—环形测定线

$$V = Qt = \frac{\pi \Delta p_1 R^4 t_1}{8\eta_1 l} = \frac{\pi \Delta p_2 R^4 t_2}{8\eta_2 l}$$

即

$$\frac{\eta_2}{\eta_1} = \frac{\Delta p_2 t_2}{\Delta p_1 t_1}$$

式中，$\eta_1$，$\eta_2$，$\Delta p_1$，$\Delta p_2$ 分别表示水与待测液体的黏度和水与待测液体流过毛细管时的压强差。

因为液体受重力作用而流动，所以有 $\Delta p = \rho g h$，两次实验中液体高度差相同，$\Delta p_2 / \Delta p_1 = \rho_2 / \rho_1$，从而得到

$$\frac{\eta_2}{\eta_1} = \frac{\rho_2 t_2}{\rho_1 t_1} \tag{2-14}$$

式中，$\rho_1$，$\rho_2$ 分别代表水和待测液体的密度。查出室温下水的黏度及两者的密度后，根据式（2-14）即可算出待测液体的黏度。

奥氏黏度计制作容易，操作简便，具有较高的测量精度，特别适用于黏度小的液体，如水、汽油、酒精、血浆或血清等的研究。

**例题 2-4** 人的某根血管的内半径是 $4\times10^{-3}$m，流过这血管的血液流量是 $1\times10^{-6}$m³/s，血液的黏度是 $3.0\times10^{-3}$Pa·s。求：

（1）血液的平均流速；

（2）长 0.1m 的一段血管中的压强降落；

（3）在这段血管中维持血液这个流动所需要的功率。

**解：**

（1）平均流速为

$$\bar{v} = \frac{Q}{S} = \frac{Q}{\pi R^2} = \frac{10^{-6}}{3.14\ (4\times10^{-3})^2}\text{m/s} = 2.0\times10^{-2}\text{m/s}$$

（2）由式（2-12）可得压强差

$$\Delta p = \frac{8\eta l Q}{\pi R^4} = \frac{8\times3\times10^{-3}\times0.1\times10^{-6}}{3.14\ (4\times10^{-3})^4}\text{Pa} = 2.99\text{Pa}$$

（3）所需要的功率等于作用在这段血液的净力 $F = \Delta p S = \Delta p \pi R^2$ 乘以它的平均流速 $\bar{v}$。于是功率 $P$ 为

$$P = F\bar{v} = \Delta p \pi R^2 \bar{v} = \Delta p Q = 2.99\times10^{-6}\text{W}$$

由本例题可看出，黏度越大，压强差就越大，功率也就越大。有些疾病可使血液的黏度增加至正常值的数倍以上，心脏要做更多的功才能维持正常的循环；在输液的时候要注意保持正常的黏滞性是很重要的，给病人大量输入生理盐水将会降低血液的黏滞性，因此常常加入葡萄糖来保持正常的黏度。

### 2.2.3 层流和湍流

黏滞流体在流动过程中，根据它的黏滞性、流速大小等，存在着层流和湍流两种流动状态。英国物理学家雷诺在 1883 年发表的著作中，演示了这两种流动。如图 2-16 所示，在容器下方装水平玻璃管，管端装阀门控制水的流速，容器内另有细管，内装有色液体自开口 A 流出。实验时，先令容器内的水缓慢流动，这时，从细管中流出的有色液体呈一细线，表明有色液体随水流动。这种各层之间不相混杂的分层流动，称为**层流**（laminar flow）。如果开大阀门，使管内水的流速加快，有色液体流动的定常性便破坏了，流动具有混杂、紊乱的特征时，称为**湍流**（turbulent flow）。黏性较大的液体在直径较小的管道中慢慢流动，会出现层流，如

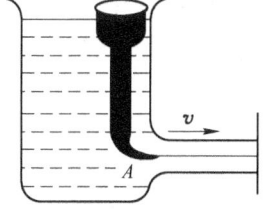 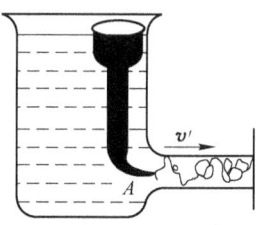

图 2-16 当流速增大时，层流转变为湍流

石油在管道中的缓慢流动。黏性较小的液体在直径较大的管道中快速流动，就往往形成湍流，例如自来水管中的水流或通风管道中的气流等。有人认为木星大红斑周围的流动亦可能为湍流。

根据大量的实验现象，雷诺发现，由层流过渡到湍流，不仅与速度 $v$ 有关，而且还与流体密度 $\rho$、黏度 $\eta$ 和物体的某一特征长度 $l$（例如管道直径、机翼宽度、处于流体中的球体半径等）有关。他综合以上各方面的因素，引入一个量纲为一的量 $Re = \rho v l / \eta$，对于圆形管道，引入

$$Re = \frac{\rho v d}{\eta} \tag{2-15}$$

来判别流体作何种流动，这个量称为**雷诺数**（Reynolds number）。研究表明，不论是何种流体，从层流向湍流的过渡以一定的雷诺数为标志，叫做临界雷诺数 $Re_{临}$，$Re < Re_{临}$ 时为层流，当 $Re > Re_{临}$ 时则变为湍流。例如在光滑的金属管道中，$Re_{临} = 2000 \sim 2300$，如通过光滑的同心环状缝隙，则 $Re_{临} = 1100$，在滑阀阀口，则 $Re_{临} = 260$。

自从非线性系统混沌现象的研究得到发展，许多学者认为湍流即为一种混沌行为。通常还把化学反应和光学等领域中出现的混沌称作化学湍流和光学湍流。

**例题 2-5** 水在内径 $d = 100\text{mm}$ 的金属管中流动，流速 $v = 0.5\text{m/s}$，水的密度 $\rho = 1.0 \times 10^3 \text{kg/m}^3$，黏度 $\eta = 1.0 \times 10^{-3} \text{Pa} \cdot \text{s}$。问水在管中呈何种流动状态？若管中的流体是油，流速不变，其密度 $\rho = 0.8 \times 10^3 \text{kg/m}^3$，黏度为 $\eta = 2.5 \times 10^{-2} \text{Pa} \cdot \text{s}$。问油在管中有何种流动状态？

**解**：水的雷诺数为

$$Re = \frac{\rho v d}{\eta} = \frac{1.0 \times 10^3 \times 0.5 \times 0.1}{1.0 \times 10^{-3}} = 5 \times 10^4 > 2000$$

所以水在管中呈湍流

油的雷诺数为

$$Re = \frac{\rho v d}{\eta} = \frac{0.8 \times 10^3 \times 0.5 \times 0.1}{2.5 \times 10^{-2}} = 1600 < 2000$$

所以油在管中呈层流。

由本例题可以看出，在相同条件下，黏滞性小的流体比黏滞大的流体更容易产生湍流。由同样的原因，由于空气的黏度比水的小得多（表 2-1），所以它的流动更容易处在湍流状态。微风吹过，树叶悉索飘动；点燃的香烟升起打旋的烟等，都是很好的例证。

### 2.2.4 斯托克斯公式

物体在黏滞流体中运动时会受到两种形式的阻力。一种是物体运动速度较小产生的，物体表面有一层"附面层"，该层靠近物体的微团相对于物体静止，靠该层

外侧的流体微团则有流体的速度。因此附面层内存在速度梯度和黏性力,表现为对物体的阻力。比较小的物体在黏性比较大的流体中缓慢地运动,即雷诺系数很小的情况下,该阻力是主要因素,叫**黏滞阻力**(黏性阻力)。另一种是物体运动速度较大时产生的,物体在流体中运动时,由于内摩擦力的作用造成运动状态的变化(例如形成漩涡),使物体前后压力有所不同而引起阻力,这种阻力称为压差阻力。本节主要讨论前者,并且仅讨论形状为球形的物体。

1851 年斯托克斯(G. G. Stokes,1819—1903)证明,球形物体在黏滞流体中运动时,当雷诺数 $Re<1$ 时,球体所受阻力为黏性阻力为

$$F_v = 6\pi\eta vr \tag{2-16}$$

式中,$r$ 为球体半径;$v$ 为球体运动速度;$\eta$ 为黏度。

此式称为斯托克斯公式,在雷诺数比 1 小很多时才正确。此公式表明物体在实际流体中运动,若速度较小,所受黏滞阻力的大小与物体的形状大小、速度和流体的黏度成正比关系。应用斯托克斯公式可以测定液体的黏度及微小颗粒的半径。例如雾中水滴降落时所受阻力即适用此公式。血细胞在血浆中下沉的快慢在临床分析中有重要意义,血沉过快则意味可能患风湿、结核或肿瘤等病。血细胞受重力、浮力和阻力平衡时匀速下降,速度仅约 5cm/h,可用斯托克斯公式算阻力。

**例题 2-6** 一微小球体在黏滞流体中自由下沉,小球受到三个力的作用:重力 $G$,浮力 $F_浮$ 和黏滞阻力 $F_v$。其中重力的方向竖直向下,浮力和黏滞阻力的方向均为竖直向上。开始时,小球加速度竖直下沉,随着速度的增加,它所受到的黏滞阻力也增大。当小球的速度增大到某量值时,黏滞阻力增大到与浮力之和等于重力,即 $G = F_浮 + F_v$,此时小球将保持这一速度匀速下沉,这个速度叫做终极速度 $v_t$。

由斯托克斯公式和阿基米德定律,平衡时小球受到的三个力之间的关系可以成

$$\frac{4}{3}\pi r^3 \rho g = \frac{4}{3}\pi r^3 \rho' g + 6\pi\eta r v_t$$

得

$$\eta = \frac{2(\rho - \rho')g r^2}{9 v_t} \tag{2-17}$$

式中,$\rho$,$\rho'$ 分别表示小球和流体的密度。

通过对 $v_t$,$r$,$\rho$,$\rho'$ 各量的测量,就可以算出黏滞流体的黏度 $\eta$。若已知黏度 $\eta$,则可以根据式(2-17)测出小球体的半径。1911 年,著名的密立根油滴实验应用带电油滴在电场和重力场中运动,通过斯托克斯公式测出了油滴的半径,从而求出电子的电荷。这种方法还可以用来作土壤的颗粒分析。

**例题 2-7** 利用重力作用下的沉降使物体分离。可用于土壤、细胞、生物溶液等。根据式(2-17)可变化为终极速度

$$v_t = \frac{2(\rho - \rho')g r^2}{9\eta}$$

由此公式可知，当 $\rho = \rho'$ 时，颗粒处于平衡状态，不能分离；当 $\rho < \rho'$ 时，颗粒上浮；而当 $\rho > \rho'$ 时，颗粒沉降，且 $\rho$、$\rho'$ 差值越大，沉积速度 $v_t$ 越大。同时，颗粒越大，沉积速度也越大，沉降就越快；而当颗粒很小时，沉积速度很小，沉降很困难，这时必须采用高速离心的方法使物质分离。离心分离可以提纯线粒体、染色体、溶酶体以及一些病毒等亚细胞物质，还可以用超速离心法分离脱氧核糖核酸等生物大分子。离心分离法已成为生物科学研究的重要手段。

## 习　题

2-1　什么是连续性方程？

2-2　什么是伯努利方程？

2-3　试解释为什么两船相距很近平行前进时容易相撞。

2-4　在水平桌面上放着一个高度为 $H$、灌满了水的圆筒形容器。若略去水的黏滞性，试确定应当在容器壁上多大的高度 $h$ 上钻一小孔，使得从小孔里流出的水落到桌上的地点离容器最远。

2-5　若被测容器 $A$ 内水的压强比大气压大很多，可用图中的水银压强计进行测量。问

（1）此压强计的优点是什么？

（2）如何读出压强？设 $h_1 = 50$ cm，$h_2 = 45$ cm，$h_3 = 60$ cm，$h_4 = 30$ cm，求容器内的压强。

2-6　如习题 2-6 图所示，游泳池长 50m，宽 25m，设各处水深相等且等于 1.50m，求游泳池各侧壁上的总压力（不考虑大气压）。

2-7　所谓流体的真空度，指该流体内的压强与大气压的差数，水银真空计如习题 2-7 图所示，设 $h = 50$ cm，问容器 B 内的真空度是多少 N/m²？

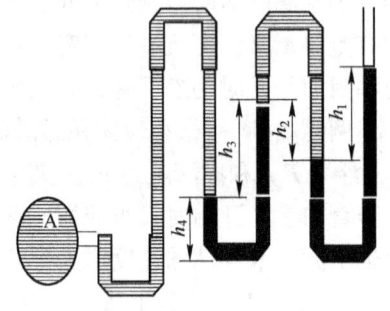

习题 2-5 图

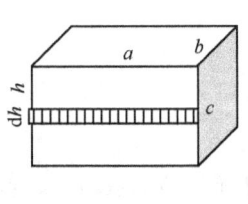

习题 2-6 图

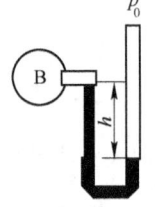

习题 2-7 图

2-8　如习题 2-8 图所示，船的底舱处开一窗，可藉此观察鱼群，窗为长 1m，半径 $R = 0.6$ m 的四分之一圆柱面，水面距窗的上沿 $h = 0.5$ m，求水作用于窗面上的总压力的大小、方向和作用点。

2-9　一圆桶中的水高为 $H = 0.7$ m，底面积 $S = 0.06$ m²，桶的底部有一面积 $S = 10^{-4}$ m² 的小孔。问桶中的水全部从小孔流尽需要多长时间？

2-10　若在管中细颈处开一小孔，用细管接入容器 A 中液内，流动液体不但不漏出，而且 A

中液体可以被吸上去。为研究此原理，作如下计算：设左上方容器很大，流体流动时，液面无显著下降，液面与出液孔高差为 $h$，$S_1$，$S_2$ 表示管横截面，用 $\rho$ 表示液体密度，液体为理想流体，证明：$p_1 - p_0 = \rho g h(1 - S_2^2/S_1^2) < 0$，即 $S_1$ 处有一定的真空度，因此可将 A 内液体吸入。

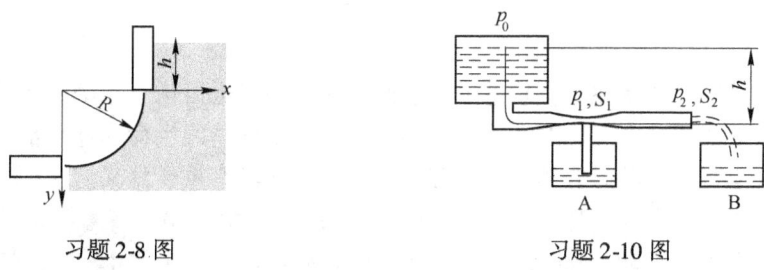

习题 2-8 图　　　　　　　　　　　习题 2-10 图

2-11　成年人的主动脉半径为 $1.3 \times 10^{-2}$m，问在一段 0.2m 距离内的流阻 $R_f$ 和压强降落 $\Delta p$ 是多少？设：血液流量为 $Q = 1.00 \times 10^{-4}$m$^3$/s，$\eta = 3.0 \times 10^{-3}$Pa·s。

2-12　研究射流对挡壁的压力，射流流速为 $v$，流量为 $Q$，流体密度等于 $\rho$，求图中 a)，b) 两种情况下射流作用于挡壁的压力。

2-13　设血液的密度为 $1.05 \times 10^3$kg/m$^3$，其黏度为 $2.7 \times 10^{-3}$(Pa·s)，问当血液流过直径为 0.2cm 的动脉时，估计流速多大则变为湍流，视血管为光滑金属圆管，不计其变形。

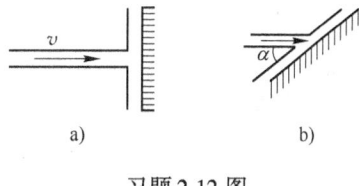

习题 2-12 图

2-14　流液流过一长为 1mm，半径为 2mm 的毛细血管时，若流过毛细血管中心血流速率为 0.66mm/s，求此段毛细血管的血压降。

2-15　在进行土壤颗粒分析时，已知土壤颗粒在水中均速下沉的距离 $s = 0.150$m，所用的沉降时间为 $t = 67$s，在 20℃ 时土壤颗粒的密度 $\rho = 2.65 \times 10^3$kg/m$^3$，水的密度 $\rho = 9.982 \times 10^2$kg/m$^3$，水的黏度 $\eta = 1.005 \times 10^{-3}$Pa·s。求土壤颗粒的半径。

2-16　一粒半径为 0.08mm 的雨滴在空气中下降，假设它的运动符合斯托克斯定律。求雨滴的末速度。空气的密度 $\rho = 1.25$kg/m$^3$，黏度 $\eta = 1.81 \times 10^{-5}$Pa·s。

# 第 3 章 气体动理论

前面讨论了液体在静止状态下的表面性质，同时也讨论了流动液体的一些运动规律，本章主要讨论气体的性质和运动规律。由于气体跟生命和环境都是紧密联系的，所以本章内容对于农林、生物和海洋方面同样具有重要意义。

气体的每一个分子都是在作永不停息的杂乱无章的运动，称之为**热运动**（thermal motion）。热运动与温度密切相关，温度越高，热运动越剧烈。图 3-1 中玻璃管内装有干冰（$CO_2$ 固体），白色云状物为干冰蒸气，$CO_2$ 气体从玻璃管气化后由于其密度大于空气密度而下沉，这是典型的分子热运动情形。而一切与温度有关的物理性质的变化统称为**热现象**（thermal phenomena），就其本质而言，热现象就是热运动的宏观表现。要认识热现象的本质，必须研究分子的热运动，分子热运动是自然界中普遍的运动形式之一，特点是个体的偶然性、无序性和整体的统计性、规律性。气体分子动理论就是从分子热运动的观点出发，利用假定的气体分子模型，运用统计方法研究大量气体的宏观性质和统计规律。

图 3-1 干冰蒸气图

本章内容提要
◆平衡态的描述 理想气体状态方程
◆理想气体的压强和温度
◆理想气体的内能
◆麦克斯韦速率分布规律

## 3.1 平衡态 状态方程

物理学研究的一般规律都是首先突出主要矛盾，忽略一些次要因素，得到理想化模型，寻找一般规律，然后再逐步考虑实际情况，使得出的结果接近真实情况。要研究分子的热运动以及大量气体组成的整体的宏观性质和统计规律，必须要选择合适的研究对象，我们习惯将所研究的对象统称为**系统**（system），进而选择合适的物理量来描述系统的状态。本节首先讨论理想气体的状态参量和状态方程。

## 3.1.1 状态参量

气体分子在永不停息地作无规则运动，跟踪描述一个个分子的运动既很困难，也没必要，而作为大量气体组成的一个整体的宏观状态却是容易为人们所认识和描述的。我们需要使用体积、压强、温度、浓度等一些物理量来描述这些宏观状态的有关特性，这些物理量称为**状态参量**（state parameter）。对于一定量的气体（质量为 $m$，摩尔质量为 $M$），它的状态一般用体积 $V$、压强 $p$ 和温度 $T$ 三个状态参量来描述。

气体体积是个几何参量，是气体分子所能达到的空间，而不是气体分子本身体积的总和。例如系统为密闭容器内的气体时，其体积即为容器的容积。体积的国际单位为立方米（$m^3$），在实际中也经常用升（L），$1m^3 = 1000L$。气体的压强表现为气体作用在容器器壁单位面积上的垂直作用力，是大量气体分子对器壁频繁碰撞的结果。压强的国际单位为帕斯卡（Pa），在生产生活中也经常用标准大气压（atm，为非法定计量单位）来表示，$1atm = 1.01325 \times 10^5 Pa$。温度的概念相对复杂些，它是反映组成系统的大量分子无规则运动剧烈程度的物理量，在下一节会详细讨论，这里只需知道温度数值的标定方法称为温标，常用的有两种：一是热力学温标 $T$，单位为开（K）；另一种是摄氏温标 $t$，单位为摄氏度（℃）。两者之间的换算关系为

$$T = t + 273.15 \qquad (3\text{-}1)$$

在很多精度要求不高的计算中，常取 $T = t + 273$。

## 3.1.2 平衡态

一个气体系统的宏观状态是多种多样的，我们重点研究其中一种较为重要的特殊情形——平衡态。

清晨，当我们走进紧闭门窗一个晚上的教室，会感觉里面很闷，这时我们可以把进去之前的教室看成是温度、压强和体积等宏观状态不发生变化的系统。试想在封闭的教室中，如果某根电线老化并产生火花，会将包裹电线的绝缘塑料碳化并产生少量气体，这时，如果有人在教室里，肯定能在很短时间内闻到气味，显然此时教室的宏观状态发生了变化。及时断电后，封闭的教室又将成为始终保持温度、压强和体积等状态不发生宏观变化的系统。

一瓶啤酒喝掉一半，将盖子打开后，则酒会不断蒸发直至滴酒不剩。但如果把酒瓶密封好，则经过一段时间，蒸发现象将停止，即酒、酒精分子和水蒸气分子达到动态平衡状态。如果没有其他条件的改变，这瓶酒内气体的压强、温度和体积等宏观状态将不发生改变。

我们把这种在没有外界影响的条件下，宏观性质不随时间变化的状态称为**平衡态**（equilibrium state）。虽然，系统处于平衡状态时，气体的压强、体积和温度保

持一定的量值，但气体分子的热运动是永不停息的，因而气体中的平衡是动态的平衡，通常把这种平衡状态叫做热动平衡状态。

### 3.1.3 状态方程

上面说到，平衡状态下的压强、体积和温度不随时间变化。当系统的宏观状态改变时，描述系统的状态参量也将发生变化。在众多的变化关系中，我们首先要掌握对质量为 $m$，摩尔质量为 $M$ 的理想气体系统，其状态发生变化时，描述其宏观状态的状态参量体积 $V$、压强 $p$ 和温度 $T$ 之间的变化关系。实验表明，与室温和大气压比较，密度不太高的气体在压强不太大、温度不太低的实验条件下，遵守玻意耳（R. Boyle）定律、盖吕萨克（J. K. Gay-Lussac）定律和查理（J. A. C. Chales）定律。我们把遵守上述三大实验定律的气体称为理想气体，当其由平衡态 1（$V_1$，$p_1$，$T_1$）变化到平衡态 2（$V_2$，$p_2$，$T_2$）时，可由前面提到的三大实验定律推导出

$$\frac{p_1 V_1}{T_1} = \frac{p_2 V_2}{T_2} \tag{3-2}$$

将式（3-2）描述的某个平衡态选为标准状态时，很容易推导出理想气体的状态方程为

$$pV = \frac{m}{M} RT \tag{3-3}$$

式中，$R$ 是**摩尔气体常量**（molar gas constant），$R = 8.31 \text{J}/(\text{K} \cdot \text{mol})$。

**例题 3-1** 一氧气瓶内装有质量为 3.2kg，压强为 60.0atm，温度为 32℃的氧气。由于氧气瓶漏气，经一段时间后，压强降到 54.0atm，温度降为 27℃。试求：（1）氧气瓶的容积；（2）此段时间内漏出氧气的质量（可视瓶中氧气为理想气体）。

**解：**
（1）由理想气体状态方程

$$pV = \frac{m}{M} RT$$

可求得氧气瓶容积为

$$V = \frac{mRT}{Mp} = \frac{3.2 \times 8.31 \times (32 + 273)}{3.2 \times 10^{-2} \times 60 \times 1.013 \times 10^5} \text{m}^3 = 0.0417 \text{m}^3$$

（2）设这段时间后瓶内氧气压强减为 $p'$，温度降为 $T'$，则瓶中所存氧气质量为

$$m' = \frac{VMp'}{RT'} = \frac{0.0417 \times 3.2 \times 10^{-2} \times 54 \times 1.013 \times 10^5}{8.31 \times (27 + 273)} \text{kg} = 2.93 \text{kg}$$

故漏出的氧气质量为

$$\Delta m = m - m' = (3.2 - 2.93) \text{kg} = 0.27 \text{kg}$$

## 3.2 理想气体的压强和温度

压强和温度是表征气体宏观性质的两个重要物理量,是我们在实验中能测得的物理量,我们把实验中测得的表征大量分子集体特征的量称为**宏观量**(macroscopic quantity)。每一个运动的分子或原子都有其大小、质量、速度和能量等,我们把这些用来表征个别分子的物理量称为**微观量**(microscopic quantity)。在气体分子动理论中,我们采用统计的方法找到宏观量和微观量之间的联系。本节将揭示理想气体的压强、温度和大量分子平均能量之间的关系。

### 3.2.1 理想气体的微观模型

上节中,我们把密度不太高、压强不太大、温度不太低的气体近似看做理想气体。从微观的角度,理想气体的模型应具有如下的特点:

1) 气体分子自身线度与分子之间的平均距离相比较,可以忽略不计,因而可将其视为质点;

2) 因为气体间的平均距离很大,除了碰撞的这一刻,分子之间以及分子与容器壁之间的作用力可以忽略不计;

3) 分子之间以及分子与器壁之间的碰撞是完全弹性碰撞,也就是说碰撞之间只有能量的转移,但没有能量的损失。

总之,理想气体的微观模型就是气体可以被看做是自由地、无规则运动着的稀薄弹性球分子的集合体。按照这样一种模型,气体处于平衡时,虽然每个分子在任一时刻的位置和速度是完全随机的,但大量分子的集体却遵循统计平均的规律。因此,对平衡态的大量气体分子可以做出以下统计假设:

1) 气体分子之间的碰撞是频繁的,分子在空间的分布也是均匀的,从而容器中单位体积内的分子数处处相等。因此,提出分子数密度的概念,即单位体积的分子数

$$n = \lim_{\Delta V \to 0} \frac{\Delta N}{\Delta V} = \frac{dN}{dV} = \frac{N}{V} \tag{3-4}$$

式中,$N$ 为容器内所有分子的总数;$V$ 为容器的容积。

2) 分子在任何方向运动的机会是均等的,或者说任何一个方向的运动并没有比其他方向更占优势。这样,分子速度在各个方向的各种统计平均值相等。例如,在大家熟悉的直角坐标系中,分子速度在三个相互垂直方向的算术平均值相等,且等于0。在直角坐标系中,还有一个非常重要的结果,即

$$\overline{v_x^2} = \overline{v_y^2} = \overline{v_z^2} \tag{3-5}$$

式中,$\overline{v_x^2}$,$\overline{v_y^2}$ 和 $\overline{v_z^2}$ 分别表示沿 $x$,$y$ 和 $z$ 三个方向速度分量的平方的平均值。同样,$\overline{v^2}$ 是系统内所有分子速率平方的平均值,即把所有分子的速率取平方相加后再除以

分子总数

$$\overline{v^2} = \frac{\sum\limits_{i=1}^{N} v_i^2}{N} = \frac{v_1^2 + v_2^2 + v_3^2 + \cdots + v_N^2}{N} \tag{3-6}$$

### 3.2.2 理想气体的压强

气体分子作无规则的热运动,将频繁地与容器壁产生碰撞,每次碰撞后方向的改变是受到容器壁冲量的结果,根据牛顿第三定律,分子也将对器壁产生冲量,因而器壁受到平均冲力。单个分子对器壁产生的冲力是断续的,但是大量分子对容器壁的作用将产生一个均匀的持续的压力作用。此情形与密集的雨点击打在雨伞上产生的均匀持续的压力类似。

为了计算的方便,我们选取如图 3-2 所示边长为 $l$ 的正方体容器,容器内有 $N$ 个完全相同的气体分子,每个气体分子的质量为 $m_0$。在平衡状态下,器壁各处的压强完全相同,因此选取与 $x$ 轴垂直的正方体右侧的面 $A_1$ 进行分析计算。

先选取一个分子 $a$ 分析,如图 3-2 所示,设其速度为 $v$,在直角坐标系 $x$,$y$ 和 $z$ 三个方向的速度分量分别为 $v_x$,$v_y$ 和 $v_z$。当分子 $a$ 撞击面 $A_1$ 时,受到面 $A_1$ 沿 $x$ 轴负方向的力作用,与面 $A_1$ 发生完全弹性碰撞后,将以 $-v_x$ 的水平分速度反弹回来,速度分量 $v_y$ 和 $v_z$ 将不变。分子 $a$ 动量的改变量为

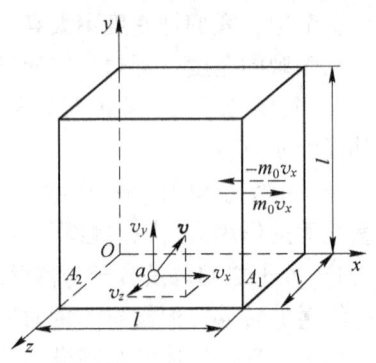

图 3-2 压强公式的推导

$$\Delta p = -m_0 v_x - m_0 v_x = -2m_0 v_x$$

由动量定理,这一动量的改变是由于受到面 $A_1$ 沿 $x$ 轴负方向的力作用而产生的冲量。根据牛顿第三定律,在该次碰撞中,分子 $a$ 对面 $A_1$ 产生同样大小为 $2m_0 v_x$ 的冲量,方向指向 $x$ 轴正方向。

为了简化问题,先忽略分子 $a$ 与其他分子以及与上下前后四个面的碰撞,只考虑分子 $a$ 与左右两个面 $A_1$,$A_2$ 之间的碰撞。当分子与 $A_1$ 面碰撞后,经过一定的时间与面 $A_2$ 发生碰撞,然后又经过一定的时间再次与面 $A_1$ 碰撞,如此往复下去。因为是完全弹性碰撞,所以沿 $x$ 轴方向的速度分量不变,因此分子在器壁之间往复的时间相同,分子每次与左右面碰撞的时间间隔为 $l/v_x$,而器壁面 $A_1$ 与分子 $a$ 每次碰撞的时间间隔为 $\tau = 2l/v_x$,从而得到分子 $a$ 在两次与面 $A_1$ 碰撞间对面 $A_1$ 的平均冲力为

$$\overline{F_a} = \frac{2m_0 v_x}{\tau} = 2m_0 v_x \frac{v_x}{2l} = \frac{m_0 v_x^2}{l}$$

因为是一个分子的平均冲力,所以对面 $A_1$ 的作用力是间歇的、不连续的,而实际的情况是 $N$ 个分子同时对器壁产生作用,此时虽然每个分子对面 $A_1$ 产生的作用力不同,但综合的结果就是使面 $A_1$ 受到持续恒定的力的作用。

设第 $i$ 个分子对面 $A_1$ 的平均冲力为 $\overline{F_i} = m_0 v_{ix}^2 / l$,在 $N$ 个分子共同作用时,面 $A_1$ 受到的平均冲力之和为

$$\overline{F} = \sum_{i=1}^{N} \overline{F_i} = \sum_{i=1}^{N} m_0 \frac{v_{ix}^2}{l} = \frac{m_0}{l} \sum_{i=1}^{N} v_{ix}^2$$

此力是垂直作用于面 $A_1$ 的,产生的压强为

$$p = \frac{\overline{F}}{S} = \frac{1}{l \cdot l} \frac{m_0}{l} \sum_{i=1}^{N} v_{ix}^2 = \frac{m_0}{l^3} \sum_{i=1}^{N} v_{ix}^2$$

根据式 (3-5) 和式 (3-6),将上式变换为

$$p = \frac{N m_0}{l^3} \sum_{i=1}^{N} \frac{v_{ix}^2}{N} = n m_0 \overline{v_x^2}$$

因为分子速率的平方满足 $v_i^2 = v_{ix}^2 + v_{iy}^2 + v_{iz}^2$,$N$ 个分子速率平方平均值也必定满足 $\overline{v^2} = \overline{v_x^2} + \overline{v_y^2} + \overline{v_z^2}$,又根据式 (3-5),可以得到

$$p = \frac{2}{3} n \left( \frac{1}{2} m_0 \overline{v^2} \right) = \frac{2}{3} n \overline{\varepsilon_{kt}} \tag{3-7}$$

式 (3-7) 就是理想气体的压强公式,式中 $\overline{\varepsilon_{kt}} = m_0 \overline{v^2} / 2$ 为气体分子平均平动动能。

从式 (3-7) 可以看出,气体作用在器壁上的压强不仅与单位体积内的分子数有关,而且与分子的平均平动动能有关。该式揭示了宏观量压强 $p$ 与分子数密度 $n$、微观量的统计平均值 $\overline{\varepsilon_{kt}}$ 之间的关系,说明压强具有统计平均的意义。如果离开大量气体,只谈少量气体的压强是没任何意义的。

### 3.2.3 理想气体的温度

如果每个分子的质量为 $m_0$,阿伏加德罗常数为 $N_A$,则气体的摩尔质量 $M$ 与 $m_0$ 之间的关系满足 $M = N_A m_0$。质量 $m$ 的气体的分子总数为 $N$,则它们之间满足 $m = N m_0$。从式 (3-3) 的理想气体状态方程可以得到

$$p = \frac{1}{V} \frac{m}{M} RT = \frac{1}{V} \frac{N m_0}{N_A m_0} RT = \frac{N}{V} \frac{R}{N_A} T$$

前面我们定义分子数密度 $n = N/V$,而 $k = R/N_A = 1.38 \times 10^{-23}$ J/K,称为玻耳兹曼 (L. Boltzman) 常量,从而理想气体状态方程可以改写为

$$p = nkT \tag{3-8}$$

将上式与理想气体的压强公式 (3-7) 比较,容易得到理想气体分子的平均平动动能

$$\overline{\varepsilon_{kt}} = \frac{m_0 \overline{v^2}}{2} = \frac{3kT}{2} \tag{3-9}$$

而理想气体的温度则可表示为

$$T = \frac{2\overline{\varepsilon_{kt}}}{3k} \tag{3-10}$$

以上两式均表明，理想气体的热力学温度 $T$ 与分子的平均平动动能成正比。也就是说，这两个式子揭示了气体温度的统计意义，即**气体的温度是气体分子平均平动动能的量度**。因为分子平均平动动能反映了热运动的剧烈程度，所以宏观温度 $T$ 是标志大量分子热运动剧烈程度的物理量，分子运动越剧烈，气体的温度越高。由此可见，温度和压强一样，对于个别分子来说，温度概念失去意义。当两种气体的温度相同时，意味着这两种气体的平均平动动能相同，如果这两种气体接触，将不会产生宏观的能量传递，它们处于热平衡状态，这也就是我们通过接触能测温的原理。

在 18 世纪，由于化学工业的发展，对气体的液化不断提出新的要求。从 18 世纪末到 19 世纪初，通过降温和压缩的方法先后实现了氨、氯、硫化氢、乙炔和二氧化碳等气体的液化。1863 年，英国化学家安德罗斯（Andrews）发现了在所谓的临界温度以上，压力不管有多大，气体不可能液化，为当时的"永久气体"液化指明了正确的方向。1852 年，焦耳和威廉·汤姆孙在研究气体的内能和体积变化时，发现了"焦耳-汤姆孙效应"，为获得低温提供了一种新途径，是低温技术发展的第一个里程碑。1877 年，盖勒特（Gailletet）在巴黎液化了氮和氧；1898 年，杜瓦在伦敦液化氢得到 20K 的低温；1902 年，法国工程师乔治·克洛德（George Claude）液化了空气；1908 年，昂内斯（H. K. Onnes）用液氢预冷的节流效应首次液化了氦，获得了 4.2K 低温，使最后一种"永久气体"得到液化。这样，人类全面开拓了低温技术这一崭新的科学技术领域。因制成液氦和发现超导现象，昂内斯获得了 1913 年的诺贝尔物理学奖。1926 年，加拿大年青讲师乔克（William Francis Giauque）建议采用磁化制冷，能达到温度大大低于液氦的极限温度；1933 年，磁制冷设备研制成功，用顺磁盐绝热去磁方法获得了 0.25K 的低温，1950 年又获得了 $10^{-3}$K 的低温；1956 年，牛津大学弗兰西斯·西蒙爵士与其合作者，用原子核绝热去磁法获得 16µK 的低温；1979 年，芬兰科学家罗纳斯玛（Lounasmaa）采用两级原子核去磁法，核自旋温度降到 50nK；1976 年汉斯（T. Hansch）和肖洛（A. Schaw low）以及瓦恩兰（D. Wineland）和德默尔特（H. Dehmelt）各自独立地提出了激光冷却气体原子的建议。到 1985 年，朱棣文等在能够三维减速的激光原子阱中得到钠原子冷却温度为 240µK。随后，用拉曼冷却方法把钠原子一维冷却到 100 nK。法国科昂·唐努日的研究小组利用速度选择相干布居数囚禁的方法在 1995 年实现了三维冷却，温度为 180 nK。在优化了脉冲方案后，将铯原子冷却到 2.8 nK。我们知道，绝对零度是达不到的，但却可以无限接近。科学家们正是在这一论断的激励下不断地挑战极限，从而引领低温技术朝着更高的目标前进。

**例题 3-2** 一容器内储有氧气，压强为 100kPa，温度为 27℃，问：(1) 在 1m³ 中有多少个氧气分子？(2) 这些分子的总平动动能是多少？

**解**：(1) 温度为 $T = (27 + 273)$ K $= 300$K
由式 (3-8) 可得

$$n = \frac{p}{kT} = \frac{100 \times 10^3}{1.38 \times 10^{-23} \times 300} \text{m}^{-3} = 2.42 \times 10^{25} \text{m}^{-3}$$

(2) 由气体的温度公式，可知每个分子的平均平动动能为

$$\overline{\varepsilon_{kt}} = \frac{3}{2}kT = \frac{3}{2} \times 1.38 \times 10^{-23} \times 300 \text{J} = 6.21 \times 10^{-21} \text{J}$$

所以在 1m³ 中所有分子的总平动动能为

$$\overline{E_t} = n\overline{\varepsilon_{kt}} = 2.42 \times 10^{25} \times 6.21 \times 10^{-21} \text{J} \cdot \text{m}^{-3} = 1.5 \times 10^5 \text{J} \cdot \text{m}^{-3}$$

## 3.3 能量按自由度均分定理 理想气体的内能

前面讨论理想气体的压强和温度时，我们把气体分子看做质点，只考虑了分子的平动动能，而实际上，气体分子本身具有一定的大小而且结构也复杂，不能看做质点。分子的运动除了平动，还有转动，甚至还有分子内原子间的振动，所以分析分子热运动的能量也应该将这些运动的能量包括在内，当然，这些运动的能量同样遵循统计规律。为了方便描述这些运动，并且讨论各种分子运动形式上能量的分配规律，我们引入力学中自由度的概念。

### 3.3.1 自由度

一个物体有几种运动的可能性，确定它的位置就需要几个独立坐标。我们把确定物体空间位置所需的独立坐标的数目称为**自由度**（degree of freedom）。

前面我们把气体分子看做质点，在直角坐标系中用 $x$，$y$ 和 $z$ 三个坐标可以确定分子在空间的位置，所以质点就有 3 个自由度，如图 3-3a 所示。事实上单原子分子气体（如 He，Ne，Ar 等），可以把它们的分子看做质点，只要 3 个独立坐标（例如在直角坐标系中的 $x$，$y$ 和 $z$ 便可确定分子的位置）。因此，单原子分子有 3 个自由度，且都是跟平动有关的自由度。

对双原子分子气体（如 $H_2$，$O_2$，$N_2$ 等），分子中的两个原子由一个化学键连接起来，在本书中仅讨论室温附近的气体，这时气体分子中两原子之间的距离不变，如同一根粗细可以忽略的刚性细杆。如图 3-3b 所示，我们确定分子的质心位置需要 3 个平动自由度，确定两原子的连线在空间的方位需要知道与 $x$，$y$ 和 $z$ 轴之间 3 个夹角中的两个，如果知道了方位角 $\alpha$ 和 $\beta$，则其空间方位就确定了。因此，刚性双原子分子有 5 个自由度，其中 3 个平动自由度，2 个转动自由度。

对于三个及三个原子以上组成的刚性多原子分子（如 $NH_3$，$CH_4$ 等），除了确定其质点位置所需的 3 个平动自由度，通过质心转轴的空间方位的 2 个转动自由度，此时整个分子还可以绕转轴转动，所以还需要确定整个分子绕转轴转动的角度 $\theta$，如图 3-3c 所示。因此，刚性多原子（三个及三个以上原子）分子的自由度有 6 个自由度，其中 3 个是平动自由度，另外 3 个是转动自由度。

实际上,分子不是完全刚性的,两个及两个原子以上的分子间的原子会有振动,所以还需考虑振动自由度,尤其在高温下这种振动更加明显。由于这部分内容涉及量子力学的内容,更重要的是,在常温下按经典方法视气体分子为刚性分子所得到的结果与实验误差很小,所以在此不考虑振动自由度,仅考虑平动和转动自由度。

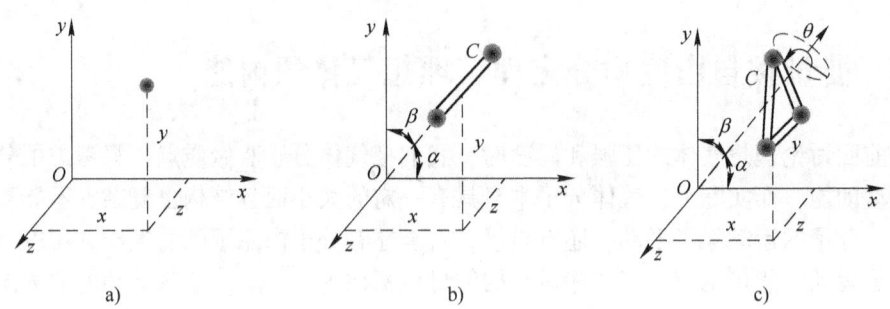

图 3-3 气体分子的自由度
a) 单原子 b) 双原子 c) 多原子

### 3.3.2 能量按自由度的均分定理

根据式 (3-9),理想气体分子的平均平动动能是

$$\overline{\varepsilon_{kt}} = \frac{m_0 \overline{v^2}}{2} = \frac{3kT}{2}$$

式中的 $\overline{v^2} = \overline{v_x^2} + \overline{v_y^2} + \overline{v_z^2}$,又由式 (3-5) 知道 $\overline{v_x^2} = \overline{v_y^2} = \overline{v_z^2}$,很容易得到

$$\frac{1}{2} m_0 \overline{v_x^2} = \frac{1}{2} m_0 \overline{v_y^2} = \frac{1}{2} m_0 \overline{v_z^2} = \frac{1}{3} \left( \frac{1}{2} m_0 \overline{v^2} \right) = \frac{1}{2} kT$$

上式表明,气体分子沿 $x$,$y$ 和 $z$ 三个方向运动的平均平动动能相等。或者说大量气体分子平均平动动能 $3kT/2$ 均分到三个自由度上,每一个自由度相应的能量为 $kT/2$。

这个结论可以推广到气体转动和振动的情形。由于气体分子运动的无序性,对于个别分子来说,它在任一时刻的能量可能都在变化着,与其他分子的能量不同,而且有的相差很多,甚至同一时刻自身不同形式的能量也可能不同。但是对于大量气体分子来说,通过频繁的碰撞,出现能量的交换和转移,达到平衡后,任何一种运动形式都不会占优势,各种运动形式在每一个自由度的运动机会均相等,因此,每个自由度上的平均动能均相等,而且这一结论也适用于液体和固体。这样,我们得到能量按自由度的均分定理:**在温度为 $T$ 的平衡态下,物质分子的每一个自由度均具有相等的平均动能,其大小都等于 $kT/2$。**

根据能量按自由度的均分定理,自由度为 $i$ 的某种理想气体分子,在温度为 $T$

的平衡态下，该气体分子平均动能为

$$\overline{\varepsilon_k} = \frac{i}{2}kT \tag{3-11}$$

应该指出，能量按自由度的均分定理是关于分子无规则运动动能的统计规律，是大量分子统计平均所得出的结果，所以不适合于少数分子动能的计算。

### 3.3.3 理想气体的内能

按照式（3-11），对于一定量的理想气体，如果知道了该系统所处的温度 $T$ 以及系统分子的数目 $N$ 和自由度 $i$，就能计算出整个系统所具有的动能为

$$E_k = N\frac{i}{2}kT$$

而在实际应用中，对于大量气体组成的系统，不会讨论具体多少个分子，而是给出系统物质的量，如 1mol 自由度为 $i$ 的气体在温度 $T$ 时的动能为

$$E_{k,\text{mol}} = \frac{i}{2}kN_AT = \frac{i}{2}RT$$

根据上式，显然，质量为 $m$、摩尔质量为 $M$、自由度为 $i$ 的理想气体在温度为 $T$ 的平衡态下的动能为

$$E_k = \frac{m}{M}\frac{i}{2}RT \tag{3-12}$$

实际气体分子不仅具有动能以及分子中各原子间振动的势能，还具有由于分子与分子之间存在相互作用力而具有的势能。我们把气体内部所有分子的动能和势能总和称为内能（internal energy）。由于理想气体忽略了分子间的相互作用，同时在常温附近，我们把气体分子看做刚性的，所以此时的内能等于所有分子的动能总和，即内能为

$$U = E_k = \frac{m}{M}\frac{i}{2}RT \tag{3-13}$$

从式（3-13）可以看出，一定量的理想气体的内能完全由分子运动的自由度 $i$ 和热力学温度 $T$ 决定，而与压强和体积无关。所以内能是理想气体温度的单值函数，是描述气体系统宏观状态的物理量。

**例题 3-3** 一装有 1.5mol 氮气分子气体的容器中，温度为 27℃，试计算：（1）分子的平均平动动能、平均转动动能和平均总能量；（2）气体的内能。

**解**：因氮气分子处于常温，故可以视为刚性分子，自由度 $i=5$，其中，平动自由度为 $t=3$，转动自由度为 $r=2$。

（1）分子的平均平动动能为

$$\overline{\varepsilon_{kt}} = \frac{3}{2}kT = \frac{3}{2} \times 1.38 \times 10^{-23} \times (27+273)\text{J} = 6.21 \times 10^{-21}\text{J}$$

分子的平均转动动能为

$$\overline{\varepsilon}_{kr} = \frac{2}{2}kT = \frac{2}{2} \times 1.38 \times 10^{-23} \times (27+273)\text{J} = 4.14 \times 10^{-21}\text{J}$$

分子的平均总能量为

$$\overline{\varepsilon} = \frac{5}{2}kT = \frac{5}{2} \times 1.38 \times 10^{-23} \times (27+273)\text{J} = 1.035 \times 10^{-20}\text{J}$$

（2）1.5mol 氮气的内能为

$$U = 1.5 \times \frac{5}{2}RT = 1.5 \times \frac{5}{2} \times 8.31 \times 300\text{J} = 9.35 \times 10^3\text{J}$$

**例题 3-4** 当温度为 27℃时，2mol 氧气分子的平动动能、转动动能和内能各是多少？

**解**：氧分子是双原子分子，自由度 $i=5$，其中平动自由度 $t=3$，转动自由度 $r=2$

$$T = (273+27)\text{K} = 300\text{K}$$

平动动能

$$E_{kt} = 2 \times \frac{3}{2}RT = 2 \times \frac{3}{2} \times 8.31 \times 300\text{J} = 7.48 \times 10^3\text{J}$$

转动动能

$$E_{kr} = 2 \times \frac{2}{2}RT = 2 \times 8.31 \times 300\text{J} = 4.99 \times 10^3\text{J}$$

内能

$$U = E_k = E_{kt} + E_{kr} = (7.48 \times 10^3 + 4.99 \times 10^3)\text{J} = 1.25 \times 10^4\text{J}$$

## 3.4 气体分子速率分布规律

前面提到大量分子的无规则热运动遵循统计规律，即个别分子的运动速度是无规则的，但大量分子的运动速度却是有规律的，服从统计分布规律。为了更好理解统计分布规律，我们来看称为伽耳顿板的演示实验。

伽耳顿板实验装置如图 3-4 所示，在一块竖直木板上部规则地钉上许多铁钉，木板下部用竖直的隔板隔成许多等宽的狭槽。板顶中间设置漏斗形入口，可以放入小球，板前覆盖玻璃板，使小球限制在铁钉和狭槽内。

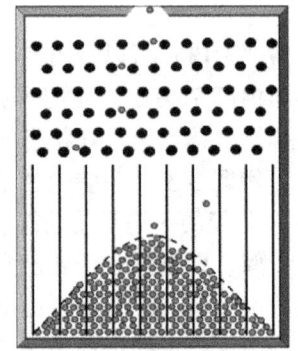

图 3-4 伽耳顿板实验装置

如果从漏斗形入口投入一个小球，小球下落过程中先后与多个铁钉碰撞，最后落入哪一个狭槽是无法预先确定的。重复多次就会发现，小球落入的狭槽是不完全相同的,这表明,在一次实验中小球落入哪个狭槽是偶然的。不停地一个接一个投入大量小球,或者为了节省时间,一次性投入大量小球,则看到,最后落入每个小球狭槽的小球数目是不同的。在中央的槽内小球分布最多,其他槽内也有小球,而且离中央距离越远的狭槽内的小球数目越少。可以按小球在狭槽内分布情况用笔在玻璃板上画一条连续曲线。重复几次实验,发现小球数目较多时,每次所得到的分布曲线大致重合,但当小球数目较少时,每次分布曲线彼此差别明显。实验表明,大量小球整体在狭槽内的分布遵从一定的统计规律。

### 3.4.1 速率分布函数

为了描述气体分子速率的分布情况,我们首先引入速率分布函数的概念。设一定量的气体分子总数为 $N$,$\Delta N$ 表示为分子速率分布在某一速率区间 $v \sim v + \mathrm{d}v$(如 $300 \sim 310\mathrm{m/s}$ 或 $600 \sim 610\mathrm{m/s}$)的分子数,则 $\Delta N/N$ 就表示这一速率区间内的分子数占总分子数的百分比。表 3-1 给出了 273K 时空气分子的速率分布情况。在表 3-1 中,我们选取的速率区间 $\Delta v$ 为 $100\mathrm{m/s}$,从表中可以看出,在不同的速率附近选取相同的速率区间 $\Delta v$,在该速率区间的分子数占总分子数的百分比是不同的,如在 $100 \sim 200\mathrm{m/s}$ 速率区间的 $\Delta N/N$ 为 $8.1\%$,而在 $300 \sim 400\mathrm{m/s}$ 速率区间的 $\Delta N/N$ 则达到 $21.5\%$,表明 $\Delta N/N$ 跟速率 $v$ 有关。另一方面,在同一速率附近,选取不同的速率区间 $\Delta v$ 的大小,例如,在 $300 \sim 500$ 速率区间的 $\Delta N/N$ 为 $42\%$,而在 $300 \sim 400\mathrm{m/s}$ 速率区间的 $\Delta N/N$ 仅仅为 $21.5\%$,这表明 $\Delta N/N$ 还跟 $\Delta v$ 有关系。

表 3-1 中的数据定性地说明了 $\Delta N/N$ 和 $v$、$\Delta v$ 均有关系,如果选取分布在 $v$ 附近单位速率区间的分子百分比 $\Delta N/(N \cdot \Delta v)$,那么 $\Delta N/(N \cdot \Delta v)$ 只是 $v$ 的函数。当 $\Delta v$ 趋近于零时,有

$$f(v) = \lim_{\Delta v \to 0} \frac{\Delta N}{N \Delta v} = \frac{\mathrm{d}N}{N \mathrm{d}v} \tag{3-14}$$

表 3-1 273K 时空气分子的速率分布

| 速率区间/(m/s) | $\Delta N/N(\%)$ | 速率区间/(m/s) | $\Delta N/N(\%)$ |
|---|---|---|---|
| 100 以下 | 1.4 | 400~500 | 20.5 |
| 100~200 | 8.1 | 500~600 | 15.1 |
| 200~300 | 16.7 | 600~700 | 9.2 |
| 300~400 | 21.5 | 700 以上 | 7.7 |

$f(v)$ 称为速率分布函数。对于大量分子而言,$f(v)$ 表示速率分布在 $v$ 附近单位速率区间分子数占总分子数的百分比,对单个分子而言,$f(v)$ 表示该分子在速率 $v$ 出现的概率大小。

从 0 到无穷大各个速率区间的分子数的百分比之和显然是 100%,所以有

$$\int_0^\infty f(v)\,dv = \int \frac{dN}{N} = 1 \tag{3-15}$$

式(3-15)称为分布函数的归一化条件。

### 3.4.2 麦克斯韦速率分布规律

表3-1所说明的分子速率分布的规律性是很粗糙的。1860年,英国物理学家麦克斯韦(J. C. Maxwell)应用概率论和统计力学导出了平衡状态下气体分子速率分布函数的具体形式为

$$f(v) = 4\pi\left(\frac{m_0}{2\pi kT}\right)^{3/2} e^{-\frac{m_0 v^2}{2kT}} v^2 \tag{3-16}$$

式中,$m_0$是气体分子的质量;$T$是气体的热力学温度;$k$是玻耳兹曼常数;$f(v)$即称为麦克斯韦速率分布函数。

按照式(3-16)可以作出不同气体在不同温度下$f(v)$随$v$的变化曲线,称为速率分布曲线。图3-5为某温度下某气体分子的分布曲线。从图可以看出,小长方形为某一区间$v \sim v+dv$内曲线下的面积,其大小为

$$f(v)\,dv = \frac{dN}{Ndv}dv = \frac{dN}{N}$$

它表示在速率区间$v \sim v+dv$内分子占总分子数的百分比。同理,可以得出,在区间$v_1 \sim v_2$内曲线下的面积$\int_{v_1}^{v_2} f(v)\,dv = \Delta N/N$,表示在速率区间$v_1 \sim v_2$内分子占总分子数的百分比。

从式(3-16)可以看出,对于某一种气体,温度不同时,$f(v)$的分布规律不同。图3-6为$O_2$在不同温度下的速率分布曲线,很明显可以看出温度越低时,曲线越尖锐,而且尖锐处,即$f(v)$取极大值,极大值所对应的温度越低。

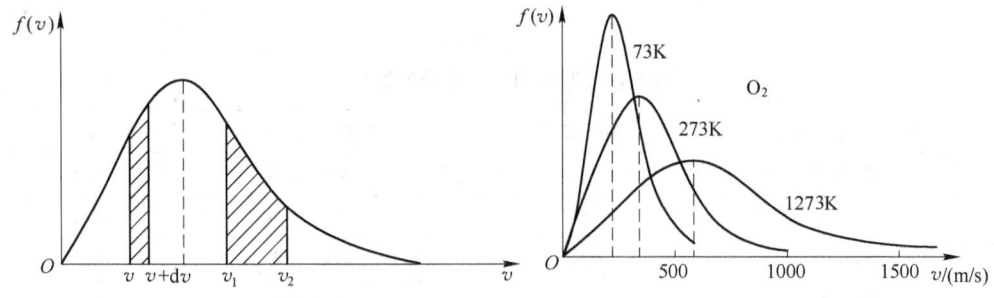

图3-5　某一温度下速率分布曲线　　　图3-6　$O_2$在不同温度下的速率分布

### 3.4.3 气体分子速率的三个统计

下面从麦克斯韦速率分布函数$f(v)$推算气体分子速率的三种统计值。

### 1. 最概然速率 $v_p$

从麦克斯韦速率分布曲线可以看出，曲线在某一速率 $v_p$ 时出现极大值，表明在速率 $v_p$ 附近，分子数占的百分比较大，在远离 $v_p$ 处，也即速率很小或很大时的分子占的百分比要小得多。因此称 $v_p$ 为**最概然速率**（most probable speed）。根据式 (3-16) 定义的麦克斯韦速率分布函数 $f(v)$，利用极值条件 $df(v)/dv = 0$，可以得到

$$v_p = \sqrt{\frac{2kT}{m_0}} = \sqrt{\frac{2RT}{M}} \approx 1.41\sqrt{\frac{RT}{M}} \qquad (3\text{-}17)$$

### 2. 平均速率 $\bar{v}$

前面提到，考虑分子运动的方向时，大量分子速度大小的算术平均值为 0，如果只考虑分子速率的平均值，即把所有分子速率求和后再取平均，此时很显然，该值不再为 0。因此，我们把大量分子速率的算术平均值称为**平均速率**（mean speed）。

现在我们从麦克斯韦速率分布函数推导平均速率。根据式 (3-14)，分布在任意速率区间 $v \sim v + dv$ 内的分子数为

$$dN = Nf(v)dv$$

由于 $dv$ 很小，所以近似认为这 $dN$ 个分子的速率均为 $v$。这样，这 $dN$ 个分子的速率总和为 $vNf(v)dv$，依此分析，可以得到平均速率为

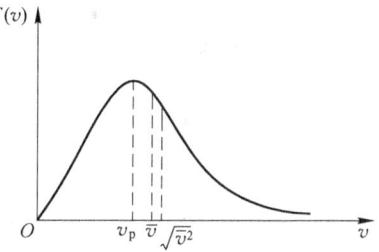

图 3-7 分子速率的三个统计平均值

$$\bar{v} = \frac{\int_0^\infty vNf(v)dv}{N} = \int_0^\infty vf(v)dv$$

将式 (3-16) 代入上式积分，就得到平均速率

$$\bar{v} = \sqrt{\frac{8kT}{\pi m_0}} = \sqrt{\frac{8RT}{\pi M}} \approx 1.59\sqrt{\frac{RT}{M}} \qquad (3\text{-}18)$$

### 3. 方均根速率

在前面分析理想气体的压强和温度时，用到了速率平方平均值 $\overline{v^2}$ 的概念，我们将 $\overline{v^2}$ 取平方根，就得到了分子速率的另一种统计平均值，称之为**方均根速率**（root mean square speed）。按照平均速率类似的推导，同样可以得到方均根速率

$$\sqrt{\overline{v^2}} = \sqrt{\frac{3kT}{m_0}} = \sqrt{\frac{3RT}{M}} \approx 1.73\sqrt{\frac{RT}{M}} \qquad (3\text{-}19)$$

这与通过式 (3-9) 推导的结果一样。

以上三种分子运动的速率均具有统计平均值的意义，都是大量分子热运动的统计规律的反映。在数值上，方均根速率最大，平均速率其次，最概然速率最小，如

图 3-7 所示。

### 3.4.4 玻耳兹曼分布率

麦克斯韦速率分布律适合于理想气体情形，同时也没有考虑外场（重力场，电磁场等）对气体分子的影响。玻耳兹曼把麦克斯韦速率分布律推广到分子处于重力场中情形。此时，分子除了具有动能 $\varepsilon_k$ 外，还具有势能 $\varepsilon_p$，分子的总能量 $\varepsilon = \varepsilon_k + \varepsilon_p$。由于受重力场的影响，气体分子在空间的分布不再均匀。这时，气体分子的分布不仅与速率有关，还跟空间位置有关。于是，玻耳兹曼在1871年提出，当气体在外力场处于平衡态时，在某一温度下，其位置在 $x \sim x + \mathrm{d}x$，$y \sim y + \mathrm{d}y$，$z \sim z + \mathrm{d}z$ 区间内，同时速度在 $v_x \sim v_x + \mathrm{d}v_x$，$v_y \sim v_y + \mathrm{d}v_y$，$v_z \sim v_z + \mathrm{d}v_z$ 区间内的分子数为

$$\mathrm{d}N = n_0 \left(\frac{m_0}{2\pi kT}\right) \mathrm{e}^{-\frac{\varepsilon_k + \varepsilon_p}{kT}} \mathrm{d}v_x \mathrm{d}v_y \mathrm{d}v_z \mathrm{d}x \mathrm{d}y \mathrm{d}z \tag{3-20}$$

式(3-20)中的 $n_0$ 表示势能为零处单位体积内具有各种速率的分子数，该式称为玻耳兹曼分子按能量分布定律，简称**玻耳兹曼分布律**(Boltzman distribution law)。

式(3-20)表明，分子的分布与分子能量 $\varepsilon$ 有关，$\varepsilon$ 越大，$\mathrm{e}^{-\varepsilon/(kT)}$ 越小，当然，$\mathrm{d}N$ 也越小，反之，$\mathrm{d}N$ 也越大。这告诉我们，就统计意义来说，气体总是先占据能量低的状态。玻耳兹曼分布律是一个十分重要的普遍规律，对于任何实物微粒（气体、液体和固体的分子以及布朗粒子等）在任何保守力场（重力场、静电场等）都适用。例如在生物科学研究中，分子透过膜的扩散，正比于玻耳兹曼因子。

玻耳兹曼(Ludwig Boltzmann, 1844—1906)是德裔奥地利物理学家（见图3-8）。历任格拉茨大学、维也纳大学、慕尼黑大学和莱比锡大学的教授，他还是维也纳、柏林、斯德哥尔摩、罗马、伦敦、巴黎、彼得堡等科学院的院士。玻耳兹曼主要从事气体动理论、热力学、统计物理学和电磁理论的研究。在这些方面他都做出了重大的贡献。1884年玻耳兹曼由热力学理论导出斯特藩－玻耳兹曼辐射定律。研究气体又得到气体分子按能量分布的统计规律（玻耳兹曼分布律）。玻耳兹曼常数就是因为玻耳兹曼首先在统计物理学中引入这一常数而以他名字命名的。他是气体动理论的三个主要奠基人之一（还有克劳修斯和麦克斯韦），由于他们三人的工作，气体动理

图 3-8 玻耳兹曼

论最终成为定量的系统理论。玻耳兹曼还从分子论出发研究热力学，在其经典名著《气体理论讲义》中通过熵与概率的联系，直接建立了热力学系统的宏观与微观之间的关联，后人为了纪念他，在位于维也纳中央墓地的玻耳兹曼的墓碑上镌刻着熵与热力学概率的关系式"$S = k\log W$"。

## 习 题

**3-1** 一柴油机压缩前气缸内空气温度为47℃，压强为0.85atm。当活塞急速运动将空气压缩至原体积的1/16.9时，压强增大为42atm。试求此时气缸内空气的温度。(1atm = 1.013 × $10^5$Pa)

# 第 3 章 气体动理论

3-2 容积为 40L 的储气筒内有 64g 氧气，当筒内温度为 15℃ 时，筒内氧气的压强有多大？

3-3 一容积为 $1.0 \times 10^{-3} \mathrm{m}^3$ 的容器中，贮有 $4.0 \times 10^{-5} \mathrm{kg}$ 的氮气，温度为 30℃，试求容器中气体的压强。

3-4 目前真空设备的真空度可以达到 $1.0 \times 10^{-10} \mathrm{Pa}$，问在此压强下，温度为 300K 时单位体积内有多少个气体分子？

3-5 10g 的氢气，装在 100L 的容器内，当容器内的压强为 0.5atm 时，氢分子的平均平动动能是多少？（$1\mathrm{atm} = 1.013 \times 10^5 \mathrm{Pa}$）

3-6 有两种不同种类的气体，一瓶是氢，一瓶是氦，它们的压强相同，温度相同，但体积不同，问

（1）单位体积内分子数是否相同？　　（2）单位体积内原子数是否相同？

（3）单位体积气体的质量是否相同？　（4）单位体积气体的内能是否相同？

3-7 有两种不同种类的气体，一瓶是氢，一瓶是氦，如果它们的温度相同，物质的量相同，那么对这两种理想气体：（1）平均平动动能是否相等？（2）平均动能是否相等？（3）内能是否相等？

3-8 试指出下列各式所表示的物理意义：

（1）$\dfrac{1}{2}kT$　（2）$\dfrac{3}{2}kT$　（3）$\dfrac{i}{2}kT$　（4）$\dfrac{i}{2}RT$　（5）$\dfrac{m}{M}\dfrac{i}{2}RT$

3-9 将 $16 \times 10^{-3}\mathrm{kg}$ 氧气由 15℃ 加热到 25℃，氧气的内能增加多少？

3-10 在容积为 $2.0 \times 10^{-3}\mathrm{m}^3$ 的容器内，有内能为 $6.75 \times 10^2 \mathrm{J}$ 的刚性双原子分子理想气体。

（1）求气体的压强；（2）若容器内分子总数为 $5.4 \times 10^{22}$ 个，求分子的平均平动动能及气体的温度。

3-11 有一个具有活塞的容器中盛有一定量的气体。如果压缩气体并对它加热，使它的温度从 27℃ 升到 177℃，体积减少一半，求气体压强变化多少？这时气体分子的平均平动动能变化多少？

3-12 体积为 $1.0 \times 10^{-3}\mathrm{m}^3$ 的容器中含有 $1.01 \times 10^{23}$ 个氢气分子，若压强为 $1.01 \times 10^5 \mathrm{Pa}$，求该氢气的温度和分子的方均根速率。

3-13 声波在理想气体中传播的速率正比于气体的方均根速率，问声波通过氧气的速率与通过氢气的速率之比是多少？设这两种气体均为理想气体且温度相同。

3-14 试求温度为 127℃ 的氢分子和氧分子的平均速率、方均根速率和最概然速率。

3-15 已知 $f(v)$ 为麦克斯韦速率分布函数，试说明下列各式的物理意义：

（1）$f(v)\mathrm{d}v$　（2）$Nf(v)\mathrm{d}v$　（3）$\int_{v_1}^{v_2} f(v)\mathrm{d}v$　（4）$\int_{v_1}^{v_2} vf(v)\mathrm{d}v$

3-16 两种不同种类的气体，若它们分子的平均速率相等，则

（1）它们的方均根速率是否相等？　　（2）最概然速率是否相等？

（3）分子的平均平动动能是否相等？　（4）温度是否相等？

# 第4章 热力学基础

热力学研究大量分子和原子组成的宏观系统的热现象。与气体动理论不同，它不涉及物质的微观结构和微观运动，而是人们根据观察和实验的事实，用严密的逻辑推理方法，总结出热现象的宏观规律，其理论基础是热力学第一定律和热力学第二定律。曾经因为天气太热，北京动物园的工作人员为了让动物们"清凉一夏"，想了个招：把食物全部冻成大冰陀，让动物们进食就像吃冰淇淋一样爽。冰箱制冷，热泵制热，以及内燃机做功，这些都离不开热力学知识。图为北极熊吃冻肉。

热力学分为平衡态热力学与非平衡态热力学(不可逆过程热力学)。平衡态热力学已经形成了完整的理论体系，主要研究系统从一个平衡态变化到另一个平衡态时的能量转化关系。非平衡态热力学是一门新兴学科，主要研究系统从一个平衡态演化到另一个平衡态的条件。

热力学在农业和生物学中有许多应用。生物体是一个开放的系统，生物器官和细胞不断进行新陈代谢，与环境交换着物质和能量。生命过程是一个不可逆过程，适应于生命过程的热力学为不可逆过程热力学。不可逆过程热力学在电泳、扩散、沉降以及生物膜的研究上取得了很大成功。特别是人们发现了生命体所特有的第二类有序结构(即耗散结构)，为物理学的原理应用于生命科学开辟了广阔的前景。尽管如此，平衡态热力学应用于生物科学也不能忽视，其原因之一是非平衡热力学本身是在平衡态热力学的基础上发展起来的，另一个原因是生命体在某种条件和某种程度上可以用平衡态理论来处理。

本章主要内容
◆热力学第一定律及其在理想气体一些等值过程中的应用
◆循环及其效率　卡诺循环
◆热力学第二定律
◆熵　熵增加原理

## 4.1 热力学第一定律

在热力学中，我们把所研究的对象称为热力学系统(thermodynamic system)，简称系统。对象可以是物体或物体组,如气缸中的气体、一炉铁水、一株植物、某一特定的生态系统等,只要我们研究它的热现象,都可以称之为热力学系统。围绕在热力学系统周围并能施加影响于系统的外界,统称为环境。根据系统和环境的关系可将热力学系统分为以下四类。

**孤立系统**(isolated system):既不与环境交换能量,又不与环境交换物质的系统。孤立系统简称孤立系。

**封闭系统**(close system):与环境没有物质交换,但有能量交换的系统。

**开放系统**(open system):与环境进行物质和能量交换的系统。生物体系属于开放系统,因为生物体总是不断地新陈代谢,和环境交换着物质和能量。

**绝热系统**(adiabatic system):不与环境进行热交换的系统。

## 4.1.1 热力学过程

热力学系统的宏观状态随时间而变化的过程叫做热力学过程(thermodynamic process)。热力学过程表现为其宏观状态参量的变化。例如气体吸热体积膨胀,物体由温度不均匀过渡到温度均匀等,都是热力学过程。

如果一个系统在变化过程中,它的初态、一系列中间态和终态,都可以看成平衡态,这样的热力学过程就是**平衡过程或准静态过程**(quasi-static process)。换言之,平衡过程是由一系列平衡态构成的热力学过程。为了满足上述要求,过程的进行必须无限缓慢,使状态的变化极为微细,在整个过程中,每当平衡态被破坏时,应有足够的时间,使系统恢复平衡态。这样,在过程进行的每一时刻,系统都无限地接近平衡态,整个过程可看成是一系列平衡态的连续变化。

如图 4-1 所示,气缸中储有一定量的气体,控制条件(如将活塞上的细砂非常缓慢地减少),无限缓慢地移动活塞,每当活塞有微小的移动时,都有足够的时间使气体由不均匀变为均匀。上述气体状态的变化过程就可以看成是准静态过程。

若过程进行得很迅速,使气体处于一系列的非平衡态,并且恢复平衡所用的时间远远比破坏平衡的时间长,或者说在达到新的平衡之前系统又继续了下一步的变化,这种过程就是**非平衡过程**(non-static process)**或称非准静态过程**。

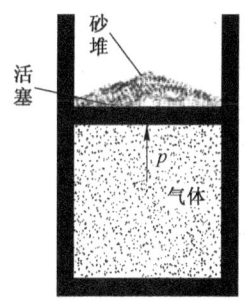

图 4-1 准静态过程

准静态过程是为了讨论问题方便而引入的理想化过程。在实际应用中,判断一个过程进行的"无限缓慢"不是看它经历时间的长短,而是看系统在状态变化过程中,及时达到新的平衡所需要的时间长短。例如,一滴墨水在一盆水中缓慢地扩散,金属在室温下缓慢蒸发等都不是准静态过程;又如,四冲程内燃机的压缩过程所经历的时间是很短的(数量级 $10^{-2}$ s),但因压强的传递速度更快(数量级 $10^2$ m/s),使过程经历的每一个中间状态都近似为平衡态,因而可将该过程近似地当做准静态过程来处理。

在前一章中提到,对于一定量气体组成的系统,当热力学系统处于平衡态时,可用压强 $p$、体积 $V$ 和温度 $T$ 这三个状态参量来描述。但在这三个状态参量中,只有两个是独立的,也就是说,知道了其中两个状态参量,第三个参量就是确定的。我们可以用 $p$-$V$ 图来形象地描述两个变化的状态参量之间的关系,若以 $V$ 为横坐标,$p$ 为纵坐标,$p$-$V$ 图上的一个点就代表系统的一个平衡态,一条光滑曲线就代表了一个准静态过程。如图 4-2 所示,几种典型的准静态过程通过 $p$-$V$ 图,使研究变得简单而直观了。

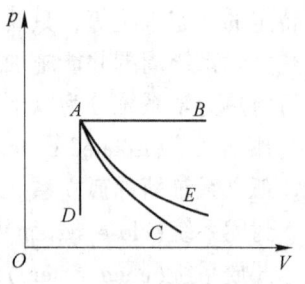

图 4-2　用曲线表示准静态过程

在图 4-2 中,平行于纵坐标轴的线段 $AD$ 代表等体过程(isochoric process)。平行于横坐标轴的线段 $AB$ 代表**等压过程**(isobaric process)。双曲线 $AE$ 代表**等温过程**(isothermal process)。比双曲线陡的曲线 $AC$ 代表绝热过程(adiabatic process)。

### 4.1.2　内能

在 3.3 节中我们知道,从气体分子运动论的观点出发,如果不考虑分子内部结构,热力学系统的内能是系统内所有分子热运动动能和分子间相互作用势能的总和。系统的内能是热力学系统状态的单值函数,也就是说,**内能的改变只决定于初、末两个状态,而与经历的过程无关**。实际上,许多实验事实也表明了这一结果。如图 4-3 所示,系统从 $A$ 状态到达 $B$ 状态,不管经历 $ACB$ 过程,还是经历 $ADB$ 过程,虽然系统经历的中间状态并不相同,但内能的改变一样。如果系统在 $A$ 状态的内能为 $U_A$,在 $B$ 状态的内能为 $U_B$,则从系统从 $A$ 状态到达 $B$ 状态内能的改变为 $\Delta U = U_B - U_A$。显然,系统如果从状态 $A$ 出发,经历 $ACB$ 到达 $B$ 状态后,又经历 $BDA$ 返回状态 $A$,系统内能的改变 $\Delta U = 0$。

在本书中,主要讨论的是理想气体的热力学过程,此时系统的内能仅仅是温度的函数,从而系统内能的改变只决定于系统始末状态温度的改变。例如,如果知道某一理想气体组成的系统,气体质量为 $m$,摩尔质量为 $M$,自由度为 $i$,则温度为 $T_A$ 的 $A$ 状态的内能为 $U_A = \dfrac{m}{M} \dfrac{i}{2} RT_A$,温度为 $T_B$ 的 $B$ 状态的内能为 $U_B = \dfrac{m}{M} \dfrac{i}{2} RT_B$,系统从 $A$ 状态到达 $B$ 状态内能的改变量为

$$\Delta U = \frac{m}{M} \frac{i}{2} RT_B - \frac{m}{M} \frac{i}{2} RT_A \qquad (4-1)$$

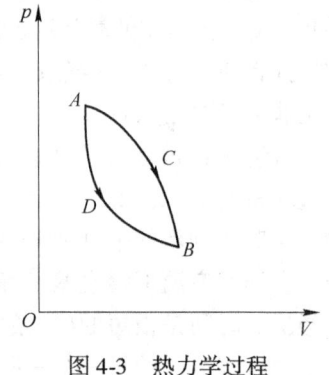

图 4-3　热力学过程

## 4.1.3 功

一个系统状态的改变会引起系统内能的改变。但怎样才能引起系统状态的改变呢？在热力学中，一般不考虑系统整体的机械运动，而无数事实表明，热力学系统状态的改变，总是通过系统对外做功或向系统传递热量，或两者兼并用来完成的。

在热力学中，功是指系统做功，它是通过宏观有规则的运动传递能量的形式。我们用气缸中气体缓慢的膨胀来讨论准静态过程的功。如图 4-4a 所示，一装有理想气体的气缸，其活塞可以无摩擦地移动，气缸外的压强 $p_0$ 无限地接近气缸内气体的压强 $p$，气体这种无限缓慢的膨胀可以视为准静态过程。

当活塞移动一微小距离 $dl$ 时，其压强 $p$ 可以视为不变，以 $S$ 表示活塞的面积，则气体对活塞的压力为 $pS$，气体对外所做的功为

$$dW = Fdl = pSdl = pdV \qquad (4-2)$$

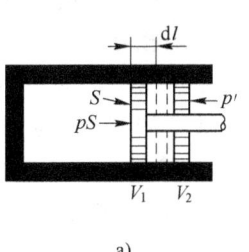
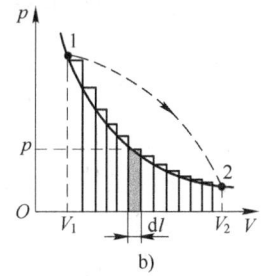

图 4-4 准静过程的功

式中，$dV$ 为气体体积的增量。显然，如果 $dV > 0$，则 $dW > 0$，说明气体体积膨胀时，系统对外做正功；如果 $dV < 0$，则 $dW < 0$，说明气体体积缩小时，系统对外做负功，或者说外界对系统做功。在 $p\text{-}V$ 图上，$dW$ 可用过程曲线下的条状面积元来表示，如图 4-4b 所示。

当气体由体积 $V_1$ 的状态变化到体积 $V_2$ 的状态时，系统对外所做的功为

$$W = \int dW = \int_{V_1}^{V_2} pdV \qquad (4-3)$$

从式(4-3)，结合 $p\text{-}V$ 图分析，容易得出：**气体在准静态过程的体积功在数值上等于 $p\text{-}V$ 图上过程曲线下的面积**。结合此结论，很容易理解：系统从状态 $A$ 变化到状态 $B$，由于过程不同，所做的功也不同，在图 4-4b 中，通过虚线的过程比实线过程所做的功要多。这就是说，系统对外所做的功不仅跟始末状态有关，而且还与所经历的过程有关，功是过程量。

**例题 4-1** 如图 4-5 所示，在活塞从体积为 $V_1$ 的状态 1 缓慢变为体积为 $V_2$ 的状态 2 的过程中，如果气缸内气体的压强恒为 $p_0$，求此过程中气缸内气体对外所做的功。已知 $V_1 = 0.1\text{m}^3$，$V_2 = 0.3\text{m}^3$，$p_0 = 1.0 \times 10^5 \text{Pa}$。

**解：** 此过程可以看做理想气体的等压过程，过程曲线如图 4-5 所示线段 12。

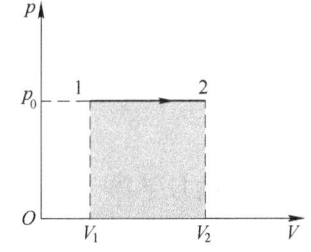

图 4-5 等压过程

方法一：根据式(4-3)，此过程的功可用积分表示为

$$W = \int_{V_1}^{V_2} p dV = p \int_{V_1}^{V_2} dV = p(V_2 - V_1) = 1.0 \times 10^5 \times (0.3 - 0.1) \text{J} = 2.0 \times 10^4 \text{J}$$

方法二：根据"体积功在数值上等于 $p$-$V$ 图上过程曲线下的面积"这一结论，如图4-5所示，此过程曲线所对应的功为

$$W = p\Delta V = p(V_2 - V_1) = 1.0 \times 10^5 \times (0.3 - 0.1) \text{J} = 2.0 \times 10^4 \text{J}$$

### 4.1.4 热量

我们知道，当两个物体之间，或者同一物体的不同部分之间存在温度差时，分子无规则运动的平均动能不同。温度高的物体或部分，分子平均动能大；温度低的物体或部分，分子平均动能小。当相互接触时，将通过分子的相互作用，平均动能大的分子会把无规则运动的能量传给平均动能小的分子，结果如同做功一样，会引起物体内能的变化。这种内能改变的方式是通过传热过程实现的，我们把在单纯的传热过程中能量传递的多少称为**热量**(heat)，通常用"$Q$"表示，在 SI 制中，热量单位为焦耳(J)。热量等于单纯的传热过程中内能改变的大小。热量是通过分子之间相互碰撞来传递能量，所以也可以说是微观功，热量和功一样也是过程量，也是能量变化的量度。

某种物质吸收热量 $\Delta Q$，温度升高 $\Delta T$ 时，$\Delta Q/\Delta T$ 称为该物质的**热容**(heat capacity)，用大写字母"$C$"表示，单位是 J/K。热容写成微分形式是

$$C = \lim_{\Delta T \to 0} \frac{\Delta Q}{\Delta T} = \frac{dQ}{dT} \tag{4-4}$$

1kg 物质温度升高 1K 所吸收的热量称为比热容(specific heat capacity)，用小写字母"$c$"表示，单位是 J/(kg·K)。1mol 物质的热容量称为**摩尔热容**(molar heat capacity)，用符号"$C_m$"表示，单位是 J/(mol·K)。摩尔热容等于 1mol 物质升高单位温度时吸收的热量，写成微分形式是

$$C_m = \frac{dQ_{\text{mol}}}{dT} \tag{4-5}$$

热容是跟具体过程有关的物理量，最常用的有摩尔定容热容和摩尔定压热容。质量为 $m$，摩尔质量为 $M$ 的气体，从温度 $T_1$ 的状态升为温度为 $T_2$ 的状态，如果该过程的摩尔热容恒为 $C_m$，则过程系统从外界吸收的热量为

$$Q = \frac{m}{M} C_m (T_2 - T_1) \tag{4-6}$$

### 4.1.5 热力学第一定律

对于任何热力学系统，当状态发生变化时，若其内能由 $U_1$ 变化到 $U_2$，同时系统从外界吸收热量 $Q$，对外做功为 $W$，则下面的关系成立：

$$Q = U_2 - U_1 + W \qquad (4\text{-}7)$$

式(4-7)是热力学第一定律的数学表达式，它表明，系统所吸收的热量，一部分用来对外做功，一部分用来增加系统的内能。

对于系统发生一个微小变化过程，热力学第一定律可以写成

$$dQ = dU + dW \qquad (4\text{-}8)$$

热力学第一定律应用于生命系统时，往往写成如下形式

$$U_2 - U_1 = W + Q \qquad (4\text{-}9)$$

它表明，系统由状态 1 变化到状态 2 时，环境对系统做功的总和 $W$，与环境对系统传递的热量总和 $Q$，二者之和等于系统内能的增量 $U_2 - U_1$。

热力学第一定律有着极其普遍的意义，它是包括热现象在内的普遍的能量守恒与转化定律，它适用于包括生命现象在内的一切热力学系统和一切热力学过程。对于内能，不能狭义地理解为系统热运动的内能，它包括系统的各种形式的能量，如机械能、电磁能、化学能等。功也应理解为多种形式的功，如机械力的功、电磁力的功、体积膨胀的功等。热力学第一定律是人们在长期的科学实践中总结出的一条普遍规律，它把各种自然现象用一个公共的量度——能量联系起来了，它表明了包括热现象在内，任何一种形式的运动都可以转化为其他形式的运动，但运动是永远不会停止的。

历史上曾有人企图制造一种永动机，它既不消耗本身的能量，也不从外界吸收热量，同时却能对外做功，这类永动机称为第一类永动机。热力学第一定律的确立是和制造第一类永动机失败相联系的，因此，热力学第一定律也可表述为：**第一类永动机是不可能制造成功的。**

## 4.2 热力学第一定律在典型理想等值过程中的应用

热力学第一定律确定了系统在状态变化过程中被传递的热量、所做的功和内能改变三者之间的关系，不论是气体、液体还是固体的系统，它都适用。在本节中，我们讨论热力学第一定律在理想气体的四种典型准静态过程中的应用。

### 4.2.1 等体过程

等体过程指系统体积保持恒定的过程，其特征是 $V$ = 常量，或 $dV = 0$。等体过程的过程方程是 $p/T$ = 常量。在 $p\text{-}V$ 图上呈现为一条平行于 $p$ 的线段，如图 4-6 所示。

注意到 $dV = 0$，根据式(4-2)有 $dW = pdV = 0$。无限小过程的热力学第一定律可以写为

$$(dQ)_V = dU \qquad (4\text{-}10)$$

对从状态 1 等体变化到状态 2 的过程有

$$Q_V = U_2 - U_1 \tag{4-11}$$

上式表明,在等体过程中,系统吸收的热量全部变成系统的内能。

根据式(4-6)摩尔热容的微分形式,结合式(4-11),摩尔定容热容为

$$C_{V,m} = \left(\frac{dQ_m}{dT}\right)_V = \frac{dU_m}{dT} \tag{4-12}$$

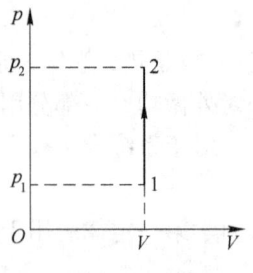

图 4-6  等体过程

1 mol 理想气体的内能 $U_m = iRT/2$,代入式(4-12)得摩尔定容热容为

$$C_{V,m} = \frac{i}{2}R \tag{4-13}$$

质量为 $m$,摩尔质量为 $M$ 的理想气体经等体过程,温度由 $T_1$ 变化到 $T_2$,根据式(4-12)和式(4-13),其内能增量为

$$U_2 - U_1 = \int_1^2 dE = \int_{T_1}^{T_2} \frac{m}{M} C_{V,m} dT = \frac{m}{M}\frac{i}{2}R(T_2 - T_1) = \frac{m}{M}\frac{i}{2}RT_2 - \frac{m}{M}\frac{i}{2}RT_1 \tag{4-14}$$

式(4-14)进一步验证了内能的改变仅仅与始末状态有关,而与过程无关的结论。

### 4.2.2 等压过程

系统压强恒定的过程叫等压过程,其特征是 $p = $ 常量,或表示为 $dp = 0$。过程方程是 $V/T = $ 常量。在 $p$-$V$ 图上,等压过程呈现为一条与 $V$ 轴平行的线段,如图 4-5 所示。

根据例题 4-1 我们知道,由体积 $V_1$ 的状态等压变化到体积 $V_2$ 的状态,气体对外所做的功为

$$W_p = p(V_2 - V_1) \tag{4-15}$$

将理想气体的状态方程代入式(4-1)后有

$$W_p = \frac{m}{M}R(T_2 - T_1)$$

前面已经提出,理想气体的内能仅是温度的单值函数,不论经过何种过程,其内能的增量均为

$$U_2 - U_1 = \frac{m}{M}\frac{i}{2}RT_2 - \frac{m}{M}\frac{i}{2}RT_1$$

根据热力学第一定律,在等压过程中系统从外界吸收的热量为

$$Q_p = U_2 - U_1 + W_p = \frac{m}{M}\left(\frac{i}{2} + 1\right)R(T_2 - T_1) \tag{4-16}$$

将式(4-16)和式(4-7)比较,可以得到摩尔定压热容为

$$C_{p,m} = \left(\frac{i}{2} + 1\right)R \tag{4-17}$$

上式整理后有

$$C_{p,m} = \frac{i}{2}R + R = C_{V,m} + R \tag{4-18}$$

式(4-18)称为迈耶公式(Mayer formula)，它表明，理想气体在等压过程中温度升高 1K 所吸收的热量比在等体过程温度升高 1K 时吸收的热量多 8.31J。其原因是等压过程中需多吸收一部分热量以对外做功。

在实际中常用到摩尔定压热容 $C_{p,m}$ 与摩尔定容热容 $C_{V,m}$ 之比，称为**比热容比**(ratio of heat capacity)，用 $\gamma$ 表示

$$\gamma = \frac{C_{p,m}}{C_{V,m}} = \frac{i+2}{i} \tag{4-19}$$

对单原子分子，$i=3$，于是

$$C_{V,m} = \frac{3}{2}R, C_{p,m} = \frac{5}{2}R, \gamma = \frac{5}{3} = 1.67$$

对刚性双原子分子，$i=5$，于是

$$C_{V,m} = \frac{5}{2}R, C_{p,m} = \frac{7}{2}R, \gamma = 1.4$$

对刚性三个或三个以上原子的分子，$i=6$，于是

$$C_{V,m} = 3R, C_{p,m} = 4R, \gamma = \frac{4}{3} = 1.33$$

**例题 4-2** 质量为 $2.8 \times 10^{-3}$ kg、温度为 300K、压强为标准大气压的氮气，等压膨胀到原来体积的两倍。求氮气所做的功 $W_p$、吸收的热量 $Q_p$ 以及内能的增量 $\Delta U$。

**解**：在等压过程中，有 $T_2 = T_1 \times V_2/V_1 = 300 \times 2\text{K} = 600\text{K}$，气体做功为

$$W_p = p(V_2 - V_1) = \frac{m}{M}R(T_2 - T_1) = \frac{2.8 \times 10^{-3}}{0.028} \times 8.31 \times (600 - 300)\text{J} = 249.3\text{J}$$

氮气分子为双原子分子，$i=5$，内能增量为

$$\Delta U = U_2 - U_1 = \frac{m}{M}\frac{i}{2}R(T_2 - T_1) = \frac{2.8 \times 10^{-3}}{0.028} \times \frac{5}{2} \times 8.31 \times (600 - 300)\text{J} = 624\text{J}$$

根据热力学第一定律，吸收的热量为

$$Q_p = W_p + \Delta U = (249.3 + 624)\text{J} = 873.3\text{J}$$

### 4.2.3 等温过程

等温过程是温度不变的过程，其特征是 $T =$ 常量，或表示为 $dT = 0$。等温过程的过程方程为 $pV =$ 常量，在 $p$-$V$ 图上对应双曲线的一支，称为等温线，如图 4-7 所示。

由于理想气体的内能仅仅是温度的单值函数,因而对等温过程,$dU = 0$。根据热力学第一定律有

$$dQ_T = dW_T \qquad (4\text{-}20)$$
$$Q_T = W_T \qquad (4\text{-}21)$$

设质量为 $m$,摩尔质量为 $M$ 的理想气体,经历一个温度恒为 $T$ 的准静态等温过程,体积由 $V_1$ 变到 $V_2$,在此过程气体对外做功

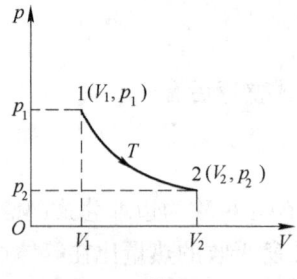

图 4-7 等温过程

$$W_T = \int_{V_1}^{V_2} p dV$$

因为气体满足状态方程 $pV = \dfrac{m}{M}RT$,所以 $p = \dfrac{1}{V}\dfrac{m}{M}RT$,代入上式,得

$$W_T = \int_{V_1}^{V_2} \frac{1}{V}\frac{m}{M}RT dV = \frac{m}{M}RT\ln\frac{V_2}{V_1} \qquad (4\text{-}22)$$

根据式(4-21),此过程吸收的热量

$$Q_T = W_T = \frac{m}{M}RT\ln\frac{V_2}{V_1} \qquad (4\text{-}23)$$

系统在等温过程中由外界吸收的热量全部转换为系统对外所做的功,反之,外界对系统做的功也全部转换为系统对外放出的热量。这一结论正是因为在等温过程中 $dU = 0$ 的自然结果。

在图 4-7 中,如果已知的是状态 1 和状态 2 的压强 $p_1$ 和 $p_2$,根据理想气体状态方程,可以得到

$$Q_T = W_T = \frac{m}{M}RT\ln\frac{p_1}{p_2} \qquad (4\text{-}24)$$

或者仅仅已知状态 1 和状态 2 的压强 $p_1$、$p_2$,和体积 $V_1$、$V_2$,也可以得到

$$Q_T = W_T = p_1V_1\ln\frac{V_2}{V_1} = p_2V_2\ln\frac{V_2}{V_1} = p_1V_1\ln\frac{p_1}{p_2} \qquad (4\text{-}25)$$

**例题 4-3** 一定量的氧气在状态 1,其压强和体积分别为 $p_1 = 1.0 \times 10^5 \text{Pa}$,$V_1 = 0.05 \text{m}^3$。分别经过下列两过程到达状态 2(见图 4-8),求这两过程中内能的变化、系统所做的功和吸收的热量(已知 $\ln 2 = 0.69$)。

(1) 由状态 1 等温膨胀到状态 2;

(2) 由状态 1 等体降压到压强为 $p_3 = 0.5 \times 10^5 \text{Pa}$ 状态 3,再由状态 3 等压膨胀到状态 2。

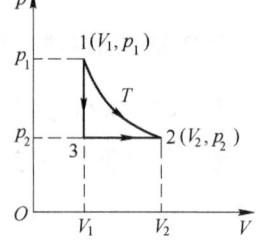

图 4-8 例题 4-3 图

**解**:因为在(2)过程中第二阶段一直保持等压,所以状态 2 的压强 $p_2 = p_3 = 0.5 \times 10^5 \text{Pa}$,又因为(1)是等温过程,根据等温过程的过程方程可以得到

$$V_2 = \frac{p_1 V_1}{p_2} = \frac{1.0 \times 10^5 \times 0.05}{0.5 \times 10^5} \text{m}^3 = 0.1 \text{m}^3$$

由此，可以在 $p$-$V$ 中画出两过程的的过程曲线如图 4-8 所示。

(1) 1→2 过程是等温过程，所以

$$\Delta U = 0$$

根据式(4-25)

$$Q_T = W_T = p_1 V_1 \ln \frac{V_2}{V_1} = 1.0 \times 10^5 \times 0.05 \times \ln \frac{0.1}{0.05} \text{J} = 3.45 \times 10^3 \text{J}$$

(2) 在 1→3→2 过程中，因为始末状态温度不变，所以

根据热力学第一定律，1→3→2 过程有

$$Q = W = W_{1\to3} + W_{3\to2} = W_{3\to2} = p_2(V_2 - V_1)$$
$$= 0.5 \times 10^5 \times (0.1 - 0.05) \text{J} = 2.5 \times 10^2 \text{J}$$

## 4.2.4 绝热过程

系统在整个过程中不与外界交换热量，$\text{d}Q = 0$，这种过程叫做绝热过程。这时热力学第一定律写为

$$\text{d}W = -\text{d}U \tag{4-26}$$

对有限量的变化，则有

$$W = -(U_2 - U_1) \tag{4-27}$$

由于理想气体的内能仅是温度的函数，则质量为 $m$、摩尔质量为 $M$ 的理想气体温度升高 $\text{d}T$ 时，内能的增量为

$$\text{d}U = \frac{m}{M} C_{V,\text{m}} \text{d}T$$

于是

$$\text{d}W = -\frac{m}{M} C_{V,\text{m}} \text{d}T$$

积分得

$$W = \int_{T_1}^{T_2} -\frac{m}{M} C_{V,\text{m}} \text{d}T = -\frac{m}{M} C_{V,\text{m}} (T_2 - T_1) \tag{4-28}$$

在绝热膨胀过程中，系统对外界做的功是通过消耗系统本身的内能来完成的，系统对外做功将导致系统降温。反之，外界对系统做功则完全变为系统的内能，做功的结果导致系统升温。这些结论在工程实际中都有重要的应用。

在理想气体的绝热过程中，$p$，$V$ 和 $T$ 三个状态参量都要改变，但它们之间存在一定的关系，通过理想气体状态方程和热力学第一定律，可以推导出任意两个参量之间的关系，或者说三个状态参量中，只要知道了其中一个状态参量，其他两个状态参量就是确定的。可以证明，对于准静态的绝热过程，在 $p$，$V$ 和 $T$ 三个状态

参量中，每两者之间满足

$$pV^\gamma = 常量 \tag{4-29}$$
$$V^{\gamma-1}T = 常量 \tag{4-30}$$
$$p^{\gamma-1}T^{-\gamma} = 常量 \tag{4-31}$$

以上三个方程叫做理想气体的**绝热方程**(adiabatic equation)，也称为**泊松方程**(Possion equation)，其中 $\gamma$ 为比热容比。式中三个常量的大小并不相同，大小与气体的质量及初始状态等有关。在实际应用中，可以任意选用比较方便的方程来应用。

下面来推导绝热过程方程。

已知在绝热条件下，$\mathrm{d}W = -\mathrm{d}U$，$\mathrm{d}U = \dfrac{m}{M}C_{V,m}\mathrm{d}T$。由于准静态过程中的体积功 $\mathrm{d}W = p\mathrm{d}V$，所以可以得到

$$p\mathrm{d}V = -\frac{m}{M}C_{V,m}\mathrm{d}T$$

对理想气体状态方程 $pV = mRT/M$ 微分得到

$$p\mathrm{d}V + V\mathrm{d}p = \frac{m}{M}R\mathrm{d}T$$

将上述两式消去 $\mathrm{d}T$，得

$$(C_{V,m} + R)p\mathrm{d}V = -C_{V,m}V\mathrm{d}p$$

将式(4-18)和式(4-19)代入上式并整理得到

$$\frac{\mathrm{d}p}{p} = -\gamma\frac{\mathrm{d}V}{V}$$

对上式积分得

$$\ln p + \gamma \ln V = 常量$$

整理后即得

$$pV^\gamma = 常量$$

此即为绝热方程中的式(4-29)。应用理想气体状态方程和上式消去 $p$ 或 $V$，分别得到式(4-30)和式(4-31)。

根据 $pV^\gamma = 常量$，可在 $p$-$V$ 图上画出理想气体准静态绝热过程曲线。该曲线称为绝热线，如图4-9中的实线所示。在图4-9中，除了给出了绝热线，虚线还给出了同一种理想气体的等温线。从图可以看出，绝热线比等温线陡峭。实际上，在两线的交点 $A$ 处，由绝热方程 $pV^\gamma = 常量$ 可算出绝热线在 $A$ 处的斜率为

$$\left(\frac{\partial p}{\partial V}\right)_Q = -\gamma\frac{p_A}{V_A}$$

由等温方程 $pV = 常量$ 可算出等温线在 $A$ 处的斜率为

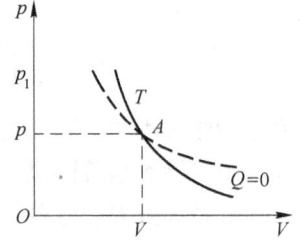

图 4-9 绝热线和等温线

$$\left(\frac{\partial p}{\partial V}\right)_T = -\frac{p_A}{V_A}$$

由于 $\gamma > 1$，所以

$$\left|\left(\frac{\partial p}{\partial V}\right)_Q\right| > \left|\left(\frac{\partial p}{\partial V}\right)_T\right|$$

可知绝热线比等温线更陡一些。

根据以上对理想气体等值过程的讨论，现归纳其参量关系，吸收热量、内能变化和对外做功列于表 4-1 中。

表 4-1 理想气体热力学过程主要公式对照

| 过程 | 过程方程 | 吸收热量 $Q$ | 对外做功 $W$ | 内能增量 $\Delta U$ |
|---|---|---|---|---|
| 等体 | $p/T = $ 常量 | $\frac{m}{M}C_{V,\mathrm{m}}(T_2 - T_1)$ | 0 | $\frac{m}{M}C_{V,\mathrm{m}}(T_2 - T_1)$ |
| 等压 | $V/T = $ 常量 | $\frac{m}{M}C_{p,\mathrm{m}}(T_2 - T_1)$ | $p(V_2 - V_1)$ 或 $\frac{m}{M}R(T_2 - T_1)$ | $\frac{m}{M}C_{V,\mathrm{m}}(T_2 - T_1)$ |
| 等温 | $pV = $ 常量 | $\frac{m}{M}RT\ln\frac{V_2}{V_1}$ 或 $p_1V_1\ln\frac{V_2}{V_1}$ | $\frac{m}{M}RT\ln\frac{V_2}{V_1}$ 或 $p_1V_1\ln\frac{V_2}{V_1}$ | 0 |
| 绝热 | $pV^\gamma = $ 常量<br>$V^{\gamma-1}T = $ 常量<br>$p^{\gamma-1}T^{-\gamma} = $ 常量 | 0 | $\frac{m}{M}C_{V,\mathrm{m}}(T_1 - T_2)$ | $\frac{m}{M}C_{V,\mathrm{m}}(T_2 - T_1)$ |

## 4.3 热力学第二定律

热力学第一定律揭示了各种形式的能量在相互转化中能量守恒的规律。但是满足能量守恒的宏观过程是不是就一定能发生呢？为了回答这个问题，我们必须学习热力学第二定律。

### 4.3.1 循环过程

人们为了把热量转化为功，制造了各种热机，热机通过工作物质（如水蒸气）的状态变化，推动活塞做功。它们的特点是工作物质经历了一系列变化过程，又回到了初始状态，周而复始地循环工作。我们把一个热力学系统从某一状态出发，经过一系列中间状态，又回到原来状态的过程称为**循环过程**（cycle process），或简称**循环**（cycle）。循环过程在 p-V 图上对应一条闭合曲线，如图 4-10 所示。因为系统的内能是状态的单值函数，所以系统经过一个循环过程，内能不变，这是循环过程的一个重要特征。

在 p-V 图上顺时针的循环称为正循环，如图 4-10a 所示；逆时针的循环称为逆循环，如图 4-10b 所示。在图 4-10a 中，系统由状态 A 经过 C 膨胀到状态 B，对外所做的功等于曲线下面的面积；气体再由状态 B 经过 D 回到状态 A，外界对系统所做的功等

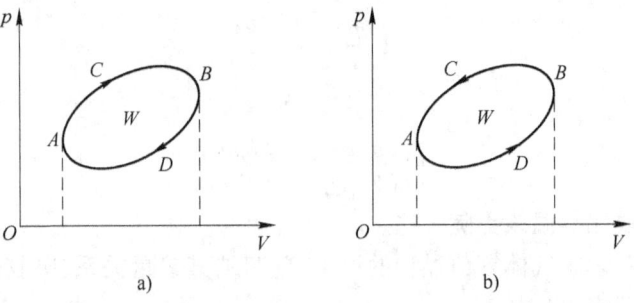

图 4-10 循环过程

于曲线 BDA 下面的面积,所以系统经过一个正循环对外做的净功 W 等于这两条曲线下的面积之差,也就是等于闭合曲线 ACBDA 所围成的面积,工质作正循环是将热能转变为机械能的循环过程,所以正循环也称热机循环,进行这种循环工作的机器叫做**热机**(heat engine)。

热机完成一个正循环,从高温热源吸收热量 $Q_1$,向低温热源放出热量 $|Q_2|$(如果用 $Q>0$ 表示吸收的热量,则此时有 $Q_2<0$,$|Q_2|=-Q_2$),对外做功为 $W$,热机不能把从高温热源吸收的热量 $Q_1$ 全部转化为功。我们把正循环所做的净功 $W$(收益),与循环中高温热源加给工质的热量 $Q_1$(代价)之比值称为循环热效率,在物理上习惯称为热机效率,用 $\eta$ 表示,即

$$\eta = \frac{W}{Q_1} \tag{4-32}$$

由于完成一个循环系统的内能不变,由热力学第一定律可得系统对外界做的循环净功为 $W=Q_1-|Q_2|$,所以热机的效率也可以表示为

$$\eta = \frac{Q_1-|Q_2|}{Q_1} = 1 - \frac{|Q_2|}{Q_1} \tag{4-33}$$

逆时针的循环曲线所包围的面积在数值上等于外界对系统所做的功。这是一个消耗外界提供的功,将热量从低温热源传递到高温热源的循环。让工质作逆循环,将热量自低温的冷藏室取出,排向大气(高温热源)的机器,叫做**制冷机**(refrigerator),如生活中的制冷空调和冰箱即为此类装置;同样让工质作逆循环,从大气(低温热源)吸收热量,送到温度较高的室内(高温热源),以达到供暖目的的机器,叫做**热泵**(heat pump),如生活中的制热空调和空气能热水器即为此类装置。在逆循环中,工质从低温热源吸收的热量为 $Q_2$,在高温热源向外界释放的热量为 $|Q_1|$,根据热力学第一定律,外界需要对系统所做的循环净功 $W=|Q_1|-Q_2$。

通常用工作系数来评价工质作逆循环的机器的热经济效益。所谓工作系数就是逆向循环的收益和代价之比。制冷机的工作系数称为制冷系数,用 $\varepsilon$ 表示,即

$$\varepsilon = \frac{Q_2}{W} = \frac{Q_2}{|Q_1|-Q_2} \tag{4-34}$$

热泵的工作系数称为供热系数,用 $\varepsilon'$ 表示,即

$$\varepsilon' = \frac{|Q_1|}{W} = \frac{|Q_1|}{|Q_1| - Q_2} \tag{4-35}$$

可见,$\varepsilon'$总是大于1,而$\varepsilon$值有可能大于1,也可能小于1,在一般制冷条件下$\varepsilon$通常大于1。

### 4.3.2 卡诺循环

由两条等温线和两条绝热线所围成的循环,有着特殊的意义,这种循环称为**卡诺循环**(Carnot cycle)。卡诺循环是在两个温度恒定且有温差的热源之间工作的循环过程,且在整个循环过程中只与这两个热源交换能量。这一循环中的过程都是准静态的,所以系统在与温度为$T_1$的高温热源的接触中是一个温度为$T_1$的等温膨胀过程。同样,在温度为$T_2$的低温热源接触的过程中经历了一个温度为$T_2$的等温压缩过程。由于系统只与两个恒温热源交换能量,所以当系统脱离热源时所进行的过程只能是绝热过程。可见,卡诺循环是由两个等温过程和两个绝热过程组成的。

卡诺循环是1824年法国青年工程师卡诺(N. L. S. Carnot)对热机的最大可能效率问题进行理论研究时提出的一个理想的循环过程。在考虑卡诺循环时,设定工质是理想气体。如图4-11a所示,在$p$-$V$图上可用两条等温线和两条绝热线组成的闭合曲线表示出来。

下面根据图4-11a来分析卡诺循环的各过程中的能量变化的情况,并求出卡诺循环的效率。

第一过程$A \to B$(等温膨胀):

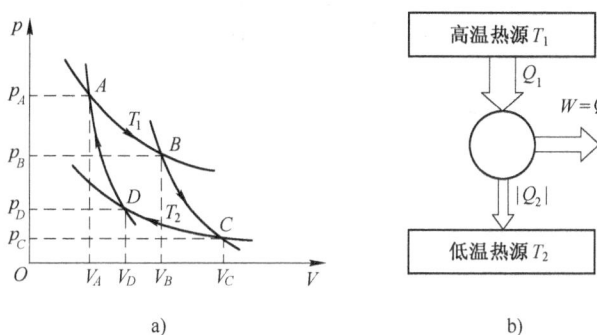

图4-11 卡诺循环

气体由状态$A$变化到$B$状态,是等温膨胀过程,气体从高温热源吸收热量$Q_1$,对外做功$W_1$,$W_1$在数值上等于$p$-$V$图上$A \to B$曲线下面的面积。根据热力学第一定律有

$$Q_1 = U_B - U_A + W_1 = W_1$$

第二过程$B \to C$(绝热膨胀):

气体由$B$状态变化到$C$状态是一个绝热过程。气体不吸收热量,对外做功$W_2$

在数值上等于 $B\to C$ 曲线下的面积。根据热力学第一定律有
$$0 = U_C - U_B + W_2$$

第三过程 $C\to D$(等温压缩)：

气体由 $C$ 状态变化到 $D$ 状态,是等温压缩过程,气体向低温热源放出热量 $|Q_2|$,外界对气体做功 $W_3$ 在数值上等于 $C\to D$ 曲线下的面积。根据热力学第一定律有
$$-|Q_2| = U_D - U_C - W_3$$

第四过程 $D\to A$(绝热压缩)：

气体由 $D$ 状态变化到 $A$ 状态是绝热过程,气体不放出热量,外界对气体做功 $W_4$,在数值上等于 $D\to A$ 曲线下的面积。根据热力学第一定律有
$$0 = U_A - U_D - W_4$$

把前面四个式子相加,考虑到循环一周后 $\Delta U = 0$,得
$$Q_1 - |Q_2| = W_1 + W_2 - W_3 - W_4$$
即
$$Q_1 - |Q_2| = W$$

式中,$Q_1$ 和 $|Q_2|$ 分别为理想气体从高温热源吸收的热量和向低温热源放出的热量;$W$ 是理想气体经一循环对外所做的净功,这个净功就是图 4-11a 中正循环所包围的面积。

如果理想气体是由质量为 $m$、摩尔质量为 $M$ 的气体组成,则由式(4-23)可得 $Q_1$ 和 $|Q_2|$ 分别为
$$Q_1 = \frac{m}{M}RT_1\ln\frac{V_B}{V_A}$$
$$|Q_2| = \frac{m}{M}RT_2\ln\frac{V_C}{V_D}$$

根据循环效率的一般定义式,即代入式(4-33)有
$$\eta = 1 - \frac{\frac{m}{M}RT_2\ln\frac{V_C}{V_D}}{\frac{m}{M}RT_1\ln\frac{V_B}{V_A}} = 1 - \frac{T_2\ln\frac{V_C}{V_D}}{T_1\ln\frac{V_B}{V_A}}$$

根据理想气体绝热过程方程式(4-30),对绝热过程 $B\to C$ 和 $D\to A$ 可以分别得到关系式
$$T_1 V_B^{\gamma-1} = T_2 V_C^{\gamma-1}$$
$$T_1 V_A^{\gamma-1} = T_2 V_D^{\gamma-1}$$

将上面两式相比得
$$\frac{V_B}{V_A} = \frac{V_C}{V_D}$$

据此,可得理想气体准静态卡诺循环的热机效率为
$$\eta = 1 - \frac{T_2}{T_1} \tag{4-36}$$

从以上的分析可得出以下结论：
1) 卡诺循环必须有高温和低温两个热源。
2) 两个热源的温差越大，正循环热机效率越高。
3) 正循环热机效率总是小于1。

如果使理想气体在图4-11a中同样以 $A$ 为起点，沿正循环相反的方向作逆向卡诺循环。通过外界对气体做净功，气体从温度为 $T_2$ 的低温热源吸收热量 $Q_2$ 向高温为 $T_1$ 的高温热源放出热量 $|Q_1|$。与正循环相似，可以得出理想气体为工质的逆向卡诺循环的制冷机的制冷系数为

$$\varepsilon = \frac{Q_2}{W} = \frac{Q_2}{|Q_1| - Q_2} = \frac{T_2}{T_1 - T_2} \tag{4-37}$$

同样，可以得出理想气体为工作物质的逆向卡诺循环的热泵的供热系数为

$$\varepsilon' = \frac{|Q_1|}{W} = \frac{|Q_1|}{|Q_1| - Q_2} = \frac{T_1}{T_1 - T_2} \tag{4-38}$$

从式(4-37)和式(3-38)两式都可以看出，高温热源和低温热源之间的温差越大，制冷系数和供热系数就越小。这说明要从温度越低的低温热源吸取相同热量或从温度越高的高温热源释放相同热量，就必须消耗更多的外功。所以无论是制冷机还是热泵中，外机都会通过风扇加速空气对流而使外机附近的温度和大气环境的温度接近，从而提高供热系数，节约能源。

**例题4-4** 有一卡诺制冷机，从温度为 $-10°C$ 的冷冻室中吸收热量而向温度为 $20°C$ 的物体(如水)放出热量。设制冷机消耗的功率为 $30kW$，问每分钟从冷冻室中吸取多少热量？又将向温度为 $20°C$ 的物体放出多少热量？

**解**：根据式(4-37)卡诺制冷机的制冷系数为

$$\varepsilon = \frac{T_2}{T_1 - T_2} = \frac{273 - 10}{(273 + 20) - (273 - 10)} = \frac{263}{30} = 8.77$$

每分钟制冷机消耗的功为

$$W = Pt = 30 \times 10^3 \times 60 J = 1.8 \times 10^6 J$$

而根据式(4-34)，可以得到每分钟从冷冻室吸收的热量为

$$Q_2 = \varepsilon W = 8.77 \times 30 \times 10^3 \times 60 J = 1.58 \times 10^7 J$$

根据热力学第一定律，高温释放的热量为

$$|Q_1| = W + Q_2 = (1.8 \times 10^6 + 1.58 \times 10^7) J = 1.76 \times 10^7 J$$

### 4.3.3 可逆过程与不可逆过程

自然界中一切自发过程都是有方向性的。例如，热量总是由高温物体自发地传向低温物体；扩散过程总是由密度大的地方自发地向密度小的地方扩散。要想使热量从低温物体传向高温物体，使扩散了的气体再集中起来，就必须对它做功，也就是它们不能自动地恢复原状，要想恢复原状，就必须引起其他变化。这种过程为不可逆

过程,其定义为:**一个系统由状态 $A$ 变化到状态 $B$,如果不能实现其逆过程,即不能从状态 $B$ 恢复到原来的状态 $A$;或能恢复到状态 $A$,但周围环境不能恢复原状,这样的过程为不可逆过程**(irreversible process)。

自然界中是否存在可逆过程呢?我们分析以下两个例子。

(1)小球的弹跳过程　设地面和小球是完全弹性的,并且没有空气阻力,小球可以弹跳回到原来高度,即小球可以恢复到原来状态而不引起周围环境的变化。我们说小球的弹跳是可逆过程。

(2)无摩擦的准静态膨胀过程　若气体无摩擦地准静态膨胀,由状态 $A$ 变化到状态 $B$,对外做功为 $W$,吸收热量为 $Q$。当气体由状态 $B$ 无摩擦准静态地压缩到状态 $A$,外界对气体做功与原来气体对外做的功相等,放出的热量也等于原来过程吸收的热量,气体回到原状态,环境也恢复原状,所以说无摩擦的准静态过程也是可逆过程。

可逆过程是我们为了研究问题方便而假设的理想化过程。在实际中,完全弹性、没有阻力、无摩擦等条件都是达不到的。有些实际的宏观过程虽然接近可逆过程,但都不可能真正达到可逆过程。实际上,自然界一切自发的宏观过程都是不可逆过程。

### 4.3.4　热力学第二定律

一切自发的宏观过程都是不可逆过程,涉及到的一个重要的问题就是能量的利用效率问题。摩擦生热,机械能可以全部变为热能,而相反过程不会自动发生,这是什么原因呢?一般来说,机械能是一种利用效率较高的能量,热能是一种利用效率较低的能量,伴随着不可逆过程总是发生着一种利用效率较高的能量(如机械能、电能和化学能)转变为利用效率较低的能量,这叫能量耗散。

用热力学第一定律描述不可逆过程(特别是能量耗散问题)是无能为力的。于是从大量的经验事实中,人们总结出热力学第二定律。热力学第二定律有许多不同的表述形式,最常见的有两种,即开尔文表述和克劳修斯表述。

**开尔文表述**:**不可能从单一热源吸热使之完全变为有用功而不产生其他影响。**
**克劳修斯表述**:**不可能把热量从低温物体传到高温物体而不产生其他影响。**

开尔文表述反映了功转变为热的不可逆性,即反映了能量的耗散性。克劳修斯表述反映了热传导的不可逆性。由于高温物体所具有的能量耗散性,低温物体所具有的热量利用率较低,因此,克劳修斯表述同样反映了能量的耗散性。不可逆过程的方向性和耗散性吸引了 19 世纪的物理学家和化学家的注意,使他们感觉到必须了解不可逆过程的本质和意义,并且确定了一个自发过程的不可逆性的标准,即建立描述不可逆过程的数学表达式。经过长期的努力,这个问题获得了解决,这就是下一节所要讨论的熵增加原理和热力学第二定律的统计意义。

克劳修斯(Rudolf Julius Emanuel Clausius,1822—1888 年),德国物理学家(见图 4-12)。1850 年,克劳修斯被聘为柏林大学副教授并兼任柏林帝国炮兵工程学校的讲师。同年,他对热机过程,特别是卡诺循环进行了精心的研究。克劳修斯从卡诺的热动力机理论出发,以机械热力理论为依据,逐渐发现了热力学基本现象,得出了热力学第二定律的克劳修斯陈述。同时,他还推导了克劳修斯方程——关于气体的压强、体积、温度和摩尔气体常数之间的关系,修正了原来的范德瓦尔斯方程。1854年,克劳修斯最先提出了熵的概念,进一步发展了热力学理论。他将热力学定律表达为:宇宙的能量是不变的,而它的熵则总在增加。由于他引进了熵的概念,因而使热力学第二定律公式化,使它的应用更为广泛。1855年,克劳修斯被聘为苏黎世大学正教授,在这所大学他任教长达十二年。这期间,他除了给大学生讲课外,还积极地进行科学探索。1857年,克劳修斯研究气体动力学理论取得成就,他提出了气体分子绕本身转动的假说。1858年,克劳修斯通过细心的研究,推导出了气体分子平均自由程公式,找出了分子平均自由程与分子大小和扩散系数之间的关系。同时,他还提出分子运动自由程分布定律。他的研究也为气体分子运动论的建立做出了杰出的贡献。1860年,克劳修斯计算出了气体分子的运动速度。后来,他确定了气体对于器壁的压力值相当于分子撞击器壁的平均值。运用与概率论相结合的平均值方法,他开辟了物理学一个极为重要的领域,即创建了统计物理学的学科。1867年,克劳修斯受聘于维尔茨堡大学,担任教授。在这所大学里他任教两年。在这期间(1868年),他又被选为英国伦敦皇家学会会长。1869年以后,他任波恩大学教授。1870年他最先提出了均功理论。克劳修斯不仅在科研方面取得了重大的成就,而且在教学上也取得了良好的效果。他先后在柏林大学、苏黎世大学、维尔茨堡大学和波恩大学执教长达三十余年,桃李芬芳。他培养的很多学生后来都成为了知名的学者,有的甚至是举世闻名的物理学家。

图 4-12　克劳修斯

## 4.4　熵

### 4.4.1　卡诺定理

卡诺循环是一个理想的循环过程,它不仅要求工质是理想气体,而且还必须满足使系统经历的四个过程均是准静态过程,即是可逆的循环。这个循环的意义可以通过**卡诺定理**(Carnot theorem)来说明,卡诺定理表述为:

工作在相同高温热源和低温热源之间的一切可逆机,其效率都相等,等于$(1 - T_2/T_1)$,与工质无关;而工作在相同高温热源和相同低温热源之间的一切不可逆机的效率不可能高于可逆机的效率。

卡诺定理指出了工作在相同高温热源和低温热源之间热机效率的极限值,它可以从热力学第二定律出发得到证明,其数学表达式为

$$\eta = 1 - \frac{|Q_2|}{Q_1} \leq 1 - \frac{T_2}{T_1} \tag{4-39}$$

式中,等号对应可逆热机;小于号对应不可逆热机;$Q_1$为系统从高温热源吸收的热量;$|Q_2|$为系统向低温热源放出的热量。在热力学过程中习惯用$Q_2$表示工质从低温热源吸收的热量,此时$Q_2$为负值,而用$|Q_2|$表示系统向低温热源放出的热量,加

绝对值符号就是为了体现其为正值。

卡诺定理指出了提高热机效率的途径。首先,就过程而言,应对使实际的不可逆热机尽量接近可逆热机。其次,从高温热源和低温热源的温度角度来说,应该尽量提高两热源的温度差。

### 4.4.2 熵

我们已经知道,对状态的描述要用一个相应的态函数;热力学第一定律描述状态变化时,对应用了一个态函数——内能;作为对系统状态变化进行过程的方向和限度描述的热力学第二定律,由于也涉及状态的变化,所以也应用一个新的态函数来描述。克劳修斯根据卡诺定理证明了这个与系统平衡状态有关的态函数的存在,并根据该函数的单向变化的性质来判断实际过程进行的方向。

根据式(4-39),理想气体卡诺热机效率为

$$\eta = 1 - \frac{|Q_2|}{Q_1} = 1 - \frac{T_2}{T_1} \tag{4-40}$$

式中,$|Q_2|$是表示系统向低温热源放出的热量。而在热力学第一定律中,$Q$ 均表示系统从外界吸收的热量,这里,我们为了整个循环过程热量交换的一致性,用 $Q_2$ 来表示系统在低温热源吸收的热量,因为实际上是放出热量,所以应为负值,既满足 $|Q_2| = -Q_2$。将此结果代入式(4-40),有

$$\eta = 1 + \frac{Q_2}{Q_1} = 1 - \frac{T_2}{T_1}$$

据此得

$$\frac{Q_2}{T_2} = -\frac{Q_1}{T_1}$$

即

$$\frac{Q_1}{T_1} + \frac{Q_2}{T_2} = 0 \tag{4-41}$$

上式表示高温热源和低温热源吸收热量和对应温度之比的和为0。可逆的卡诺循环是由两个等温过程和两个绝热过程构成的循环,对于绝热过程,$Q=0$,这样我们可以得到在整个卡诺循环中,过程量 $Q/T$ 的总和等于 0。由卡诺定理知,此结果适用于任何可逆卡诺机,并与工质无关。因此,可对此式推广到任意可逆循环。实际上,一个任意可逆循环可用一系列微小可逆卡诺循环来代替,如图 4-13 所示。对每一个微小的可逆卡诺循环都有

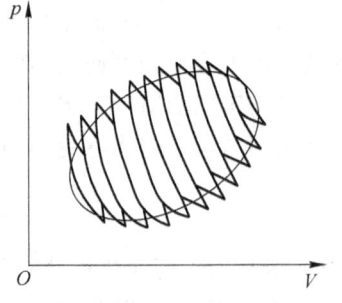

图 4-13 可逆循环由一系列小可逆卡诺循环代替

第 4 章 热力学基础

$$\frac{Q_i}{T_i} = 0$$

而由 $n$ 个微小可逆卡诺循环组成循环应有

$$\sum_{i=0}^{n} \frac{Q_i}{T_i} = 0 \tag{4-42}$$

在极限情况下,当微小可逆卡诺循环数目无限多时,一系列微小可逆卡诺循环的总和,就无限接近这个任意可逆循环,上式就应变为积分形式,即

$$\oint \left(\frac{\mathrm{d}Q}{T}\right)_{可逆} = 0 \tag{4-43}$$

此即克劳修斯等式,该式表明,任意一个可逆循环中,系统由热源传递的热量与相应温度比的总和为零。

如图 4-14 所示,我们任考虑一个可逆循环 $1a2b1$,由式(4-43)有

$$\oint \left(\frac{\mathrm{d}Q}{T}\right)_{可逆} = \int \left(\frac{\mathrm{d}Q}{T}\right)_{1a2} + \int \left(\frac{\mathrm{d}Q}{T}\right)_{2b1} = 0$$

即

$$\int \left(\frac{\mathrm{d}Q}{T}\right)_{1a2} = -\int \left(\frac{\mathrm{d}Q}{T}\right)_{2b1} = \int \left(\frac{\mathrm{d}Q}{T}\right)_{1b2}$$

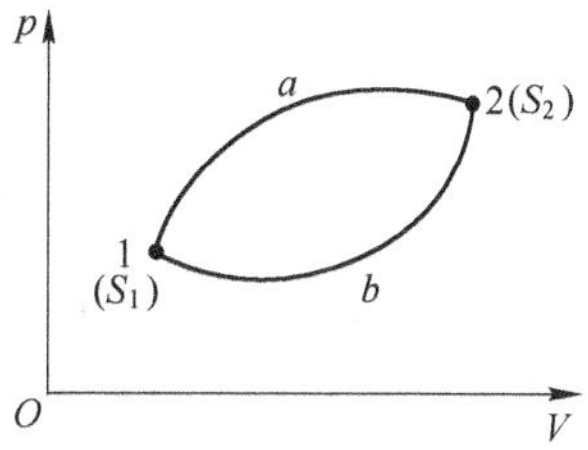

图 4-14 可逆循环

式中,过程 $1a2$、$2b1$ 或 $1b2$ 均为可逆过程。此式表明,在任意两个状态间,无论经过何种可逆过程,$\int \left(\frac{\mathrm{d}Q}{T}\right)_{可逆}$ 都有相同的大小,即 $\int \left(\frac{\mathrm{d}Q}{T}\right)_{可逆}$ 与过程无关,只与始末状态有关。因此,系统存在一个状态函数,我们把这个态函数称为**熵**(entropy),并用 $S$ 表示,单位是焦/开(J/K)。如果用 $S_1$ 和 $S_2$ 分别表示状态 1 和状态 2 的熵,那么

$$S_2 - S_1 = \int_1^2 \left(\frac{\mathrm{d}Q}{T}\right)_{可逆} \tag{4-44}$$

对于无限小的可逆过程,则有

$$\mathrm{d}S = \left(\frac{\mathrm{d}Q}{T}\right)_{可逆} \tag{4-45}$$

关于熵函数的几点说明:

1)熵是状态的单值函数,即状态一确定,则熵就有一个确定的值。

2)在实际中,对状态的变化常用熵变 $\Delta S$ 表示。

3)对任意一个可逆循环过程,系统熵变为零。

式(4-44)计算的是熵的增量,不是熵的绝对值。说明一个过程的熵变可以通过可逆过程的热温比来计算;如果过程不是可逆过程,则必须设计一个始末状态相同的可逆过程,用可逆过程的热温比计算该始末状态相同的不可逆过程的熵变。

不可逆过程中系统吸收的热量小于可逆过程吸收的热量。例如气体等温膨胀时,气体假如迅速做不可逆膨胀,活塞外部的压强明显小于气体的压强 $p$,气体对外做功显然小于可逆过程气体膨胀所做的功。因为在可逆膨胀活塞外部的压强必须无限接近气体的压强。又因为温度不变,气体内能变化为零,所以对初末状态相同的上述过程,$Q_{可逆} < Q_{不可逆}$ 或 $dQ_{可逆} < dQ_{不可逆}$,利用式(4-44),有

$$S_2 - S_1 = \int_1^2 \left(\frac{dQ}{T}\right)_{可逆} > \int_1^2 \left(\frac{dQ}{T}\right)_{不可逆} \tag{4-46}$$

综合式(4-44)和式(4-46)

$$S_2 - S_1 \geq \int_1^2 \left(\frac{dQ}{T}\right) \tag{4-47}$$

对于微小过程,上式可以写成

$$dS \geq \frac{dQ}{T} \tag{4-48}$$

式(4-47)和式(4-48)是热力学第二定律的数学表达式,对可逆过程取等号,对不可逆过程取不等号。式中 $T$ 代表热源的温度,对可逆过程热源温度和系统温度可视为一致;对不可逆过程两者是有差异的。

### 4.4.3 熵增加原理

下面讨论用熵函数判断热力学过程进行的方向和限度。对于一个孤立系统,由于 $dQ = 0$,所以式(4-48)可写为

$$dS \geq 0 \tag{4-49}$$

式(4-49)告诉我们:**在孤立系统中发生的任何过程,系统的熵永不减少。对可逆过程系统的熵不变;对不可逆过程,系统的熵增加,这个结论叫熵增原理。**

熵增加原理给出了判断自然界中一切自发过程进行的方向和限度的法则。根据这个原理,一个孤立系统内部发生的过程,只能向熵增加的方向进行,这个过程的限度是熵值达到极大值。

必须指出,系统的熵是可以减少的,例如一杯水,放出热量,水的熵减少了,但环境吸收了热量,环境的熵增加了,总熵也是增加的。所以说,把水和环境看成一个孤立系统,则这个系统的熵是永不减少的。我们在应用熵的增加原理时切不可忘记孤立系统这个前提条件。

整个宇宙不能看成是孤立系统,不能把熵增加原理推广到整个宇宙;同理,熵增加原理是判断宏观过程的,也不能推广到仅含有少数微观粒子的领域。

**例题 4-5** 今有 10kg 温度为 0℃的冰融化成 0℃的水。求其熵变(设冰的熔解热为 $3.35 \times 10^5 J/kg$)。

**解**:在这个过程中,温度保持不变,即 $T = 273K$。计算时设冰从 0℃的恒温热源中吸热,过程是可逆的,则

$$S_2 - S_1 = \int_1^2 \frac{dQ}{T} = \frac{Q}{T} = \frac{10 \times 3.35 \times 10^5}{273} \text{J/K} = 1.22 \times 10^3 \text{J/K}$$

在实际过程中,冰需要从高于 0℃ 的热源中吸热。冰增加的熵超过环境损失的熵,所以,若将系统和环境作为一个整体来看,在这过程中熵也是增加的。

如让这个过程反向进行,使水结成冰,将要向低于 0℃ 的环境放热。对于这样的系统,同样导致熵的增加。

**例题 4-6** 将 4kg 温度为 20℃ 的水和 6kg 温度为 60℃ 的水共置于一绝热容器内。试求平衡建立后,系统总的熵变,已知水的比热容 $c = 4.18 \times 10^3 \text{J/(kg·K)}$。

**解**:因为能量守恒,高温的水释放的热量等于低温水吸收的热量;设平衡时的温度为 $t$℃,则有

$$m_1 c[(t+273)-(20+273)] = m_2 c[(60+273)-(t+273)]$$

解得

$$t = \frac{20 m_1 + 60 m_2}{m_1 + m_2}$$

将 $m_1 = 4\text{kg}$ 和 $m_2 = 6\text{kg}$ 代入上式,解得 $t = 44$℃

显然,此过程为一不可逆过程。因此,必须设计一个可逆过程来计算熵变。我们可以设计高温水是通过一个温度从 60℃ 大热源逐渐降温中逐渐释放热量,使温度达到平衡温度;同样低温水也是从一温度相近且变化的热源获得热量使温度升到平衡温度的。对于无限小的过程 $dQ = mc dT$。于是,可以计算出低温水的熵变

$$\Delta S_1 = \int_{20}^{44} \frac{dQ}{T} = \int_{20}^{44} \frac{m_1 c dT}{T} = m_1 c \ln \frac{T_2}{T_1}$$

$$= 4 \times 4.18 \times 10^3 \times \ln \frac{273+44}{273+20} \text{J/K} = 1.31 \times 10^3 \text{J/K}$$

同理,高温水的熵变

$$\Delta S_2 = \int_{60}^{44} \frac{dQ}{T} = \int_{60}^{44} \frac{m_2 c dT}{T} = m_1 c \ln \frac{T_2'}{T_1'}$$

$$= 6 \times 4.18 \times 10^3 \times \ln \frac{273+44}{273+60} \text{J/K} = -1.23 \times 10^3 \text{J/K}$$

系统总的熵变

$$\Delta S = \Delta S_1 + \Delta S_2 = (1.31 \times 10^3 - 1.23 \times 10^3) \text{J/K} = 80 \text{J/K}$$

### 4.4.4 熵的微观实质及统计学意义

显然,熵的概念是抽象的。我们可以从微观角度理解它的实质。

现在以气体自由膨胀为例来进行分析,如图 4-15 所示,用隔板将容器分成容积相等的 A,B 两室,A 室充满气体,B 室为真空。为了便于讨论,不妨假设 A 室中只有 a,b,c 和 d 四个分子。首先考虑一个分子 a,在隔板抽取之前它只能在 A 室运动;隔板抽去后,它可以在 A 室,也可以在 B 室。由于 A,B 两室的条件相同,所以它处于 A

室的概率为 $V_A/V = 0.5$。现在考虑这四个分子全体,它们在 A,B 两室的分布情况共有如表 4-2 所示 16 种可能。我们把每种可能性称为一种**微观态**(microscopic state)。四个分子都处于 A 室的概率为 1/16,利用统计理论不难得出这一结果。由于处于 A 室的概率为 1/2,而各个分子处于 A 室的概率是相互独立的。所以 a,b,c 和 d 四个分子同时处于 A 室的概率应为 $(1/2)×(1/2)×(1/2)×(1/2) = (1/2)^4 = 1/16$。如果在隔板抽去前,A 室中有 $N$ 个分子,则这 $N$ 个分子在隔板抽去后集中在 A 室的概率为 $(V_A/V)^N = (1/2)^N$。由于宏观系统内包含了大量分子,比如 1mol 气体,其分子数 $N_A \approx 6×10^{23}$ 个,所以当气体自由膨胀后,所有这些分子全退回 A 室的概率是 $(1/2)^{6×10^{23}}$,这个概率是如此之小,实际上完全不可能出现这种情况。

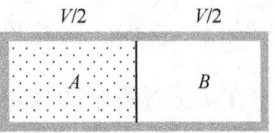

图 4-15 气体自由膨胀

表 4-2 四个分子所有可能状态

| 微观态 | | 宏观态 | | |
|---|---|---|---|---|
| A 室 | B 室 | $n_A$ | $n_B$ | $\Omega$ |
| abcd | — | 4 | 0 | 1 |
| abc | d | 3 | 1 | 4 |
| abd | c | | | |
| abd | c | | | |
| bcd | a | | | |
| ab | cd | 2 | 2 | 6 |
| ac | bd | | | |
| ad | bc | | | |
| bc | ad | | | |
| bd | ac | | | |
| cd | ab | | | |
| a | bcd | 1 | 3 | 4 |
| b | acd | | | |
| c | abd | | | |
| d | bcd | | | |
| — | abcd | 0 | 4 | 1 |

若只考虑 A 室和 B 室内的分子数目,不考虑其标号,则这种状态称为宏观态(macroscopic state)。从表 4-2 中可以看出,全部分子集中在 A 室(或 B 室)中的宏观态只包含 1 个微观态,3 个分子在 A 室,1 个分子在 B 室的宏观态或 1 个分子在 A 室 3 个分子在 B 室的宏观态各包含有 4 个微观态,而每室各有 2 个分子均匀分布的宏观态包含的微观态数目最多,有 6 个微观态。我们也可以用每种宏观态所包含概率

均等的微观态的数目来描述这种宏观态出现的概率,称为**热力学概率**(thermodynamics probability),用 $\Omega$ 表示。在表 4-2 中,4 个分子均在 A 室或 B 室的这两种宏观态的热力学概率为 $\Omega=1$,3 个分子在 A 室 1 个分子在 B 室或 1 个分子在 A 室 3 个分子在 B 室的这两种宏观态的热力学概率为 $\Omega=4$,2 个分子在 A 室 2 个分子在 B 室的这种宏观态的热力学概率 $\Omega=6$。若系统的分子总数为 $N$ 个,则共有 $2^N$ 个微观态,而均匀分布的宏观态占了 $2^N$ 个微观态的绝大多数。

通过上面的讨论可知,自由膨胀的不可逆性,实际上反映了这个系统内部所发生的过程总是由概率小的宏观状态向概率大的宏观状态的方向进行,亦即由包含微观状态数目少的宏观状态向包含微观状态数目多的宏观状态方向进行,而相反的过程在没有外界影响的情况下是不可能实现的,这样的过程就是不可逆过程。

一般说来,一个不受外界影响的孤立系统,其内部发生的过程是由热力学概率小(微观状态数目少)的状态向热力学概率大(微观状态数目多)的状态进行。熵 $S$ 和热力学概率之间满足如下关系:

$$S = k\ln\Omega \tag{4-50}$$

式中,$k$ 是玻耳兹曼常量,该式称为玻耳兹曼关系。熵的这个定义表明它是分子热运动无序性或混乱程度的量度。

## 习 题

4-1 回答下列问题:
(1) 解释功、热量和内能三个概念,它们之间如何区分?
(2) 能否说"一个系统的热量"? 或说"一个系统含有功"?
(3) "气体的内能是气体状态的单值函数","内能是系统状态的单值函数"这些话怎样解释? 这些论断是怎样知道的?

4-2 判断以下热力学过程是否存在,并举例说明。
(1) 一物体对外做了功,同时还放出热量,是否可能? 试举例说明之。
(2) 使系统在一定压强下膨胀而保持温度不变,是否可能? 举例说明之。
(3) 使系统与外界没有热量传递而升高系统温度,是否可能? 试举例说明之。
(4) 为什么只有在传给气体一定热量时,才有可能发生气体等温膨胀?

4-3 系统由习题 4-3 图的 $a$ 态沿 $abc$ 到达 $c$ 态时,吸收了热量 350J,对外做功 126J。
(1) 如果沿 $abc$ 进行做功 42J,问这时系统吸收了多少热量?
(2) 当系统由 $c$ 态沿曲线 $ca$ 返回 $a$ 态时,如果外界对系统做功 84J,问这时系统是吸热还是放热? 热量传递多少?

4-4 物质的量相同的三种理想气体:He,$N_2$,$CO_2$,从相同的初始状态出发,都经过等容吸热过程,如果吸收的热量相等,试问:
(1) 温度的升高是否相等?

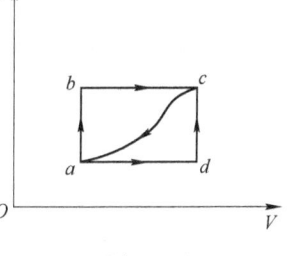

习题 4-3 图

(2)压强的增加是否相等?

4-5 将400J的热量传给标准状态下的2mol氢气,

(1)若温度不变,氢的压强、体积各变为多少?

(2)若压强不变,氢的温度、体积各变为多少?

(3)若体积不变,氢的温度、压强各变为多少?

在上述三个过程中,哪一个过程做功最多?为什么?哪一过程内能增加最多?为什么?

4-6 1mol 氢,在压强 $p = 1.013 \times 10^5 \text{Pa}$,温度为20℃时,其体积为 $V_0$,今使其经以下两种过程到达同一状态:

(1)先保持体积不变,使其温度升高到80℃,后作等温膨胀,体积变为原来的2倍。

(2)先使其等温膨胀至原体积2倍,然后保持体积不变加热到80℃。

试分别计算上述两种气体吸收的热量、气体对外所做的功和气体内能的增量,并作出 p-V 图。

4-7 1mol 氧,温度为300K时,体积为 $20 \times 10^{-3} \text{m}^3$。试计算下列两过程中氧气所做的功:

(1)绝热膨胀至体积为 $20 \times 10^{-3} \text{m}^3$。

(2)等温膨胀至体积 $20 \times 10^{-3} \text{m}^3$,然后再等容冷却直到温度等于绝热膨胀后所达到的温度为止。

(3)将上述两过程在 p-V 图表示出来,怎样说明这两过程中功的数值的差别。

4-8 (1)在同一张 p-V 图上,绝热过程的一条曲线与表示等温过程的另一条曲线能不能有两个交点?为什么?

(2)在同一张 p-V 图上,两等温线能否相交?能否相切?分别说明各结论的物理意义。

(3)分子自由度不能的两种理想气体,从相同的初态开始,作准静态的绝热膨胀,它们以后能否有相同的状态?

4-9 习题4-9图所示是一定量理想气体所经历的循环过程,其中 AB 和 CD 是等压过程,BC 和 DA 为绝热过程,已知 B 点和 C 点的温度分别为 $T_2$ 和 $T_3$,求循环效率。这循环是卡诺循环吗?

4-10 一定量的理想气体作卡诺循环,热源温度 $T_1 = 400$K,冷却器温度 $T_2 = 280$K,设 $p_1 = 1.013 \times 10^6 \text{Pa}$,$V_1 = 10 \times 10^{-3} \text{m}^3$,$V_1 = 20 \times 10^{-3} \text{m}^3$,试求

(1)$p_2, p_3, p_4$ 及 $V_3, V_4$。

(2)一循环中气体做出的功。

(3)从高温热源吸收的热量。

(4)循环效率。

(已知:$\gamma = 1.4$, $\ln 2 = 0.69$)

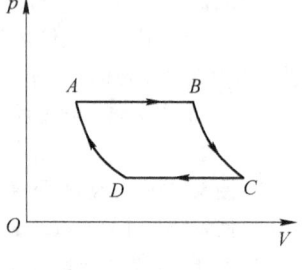

习题4-9图

4-11 (1)气体的比热的数值可以有无穷多个,为什么?在什么情况下,气体的比热是零?在什么情况下气体的比热是无穷大?在什么情况下是正值?什么情况下是负值?

(2)气缸中储有10mol 的单原子理想气体,绝热压缩过程中,外力做功209J,气体温度升高1K,试计算气体内能增量和所吸收的热量,在这过程中气体的摩尔热容是多少?

4-12 (1)气缸中有单原子理想气体,绝热压缩时使其容积减半,问气体的分子的平均速率为

原来大小的几倍？如果是双原子理想气体,则又是如何？

(2) 对于绝热压缩时气体温度升高的原因,有人说,这是由于单位体积内的分子数增多了,因而单位体积内分子的总动能也增多了的缘故,这种说法正确吗？

(3) 气体由一定的初态绝热压缩到一定体积,若压缩快慢不同,问温度上升的快慢是否相同？

(4) 气缸中有27℃的空气1000cm³,压强为 $p_1 = 1.013 \times 10^5$Pa,给以绝热压缩,使其温度升高到660℃,问体积需要压缩到多少 cm³？又在压缩过程中外力需要做多少功？气体内能改变多少？(空气的 $\gamma = 1.4$)

4-13 (1) 用一卡诺循环的制冷机从7℃的热源中吸收1000J的热量传给27℃的热源,需要做多少功？从 -173℃的热源吸收1000J的热量传给27℃的热源,又需要做多少功？

(2) 一可逆的卡诺机,做热机使用时,如果工作的两热源温差越大则对提高效率越有利,而当制冷机使用时,如果两热源的温差越大,对制冷机是否也越有利？为什么？

4-14 1000K 和 300K 之间工作,若(1) 高温热源温度提高到1100K;(2) 低温热源温度降低到200K,问理论上热机效率各增加多少？为了提高热机的效率,哪一种方案更好？

4-15 如习题4-15 图所示为1mol 氧气的循环过程,其中 $bc$ 为绝热过程,求：

(1) $ab,ca$ 过程系统吸收的热量。

(2) 循环的效率(ln2 = 0.693)。

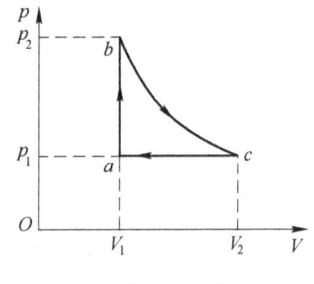

习题4-15 图

4-16 (1) 有人说:"要想利用海水降温而发电的任何想法都是荒谬的,是违反热力学第二定律的",这种说法对吗？能不能利用海岸表面和下层水的温差来发电？在原则上是否可行？有没有实际意义？

(2) 把热力学第二定律理解为:"功化热易,热化功难。功可以全部转化为热,但热不可以全化为功",或"热量从高温物体传给低温物体,但不能从低温物体传给高温物体"。这些理解对不对？

(3) 理想气体作等温膨胀时,所吸收的热量全部转化为有用功,是否违反了热力学第二定律？

(4) 为什么热力学第二定律可以有许多不同的表述？

4-17 将1kg0℃的冰熔化为0℃的水,试求其熵变。(冰在0℃的熔解热为 $3.35 \times 10^5$J/kg)

4-18 将1kg0℃的水加热到100℃,试计算其熵的变化。(水的比热容 $c = 4.18 \times 10^3$J·kg⁻¹·K⁻¹)

4-19 把质量为5kg、比热容(单位质量物质的热容)为544J/kg 的铁棒加热到300℃,然后浸入一大桶27℃的水中。求在这冷却过程中铁的熵变。

4-20 理想气体自由膨胀过程中的熵变。将2mol 的理想气体装入体积为5.0L 的绝热容器中,让气体再自由膨胀进入另一真空绝热容器,此时体积为20.0L,求该过程中的熵变。

4-21 今有1kg100℃的水汽化成100℃的水蒸气,求其熵变(设水的汽化热为2260kJ/kg)

4-22 有2mol 的理想气体,经过可逆的等压过程,体积从 $V_0$ 膨胀到 $3V_0$,求在该过程中的熵变。

4-23 压强为2atm 的理想气体,在300K 时,等温膨胀到1atm,求气体的熵变。

4-24 温度为300K 的理想气体,从10atm 等温膨胀到1atm,求 $Q,W,\Delta U$。

4-25 在一绝热容器的隔板的左侧是理想气体,右侧是真空,抽去隔板后,气体作自由膨胀,充满了整个容器,则下列说否是否正确?

(1)在膨胀过程中内能不变。

(2)在膨胀过程中气体不做功。

(3)由于膨胀过程不吸热,因此熵不变。

(4)在膨胀过程中可以用 $p$-$V$ 图上一条等温线来表示。

4-26 在 4-25 题中,当抽去隔板后,气体的温度,则下列说法正确的是( )

(A)升高; (B)不变; (C)下降。

4-27 物质的量相同的理想气体氮气和二氧化碳,由相同的初态进行等容吸热过程,若吸热相同,则下列说法是否正确?

(A)温度上升一定相等。

(B)内能增加一定相等。

(C)压强增加也一定相等。

4-28 由 $\Delta S = \int \dfrac{dQ}{T}$,下列说法正确与否?

(1)一个绝热系统熵为零。

(2)根据熵的可叠加性,两种气体混合后的熵,等于混合前两种气体熵的和。

(3)一个系统越趋于无序,熵越增加。

(4)根据熵增加原理,一个系统的熵是不可能减少的。

4-29 一个循环过程的效率为 $\eta = \dfrac{W}{Q}$,判断下列说法是否正确。

(1)$W$ 是气体膨胀时对外所做的功。

(2)$W$ 是气体在整个循环过程中对外所做的净功。

(3)$Q$ 是系统从高温热源所吸收的热量。

(4)$Q$ 是循环过程中工做物质所吸收的净热量。

4-30 如习题 4-30 图所示,理想气体由状态 $A$,经 $B$ 变化到状态 $D$,试判断吸热 $Q$,内能增加 $\Delta U$ 以及对外做功 $W$ 之正负。填入习题 4-30 表中($AED$ 为等温线)

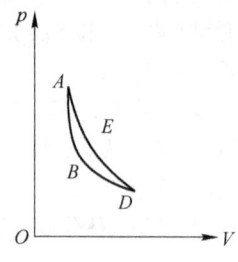

习题 4-30 图

**习题 4-30 表**

| $W$ | $Q$ | $\Delta U$ |
|---|---|---|
|  |  |  |

4-31 如习题 4-30 图所示,理想气体由状态 $A$,经 $B$ 变化到状态 $D$,试判断吸热 $Q$,内能增加 $\Delta U$ 以及对外做功 $W$ 之正负。填入习题 4-31 表中($ABD$ 为绝热线)。

**习题 4-31 表**

| $W$ | $Q$ | $\Delta U$ |
|---|---|---|
|  |  |  |

4-32 如习题 4-32 图所示,理想气体由状态 $A$ 经 $B$ 或 $E$ 变化到状态 $C$,试把 $\Delta T$,$\Delta U$,$W$ 和 $Q$ 之正负填入习题 4-32 表中($ADC$ 为绝热线)。

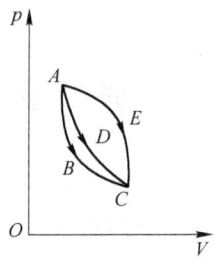

习题 4-32 图

习题 4-32 表

|  | $\Delta T$ | $\Delta U$ | $W$ | $Q$ |
|---|---|---|---|---|
| $A \to B \to C$ |  |  |  |  |
| $A \to E \to C$ |  |  |  |  |

4-33 热力学第一定律写成两种形式,把各量的正负号填入习题 4-33 表中(填"+"、"-")

习题 4-33 表

| 热力学第一定律 | 吸热 $Q$ | 内能增加 $\Delta U$ | 对外做功 $W$ |
|---|---|---|---|
| $Q = U_2 - U_1 + W$ |  |  |  |
| $U_2 - U_1 = Q + W$ |  |  |  |

# 第5章 静 电 场

从对雷电现象（见图）和摩擦起电现象的观察到富兰克林的"接引雷电下九天"，开启了人们对静电现象的认识和研究之路，本章将逐步揭开静电学的神秘面纱。

雷电

相对于观察者静止的电荷所产生的电场称为**静电场**（electrostatic field）。静电场的基本特性是对于处于其中的带电体有力的作用，静电场的这种特性无论是在宏观领域还是微观世界，在生命界中还是非生命界中都具有重要的理论意义和应用价值。本章主要从静止电荷通过静电场对其他电荷产生作用力和电荷在静电场中运动时电场力会对电荷做功这两个方面来阐明静电场的特性。本章所涉及的内容，从概念的引入、定律的表述到实际应用，就思维方法来讲，对整个电磁学的学习具有重要的意义，希望读者认真体会。

本章内容提要

◆电荷和电场强度

◆电通量 静电场的高斯定理

◆静电场的环路定理 电势

◆静电场中的电介质 静电场的能量

## 5.1 电场 电场强度

### 5.1.1 电荷库伦定律

**1. 电荷**

电荷（charge）是什么？有人说，电荷就是质子和电子这些粒子。这是不对的，虽然质子和电子带有电荷，但它们本身并不是"电荷"。电荷是物质的一种属性，正如力学中为了表示物体之间相互作用力的大小引入了引力质量一样，同样，为了表示物体之间电力的大小，人们引入了电荷的概念。

电荷是电学中最原始的概念。美国物理学家富兰克林将自然界存在的电荷归纳为正、负两种电荷。实验发现，电荷之间存在相互作用力，**同种电荷相互排斥，异种电荷相互吸引**，这种相互作用力称为**电性力**（electric force）。

物体所带电荷量的不同与组成它们的微观粒子有关。电子带负电，质子带正电，中子不带电。通常情况下，物体内的原子中的质子数和电子数相等，整个原子呈电中性，整体表现为物体呈电中性，对外不显电性。但是当通过某些方法如摩擦，会使电子从一个物体转移到另外一个物体上去，使物体呈带电状态。

实验表明，在一个与外界没有电荷交换的孤立系统内，无论发生什么变化，系统内部正、负电荷的代数和总是保持不变，这就是**电荷守恒定律**（law of conservation of electric charge），它是物理学中的基本定律之一。这一定律不仅适用于宏观过程，对微观过程也成立。如，一个高能光子与重核作用时，在重核附近会转化为一个正电子和一个负电子；反之，正电子和负电子也能湮灭为光子。光子不带电，正、负电荷的代数和为零，因此，正、负电荷总是成对地产生或消失，系统总的电荷的代数和保持不变。其反应式可表示为

$$2\gamma \rightarrow e^+ + e^-$$
$$e^+ + e^- \rightarrow 2\gamma$$

迄今为止，尚未发现比电子带电荷量更小的稳定带电体，故人们把电子的电荷作为电荷的最小单元。电荷的单位是库仑（C）。1913 年密立根（R. A. Millkan）通过实验测定了电子的电荷量，并且发现所有物体所带电荷量都是电子电荷量的整数倍。换句话说，电荷量只能是分立的、不连续的，这一性质称为**电荷的量子化**（charge quantization）。一个电子的电荷量绝对值为

$$e = 1.602177462 (83) \times 10^{-19} C$$

近代物理学关于物质的构成提出了夸克理论，认为质子、中子等粒子由夸克和反夸克构成，每个夸克或反夸克所带的电荷量为 $\pm \frac{1}{3} e$ 或 $\pm \frac{2}{3} e$。这一理论只是缩小了基本电荷的电荷量，并没有改变电荷的量子性。但是，至今仍未在实验中发现

自由状态的夸克。

**2. 库仑定律**

1785 法国科学家库仑（C. A. Coulomb）通过扭称实验总结出了两个静止点电荷之间的相互作用规律，称为库仑定律（Coulomb's law）。表述如下：真空中，两个静止的点电荷之间的相互作用力，其大小与所带电荷量的乘积成正比，与它们之间的距离平方成反比，作用力的方向沿着它们之间的连线，同号电荷相斥，异号电荷相吸。

数学表达式为

$$F_{21} = k \frac{q_1 q_2}{r_{21}^2} e_{r21} \tag{5-1}$$

式中，$F_{21}$ 表示 $q_1$ 和 $q_2$ 间的作用力；$e_{r21}$ 是由 $q_1$ 指向 $q_2$ 的单位矢量；$k$ 为比例系数（见图 5-1）。不论 $q_1$ 和 $q_2$ 带何种电荷，式（5-1）都是成立的。理解时只需将 $q_1$ 和 $q_2$ 看成可正可负的代数量。

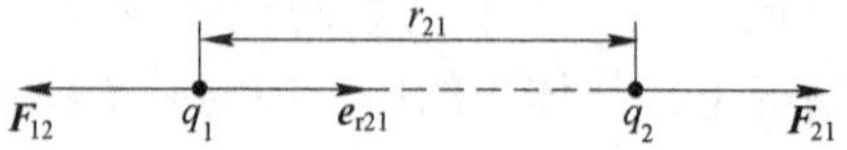

图 5-1 点电荷间的作用力

在 SI 制中，电荷量的单位为库仑（C），距离的单位为米（m），力的单位为牛顿（N），故比例系数通过实验测出为 $k = 9 \times 10^9 \text{N} \cdot \text{m}^2/\text{C}^2$。

为了方便运算，通常引入另一常数 $\varepsilon_0$，称为**真空介电常数**（dielectric constant of vacuum），令 $k = 1/(4\pi\varepsilon_0)$，则 $\varepsilon_0 = 1/4\pi k = 8.85 \times 10^{-12} \text{C}^2/(\text{N} \cdot \text{m}^2)$

因此，真空中库仑定律的形式还可表示为

$$F_{21} = -F_{12} = \frac{1}{4\pi\varepsilon_0} \frac{q_1 q_2}{r_{21}^2} e_{r21} \tag{5-2}$$

库仑定律讨论的是两个点电荷之间的作用规律，是自然界的基本规律之一。通过实验还可以证明，当空间存在两个以上的点电荷时，库仑定律仍然成立，只是这时作用在每一个电荷上的总的静电力等于其他点电荷单独存在时作用于该点电荷的静电力的矢量和，这就是静电力叠加原理（superposition principle of electric force）。

关于库仑定律，需要注意以下几点：

1）库仑定律要求两个电荷相对观察者都处于静止状态。实验表明，只要源电荷（施力电荷）静止，库仑定律就成立。但是，运动电荷对静止电荷的作用力则不能用式（5-1）表示，此时运动电荷将产生电磁效应，它与静止电荷之间的作用力不再是单纯的库仑力。

2）库仑定律是严格的平方反比规律，对距离的要求精度非常高。通常的方法是假定力按 $\frac{1}{r^{2+\delta}}$ 变化，然后通过实验求出 $\delta$ 的数值。人们通过不断的实验测定，得

出最新结果是 $\delta \leq 2 \times 10^{-16}$。

3) 近代物理实验与地球物理实验表明,当 $r$ 在 $10^{-17} \sim 10^7$ m 这一范围内变化时,库仑定律都是成立的。

库仑 (Charlse-Augustin de Coulomb 1736—1806),法国工程师、物理学家 (见图 5-2)。早年就读于美西也尔工程学校,毕业后进入皇家军事工程队当工程师,并开始从事工程力学和静力学方面的科学研究,于 1773 年发表有关材料强度的论文,他所提出的计算物体上应力和应变分布情况的方法沿用到现在,是结构工程的理论基础。1777 年开始研究静电和磁力问题。当时法国科学院悬赏征求改良航海指南针中的磁针问题,库仑认为磁针支架在轴上,必然会带来摩擦,提出用细头发丝或丝线悬挂磁针。研究中发现线扭转时的扭力和针转过的角度成比例关系,从而可利用这种装置测出静电力和磁力的大小,发明了扭秤。他还根据丝线或金属

图 5-2 库仑

细丝扭转时扭力和指针转过的角度成正比确立了弹性扭转定律。1779 年在对摩擦力进行分析时,他提出有关润滑剂的科学理论,于 1781 年发现了摩擦力与压力的关系,表述出摩擦定律、滚动定律和滑动定律。1785 ~ 1789 年,他用扭秤测量静电力和磁力,导出著名的库仑定律。库仑定律使电磁学的研究从定性进入定量阶段,是电磁学史上一个重要的里程碑。

**例题 5-1** 在氢原子玻尔模型中,电子和质子的平均距离是 $r = 0.53 \times 10^{-10}$ m,试分别估算库仑力和万有引力。

**解**:已知电子的电荷量 $-e = -1.6 \times 10^{-19}$ C,质子的电荷量 $e = 1.6 \times 10^{-19}$ C,电子的质量 $m_e = 9.1 \times 10^{-31}$ kg,质子的质量 $m_p = 1.7 \times 10^{-27}$ kg。

根据库仑定律,得库仑力为

$$F_e = \frac{1}{4\pi\varepsilon_0} \frac{e^2}{r^2} = \frac{9.0 \times 10^9 \times (1.6 \times 10^{-19})^2}{(0.53 \times 10^{-10})^2} \text{N} = 8.2 \times 10^{-8} \text{N}$$

由万有引力定律,得万有引力为

$$F_g = G \frac{m_e m_p}{r^2} = 6.7 \times 10^{-11} \times \frac{(9.1 \times 10^{-31}) \times (1.7 \times 10^{-27})}{(0.53 \times 10^{-10})^2} \text{N} = 3.7 \times 10^{-47} \text{N}$$

库仑力与万有引力之比为

$$\frac{F_e}{F_g} \propto 10^{39}$$

库仑力远远大于万有引力。因此,在原子或分子中,万有引力可以忽略不计。

## 5.1.2 电场

通过前面的讨论我们知道,电荷与电荷之间存在着相互作用力,这种作用力是

如何实现的呢？早期的观点认为电荷之间的相互作用是超距离作用，即作用力的传递既不需要传递介质，也不需要传递时间，它是一种直接和即时发生的。作用方式可表示为

$$\boxed{电荷} \Leftrightarrow \boxed{电荷}$$

牛顿曾用这种观点解释过万有引力。另一种观点是19世纪法拉第提出的场的观点，他认为电荷周围存在着一种特殊的物质，称为**电场**（electric field），其中一个电荷产生的电场对处于其中的另一电荷有力的作用，这种作用力称为**电场力**，即电荷之间的作用力是通过场来传递的。作用方式可表示为

$$\boxed{电荷} \Leftrightarrow \boxed{电场} \Leftrightarrow \boxed{电荷}$$

当电荷静止不变时，上述两种观点很难用实验加以判别，但是当电荷运动或变化时，两种观点得出不同的结果。近代物理学的理论和实验证实了场的观点的正确性，电场是一种客观存在的物质，和实物粒子一样，具有能量、动量和质量等属性。

### 5.1.3 电场强度及其计算

**1. 电场强度**

既然电场对处于其中的电荷有力的作用，为了研究电场的性质，在电场中引入一个**试探电荷**（trial charge）作为研究和检测电场的工具。所谓"试探电荷"是这样一个点电荷，该带电体的线度必须足够小，置于电场中能代表场空间中的一个几何点；另外，该电荷的电荷量也应充分小，置于电场中不能改变源电荷激发的电场分布。试探电荷与质点一样，是为研究问题的方便而引入的一种理想化的模型。

假设有一带电荷量为 $q$ 的物体在其周围激发一个静电场。现将一试探电荷 $q_0$ 置于电场中，观察 $q_0$ 在电场中每一点的受力情况，发现试探电荷在电场中不同地方所受力的大小和方向各不相同，如图5-3所示，但在给定点处 $q_0$ 所受力的大小和方向却是一定的。根据式（5-1），试探电荷所受到的力与试探电荷的电荷量成正比，但比值 $F/q_0$ 却只与 $q$ 所带电荷量及 $q_0$ 所处的空间位置有关，而与试探电荷的电荷量无关。因此，$F/q_0$ 反映了电场对电荷有力的作用的特性，我们把这种特性定义为**电场强度**（intensity of electric field），用符号 $E$ 表示，即

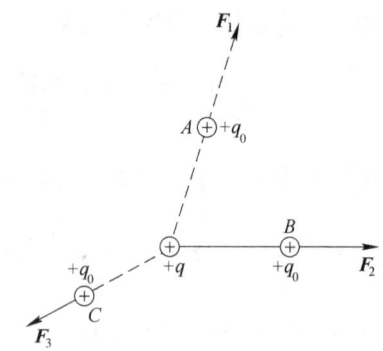

图5-3 电场强度

$$E = \frac{F}{q_0} \tag{5-3}$$

式 (5-3) 表明，电场中某点的电场强度等于单位正电荷在该点所受到的力，方向与正电荷的受力方向相同。一般而言，电场中不同点处，电场强度不同。因此，电场强度 $E$ 是空间坐标的矢量函数，可记为 $E = E(x, y, z)$。

在 SI 制中，电场强度的单位为牛顿每库仑，符号为 N/C，它与 V/m 是等价的。

根据式 (5-3)，若已知电场中某点的电场强度，则可求出任意点电荷 $q$ 在该点受电场力为 $F = qE$。若 $q > 0$，则 $F$ 与 $E$ 同向，若 $q < 0$，则 $F$ 与 $E$ 方向相反。表5-1 列出了一些典型的电场强度的数值。

表 5-1    一些典型电场强度的数值                                     单位：N/C

| 室内天线附近 | 约 $3 \times 10^{-2}$ | 地球表面附近 | 约 $10^2$ |
| --- | --- | --- | --- |
| 无线电波内 | 约 $10^{-1}$ | 太阳光内（平均） | 约 $10^3$ |
| 荧光灯 | 约 $10^{-2}$ | 雷雨云附近 | 约 $10^4$ |
| 电视机的电子枪 | 约 $10^5$ | 空气的电击穿强度 | 约 $3 \times 10^6$ |
| X 射线管内 | $5 \times 10^6$ | 中子星表面 | 约 $10^{14}$ |
| 氢原子内电子轨道处 | $6 \times 10^{11}$ | 铀核表面 | $2 \times 10^{21}$ |

**2. 电场强度的计算**

根据电场强度的定义，我们首先来分析点电荷的电场强度分布。现有一点电荷 $q$ 产生的电场，在距 $q$ 为 $r$ 处 $P$ 点放一试探电荷 $q_0$，由库仑定律可知，试探电荷 $q_0$ 在该点受到的库仑力为

$$F = \frac{1}{4\pi\varepsilon_0} \frac{qq_0}{r^2} e_r$$

式中，$e_r$ 表示由 $q$ 指向 $q_0$ 的单位矢量。应用式 (5-3) 得空间任意一点 $P$ 的电场强度为

$$E = \frac{1}{4\pi\varepsilon_0} \frac{q}{r^2} e_r \tag{5-4}$$

当 $q > 0$ 时，电场强度的方向背离源电荷；若 $q < 0$ 时，电场强度的方向则指向源电荷，如图 5-4 所示。由式 (5-4) 可知，对应场中的确定点就有确定的电场强度，电场强度与场点是一一对应的关系，这种物理量叫做点函数。又由于电场强度是矢量，所以电场强度是一矢量点函数。

如果电场是由若干个点电荷 $q_1, q_2, \cdots, q_N$ 共同产生，根据电力叠加原理可知，试探电荷 $q_0$ 在电场中任意点受到的库仑力等于各个点电荷单独存在时对 $q_0$ 的作用力的矢量和。即

$$F = F_1 + F_2 + \cdots + F_N = \sum_{i=1}^{N} F_i$$

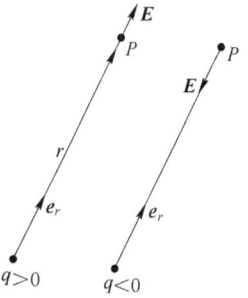

图 5-4  电场强度的方向

根据电场强度定义，得

$$E = \frac{F}{q_0} = \frac{F_1}{q_0} + \frac{F_2}{q_0} + \cdots + \frac{F_N}{q_0} = E_1 + E_2 + \cdots + E_N = \sum_{i=1}^{N} E_i \quad (5\text{-}5)$$

这个结果表明**电场中任意一点的电场强度等于各个电荷单独存在时在该点产生的电场强度的矢量和**，这就是**电场强度叠加原理**（super-position principle of electric field intensity）。

如果电场由电荷连续分布的带电体产生，这时，可以将带电体看做由许多个电荷元组成，每一个电荷元可看成一个点电荷，任意一个电荷元在空间某一点产生的电场根据式（5-4）可写出

$$d\boldsymbol{E} = \frac{1}{4\pi\varepsilon_0} \frac{dq}{r^2} \boldsymbol{e}_r \quad (5\text{-}6)$$

式中，$\boldsymbol{e}_r$ 为电荷元 $dq$ 指向电场某一点的单位矢量。根据叠加原理，整个带电体在空间某一点产生的电场强度为

$$\boldsymbol{E} = \int d\boldsymbol{E} = \frac{1}{4\pi\varepsilon_0} \int \frac{dq}{r^2} \boldsymbol{e}_r \quad (5\text{-}7)$$

在具体分析问题时，习惯上引入电荷密度的概念。如果电荷连续分布在细线上，则定义单位长度所带的电荷量为电荷线密度，用字母 $\lambda$ 表示，即

$$\lambda = \frac{dq}{dl}$$

如果电荷连续分布在一个平面上，则定义单位面积所带的电荷量为电荷面密度，用字母 $\sigma$ 表示，即

$$\sigma = \frac{dq}{dS}$$

如果电荷连续分布在一个体积内，则定义单位体积所带的电荷量为电荷体密度，用字母 $\rho$ 表示，即

$$\rho = \frac{dq}{dV}$$

根据带电体电荷的不同分布，相应的电场强度计算可分别表示为

$$\boldsymbol{E} = \frac{1}{4\pi\varepsilon_0} \int_l \frac{\lambda dl}{r^2} \boldsymbol{e}_r \quad (5\text{-}8)$$

$$\boldsymbol{E} = \frac{1}{4\pi\varepsilon_0} \iint_S \frac{\sigma dS}{r^2} \boldsymbol{e}_r \quad (5\text{-}9)$$

$$\boldsymbol{E} = \frac{1}{4\pi\varepsilon_0} \iiint_V \frac{\rho dV}{r^2} \boldsymbol{e}_r \quad (5\text{-}10)$$

上述积分是矢量积分，如果不同电荷元在所求场点处产生的电场强度不同，则需将矢量式 $d\boldsymbol{E}$ 分解，分别写出各个坐标轴方向的分量式 $dE_x$，$dE_y$，$dE_z$，然后就这些分量式积分之后再合成。

**例题 5-2** 求电偶极子在中垂线上任意一点产生的电场强度。

**解：** 两个等量异号的电荷相距为 $l$，当所考虑的场点到它们的距离远远大于它们之间的距离时，此点电荷系称为**电偶极子**（electric dipole），如图 5-5 所示。

设中垂线上任意一点 $P$ 到电偶极子的中心的距离为 $r$，则 $P$ 点到点电荷 $+q$、$-q$ 的距离相等，即

$$r_+ = r_- = \sqrt{r^2 + \frac{l^2}{4}}$$

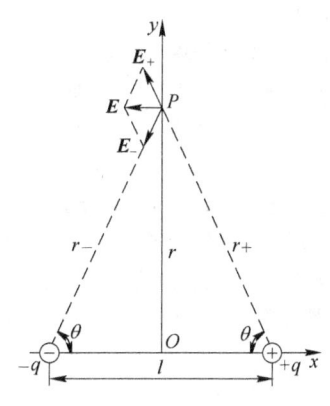

图 5-5 电偶极子

根据式（5-4），正、负电荷在 $P$ 点产生的电场强度的大小相等，但方向不同，即

$$E_+ = E_- = \frac{q}{4\pi\varepsilon_0 \left(r^2 + \frac{l^2}{4}\right)}$$

建立如图所示坐标系，将 $E_+$、$E_-$ 在每一个坐标轴方向上分解，由于对称性可知，沿 $y$ 轴方向上的电场强度将被抵消，即

$$E_y = 0$$

总的电场强度将沿着 $x$ 轴负方向，即

$$E = E_x = -(E_+ \cos\theta + E_- \cos\theta) = -\frac{ql}{4\pi\varepsilon_0 \left(r^2 + \frac{l^2}{4}\right)^{\frac{3}{2}}}$$

$$= -\frac{p_e}{4\pi\varepsilon_0 \left(r^2 + \frac{l^2}{4}\right)^{\frac{3}{2}}}$$

式中，$p_e = ql$，称为电偶极子的电偶极矩（elctric moment），简称电矩，方向规定为由负电荷指向正电荷，单位为 C·m，则上式写成矢量形式为

$$\boldsymbol{E} = -\frac{\boldsymbol{p}_e}{4\pi\varepsilon_0 \left(r^2 + \frac{l^2}{4}\right)^{\frac{3}{2}}} \tag{5-11a}$$

当 $r \gg l$ 时

$$\boldsymbol{E} = -\frac{\boldsymbol{p}_e}{4\pi\varepsilon_0 r^3} \tag{5-11b}$$

电偶极子是一个重要的物理模型，在研究电介质的极化、电磁波的发射和吸收以及生物体的所有功能和活动中都有重要的意义。例如，心脏的跳动就是一个电活动过程。①心脏处于平息状态时，心肌细胞膜内、外带等量异号的离子，正、负电重心重合，电矩为零，心肌细胞呈

电中性如图5-6a所示；②当心肌细胞受到某种刺激兴奋起来时，由于细胞膜对离子通透性的改变，使膜两侧局部离子的电性改变，正、负电重心分离开来，此时，心肌细胞形成一个方向如图5-6b所示的电偶极子，对外显出电性；③伴随刺激在细胞内的传播，电偶极子的电矩逐渐向前延伸，直至刺激扩展到整个细胞。此时心肌细胞正、负电重心再次重合，不显电性，如图5-6c所示；④心肌细胞接收刺激完毕后，细胞膜对离子的通透性立即复原，先接受刺激的部位先复原，直至整个细胞完全恢复到平息状态。复原的过程又形成一个与过程②中方向相反的、电矩逐渐增大的电偶极子，如图5-6d所示，显出电性。完全复原后，心肌细胞又可以接收新的刺激。如上所述，随着心脏电活动的传播，心肌细胞电偶极矩的大小和方向不断变化，从而引起其周围电场的不断变化，心脏的电活动就可以藉此直接反映出来。

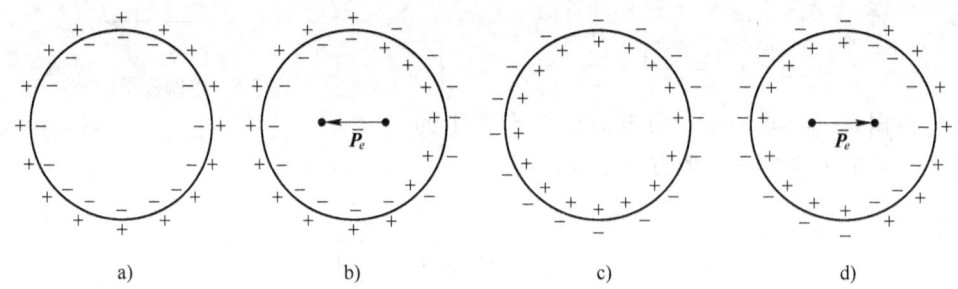

图5-6 心脏的电活动
a) 平息状态  b) 接收刺激  c) 传播刺激  d) 复原

**例题 5-3** 一个长为 $l$ 的带电细棒，总电荷量为 $q$，如图5-7所示。求棒的垂直平分线上距棒为 $r$ 的 $P$ 点的电场强度。

**解**：由题意知，细棒的电荷线密度为 $\lambda = q/l$。在距 $O$ 点为 $x$ 处对称的取两个电荷元，电荷元所带电荷量为 $dq = \lambda dx = q dx/l$，该电荷元在 $P$ 点产生的电场强度大小为

$$dE = \frac{dq}{4\pi\varepsilon_0(x^2+r^2)} = \frac{\lambda dx}{4\pi\varepsilon_0(x^2+r^2)}$$

由对称性知，两个电荷元在 $P$ 点产生的电场强度 $dE$ 和 $dE'$ 的水平分量将相互抵消，合成的电场强度将沿竖直方向向上，即

$$dE_y = 2dE\cos\theta$$

由几何关系知 $\cos\theta = \dfrac{r}{\sqrt{x^2+r^2}}$

则

$$dE_y = \frac{qr dx}{2\pi\varepsilon_0 l\,(x^2+r^2)^{3/2}}$$

则 $P$ 点总的电场强度为

$$E_y = \int dE_y = \int_0^{l/2} \frac{qr dx}{2\pi\varepsilon_0 l(x^2+r^2)^{3/2}}$$

$$= \frac{1}{2\pi\varepsilon_0} \frac{q}{r\sqrt{l^2+4r^2}}$$

当棒为无限长时，$4r^2/l^2 \ll 1$，这时有 $E = \frac{\lambda}{2\pi\varepsilon_0 r} \frac{1}{\sqrt{1+4r^2/l^2}} \approx \frac{\lambda}{2\pi\varepsilon_0 r}$

**例题 5-4** 求均匀带电细圆环轴线上的电场强度分布。设圆环的带电荷量为 $q$，半径为 $R$。

**解：** 如图 5-8 所示，这是一个电荷连续分布的带电体，要计算轴线上的电场强度分布，可将带电细圆环看成有许多微小的长度元组成。在圆环上取任一线元 $\mathrm{d}l$，该线元所带电荷量为

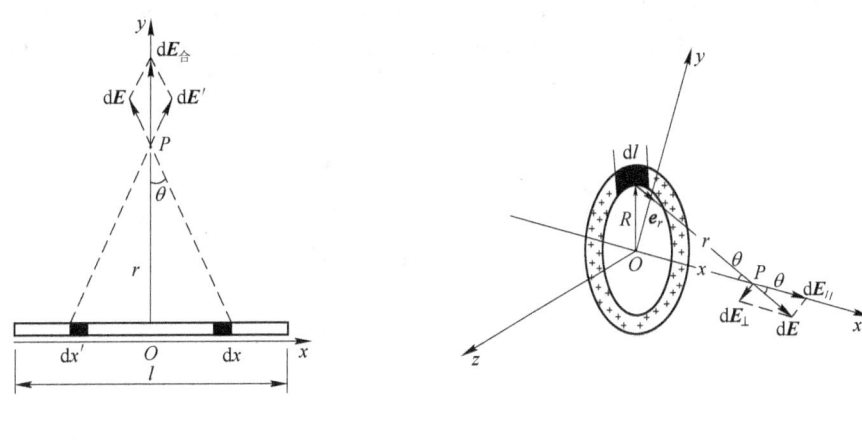

图 5-7　例题 5-3 图　　　　　　图 5-8　例题 5-4 图

$$\mathrm{d}q = \frac{q}{2\pi R}\mathrm{d}l$$

该电荷元在轴线上 $P$ 点产生的电场强度为

$$\mathrm{d}\boldsymbol{E} = \frac{\mathrm{d}q}{4\pi\varepsilon_0 r^2}\boldsymbol{e}_r$$

式中，$\boldsymbol{e}_r$ 为从 $\mathrm{d}l$ 指向 $P$ 点的单位矢量。将 $\mathrm{d}\boldsymbol{E}$ 在该点分解为平行于轴线和垂直于轴线的两个分量 $\mathrm{d}E_{/\!/}$ 和 $\mathrm{d}E_{\perp}$。由对称性可知圆环上各个电荷元在 $P$ 产生的电场强度的 $\mathrm{d}E_{\perp}$ 分量将相互抵消。因此，$P$ 点的电场强度将是所有电荷在该点产生的 $\mathrm{d}E_{/\!/}$ 分量的代数和，即

$$E = \int \mathrm{d}E_{/\!/} = \int \mathrm{d}E\cos\theta = \oint \frac{1}{4\pi\varepsilon_0 r^2} \frac{q}{2\pi R}\cos\theta \mathrm{d}l$$

由几何关系知 $\cos\theta = x/r$，$r = \sqrt{x^2+R^2}$，代入上式积分得

$$E = \frac{qx}{4\pi\varepsilon_0(x^2+R^2)^{3/2}} \tag{5-12}$$

若 $x \approx 0$，$E \approx 0$，环心处的电场强度为零；若 $x \gg R$，则 $(x^2+R^2)^{3/2} \approx x^3$，这

时有 $E \approx \dfrac{1}{4\pi\varepsilon_0}\dfrac{q}{x^2}$,即在远离圆环的地方,可以把带电圆环看成为点电荷。

## 5.2 静电场中的高斯定理

### 5.2.1 电场线

为了形象的描述电场的分布,英国物理学家法拉第引入了电场线的概念。电场线是这样一簇假想曲线,曲线上每一点的切线方向都与该点电场强度的方向一致;电场中任意一点垂直于该点单位面积上电场线的条数表示该点电场强度的大小。按照这种规定,可以用电场线的疏密来表示电场强度的大小,电场线密集的地方电场强度比较大,电场线稀疏的地方电场强度比较小。根据静电场的特性,电场线还有以下一些基本性质:

1)在静电场中,电场线不形成闭合曲线。

2)静电场中的电场线起自于正电荷(或者无限远),止于无限远(或负电荷)。

3)任何两条电场线在空间没有电荷处不会相交。

图 5-9 给出了几种典型带电体的电场线分布图。

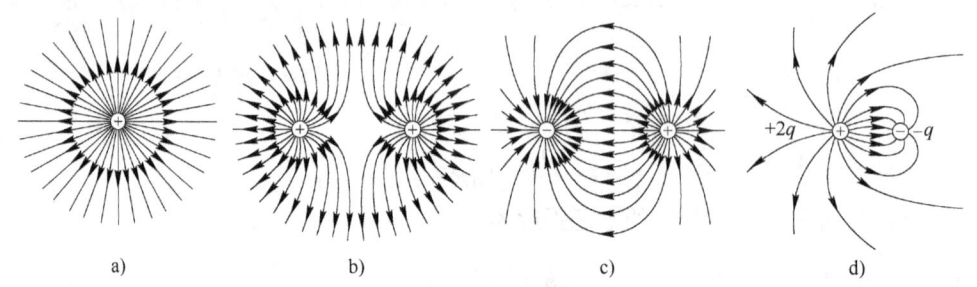

图 5-9 电场线分布
a) 正电荷 b) 两个等量同号电荷 c) 两个等量异号电荷 d) 两个不等量异号电荷

### 5.2.2 电场强度通量

在矢量场中通常引入**通量**(flux)的概念。电场中穿过任意曲面电场线的条数称为这个曲面的**电场强度通量**,简称**电通量**(electric flux),通常用符号 $\Psi_e$ 表示。

如图 5-10 所示,在均匀电场中取一个面积 $S$,设 $S$ 在垂直于电场方向的投影面积大小为 $S_\perp$,规定面积矢量 $\boldsymbol{S} = S\boldsymbol{e}_n$,其中 $S$ 表示该面积的大小,$\boldsymbol{e}_n$ 为平面正法向方向的单位矢量,当 $\boldsymbol{E}$ 与 $\boldsymbol{e}_n$ 之间的夹角为 $\theta$ 时,则通过面积 $S$ 的电通量为

$$\Psi_e = ES_\perp = E\cos\theta S = \boldsymbol{E} \cdot \boldsymbol{S} \tag{5-13}$$

如果电场是非均匀的，要计算穿过任意曲面的电通量时，可考虑将该曲面分割成许多个微小面积元 $dS$，在每一微小面积元 $dS$ 上的电场强度可认为是均匀的，如图 5-11 所示。穿过微小面积元 $dS$ 上的电通量可根据式 (5-13) 求出

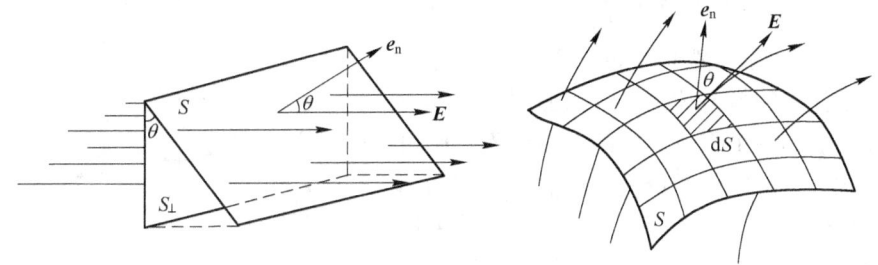

图 5-10 均匀电场的电通量　　　图 5-11 非均匀电场的电通量

$$d\Psi_e = \boldsymbol{E} \cdot d\boldsymbol{S} \tag{5-14}$$

穿过整个曲面的电通量则是穿过这许多个微小面积元上电通量的代数和，即

$$\Psi_e = \lim_{\Delta S \to 0} \sum_i \boldsymbol{E}_i \cdot \Delta \boldsymbol{S} = \iint_S \boldsymbol{E} \cdot d\boldsymbol{S} \tag{5-15}$$

如果曲面是闭合的，则穿过整个闭合曲面的电通量为

$$\Psi_e = \oiint_S \boldsymbol{E} \cdot d\boldsymbol{S} \tag{5-16}$$

应该注意的是，电通量 $d\Psi_e$ 可正可负，这决定于 $\theta$ 的取值。当 $\theta < \pi/2$ 时，$\cos\theta > 0$，则 $d\Psi_e > 0$，表示电场线顺着法向穿过面元；当 $\theta > \pi/2$ 时，$\cos\theta < 0$，$d\Psi_e < 0$，表示电场线逆着法向穿过曲面；$\theta = \pi/2$，电通量为 0。

对于非封闭曲面而言，$e_n$ 的方向可以取曲面的任意一侧；对于封闭曲面而言，通常规定 $e_n$ 的方向为曲面的外法线方向，所以，在电场线穿入曲面的地方，电通量为负；在电场线穿出曲面的地方，电通量为正。

### 5.2.3　高斯定理

现在来考虑穿过一个特殊曲面的电通量。设有一个带电荷量为 $q$ 的点电荷位于一个半径为 $r$ 的封闭球面的中心，如图 5-12 所示。该点电荷在封闭球面上任意一点 $P$ 产生的电场强度的大小为

$$E = \frac{1}{4\pi\varepsilon_0} \frac{q}{r^2}$$

且封闭球面上每一点的电场强度的方向都与面积元 $dS$ 的正法向方向一致，都沿着径向方向。则由式 (5-16) 得，穿过球面 $S$ 的电通量为

$$\Psi_e = \oiint_S \boldsymbol{E} \cdot \mathrm{d}\boldsymbol{S} = \oiint_S E\cos\theta \mathrm{d}S = \oiint_S E\mathrm{d}S$$

$$= E\oiint_S \mathrm{d}S = \frac{q}{4\pi\varepsilon_0 r^2}\oiint_S \mathrm{d}S = \frac{q}{4\pi\varepsilon_0 r^2} \cdot 4\pi r^2$$

即
$$\oiint_S \boldsymbol{E} \cdot \mathrm{d}\boldsymbol{S} = \frac{q}{\varepsilon_0} \quad (5\text{-}17)$$

对于更一般的情况，如果电荷不是点电荷，而是任意的带电体系，封闭曲面 $S$ 也不再是球面，而是一个任意弯曲的封闭曲面，则可以证明式 (5-17) 的结论仍然成立。封闭曲面 $S$ 外的电荷对穿过封闭曲面的电通量没有影响。总结各种情况可得出**真空中的高斯定理** (Gauss theorem)：**在真空中的静电场内，通过任一封闭曲面 $S$ 的电通量等于该封闭曲面内所有电荷量的代数和除以 $\varepsilon_0$，与封闭曲面外的电荷无关**，即

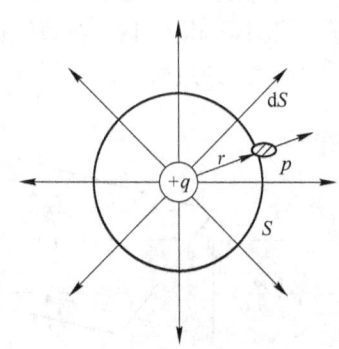

图 5-12　高斯定理

$$\oiint_S \boldsymbol{E} \cdot \mathrm{d}\boldsymbol{S} = \frac{1}{\varepsilon_0}\sum_i q_i \quad (5\text{-}18)$$

这是德国物理学家高斯（C. F. Gauss）在 1839 年提出来的。

高斯定理是静电场的基本定理之一，它给出了通量与场源之间的关系。如果封闭曲面内的电荷为正，则穿过封闭曲面的电通量 $\Psi_e > 0$，表明有电场线从封闭曲面内穿出，正电荷好像活水的源头一样，称为静电场的源头；反之，如果封闭曲面内的电荷为负，则穿过封闭曲面的电通量 $\Psi_e < 0$，表明有电场线穿入封闭曲面，则封闭曲面内一定包围有负电荷 $q$，负电荷好像流水的汇聚点一样，称为静电场的尾闾。所以静电场是一个有源场。

对于高斯定理必须注意几点：

1) 虽然封闭曲面外的电荷对电通量没有贡献，但是却会影响空间封闭曲面上各点的电场强度分布。封闭曲面上的电场强度是封闭曲面内外所有电荷所激发的电场强度的矢量和。

2) 高斯定理表明通过闭合曲面的电通量与闭合曲面所包围的电荷之间的量值关系，而非闭合曲面上的电场强度与闭合曲面内包围的电荷之间的关系。

3) 高斯定理与库仑定律并不是互相独立的规律，而是用不同形式表示的电场与源电荷关系的同一客观规律：库仑定律把电场强度和电荷直接联系起来，高斯定理将电场强度的通量和某一区域内的电荷联系在一起。库仑定律只适用于静电场，而高斯定理不仅适用于静电场，也适用于变化的电场。

4) 如果说某电荷恰好位于高斯面上，这样的假设是不符合物理意义的。

## 5.2.4 高斯定理的应用举例

高斯定理给出了场源与通量之间的关系，但并没有给出电场强度与通量之间的关系，因此，一般情况下不能直接根据高斯定理求解电场强度分布。但是，当电荷分布具有某些对称性，使得所激发的电场也具有某些对称性时，可根据高斯定理来求解电场强度分布。

**例题 5-5** 求均匀带电球面内外的电场强度分布。设球面的带电荷量为 $q$，球面半径为 $R$。

**解**：根据球对称性的特点，均匀带电球面所激发的电场强度也具有球对称性。也就是说到带电球面中心距离相等的地方电场强度大小相等，方向沿着各自的径向方向，如图 5-13 所示。

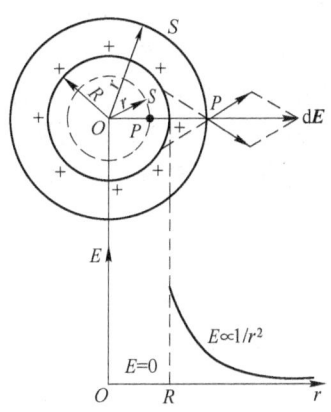

图 5-13 均匀带电球面的电场强度

（1）当场点 $P$ 在球面外时，以 $O$ 点为球心，过 $P$ 点作一个半径为 $r$（$r > R$）的球面 $S$（称为球高斯面）。通过该球高斯面的电通量为

$$\Psi_e = \oiint_S \boldsymbol{E} \cdot d\boldsymbol{S} = E \oiint_S dS = E 4\pi r^2$$

应用高斯定理可得

$$E 4\pi r^2 = \frac{q}{\varepsilon_0}$$

则 $P$ 点的电场强度为

$$E = \frac{q}{4\pi \varepsilon_0 r^2}$$

（2）当 $P$ 点在球内时，同样过 $P$ 点作半径为 $r$（$r < R$）的同心球高斯面 $S$，穿过该高斯面的电通量为

$$\Psi_e = \oiint_S \boldsymbol{E} \cdot d\boldsymbol{S} = E \oiint_S dS = E 4\pi r^2$$

此时高斯面内所包围的电荷为 0，所以

$$E 4\pi r^2 = 0$$

得

$$E = 0$$

由此可知,均匀带电球面内部电场强度处处为零,球面外的电场强度与所有电荷量集中在球心处的一个点电荷的电场强度分布相同。根据计算结果,可作出 $E\text{-}r$ 的变化曲线。

如果将均匀带电球面改成均匀带电球体,总带电荷量仍然为 $q$,球体半径为 $R$。求球内外的电场强度分布。同样的分析,作与均匀带电球体同心的球高斯面,如图5-14所示。根据高斯定理可得球外任意点处的电场强度仍为

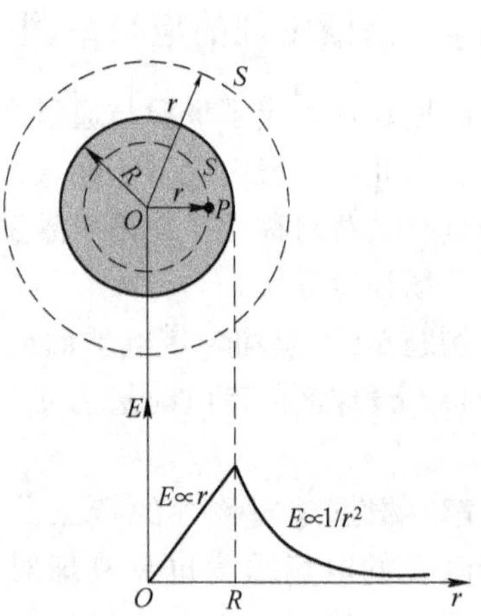

$$E = \frac{q}{4\pi\varepsilon_0 r^2} \quad (r > R)$$

图 5-14 均匀带电球体的电场强度

而当 $P$ 点在球内时,穿过球高斯面 $S$ 的电通量为

$$\Psi_e = \oiint_S \boldsymbol{E} \cdot \mathrm{d}\boldsymbol{S} = E\oiint_S \mathrm{d}S = E4\pi r^2$$

但此时闭合曲面内所包围的电荷为

$$q' = \rho \frac{4}{3}\pi r^3 = \frac{q}{4\pi \frac{R^3}{3}} \cdot \frac{4}{3}\pi r^3 = \frac{qr^3}{R^3}$$

应用高斯定理得

$$E = \frac{qr}{4\pi\varepsilon_0 R^3} \quad (r < R)$$

即均匀带电球体内的电场强度与场点到球心的距离 $r$ 成正比,球面上的电场强度最大。

**例题 5-6** 求无限大均匀带电平面的电场分布。已知带电平面上面电荷密度为 $\sigma$。

**解**:过场点 $P$ 作垂直于带电平面的垂线,无限大带电平面关于垂线呈轴对称分布。因此平面两侧到平面距离相等的地方电场强度大小相等,方向垂直于带电平面。根据对称性,过场点 $P$ 作一轴线垂直于平面的圆柱高斯面,圆柱高斯面左右两个底面到带电平面的距离相等,如图 5-15 所示。穿过圆柱高斯面的电通量为

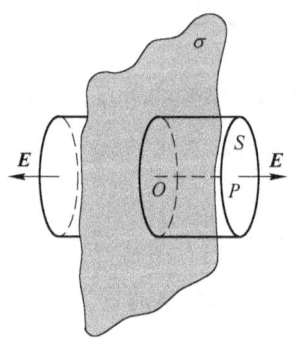

图 5-15 例题 5-6 图

$$\Psi_e = \oiint_S \boldsymbol{E} \cdot \mathrm{d}\boldsymbol{S} = ES + ES = 2ES$$

根据高斯定理得

$$2ES = \frac{\sigma S}{\varepsilon_0}$$

则 $P$ 点的电场强度的大小为

$$E = \frac{\sigma}{2\varepsilon_0}$$

此结果表明，无限大均匀带电平面的电场与场点到平面的距离无关，即无限大带电平面的电场是均匀电场。

卡尔·弗里德里希·高斯（C. F. Gauss，1777—1855），德国数学家、物理学家和天文学家，大地测量学家，近代数学奠基者之一。高斯的数学研究几乎遍及所有领域，在数论、代数学、非欧几何、复变函数和微分几何等方面都做出了开创性的贡献，有"数学王子"之称。同时，他还把数学应用于天文学、大地测量学和磁学的研究。1801 年，高斯采用他的

图 5-16　高斯

最小二乘法理论提出了一种星球轨道计算方法，成功地预测出谷神星的位置，随后，1802 年又成功地预测了小行星二号——智神星的位置，1809 年撰写了《天体运动理论》两册。1820 到 1830 年间，高斯为了测绘汗诺华公国的地图，开始做测地的工作，发明了日观测仪，分别于 1843—1844 年和 1846—1847 年撰写了《高等大地测量学理论（上）》、《高等大地测量学理论（下）》。在 1830 到 1840 年间，高斯和一个比他小 27 岁的年轻物理学家——韦伯（Withelm Weber）一起从事磁的研究，构造了世界上第一个电报机，设立磁观测站，写了《地磁的一般理论》，和韦伯画出了世界第一张地球磁场图，而且定出了地球磁南极和磁北极的位置。他的著作还有《地磁概念》和《论与距离平方成反比的引力和斥力的普遍定律》等。高斯在历史上影响之大，可以和阿基米德、牛顿、欧拉并列。高斯的肖像已经被印在从 1989 年至 2001 年流通的 10 德国马克的纸币上（见图 5-16）。

## 5.3　静电场的环路定理　电势

前面从电场对处于其中的电荷有力的作用，引入了电场强度的概念来描述电场的特性。本节我们将从电荷在电场中运动时电场力会对电荷做功，引入**电势能**（electric potential energy）定义**电势**（electric potential）来描述电场的另一特性。

### 5.3.1　电势能

通过前面的学习我们知道，电场中不同点处的电场强度 $E$ 是不同的。当电荷在电场中运动时，在不同场点处所受的电场力是不同的，因此，电场力的功是一个变力的功。如图 5-17 所示，设有一试探电荷 $q_0$ 处于点电荷 $q$ 所激发的电场中，沿着任意路径从 $a$ 点运动到 $b$ 点。经过任意一点 $c$ 点时，$q_0$ 所受的电场力 $\boldsymbol{F} = q_0\boldsymbol{E}$，

当 $q_0$ 位移一个微小的位移元 $\mathrm{d}\boldsymbol{l}$ 时，电场力所做的功

$$\mathrm{d}W = q_0\boldsymbol{E}\cdot\mathrm{d}\boldsymbol{l} = q_0 E\mathrm{d}l\cos\theta$$

由图 5-17 可知，$\mathrm{d}l\cos\theta = \mathrm{d}r$，而 $E = \dfrac{q}{4\pi\varepsilon_0 r^2}$，代入上式得

$$\mathrm{d}W = q_0\dfrac{q}{4\pi\varepsilon_0 r^2}\mathrm{d}r$$

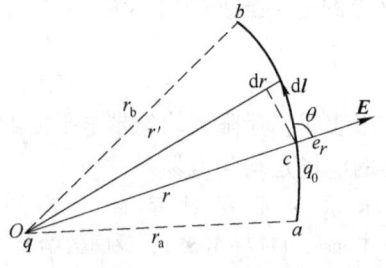

图 5-17　电势能

整个路径上电场力所做的总功

$$W_{ab} = \int_a^b \mathrm{d}W = \int_a^b q_0\boldsymbol{E}\cdot\mathrm{d}\boldsymbol{l} = \dfrac{q_0 q}{4\pi\varepsilon_0}\int_{r_a}^{r_b}\dfrac{1}{r^2}\mathrm{d}r$$

$$= \dfrac{q_0 q}{4\pi\varepsilon_0}\left(\dfrac{1}{r_a} - \dfrac{1}{r_b}\right) \tag{5-19}$$

式中，$r_a$，$r_b$ 分别为试探电荷 $q_0$ 的起点和终点到点电荷 $q$ 的距离。

此结果表明电场力对试探电荷所做的功只与试探电荷的始末位置有关，而与运动路径无关。根据叠加原理，不难证明，对于任何静止的带电体系所产生的电场，这一结论仍然成立。因此可得出下述结论：**试探电荷在任何静电场中运动时，静电场力对它所做的功除了与电场本身有关外，仅与试探电荷所带电荷量以及路径的起点和终点的位置有关，而与路径无关**。这与重力、万有引力、弹力相类似。因此，静电力也是一种保守力，静电场是保守力场。

正如重力场中引入重力势能一样，静电场中可以引入电势能，电场力做功将引起电势能的改变。如果用 $W_{pa}$ 和 $W_{pb}$ 分别表示试探电荷 $q_0$ 在电场中 $a$ 点和 $b$ 点的电势能，则两点的电势能差等于将试探电荷 $q_0$ 从 $a$ 点移到 $b$ 点电场力的功，即

$$W_{pa} - W_{pb} = W_{ab} = \int_a^b q_0\boldsymbol{E}\cdot\mathrm{d}\boldsymbol{l} \tag{5-20}$$

和重力势能一样，电势能也是一个相对量。要确定某一点的电势能为多少，首先必须选定一个零势能点。电势能零点可以任意选取，但习惯上当带电体为有限带电体时，通常选取无限远处为势能零点，即 $W_\infty = 0$，则由式（5-20）知，$q_0$ 在电场中 $a$ 点的电势能为

$$W_{pa} = W_{ab} = \int_a^\infty q_0\boldsymbol{E}\cdot\mathrm{d}\boldsymbol{l} \tag{5-21}$$

即试探电荷在 $a$ 点的电势能等于将试探电荷 $q_0$ 从 $a$ 点移到无穷远处电场力的功。

如果带电体为无限带电体，通常选取固定点为电势能零点。如选取试探电荷 $q_0$ 在 $b$ 点的电势能为零，则 $a$ 点的电势能为

$$W_{pa} = W_{ab} = \int_a^{"0"} q_0\boldsymbol{E}\cdot\mathrm{d}\boldsymbol{l} \tag{5-22}$$

即 $a$ 点的电势能等于将试探电荷 $q_0$ 从 $a$ 点移到电势能零点电场力的功。在实际应用中，常选地球或仪器的外壳为势能零点。

在 SI 制中，电势能的单位为焦耳（J）。

对于电势能需要注意两点：

1) 虽然电势能是一个相对量，静电场中某一点的电势能与势能零点选择有关，但是两点之间的势能差却是一个绝对量，与势能零点选择无关。

2) 电势能属于试探电荷 $q_0$ 与静电场整个系统所共有。

### 5.3.2 静电场的环路定理

静电力做功与路径无关还可以表述为另外一种形式。如图 5-18 所示，当试探电荷 $q_0$ 在电场中绕任意闭合路径 $L$ 运动一周，电场力对 $q_0$ 所做的功一定为

$$W = \oint_L q_0 \boldsymbol{E} \cdot \mathrm{d}\boldsymbol{l} = \int_{a(L_1)}^b q_0 \boldsymbol{E} \cdot \mathrm{d}\boldsymbol{l} + \int_{b(L_2)}^a q_0 \boldsymbol{E} \cdot \mathrm{d}\boldsymbol{l}$$

$$= \int_{a(L_1)}^b q_0 \boldsymbol{E} \cdot \mathrm{d}\boldsymbol{l} - \int_{a(L_2)}^b q_0 \boldsymbol{E} \cdot \mathrm{d}\boldsymbol{l}$$

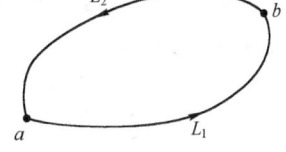

图 5-18 静电场环路定理

根据电场力的保守性，可得

$$\int_{a(L_1)}^b q_0 \boldsymbol{E} \cdot \mathrm{d}\boldsymbol{l} = \int_{a(L_2)}^b q_0 \boldsymbol{E} \cdot \mathrm{d}\boldsymbol{l}$$

所以

$$W = \oint_L q_0 \boldsymbol{E} \cdot \mathrm{d}\boldsymbol{l} = 0$$

由于试探电荷 $q_0$ 不为零，所以上式可写成

$$\oint_L \boldsymbol{E} \cdot \mathrm{d}\boldsymbol{l} = 0 \qquad (5\text{-}23)$$

此结果表明，**在静电场中电场强度沿任意一个闭合回路的线积分都为零**。这就是**静电场的环路定理**（circuital theorem of electrostatic field）。

### 5.3.3 电势

由式（5-20）可知 $\dfrac{W_{pa}}{q_0} - \dfrac{W_{pb}}{q_0} = \dfrac{W_{ab}}{q_0} = \int_a^b \boldsymbol{E} \cdot \mathrm{d}\boldsymbol{l}$，这表明 $\dfrac{W_{pa}}{q_0} - \dfrac{W_{pb}}{q_0}$ 由电场中 $a$, $b$ 的位置决定，只与电场在给定点的性质有关，而与试探电荷无关。因此，在静电场中，我们将这一反映电场给定点性质的物理量定义为**电势**，用 $V$ 表示。如果用 $V_a$, $V_b$ 分别表示电场中 $a$ 点和 $b$ 点的电势，则

$$V_a - V_b = \int_a^b \boldsymbol{E} \cdot \mathrm{d}\boldsymbol{l} \qquad (5\text{-}24)$$

即静电场中 $a$, $b$ 两点之间的电势差，在数值上等于将单位正电荷从 $a$ 点移到 $b$ 点电场力所做的功，或者说等于单位正电荷在 $a$, $b$ 两点所具有的电势能之差。静电场中 $a$, $b$ 两点之间的电势差也称电压，常用字母 $U_{ab}$，即 $U_{ab} = V_a - V_b$。

与电势能一样，电势也是一个相对量，它与电势零点的选择有关。但是为了研究问题的方便，一般同一问题中电势零点的选择常与电势能零点一致。即对有限带电体而言，通常选取无限远处为电势零点，则电场中 $a$ 点的电势为

$$V_a = \int_a^\infty \boldsymbol{E} \cdot \mathrm{d}\boldsymbol{l} \tag{5-25}$$

式 (5-25) 的物理意义是**静电场中任意点的电势等于单位正电荷在该点具有的电势能，或者等于将单位正电荷从该点移到无穷远处时电场力的功**。实际应用中常选地球或仪器的外壳为电势零点。

根据式 (5-24) 可知，如果已知 $a$, $b$ 两点的电势差，则可很方便地求出将电荷 $q_0$ 从 $a$ 点沿任意路径移到 $b$ 点电场力的功为

$$W_{ab} = q_0 \int_a^b \boldsymbol{E} \cdot \mathrm{d}\boldsymbol{l} = q_0(V_a - V_b) \tag{5-26}$$

即静电力对电荷做的功等于电荷的电荷量与电荷移动中始末两点电压的乘积。

在 SI 制中，电势的单位是焦耳/库仑（J/C），称为伏特（V），简称伏。

### 5.3.4 电势的计算

**1. 点电荷电场中的电势**

设有一点电荷 $q$，则距该点电荷距离为 $r$ 的场点 $P$ 的电势为

$$V = \int_r^\infty \boldsymbol{E} \cdot \mathrm{d}\boldsymbol{l} = \int_r^\infty \frac{q}{4\pi\varepsilon_0 r^2}\boldsymbol{e}_r \cdot \mathrm{d}\boldsymbol{l} \tag{5-27}$$

式 (5-27) 中，电场强度的方向沿着矢径方向，因此，可选择积分路径为沿着矢径方向到无限远处，则式 (5-27) 可写成

$$V = \int_r^\infty \frac{q}{4\pi\varepsilon_0 r^2}\boldsymbol{e}_r \cdot \mathrm{d}\boldsymbol{r} = \int_r^\infty \frac{q}{4\pi\varepsilon_0 r^2}\mathrm{d}r$$

积分得

$$V = \frac{q}{4\pi\varepsilon_0 r} \tag{5-28}$$

由此可见，在正电荷的电场中，各点的电势都大于零，离电荷越远处电势越低；在负电荷产生的电场中，各点的电势都小于零，离电荷越远处电势越高，无限远处的电势为零。

**2. 点电荷系的电势**

如果电场由点电荷系产生，各电荷所带电荷量分别为 $q_1$, $q_2$, $\cdots$, $q_N$，根据电场强度叠加原理知，电场中任一点 $P$ 的电势为

$$V = \int_p^\infty \boldsymbol{E} \cdot \mathrm{d}\boldsymbol{l} = \int_p^\infty (\boldsymbol{E}_1 + \boldsymbol{E}_2 + \cdots + \boldsymbol{E}_N) \cdot \mathrm{d}\boldsymbol{l}$$

$$= \int_p^\infty \boldsymbol{E}_1 \cdot \mathrm{d}\boldsymbol{l} + \int_p^\infty \boldsymbol{E}_2 \cdot \mathrm{d}\boldsymbol{l} + \cdots + \int_p^\infty \boldsymbol{E}_N \cdot \mathrm{d}\boldsymbol{l}$$

$$= V_1 + V_2 + \cdots + V_N$$

即
$$V = \sum_{i=1}^{N} \frac{q_i}{4\pi\varepsilon_0 r_i} \tag{5-29}$$

式中，$r_i$ 为点电荷 $q_i$ 到场点 $P$ 的距离。式（5-29）表明，**点电荷系产生的电场中任意点的电势，等于各点电荷单独在该点产生的电势的代数和**，这一结论称为**电势叠加原理**。

**3. 连续分布电荷电场中的电势**

如果电场是由电荷连续分布的带电体产生，可将带电体看成由许多个电荷元组成，电场中某一点 $P$ 的电势等于每个电荷元在该点产生的电势的叠加。只是带电体电荷连续分布，需将式（5-29）中的求和用积分代替，即

$$V = \int \mathrm{d}V = \int \frac{\mathrm{d}q}{4\pi\varepsilon_0 r} \tag{5-30}$$

式（5-30）积分区域遍及整个带电体。但是，因为电势是标量，这里的积分为标量积分。

**例题 5-7** 求电偶极子电场中的电势分布。

**解**：如图 5-19 所示，设场点 $P$ 到正、负点电荷的距离分别为 $r_+$ 和 $r_-$。$P$ 点到电偶极子中点的距离为 $r$，则 $+q$ 和 $-q$ 单独存在时，在 $P$ 点产生的电势分别为

$$V_+ = \frac{1}{4\pi\varepsilon_0}\frac{q}{r_+}, \quad V_- = \frac{1}{4\pi\varepsilon_0}\frac{-q}{r_-}$$

根据电势叠加原理，电偶极子在 $P$ 点产生的电势为

$$V = V_+ + V_- = \frac{q}{4\pi\varepsilon_0}\left(\frac{1}{r_+} - \frac{1}{r_-}\right)$$

由题意 $r \gg l$，于是

$$r_+ \approx r - \frac{l}{2}\cos\theta, \ r_- \approx r + \frac{l}{2}\cos\theta, \ r_+ \cdot r_- \approx r^2$$

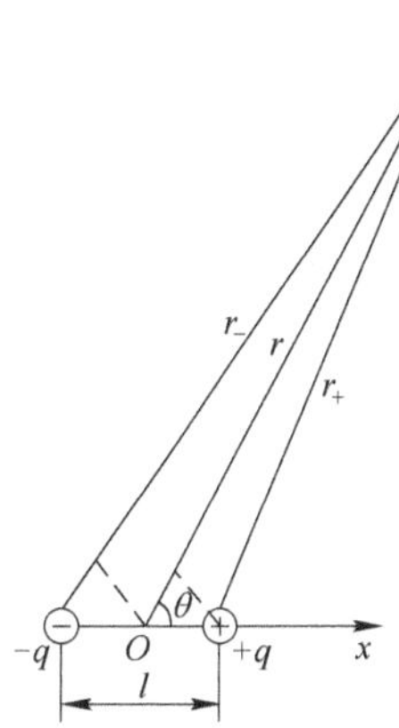

图 5-19 例题 5-7 图

代入电势 $V$ 计算式得

$$V = \frac{q}{4\pi\varepsilon_0}\frac{r_- - r_+}{r_+ \cdot r_-} \approx \frac{ql\cos\theta}{4\pi\varepsilon_0 r^2} = \frac{\boldsymbol{p} \cdot \boldsymbol{r}}{4\pi\varepsilon_0 r^3}$$

**例题 5-8** 求均匀带电圆环轴线上一点的电势分布。设圆环的带电荷量为 $q$，半径为 $R$，$P$ 点到圆环中心的距离为 $x$。

**解**：如图 5-20 所示，将带电圆环看成由许多个线元组成，在环上任意位置取线元 $\mathrm{d}l$，该线元所带的电荷量

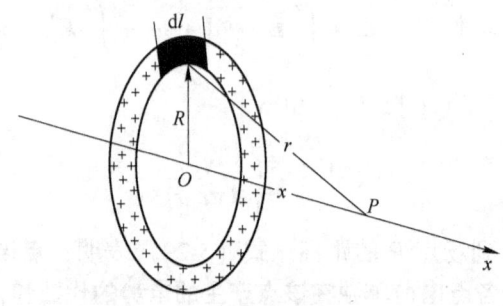

图 5-20  例题 5-8 图

$$\mathrm{d}q = \lambda \mathrm{d}l = \frac{q}{2\pi R}\mathrm{d}l$$

$\mathrm{d}q$ 在圆环轴线上 $P$ 点产生的电势

$$\mathrm{d}V = \frac{\mathrm{d}q}{4\pi\varepsilon_0 r} = \frac{\lambda \mathrm{d}l}{4\pi\varepsilon_0 r}$$

整个圆环在 $P$ 点产生的电势为

$$V = \oint \mathrm{d}V = \frac{\lambda}{4\pi\varepsilon_0 r}\oint \mathrm{d}l = \frac{\lambda}{4\pi\varepsilon_0 r} \cdot 2\pi R = \frac{q/(2\pi R)}{4\pi\varepsilon_0 r} \cdot 2\pi R$$

$$= \frac{q}{4\pi\varepsilon_0 r}$$

由几何关系知 $r = \sqrt{R^2 + x^2}$，代入得

$$V = \frac{q}{4\pi\varepsilon_0 \sqrt{R^2 + x^2}}$$

**例题 5-9**  求均匀带电球面的电场中电势的分布。设球半径为 $R$，总的电荷量为 $q$。

**解**：根据例题 5-5 的结果知，均匀带电球面的电场强度沿着径向方向，其大小为

$$E = \begin{cases} 0 & (r < R) \\ \dfrac{q}{4\pi\varepsilon_0 r^2} & (r \geqslant R) \end{cases}$$

设无穷远处的电势为零，选择积分路径沿着径向方向，根据式（5-25）知 $P$ 点的电势为

$$V_P = \int_r^\infty \boldsymbol{E} \cdot \mathrm{d}\boldsymbol{r} = \int_r^\infty E \mathrm{d}r$$

当 $P$ 点在球外时，有

$$V_p = \int_r^\infty \frac{q\,dr}{4\pi\varepsilon_0 r^2} = \frac{q}{4\pi\varepsilon_0 r} \quad (r \geq R)$$

当 $P$ 点在球内时,由于球内外电场强度的分布不同,所以积分必须分为两段,即

$$V_p = \int_r^\infty E\,dr = \int_r^R E\,dr + \int_R^\infty E\,dr = \int_r^R 0 \cdot dr + \int_R^\infty \frac{q\,dr}{4\pi\varepsilon_0 r^2} = \frac{q}{4\pi\varepsilon_0 R} \quad (r < R)$$

## 5.3.5 电势与电场强度的微分关系

**1. 等势面**

电场中电场强度的分布可以借助于电场线来形象地描绘,同样,电势的分布也可以借助等势面来形象地描绘。

电场中电势相等的点组成的曲面叫做**等势面**(equipotent surface)。容易证明,点电荷电场的等势面是以点电荷为中心的同心球面,无限大带电平面的等势面是与带电平面平行的平面。电场中用电场线的疏密来直观地反映电场强度的大小。同样,为了用等势面的疏密程度来表示出各场点电场的强弱,通常规定相邻等势面之间的电势差相等。图 5-21 是两种简单电场的等势面,图中实线表示电场线,虚线表示等势面。不难看出,等势面愈密的地方,电场强度也愈大。

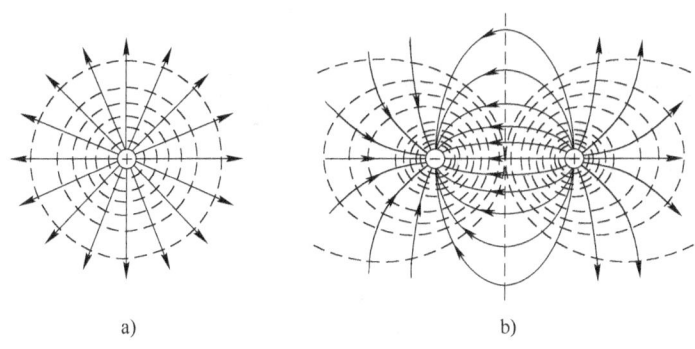

a)                              b)

图 5-21 两种电场的等势面与电场线图
a) 正点电荷  b) 电偶极子

综合各种等势面图,可以得出等势面具有如下性质:
(1) 在同一等势面上任意两点间移动电荷时,电场力不做功。
(2) 等势面处处与电场线正交。
(3) 电场线总是从电势较高的等势面指向较低的等势面。
以上性质并不难证明,请读者自行证明。

画等势面是研究电场的一种有效的方法,在很多实际问题中,电场中电势的分布通过实验的方法可以精确的测量并描绘出等势面,进而根据等势面与电场线的关

系了解整个电场的分布和特性。

### 2. 电场强度与电势的微分关系

式（5-25）表明，电场强度与电势之间存在着积分关系，即已知电场强度分布，通过积分可知电势分布。那么，反过来电势与电场之间是否存在微分关系呢？这正是我们下面要研究的问题。

如图 5-22 所示，Ⅰ，Ⅱ 为两个相互靠近的等势面，设它们的电势分为 $V$ 和 $V+\mathrm{d}V$。若将一正的试探电荷 $q_0$ 从 $a$ 点移到 $b$ 点，位移元为 $\mathrm{d}\boldsymbol{l}$，则电场力的功为

$$\begin{aligned}\mathrm{d}W &= q_0(V_a - V_b)\\ &= q_0[V-(V+\mathrm{d}V)] = -q_0\mathrm{d}V\end{aligned}$$

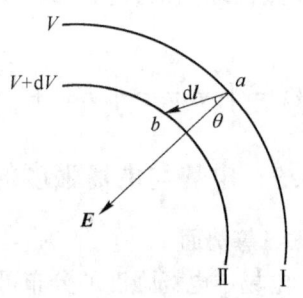

图 5-22 电势与电场间的微分关系

另一方面，根据功的定义有

$$\mathrm{d}W = q_0\boldsymbol{E}\cdot\mathrm{d}\boldsymbol{l} = q_0 E\cos\theta\mathrm{d}l$$

式中，$\theta$ 为 $\mathrm{d}\boldsymbol{l}$ 与电场强度 $\boldsymbol{E}$ 之间的夹角。比较两式，可得

$$q_0 E\cos\theta\mathrm{d}l = -q_0\mathrm{d}V$$

即

$$E_l = E\cos\theta = -\frac{\mathrm{d}V}{\mathrm{d}l}$$

式中，$E_l$ 为电场强度沿 $\mathrm{d}\boldsymbol{l}$ 方向的分量。由于 $\mathrm{d}\boldsymbol{l}$ 是任意的，所以该式表明，电场强度在任意方向的分量等于电势沿该方向变化率的负值。建立直角坐标系，令 $\mathrm{d}\boldsymbol{l}$ 分别沿着 $x$ 轴、$y$ 轴和 $z$ 轴方向，可得

$$E_x = -\frac{\partial V}{\partial x};\quad E_y = -\frac{\partial V}{\partial y};\quad E_z = -\frac{\partial V}{\partial z}$$

于是，电场强度与电势关系的矢量表达式可写成

$$\boldsymbol{E} = -\left(\frac{\partial V}{\partial x}\boldsymbol{i} + \frac{\partial V}{\partial y}\boldsymbol{j} + \frac{\partial V}{\partial z}\boldsymbol{k}\right) \tag{5-31}$$

在数学上，常把标量函数 $f(x,y,z)$ 的梯度 $\mathrm{grad}\,f$ 定义为

$$\mathrm{grad}\,f = \frac{\partial f}{\partial x}\boldsymbol{i} + \frac{\partial f}{\partial y}\boldsymbol{j} + \frac{\partial f}{\partial z}\boldsymbol{k}$$

$\mathrm{grad}\,f$ 是坐标 $(x,y,z)$ 的矢量函数，因此，式（5-31）还可写为

$$\boldsymbol{E} = -\mathrm{grad}\,V \tag{5-32}$$

即电场强度 $\boldsymbol{E}$ 等于电势梯度的负值。

**例题 5-10** 用电场强度与电势的关系，求均匀带电圆环轴线上任一点 $P$ 的电场强度。

**解：** 按例题 5-8 的结果，均匀带电圆环轴线上任一点 $P$ 的电势为

$$V = \frac{1}{4\pi\varepsilon_0} \frac{q}{(x^2+R^2)^{\frac{1}{2}}}$$

$R$ 为圆环的半径，则 $P$ 点的电场强度为

$$E = E_x = -\frac{\partial V}{\partial x} = -\frac{\partial}{\partial x}\left[\frac{1}{4\pi\varepsilon_0}\frac{q}{(x^2+R^2)^{\frac{1}{2}}}\right] = \frac{1}{4\pi\varepsilon_0}\frac{qx}{(x^2+R^2)^{\frac{3}{2}}}$$

这与例题 5-4 根据电场强度叠加原理计算的结果完全一样。

## 5.4 静电场中的电介质

**电介质**（dielectrics）也就是人们通常认为的绝缘体，其主要特征是物质内部的分子或原子中正、负电荷束缚得很紧，可以自由运动的电子很少，几乎不导电。若把电介质放入电场中，在电场力的作用下，电介质内部的正、负电荷会在原子或分子内部发生小范围的移动，进而影响电介质内、外的电场强度分布。因此有必要讨论一下电介质的特性及有介质存在时的电场。

### 5.4.1 电介质的极化

在电介质分子中，正、负电荷并不是集中于一点，而是分布在一个线度约为 $10^{-10}$m 的数量级的体积内。但是，在研究这些电荷在离开分子的距离比分子的线度大得多的地方所产生的电场时，可以认为分子中全部的正电荷集中于一点，这一点称为正电荷的"重心"；按照按卢瑟福-玻尔原子模型，分子中全部的负电荷也集中于一点，这一点称为负电荷的"重心"。因此，一个中性分子就等效于一个电偶极子，而电介质可以认为是由大量的这种微小的电偶极子组成的。

根据电介质的电结构不同可以将电介质分为两类。在没有外电场时，一类是分子的正、负电荷分布均匀，其正、负电荷的中心重合，因而分子的电偶极矩为零，这类分子称为**无极分子**（non-polar molecular），如 $H_2$，$N_2$，He，$CH_4$ 等（图5-23a）；另一类介质分子的正、负电荷分布不均匀，其正、负电荷的中心不重合，因而分子的电偶极矩不为零，这类分子称为**有极分子**（polar molecule），如 $SO_4$，HCl，$H_2O$，$NH_3$ 等（图5-23b）。

当无外电场时，由无极分子组成的电介质，不存在等效电偶极矩，宏观上对外不显电性。当施加外电场后，在电场力作用下，无极分子正、负电荷的"重心"将不再重合，沿着电场发生一段相对位移，形成一个电偶极子，并且这些电偶极子将沿电场方向规则排列。此时，电介质内部相邻两个电偶极正、负电荷互相靠近，正、负电荷将相互抵消掉，宏观上将在电介质的两侧出现正电荷或负电荷。由于这些电荷不能像导体中的自由电荷那样在电介质内部自由移动，故称之为**极化电荷**（polarization charge）或**束缚电荷**（bound charge）。无极分子在外电场作用下，正、

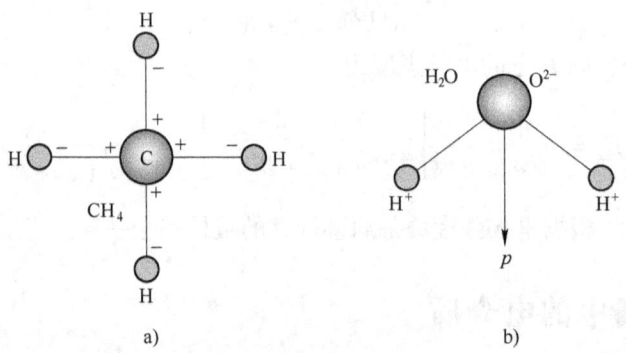

图 5-23 两类不同的电介质
a) 甲烷分子正、负电荷的"重心"重合　b) 水分子正、负电荷的"重心"不重合

负电荷的"重心"发生相对位移这种现象称为**位移极化**（displacement polarization）（见图 5-24）。当外电场撤去，无极分子正、负电荷的"重心"又将恢复原状，极化现象也随之消失。

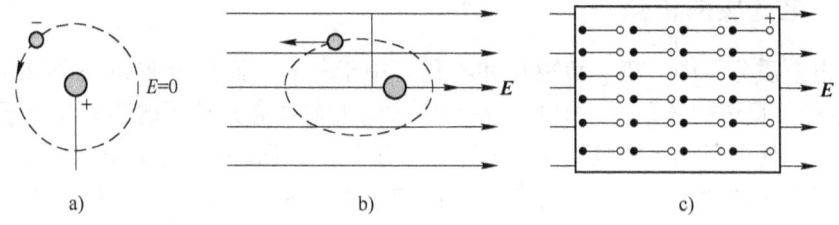

图 5-24 位移极化
a) 无外场时无极分子电偶极矩为零　b) 外场中无极分子出现电偶极矩
c) 外场中无极分子的位移极化

当无外电场时，由有极分子组成的电介质，虽然每个分子存在一个等效电偶极矩，但是由于分子的热运动，各分子电偶极矩的取向杂乱无章，所以从宏观上看对外也不显电性。当施加外电场后，在电场力作用下，有极分子的分子电矩将转向外电场方向，这时虽然还有热运动使分子电矩的方向趋于混乱，但从宏观上看，所有分子的电矩矢量的总和不再为零，将沿电场方向排列，这种现象称为**取向极化**（orientation polarization）（见图 5-25）。外电场越强，分子的电矩排列越整齐。

在外电场中，电介质的极化程度可用**电极化强度**（electric polarization strength）来描述。电极化强度定义为单位体积内分子电偶极矩的矢量和，用 $P$ 表示。在电介质内任取一微小的体积元 $\Delta V$，该体积元内第 $i$ 个分子的电偶极矩为 $p_i$，则电介质的极化强度为

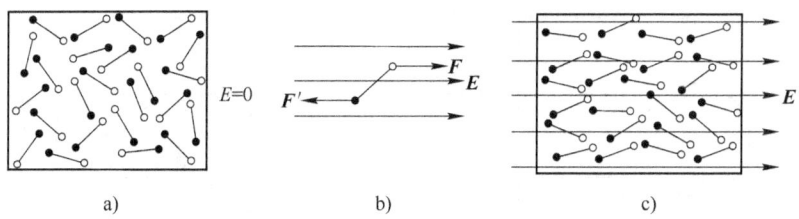

图 5-25 取向极化
a) 无外场时有极分子各向机会均等  b) 有极分子在外场中的转向极化
c) 分子电偶极矩趋向外场方向

$$P = \frac{\sum_{i=1}^{N} \boldsymbol{p}_i}{\Delta V} \tag{5-33}$$

令 $\Delta V \to 0$，即得电介质中任意点的电极化强度

$$\boldsymbol{P} = \lim_{\Delta V \to 0} \frac{\sum_{i=1}^{N} \boldsymbol{p}_i}{\Delta V} \tag{5-34}$$

在 SI 制中，电极化强度 $\boldsymbol{P}$ 的单位为库仑每平方米，符号为 $C/m^2$。

实验证明，当电介质内部的电场强度不太大时，各向同性的电介质内任意一点的电极化强度与该点的电场强度成正比，且方向相同，可表示为

$$\boldsymbol{P} = \chi_e \varepsilon_0 \boldsymbol{E} \tag{5-35}$$

式中，$\chi_e$ 称为电极化率（electric susceptibility）。

## 5.4.2 介质中的电场强度　介电常数

虽然电介质在外电场中的极化方式不同，但宏观效果却是相同的，都在介质的表面出现了束缚电荷，因此在讨论电介质在外电场中的极化时，不必区分这两种极化。束缚电荷和自由电荷一样，也能在周围空间激发电场，因此处于外电场中的电介质内部任一点的电场强度 $\boldsymbol{E}$ 将是外电场 $\boldsymbol{E}_0$ 与束缚电场产生的电场强度 $\boldsymbol{E}'$ 的叠加，即

$$\boldsymbol{E} = \boldsymbol{E}_0 + \boldsymbol{E}' \tag{5-36}$$

为了定量地分析电介质内部的电场强度，现假设有两块平行放置的金属板分别带等量异号的电荷 $Q$，两板之间为真空。忽略边缘效应，两板之间近似为均匀电场，测得两板之间的电压为 $U_0$。现保持两板的电荷量和距离不变，在两板间充以某种电介质，测得两板间的电压为 $U$，如图 5-26 所示。实验表明，$U_0$ 和 $U$ 之间满

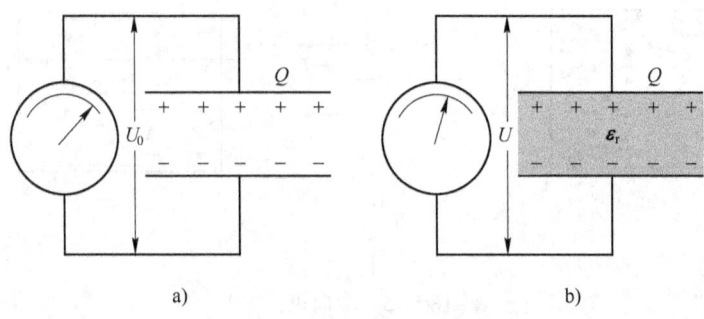

图 5-26 电介质对电场的影响

足如下关系

$$U = \frac{U_0}{\varepsilon_r} \tag{5-37}$$

且介质中的电场强度变为真空中的电场强度的 $\varepsilon_r$ 分之一，即

$$E = \frac{1}{\varepsilon_r} E_0 \tag{5-38}$$

式（5-38）表明，充满均匀且各向同性电介质的平行板之间的电场强度为真空中电场强度的 $\varepsilon_r$ 分之一。很明显，极化电荷产生的电场强度与外电场强度的方向相反，所以介质内部的电场 $E$ 将明显小于外电场强度 $E_0$。如图 5-27 所示。其中 $\varepsilon_r$ 只取决于电介质的性质，我们将它定义为该介质的**相对介电常数**（relative dielectric constant）。电介质的相对介电常数是总大于 1 的一个量纲为一的量。不同电介质的相对介电常数是不一样的。表 5-2 列出了一些电介质的相对介电常数。

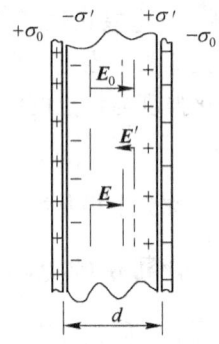

图 5-27 介质内部的电场

由电场强度的定义知，电介质中两电荷之间的库仑力大小为

$$F = q_0 E = \frac{q_0}{\varepsilon_r} E = \frac{q_0 q}{4\pi \varepsilon_0 \varepsilon_r r^2} = \frac{q_0 q}{4\pi \varepsilon r^2}$$

式中，$\varepsilon = \varepsilon_0 \varepsilon_r$ 定义为电介质的**介电常数**（dielectric constant）。

实验测得，相对介电常数 $\varepsilon_r$ 随介质含水率增加呈指数上升。当土壤、谷物含水量改变时，其 $\varepsilon_r$ 会发生较大的变化。利用这一特性，可以通过测定充满土壤、谷物的电容器的电容量，求出土壤、谷物的相对介电常数，再根据预先绘制的 $\varepsilon_r$ 与含水量的标准曲线，间接求出含水量。

表 5-2 一些电介质的相对介电常数

| 电介质 | 相对介电常数 | 电介质 | 相对介电常数 |
| --- | --- | --- | --- |
| 真空 | 1 | 玻璃 | 5~10 |
| 空气（20℃，1atm） | 1.0006 | 绝缘子用瓷 | 5.0~6.5 |
| 氢（20℃，1atm） | 1.0003 | 硬纸 | 5~8 |
| 石蜡 | 2.0~2.3 | 钛酸钡 | $10^3 \sim 10^4$ |
| 变压汽油（20℃） | 2.2~2.5 | 硫黄 | 3.03 |
| 苯 | 2.28 | 琥珀 | 2.8 |
| 乙醇 | 25.8 | 脂肪 | 5~6 |
| 纯水 | 81.5 | 骨 | 6~10 |
| 橡胶 | 2.5~2.8 | 皮肤 | 40~50 |
| 聚氟乙烯 | 3.1~3.5 | 血液 | 50~60 |
| 木料 | 2.5~8 | 肌肉 | 80~85 |
| 云母 | 3~6 | 神经及脑 | 90~100 |
| 石英玻璃 | 3.2~4.2 | | |

## 5.4.3 电介质中的高斯定理

在有介质存在时，高斯定理仍然成立。只是在计算闭合曲面的电通量时，需要同时考虑闭合曲面内的自由电荷和极化电荷的贡献，此时高斯定理可改写为

$$\oint_S \boldsymbol{E} \cdot \mathrm{d}\boldsymbol{S} = \frac{1}{\varepsilon_0}\left(\sum_i q_i + \sum_i q'_i\right) \tag{5-39}$$

式中，$\sum_i q_i$ 表示高斯面内包围的自由电荷的代数和；$\sum_i q'_i$ 表示高斯面内包围的极化电荷的代数和。

可以证明，电极化强度 $\boldsymbol{P}$ 与极化电荷 $\sum_i q'_i$ 之间存在如下关系：

$$\oint_S \boldsymbol{P} \cdot \mathrm{d}\boldsymbol{S} = -\sum_i q'_i \tag{5-40}$$

将式（5-40）代入式（5-39），整理后可得

$$\oint_S (\varepsilon_0 \boldsymbol{E} + \boldsymbol{P}) \cdot \mathrm{d}\boldsymbol{S} = \sum_i q_i \tag{5-41}$$

引入一个辅助物理量 $\boldsymbol{D}$，定义为

$$\boldsymbol{D} = \varepsilon_0 \boldsymbol{E} + \boldsymbol{P} \tag{5-42}$$

称为电位移（electric displacement），式（5-41）可简写为

$$\oint_S \boldsymbol{D} \cdot \mathrm{d}\boldsymbol{S} = \sum_i q_i \tag{5-43}$$

式（5-43）表明：**穿过任意封闭曲面的电位移通量等于该曲面所包围的自由电**

荷的代数和。这就是**电介质中的高斯定理**。

在各向同性的介质中，由于 $P = \chi_e \varepsilon_0 E$，代入式（5-42）得

$$D = \varepsilon_0 E + \chi_e \varepsilon_0 E = \varepsilon_0 (1 + \chi_e) E \tag{5-44}$$

令 $\varepsilon_r = 1 + \chi_e$，式（5-44）可简写为

$$D = \varepsilon_r \varepsilon_0 E = \varepsilon E \tag{5-45}$$

由于 $\varepsilon$ 为常量，所以在各向同性的介质中，各点的 $D$ 与 $E$ 的方向相同，大小成正比。

当自由电荷和电介质分布具有某些对称性时，如果已知自由电荷的分布，利用电介质中的高斯定理式（5-43）可以很方便地求出 $D$，然后再利用式（5-45）可以很方便地求出电介质中的电场强度 $E$。

**例题 5-11** 设半径为 $R$，带电荷量为 $q$ 的金属球浸在相对介电常数为 $\varepsilon_r$ 的无限大均匀电介质中。求球外的 $D$ 和 $E$ 的分布。

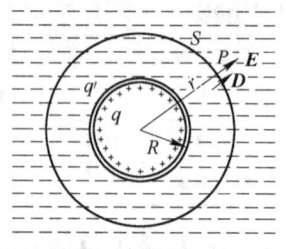

图 5-28 例题 5-11 图

**解**：由自由电荷和电介质分布的球对称性可知，电介质中的 $D$ 的分布也具有球对称性。在电介质中作一半径为 $r$ 的球高斯面 $S$，如图 5-28 所示。高斯面上各点的 $D$ 大小相等，方向沿着径向方向，则穿过球高斯面 $S$ 上的电位移通量为

$$\oiint_S D \cdot dS = \oiint_S D dS = D 4\pi r^2$$

闭合曲面内包围的自由电荷为 $q$，根据有介质的高斯定理可得

$$D 4\pi r^2 = q$$

解得

$$D = \frac{q}{4\pi r^2}$$

用矢量形式可表示为

$$D = \frac{q}{4\pi r^2} e_r$$

根据 $D = \varepsilon_r \varepsilon_0 E$ 得

$$E = \frac{D}{\varepsilon_0 \varepsilon_r} = \frac{q}{4\pi \varepsilon_0 \varepsilon_r r^2} e_r$$

## 5.5 静电场中的能量

### 5.5.1 电容器　电容

所谓电容器，就是能够存储电荷的"容器"。1746 年，荷兰莱顿大学教授慕欣勃罗克（P. Musschenbrok）在做电学实验时，无意中把一个带电的钉子掉进了玻璃瓶里，过了一会，取出钉子时，手明显地感到一种电击式的振动。随后他多次重复

同样的过程，得出同样的实验结果，于是，他得出一个结论：把带电的物体放在玻璃瓶里，就可以把电储存起来了。这就是最初的电容器，也称为莱顿瓶。莱顿瓶实际上是一个玻璃瓶内外分别贴有锡箔，瓶里的锡箔通过金属链跟金属棒连接，棒的上端是一个金属球，从而构成了以玻璃瓶子为电介质的电容器，如图 5-29 所示。后来人们发现，两个相互靠近的金属板组成的装置都可以称为**电容器**（capacitor）。

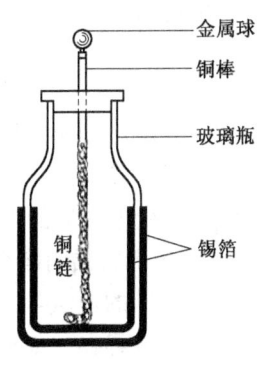

图 5-29　莱顿瓶

如果电容器的两极板 A 和 B 分别带 $+q$ 和 $-q$ 的电荷量，这时两极板之间存在一定的电势差 $U_{AB} = V_A - V_B$，定义电容器的**电容**（capacity）为

$$C = \frac{q}{U_{AB}} = \frac{q}{V_A - V_B} \tag{5-46}$$

其物理意义是：使两极板升高单位电势所需要的电荷量。它是表征电容器储备电荷能力的一个物理量。

值得注意的是：电容器的电容反映了电容器本身的储电能力，其数值只与两极板的大小、形状、相对位置及极板间的电介质有关，而与电容器的带电荷量无关。

在 SI 制中，电容器的单位是法拉，简称法（F）。$1\text{F} = 1\text{C/V}$。

法拉这个单位很大，在实际应用中，常用微法（μF）、皮法（pF）等小的单位。换算关系为

$$1\mu\text{F} = 10^{-6}\text{F}, \quad 1\text{pF} = 10^{-12}\text{F}$$

**1. 平行板电容器的电容**

最简单的电容器是由两块平行的导体板组成的平行板电容器。如图 5-30 所示，两极板平行相对，面积均为 $S$，两极板之间的距离为 $d$。当两极板之间的距离远远小于两极板的线度时，忽略边缘效应，两极板可看做无限大的均匀带电平面，两极板之间的电场是均匀电场。设电容器 A，B 极板上分别带电荷量 $+q$ 和 $-q$，两极板内表面上的电荷面密度分别为 $+\sigma$ 和 $-\sigma$，即

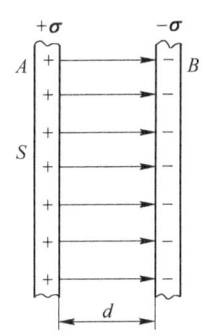

图 5-30　平行板电容器

$$\sigma = \frac{q}{S}$$

应用高斯定理，可求出两极板之间的电场强度为

$$E = \frac{\sigma}{\varepsilon_0} = \frac{q}{\varepsilon_0 S}$$

A，B 两极板之间的电势差为

$$U_{AB} = V_A - V_B = Ed = \frac{qd}{\varepsilon_0 S}$$

根据电容器电容的定义式（5-46）得

$$C = \frac{q}{U_{AB}} = \varepsilon_0 \frac{S}{d} \tag{5-47}$$

由式（5-47）可知，平行板电容器的电容与两极板间的距离 $d$ 成反比，与两极板间相对面积 $S$ 成正比。在实际应用中，通常可以通过改变极板间的相对面积、距离等方法来改变电容器的电容。

**2. 圆柱形电容器的电容**

另一种简单的电容器是由两个同轴的金属圆筒组成的圆柱形电容器。如图 5-31 所示，圆筒长为 $l$，两筒内、外半径为 $R_A$ 和 $R_B$，当 $l \gg R_B - R_A$ 时，忽略边缘效应，可以将圆柱电容器视为无限长。设 A、B 两导体分别带电 $+q$ 和 $-q$，利用高斯定理可以较方便地求出 A、B 间的电场强度为

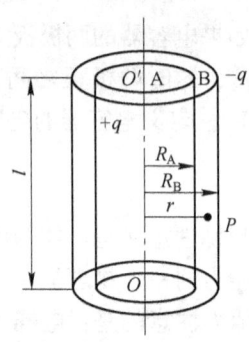

$$\boldsymbol{E} = \frac{q}{2\pi\varepsilon_0 l}\frac{1}{r}\boldsymbol{e}_r = \frac{\lambda}{2\pi\varepsilon_0 r}\boldsymbol{e}_r$$

式中，$\lambda = q/l$，表示圆筒单位长度上的所带电荷量。
则 A、B 两极板的电势差为

$$V_A - V_B = \int_{R_A}^{R_B} \boldsymbol{E} \cdot \mathrm{d}\boldsymbol{r} = \int_{R_A}^{R_B} \frac{\lambda}{2\pi\varepsilon_0 r}\mathrm{d}r$$

$$= \frac{\lambda}{2\pi\varepsilon_0}\ln\frac{R_B}{R_A}$$

图 5-31　圆柱形电容器

则圆柱形电容器的电容为

$$C = \frac{q}{V_A - V_B} = \frac{2\pi\varepsilon_0 l}{\ln\dfrac{R_B}{R_A}} \tag{5-48}$$

**3. 电容器的串联和并联**

在实际应用中，当已有电容器的电容或耐压能力不能满足电路使用要求时，有必要根据需要把若干电容器适当地连接起来。电容器的基本连接方式有串联和并联两种。

（1）电容器的串联　几个电容器的极板首尾相接连成一串，称为电容器的**串联**。如图 5-32 所示，现有 $N$ 个电容器串联，设它们的电容分别为 $C_1$，$C_2$，$\cdots$，$C_N$，当电容器充电后，两端极板电荷分别为 $+q$，$-q$，由于

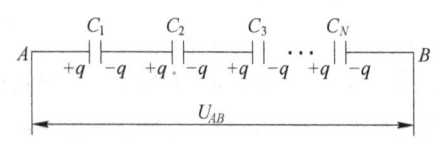

图 5-32　电容器的串联

静电感应，其他极板电荷量情况如图，则有

$$U_{AB} = \frac{q}{C_1} + \frac{q}{C_2} + \frac{q}{C_3} + \cdots + \frac{q}{C_N}$$

设串联电容器的等效电容 $C$，由电容定义可知

$$C = \frac{q}{U_{AB}} = \frac{1}{\dfrac{1}{C_1} + \dfrac{1}{C_2} + \dfrac{1}{C_3} + \cdots + \dfrac{1}{C_N}}$$

即

$$\frac{1}{C} = \frac{1}{C_1} + \frac{1}{C_2} + \cdots + \frac{1}{C_N} \tag{5-49}$$

即串联电容器的电容的倒数等于各个电容的倒数之和。换句话说，将电容器串联起来，其等效电容减小了，但是总的耐压能力提高了。

（2）电容器的并联 将电容器的一端连接在一起，另一端也连接在一起称为电容器的**并联**。如图 5-33 所示，现有 $N$ 个电容器并联，设它们的电容分别为 $C_1$，$C_2$，$\cdots$，$C_N$，当电容器充电后，此时每个电容器两端的电压相同，均为 $U_{AB}$，但每个电容器极板上的电荷量则不相等。此时，并联电容器的等效电荷为

$$q = q_1 + q_2 + q_3 + \cdots + q_N$$

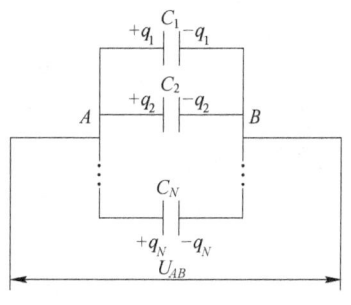

图 5-33 电容器的并联

设并联电容器的等效电容为 $C$，由电容定义有

$$C = \frac{q}{U_{AB}} = \frac{q_1 + q_2 + q_3 + \cdots + q_N}{U_{AB}} = C_1 + C_2 + C_3 + \cdots + C_N$$

即

$$C = C_1 + C_2 + \cdots + C_N \tag{5-50}$$

即并联电容器的电容等于各个电容器电容之和。也就是说，将电容器并联后，虽然每个电容器的电容和耐压能力不变，但是其等效电容却增大了。

**例题 5-12** $C_1$，$C_2$ 两个电容器，分别标有 200pF500V 和 300pF900V，把它们串联起来后，两端加上 1000V 电压，（1）求电容器的总电容，（2）是否会被击穿？

**解：**（1）串联后的等效电容为

$$C = \frac{C_1 C_2}{C_1 + C_2} = \frac{200 \times 300}{200 + 300}\text{pF} = 120\text{pF}$$

（2）电容器组所带的电荷量 $q$ 为

$$q = CU = 120 \times 10^{-12} \times 1000\text{C} = 1.2 \times 10^{-7}\text{C}$$

电容器 $C_1$ 两端的电压为

$$U_1 = \frac{q}{C_1} = \frac{1.2 \times 10^{-7}}{200 \times 10^{-12}} \text{V} = 600 \text{V}$$

电容器 $C_2$ 两端的电压为

$$U_2 = \frac{q}{C_2} = \frac{1.2 \times 10^{-7}}{300 \times 10^{-12}} \text{V} = 400 \text{V}$$

可见，加在 $C_1$ 上的电压为 600V，已超过了它的耐压值 500V，所以 $C_1$ 被击穿。$C_1$ 被击穿后就成为导体，则 1000V 电压全部加到 $C_2$ 的两端，超过其耐压值 900V，因此 $C_2$ 也将被击穿。

### 5.5.2 电场能量

在 5.3 节中讨论过带电体系的静电能，当时理解为电场和试探电荷所共有。但是带电体系的能量存在于哪里呢？为了更好的理解，我们先看一个简单的实例。在电磁波中，电场可以脱离电荷而单独存在，当它传到一个收音机时，会听到收音机发出"卡啦"的声响，说明收音机接收了能量。从能量守恒的观点看，这个能量是由电磁波携带的，这就意味着电场中存储有电能。

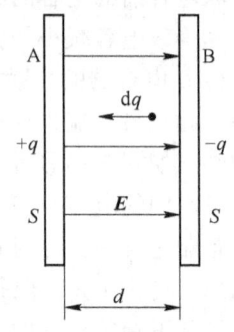

图 5-34 电容器的充电过程

现以平行板的充电过程来分析电容器的能量。平行板电容器两极板的带电过程就是电源不断的把 $+ \mathrm{d}q$ 的电荷量从一个极板搬到另一个极板上的过程。如图 5-34 所示，设 $t$ 时刻，两极板上电荷分别为 $+q$ 和 $-q$，则 A，B 间电势差为

$$V_A - V_B = \frac{q}{C}$$

此时，再把电荷量 $\mathrm{d}q$ 从 B 移到 A，外力做的功为

$$\mathrm{d}W = (V_A - V_B)\mathrm{d}q = \frac{q}{C}\mathrm{d}q$$

当 A，B 上电荷量达到 $+Q$ 和 $-Q$ 时，外力做的总功为

$$W = \int \mathrm{d}W = \int_0^Q \frac{q}{C}\mathrm{d}q = \frac{1}{2}\frac{Q^2}{C} = \frac{1}{2}C(V_A - V_B)^2 = \frac{1}{2}Q(V_A - V_B)$$

因为外力功全部转化为带电电容器储藏的电能 $W_e$，所以电容器储存的电能为

$$W_e = \frac{1}{2}\frac{Q^2}{C} = \frac{1}{2}C(V_A - V_B)^2 = \frac{1}{2}Q(V_A - V_B) \tag{5-51}$$

上述结果虽然是从平行板电容器推导得来，但却具有普遍意义。无论电容器的结构如何，式（5-51）都是成立的。

理论和实验都表明，电容器存储的能量也就是电场的能量。当电容器不带电时，两极板间无电场，随着电荷的积累，有了电场，外力对电荷所做的功转化为电

场的能量被储存起来。由此可见，电场的能量定域的分布在电场中。分布情况可以用**电场能量密度** (energy density of electric field) 来表示。

设平行板电容器两极板的面积为 $S$，极板间的间距为 $d$，两极板之间充以介电常数为 $\varepsilon$ 的均匀电介质，当两极板上的带电荷量为 $Q$ 时，此时两极板之间的电压为 $U = Ed$，根据介质中的高斯定理和电容器的定义推导可得平行板电容器的电容为 $\varepsilon S/d$，代入式 (5-51)，得

$$W_e = \frac{1}{2}C(V_A - V_B)^2 = \frac{1}{2}\varepsilon E^2 Sd = \frac{1}{2}\varepsilon E^2 V \tag{5-52}$$

式中，$V = Sd$ 是电场空间所占体积。因为电容器的电场是均匀的分布在两个极板之间的，所以电场的能量密度

$$w_e = \frac{W}{V} = \frac{1}{2}\varepsilon E^2 \tag{5-53}$$

在没有电介质的真空中，$\varepsilon = \varepsilon_0$，式 (5-53) 可表示为

$$w_e = \frac{1}{2}\varepsilon_0 E^2 \tag{5-54}$$

即真空中的电场能量密度。

对于均匀电场，只要知道电场的能量密度和电场所分布的空间，就可以方便地求出电场的能量。一般情况下，电场是不均匀的，为求得电场的能量，可以将电场所占的空间划分为许多微小的体积元，任一体积元 $dV$ 内电场的能量为

$$dW_e = w_e dV = \frac{1}{2}\varepsilon E^2 dV$$

整个电场的能量为

$$W_e = \int \frac{1}{2}\varepsilon E^2 dV \tag{5-55}$$

积分区域遍布整个电场空间。

**例题 5-13** 面积为 $S$、间距为 $d$ 的平行板电容器由电源充电后，两极板的分别带电荷 $+q$ 和 $-q$。断开电源后，将两极板距离拉开到 $2d$，求：(1) 外力克服电场力所做的功；(2) 两极板间的吸引力。

**解**：(1) 当两极板间的距离为 $d$ 和 $2d$ 时，两个电容器的电容分别为

$$C_1 = \varepsilon_0 \frac{S}{d}, \quad C_2 = \varepsilon_0 \frac{S}{2d}$$

相应的电场的能量分别为

$$W_{e1} = \frac{1}{2}\frac{q^2}{C_1} = \frac{1}{2}\frac{q^2 d}{\varepsilon_0 S}, \quad W_{e2} = \frac{1}{2}\frac{q^2}{C_2} = \frac{1}{2}\frac{q^2 \cdot 2d}{\varepsilon_0 S}$$

故极板拉开后电场能量的增量为

$$\Delta W_e = W_{e2} - W_{e1} = \frac{1}{2}\frac{q^2 d}{\varepsilon_0 S}$$

根据能量守恒知，外力所做的功为

$$W = \Delta W_e = \frac{1}{2}\frac{q^2 d}{\varepsilon_0 S}$$

（2）在拉开的过程中，因两板上电荷量 $q$ 不变，故电荷面密度 $\sigma$ 不变，极板间的电场强度 $E = \sigma/\varepsilon_0$ 也不变，所以在移动的过程中两极板间引力的大小 $F$ 为常量。外力和引力大小相等，故有

$$F = \frac{W}{d} = \frac{q^2}{2\varepsilon_0 S}$$

## 习　题

5-1　$E = \dfrac{F}{q_0}$ 与 $E = \dfrac{q}{4\pi\varepsilon_0 r^2}e_r$ 两式有何区别和联系？

5-2　两个带电的等大金属球（可以看成点电荷），所带电荷量分别为 $q_1 = 6.0 \times 10^{-6}$ C，$q_2 = -2.0 \times 10^{-6}$ C。相距某一距离时，以 0.21N 的力互相吸引。现将两球相接触，然后移开至原来的距离，问这时两球之间的静电力多大？是引力还是斥力？

5-3　如习题 5-3 图所示，两个小球质量都是 $m$，都用长为 $l$ 的细线挂在同一点，若将它们带上相同的电荷量，平衡时两线夹角为 $2\theta$，设小球的半径均可忽略不计，求每个小球所带的电荷量。

5-4　如习题 5-4 图所示，一半径为 $R$ 的半圆形细棒，其上均匀带有电荷 $q$，求半圆中心 $O$ 点的电场强度。

5-5　如习题 5-5 图所示，长 $L = 15$cm 的直导线 $AB$ 上均匀地分布着线密度为 $\lambda = 5 \times 10^{-9}$ C/m 的电荷。求在导线的延长线上与导线一端 $B$ 相距 $d = 5$cm 处 $P$ 点的电场强度。

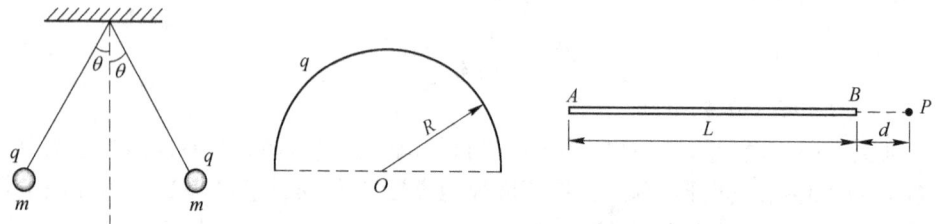

习题 5-3 图　　　　　　习题 5-4 图　　　　　　习题 5-5 图

5-6　一点电荷放在球形高斯面的球心处，试讨论下列情况电通量是否发生变化：
（1）若此球形高斯面被与它相切的正方体表面所代替。
（2）点电荷离开球心，但仍在球内。
（3）有另一个点电荷放在球面外。
（4）有另一个点电荷放在球面内。

5-7　有人认为：
（1）如果高斯面上电场强度处处为零，则该面必无电荷；如果高斯面内无电荷，则高斯面上电场强度处处为零。
（2）如果高斯面上电场强度处处不为零，则高斯面内必有电荷。

(3) 如果高斯面内有电荷，则高斯面上电场强度处处不为零。

上面所说的高斯面，是空间任一闭合曲面。你认为以上这些说法是否正确？为什么？

5-8 以下各种说法是否正确？

(1) 电场强度为零的地方，电势也一定为零。电势为零的地方，电场强度一定为零。

(2) 电势较高的地方，电场强度一定较大。电场强度较小的地方，电势也一定较低。

(3) 电场强度大小相等的地方，电势相同；电势相等的地方，电场强度也都相等。

(4) 带正电的物体，电势一定是正的；带负电的物体，电势一定是负的。

(5) 不带电的物体，电势一定等于零；电势为零的物体，一定不带电。

5-9 如习题 5-9 图所示，点电荷 $q$ 的电场中，取半径为 $R$ 的圆形平面。设点电荷 $q$ 在垂直于平面并通过圆心 $O$ 的轴线上 $A$ 点处，$A$ 点与圆心的距离为 $d$。试计算通过此平面的电通量。

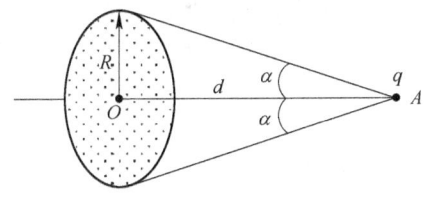

习题 5-9 图

5-10 设点电荷分布的位置是：$(0, 0)$ 处为 $5 \times 10^{-8}$ C，在 $(3m, 0)$ 处为 $4 \times 10^{-8}$ C，在 $(0, 4m)$ 处为 $-6 \times 10^{-8}$ C。试计算通过以 $(0, 0)$ 为球心，半径等于 5m 的球面上的总的电通量。

5-11 两个同心均匀带电球面。半径分别为 $R_a$ 和 $R_b$ ($R_a < R_b$)。所带电荷分别为 $q_a$ 和 $q_b$，设某点与球心相距 $r$，求：(1) $r < R_a$；(2) $R_a < r < R_b$；(3) $r > R_a$ 三个区域的电场强度分布，并画出 E-r 曲线，若 $q_a = -q_b$，电场强度分布又如何？

5-12 点电荷 $q_1$, $q_2$, $q_3$, $q_4$ 的电荷量各为 $4 \times 10^{-9}$ C，放置在一正方形的四个顶点上，各顶点距正方形中心 $O$ 点的距离均为 5cm。试求：(1) $O$ 点处的电场强度和电势。(2) 将一试探电荷 $q_0 = 10^{-9}$ C 从无穷远移到 $O$ 点，电场力做功为多少？$q_0$ 的电势能改变为多少？

5-13 如习题 5-13 图所示，$A$ 点有电荷 $q$，$B$ 点有电荷 $-q$，$AB = 2l$，$OCD$ 是以 $B$ 为中心 $l$ 为半径的半圆。

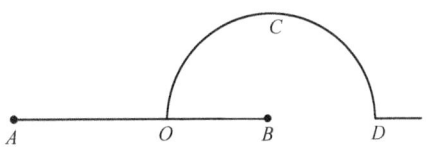

习题 5-13 图

(1) 将点电荷 $q_0$ 从 $O$ 沿 $OCD$ 移到 $D$ 点，电场力做多少的功？

(2) 将点电荷 $-q_0$ 从 $D$ 沿 $AB$ 延长线移到无穷远处，电场力做功多少？

5-14 将一电荷量为 $q = -2.0 \times 10^{-8}$ C 的点电荷从电场中的 $a$ 点移到 $b$ 点，需克服电场力做功 $7.0 \times 10^{-6}$ J。求：(1) $a$, $b$ 两点的电势差。(2) 设 $a$ 点电势为零，则 $b$ 点电势是多大？(3) 此点电荷在哪一点的电势能大？

5-15 两个同心球面,半径分别为 10cm 和 30cm。小球面均匀带有正电荷 $10^{-8}$C,大球面带有正电荷 $1.5\times10^{-8}$C。求离球心分别为 20cm,50cm 处的电势。

5-16 如习题 5-16 图所示,一长为 $L$ 的均匀带电细棒,电荷线密度为 $\lambda$,求 $P$ 点的电势。

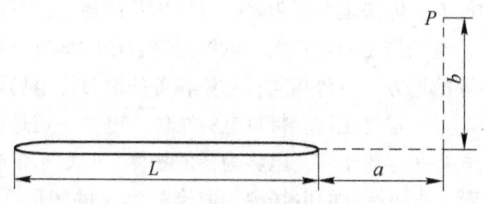

习题 5-16 图

5-17 如习题 5-17 所示,有一半径为 $R_0$ 的导体球带有电荷 $Q$,球外有一层均匀介质同心球壳,其内、外半径分别为 $R_1$ 和 $R_2$,相对电容率为 $\varepsilon_r$,求空间的电位移 $D$ 和电场强度 $E$。

5-18 两个相同的电容器并联后,用电压为 $U$ 的电源充电后断开电源,然后在一个电容器中充满相对电容率为 $\varepsilon_r$ 的电介质。求此时极板间的电势差。

5-19 有两个电容,电容分别为 $6.0\mu F$ 和 $12\mu F$,把它们串联起来接到 24V 的电源上,等效电容是多少?每个电容器上的电荷量和电压各是多少?如果并联起来接到同样的电源上,等效电容以及每个电容器上的电荷量和电压又各是多少?

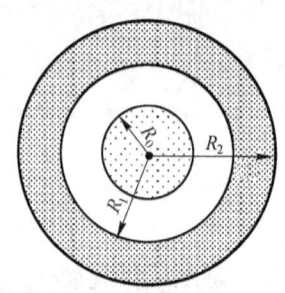

习题 5-17 图

5-20 三个电容器的电容和耐压分别为 $10\mu F$,25V;$20\mu F$,10V;$20\mu F$,20V。串联后电容器组的耐压是多少?串联后接到 50V 的电源上,是否会全部被击穿?

5-21 一平行板电容器有两层电介质,$\varepsilon_{r1}=4$,$\varepsilon_{r2}=2$,厚度分别为 $d_1=2.0$mm,$d_2=3.0$mm,极板面积为 $S=40$cm$^2$,两极板间电压为 200V。求:

(1) 每层电介质中的电场能量密度。

(2) 每层电介质中的总能量。

(3) 电容器总的能量。

# 第6章 稳恒磁场

磁现象的研究与应用是一门古老而年轻的学科。说她古老，是因为关于磁现象的发现和应用历史悠久；说她年轻，是因为磁的应用越来越广泛和深入。磁学犹如一棵根深叶茂的参天大树，现已形成了许多与磁学有关的交叉学科，对人类生产生活、科学研究，包括现代农林科技、生命科学以及环境保护等方面有着重要的深远影响。新近发展的生物磁学、巨磁阻研究、稀土永磁材料等磁技术理论的研究成果正广泛应用到各个领域。本章主要从磁场的基本性质、电流激发磁场的基本规律，以及磁场与运动电荷、电流、物质的相互作用和规律等方面进行介绍和讨论。

北极极光

我们知道，静电荷周围存在着电场。选择不同的参考系，原来的静电荷可以成为运动电荷，此时其周围不仅会激发电场，同时还会激发磁场。因此，电和磁在本质上是不可分割的。我们学习磁学规律时，可关注其形式上与电学规律的相似性，运用类比的方法来进行分析和理解。

本章内容提要
◆磁感应强度的定义
◆毕奥-萨伐尔定律
◆磁场的高斯定理与安培环路定理
◆洛伦兹公式和安培定律
◆磁介质和磁场强度

## 6.1 稳恒电流的磁场

### 6.1.1 稳恒磁场

人类对磁现象的探索和应用自古以来就没有停息过。大约在公元前 700 年人们就发现了天然磁石（主要化学成分是 $Fe_3O_4$）能够吸引铁片。这种能够吸引铁、钴、镍等物质的性质称为**磁性**（magnetism）。人们将天然磁石制成条形磁棒，发现磁棒两端的磁性最强，称为**磁极**（magnetic pole），其中部却几乎没有磁性。进一步用细线将磁棒（或制成更小的磁针）从中部悬挂起来，使之能够自由转动，最终磁体自动转向南北方向，其中指北的一端称为北极（N），指南的一端为南极（S）。磁极间有相互作用力，同名磁极相互排斥，异名磁极相互吸引。那么，这种相互作用的**磁力**（magnetic force）是如何产生的呢？

磁力的起源探索直到1819年丹麦物理学家汉斯·奥斯特（H. C. Oersted，见图6-1）发现了电流的磁效应才揭开序幕。此后安培（A. M. Ampere）、毕奥（J. B. Biot）、萨伐尔（F. Savart）和拉普拉斯（P. Laplace）等人先后提出了电流之间的磁相互作用、分子电流假说以及电流产生磁场的定量理论。到19世纪末，建立了磁场和运动电荷之间的

图6-1 奥斯特

关系，从中提出运动电荷或电流之间的相互作用是通过磁场来传递的，其相互作用的关系可以表达为

$$\boxed{\text{电流（运动电荷）}} \Leftrightarrow \boxed{\text{磁场}} \Leftrightarrow \boxed{\text{电流（运动电荷）}}$$

综上所述，一切磁现象都起源于电荷的运动。电流或运动电荷之间的相互作用与磁铁之间的相互作用力本质上是同一类相互作用力，都属于磁力。需要指出的是磁场和电场一样，具有能量、动量等物质的属性，因而也是物质存在的一种形式。最简单的磁场，在空间的分布是不随时间变化的，这种磁场称为**稳恒磁场**（steady magnetic field）。稳恒电流在空间所激发的磁场就是一种稳恒磁场。

磁场对人类和生物的生存与繁衍具有很大的影响。它可以影响生物体内电子的运动，甚至外磁场的诱导可能会引起生物体的遗传和变异。因此，利用磁场治疗某些疾病会具有一定的疗效。根据《史记》记载，我国早在西汉时期就已利用磁石来治病。明代的李时珍在《本草纲目》中提出的利用磁石或以磁石为主的药物治疗的病名就多达十多种。目前磁疗已经在治疗腰肌损伤、血管瘤等多种疾病中取得较为显著的疗效。

长期的研究发现，许多生物受外界磁场影响而改变其生长情况、生命活动和行为习性等。例如，在古生物研究中，曾观察到在地磁场减弱时，地球的一些生物大量减少，甚至灭绝。又如把果蝇的卵或幼虫放在非匀强磁场中一段时间，实验发现，磁场对果蝇的发育、形态和繁殖能力有影响。再如，对农作物的种子用适当强度的磁场进行处理，可以促进种子萌发和幼苗生长，施加一定的磁性化肥可大幅度提高农作物的产量。用经过磁场处理的水饲养一些家畜和养殖鱼类，可以增强家畜的抗病能力、鱼类耐恶劣环境的能力。

随着磁测量技术的发展，生物体自身生命活动所产生的微弱的生物磁场已经能够测量出来。这对于研究生物的生命活动很有意义。生物体发生病变后，其磁性与正常生物体的磁性不一样，产生的磁场也会有所变化。这些十分微小的变化可以用于病理研究和疾病诊断。例如，与医学中常用的心电图、脑电图相似，人们正在试用心磁图、脑磁图等人体磁图技术进行相关部位的病情诊断。人体磁图技术和人体电图技术相比，具有不需要与人体接触，测量信息量大，分辨率高等优点。目前，利用心磁图诊断心脏疾病的确诊率已经高于心电图。

为定量描述磁场，我们采用**磁感应强度**（magnetic induction）**B**（本应称为磁场强度，但因为历史的原因这个名称先给了与磁场有联系的一个辅助矢量 **H**）来描述磁场力的属性。这里运用与定义静电场类似的方法，在磁场中引入运动试探电荷（$q>0$）来进行实验，我们得到如下有趣而重要的实验结果：

1) 当运动电荷沿特定方向通过磁场中的某一确定场点时，运动电荷若不受到磁场力，则放置在该处的小磁针静止时，其南北极所指的方向恰好与电荷的运动方向平行。我们定义小磁针在磁场中某点静止时，其北极所指的方向为该场点的磁感应强度的方向。这就是说电荷沿着或逆着磁场 **B** 的方向运动时，运动电荷不受到磁力的作用。

2) 运动电荷无论以多大速率和什么方向通过特定场点时，所受到的磁场力 **F** 的方向总是垂直于 **B** 和 **v** 所组成的平面。这表明磁场给运动电荷的作用力为侧向力，它只改变运动电荷的速度方向，不改变其速度数值。

3) 当运动电荷的速度垂直于磁场方向（$B \perp v$）时，运动电荷所受到的磁力最大。改变试探电荷的电荷量及速度大小，但仍确保 $B \perp v$，则电荷受到的磁力大小 $F_{max}$ 随之变化，但对于特定场点而言，$F_{max}$ 与 $qv$ 的比值却保持恒定，与运动电荷无关。对于不同场点，其比值并不相等。可见，这个比值反映了场点的磁场特性，可以用比值的大小来描述场点处的磁场强弱。因此，磁感应强度的大小可定义为

$$B = \frac{F_{max}}{qv} \tag{6-1}$$

4) 实验同时发现，最大磁场力 $F_{max}$、电荷运动速度 **v**、磁感应强度 **B** 三者之间的方向关系符合矢量叉乘的右手关系，即磁场的方向沿 $F_{max} \times v$ 方向，如图 6-2 所示。此方向与上述小磁针静止在场点时北极所指的方向相一致。当 $q<0$ 时，磁场方向与 $F_{max} \times v$ 的方向相反。

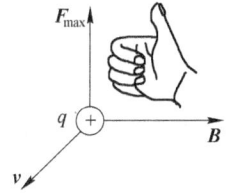

图 6-2 磁感应强度的定义

在国际单位制中，磁感应强度的单位为特斯拉（Tesla），符号为 T。研究表明，任何物质都有或强或弱的磁性，如动物心脏的磁场只有 $10^{-10}$ T，属于极弱磁场；地球两极附近的磁场约为 $6 \times 10^{-5}$ T，属于弱磁场；大型电磁铁的磁场有 1～2T，属于强磁场；脉冲星上的磁场可达 $10^8$ T，是目前确知的最强的天然磁场。

稳恒磁场、稳恒电流在空间激发的磁场的分布情况可通过处于磁场中的细铁粉磁化后的有序排列来形象直观地显现出。英国科学家法拉第（Michael Faraday）提出**磁感应线**（magnetic induction line）的方法来定性形象地描述磁场在空间的分布。这种方法约定通过磁场中某点处垂直于 **B** 矢量的单位面积的磁感应线的条数等于该点 **B** 的大小，即某点处磁感应线的疏密程度可表示该点磁感应强度的大小。同时用磁感应线上每一点的切线方向表示该点的磁场方向。图 6-3 给出了几种典型

的稳恒电流所激发的稳恒磁场的分布情况。

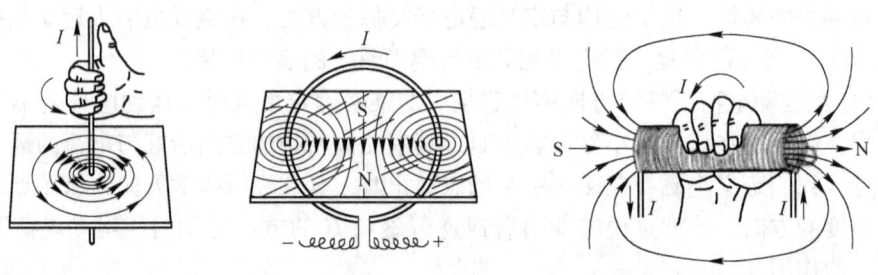

图 6-3　几种典型的稳恒电流的磁感应线

这些图示展示出磁感应线具有如下特点：所有磁感应线互不相交，每条磁感应线不仅是无头无尾的闭合线，而且与电流形成套链关系，磁感应线的环绕方向和电流符合右手螺旋关系。

### 6.1.2　毕奥-萨伐尔定律

我们称激发磁场的运动电荷（电流）为磁场源。载流导线在空间激发的磁场，可以看做是许多磁场源（运动电荷）共同激发的结果。实验表明，在若干磁场源的情况下，它们产生的磁场服从叠加原理。**若以 $B_i$ 表示第 $i$ 磁场源在某处产生的磁感应强度，则在该处的总磁感应强度 $B$ 应为**

$$B = \sum B_i \tag{6-2}$$

式（6-2）称为**磁场叠加原理**（superposition principle of magnetic field intensity）。

载流导线在空间各点激发的磁场是否可以利用磁场的叠加原理来精确地确定呢？我们在求带电体的电场强度时，曾经把带电体看成是由许多电荷元组成，写出电荷元的电场强度表达式之后，然后用电场的叠加原理就可求得整个带电体的电场强度。确定载流导线在空间激发的磁感应强度可采用类似的方法，即把载流导线看做是由无穷多小段电流元 $Idl$（其中 $I$ 为导线中的电流，$dl$ 表示在载流导线上沿电流方向所取的线元，电流元的方向规定为电流沿线元的流向）的集合，如果已知电流元产生的磁感应强度，则用叠加原理便可求出整个载流导线所产生的磁感应强度。

上述思路中最关键的是要确定电流元产生的磁感应强度。为此，法国物理学家毕奥（J. B. Biot）和萨伐尔（F. Savart）对各种不同形状的载流导线周围的磁场进行了大量的实验，积累了珍贵的资料，法国著名的数学家拉普拉斯（P. S. M. Laplace）对这些资料加以分析和总结，最终形成了**毕奥-萨伐尔定律**（Biot-Savart law）（亦称毕奥-萨伐尔-拉普拉斯定律），其表述如下：

**载流导线中任意一电流元 $Idl$ 在真空中任意一场点 $P$ 处所产生的磁场 $dB$ 为**

$$d\boldsymbol{B} = \frac{\mu_0}{4\pi} \cdot \frac{Id\boldsymbol{l} \times \boldsymbol{r}}{r^3} \tag{6-3}$$

上式可称为毕奥-萨伐尔定律的微分形式。式中 $\mu_0 = 4\pi \times 10^{-7}$ T·m/A，称为**真空磁导率**（permeability of vacuum）。磁感应强度 $d\boldsymbol{B}$ 的方向垂直于电流元 $Id\boldsymbol{l}$ 与位矢 $\boldsymbol{r}$ 组成的平面，并遵从右手螺旋法则，即 $d\boldsymbol{B}$ 的方向为由 $Id\boldsymbol{l}$ 经小于 180°的转角 $\theta$ 向 $\boldsymbol{r}$ 右螺旋前进的方向，如图 6-4 所示，$d\boldsymbol{B}$ 的大小为

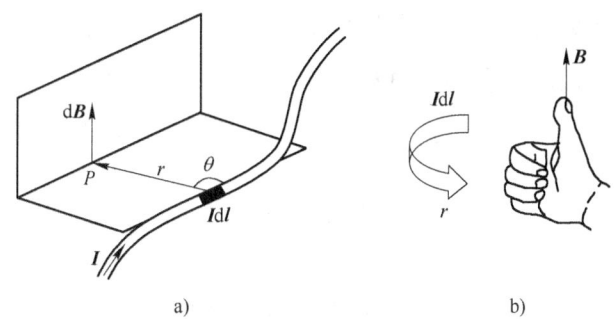

图 6-4 电流元的磁场

$$dB = \frac{\mu_0}{4\pi} \cdot \frac{Idl\sin\theta}{r^2} \tag{6-4}$$

利用磁场的叠加原理可推知**整个载流导线在空间任意一场点 $P$ 处产生的磁场**为

$$\boldsymbol{B} = \int d\boldsymbol{B} = \int \frac{\mu_0}{4\pi} \cdot \frac{Id\boldsymbol{l} \times \boldsymbol{r}}{r^3} \tag{6-5}$$

式（6-5）常被称为毕奥-萨伐尔定律的积分形式。

必须指出，由于不可能得到孤立的电流元，因而毕奥-萨伐尔定律不可能用实验直接验证，其正确性在于由它推出的结论与实验能够很好地符合。

根据毕奥-萨伐尔定律可以证明，对于以速度 $\boldsymbol{v}$ 低速运动的电荷 $q$，在空间任意一点（电荷到此点的位矢为 $\boldsymbol{r}$）激发的磁感应强度为

$$\boldsymbol{B} = \frac{\mu_0}{4\pi} \frac{q\boldsymbol{v} \times \boldsymbol{r}}{r^3} \tag{6-6}$$

你能推导证明吗？提示：设有一电流元 $Id\boldsymbol{l}$，其横截面积为 $S$，此电流元内单位体积有 $n$ 个以相同速度 $\boldsymbol{v}$ 沿电流元方向定向运动的电荷，每个电荷的电荷量均为 $q$，则电流

$$I = qnvS \tag{6-7}$$

利用上式结合式（6-3）容易证明得出式（6-6）。

**例题 6-1** 一长度为 $L$ 的载流直导线，通有电流 $I$，试确定距导线距离为 $a$ 的 $P$

点处的磁场。

**解**：如图 6-5 所示，在直导线 $AB$ 上距 $O$ 点为 $l$ 处取电流元 $Idl$，它在 $P$ 点产生的 $dB$ 的大小为

$$dB = \frac{\mu_0}{4\pi} \cdot \frac{Idl\sin\theta}{r^2}$$

由 $Idl \times r$ 可确定 $dB$ 方向垂直指向纸面（在图中用 $\otimes$ 表示）。显然，$AB$ 上所有电流元在 $P$ 点产生的 $dB$ 方向均相同。因而 $P$ 点的总磁场 $B$ 的大小为

$$B = \int dB = \int_{AB} \frac{\mu_0}{4\pi} \cdot \frac{Idl\sin\theta}{r^2}$$

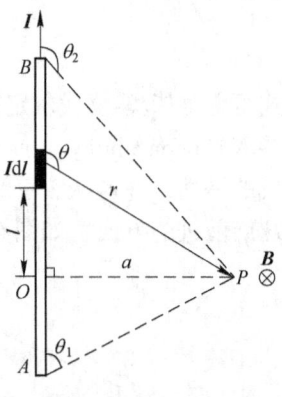

图 6-5 载流直导线的磁场

统一积分变量，由图 6-5 可得

$$l = a\cot(\pi - \theta) = -a\cot\theta, \quad dl = a\csc^2\theta d\theta, \quad r = a\csc(\pi - \theta) = a\csc\theta$$

因而有

$$B = \int_{\theta_1}^{\theta_2} \frac{\mu_0}{4\pi} \cdot \frac{Ia\csc^2\theta\sin\theta d\theta}{a^2\csc^2\theta} = \frac{\mu_0 I}{4\pi a}\int_{\theta_1}^{\theta_2} \sin\theta d\theta$$

即

$$B = \frac{\mu_0 I}{4\pi a} (\cos\theta_1 - \cos\theta_2) \tag{6-8}$$

式中，$\theta_1$、$\theta_2$ 分别对应电流流入端和流出端所在的电流元方向与对应处到场点 $P$ 的位矢 $r$ 所构成的夹角。

显然，对于"无限长"载流直导线，有 $\theta_1 \to 0$，$\theta_2 \to \pi$，此时 $P$ 处的磁场大小为

$$B = \frac{\mu_0 I}{2\pi a} \tag{6-9}$$

在实际问题中，只要场点 $P$ 距导线的距离 $a \ll L$（导线的长度），就可以将导线近似地看成无限长。根据以上讨论请思考下面两个问题：

1）长直载流导线周围的磁感应线的分布有什么特点？位于直导线所在直线上的任意一点处的磁感应强度为多少？

2）若 $A$ 在 $O$ 处，且 $AB$ 向 $B$ 端为半无限长，则 $P$ 处的磁场大小为多少？

**例题 6-2** 无限长导体薄平板，弯成半径为 $R$ 的无限长半圆柱面，沿长度方向通有均匀分布的电流 $I$。求圆柱面轴线上任意一点 $P$ 处的磁感应强度。

**解**：如图 6-6 所示，以 $P$ 点为坐标原点建立平面直角坐标系，$xy$ 平面垂直于轴线，电流垂直于 $xy$ 平面向内（用 $\otimes$ 表示）。将圆柱面分成许多宽度为 $dl = Rd\theta$ 的无限长窄条，其电流强度为 $dI = Id\theta/\pi$。根据无限长载流直导线的磁场公式，可得 $dI$ 在 $P$ 点的磁感应强度为

$$dB = \frac{\mu_0 dI}{2\pi R} = \frac{\mu_0 I dl}{2\pi^2 R^2} = \frac{\mu_0 I d\theta}{2\pi^2 R}$$

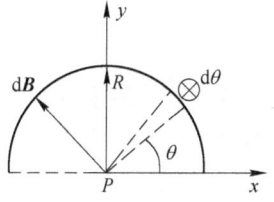

图 6-6 载流圆柱面轴线上的磁场

磁场 d$B$ 的方向如图 6-6 所示，对其正交分解得

$$dB_x = \frac{\mu_0 I d\theta}{2\pi^2 R}\cos(90°+\theta) = -\frac{\mu_0 I d\theta}{2\pi^2 R}\sin\theta$$

$$dB_y = \frac{\mu_0 I d\theta}{2\pi^2 R}\sin(90°+\theta) = \frac{\mu_0 I d\theta}{2\pi^2 R}\cos\theta$$

对整个圆柱面积分有

$$B_y = \int dB_y = \int_0^\pi \frac{\mu_0 I d\theta}{2\pi^2 R}\cos\theta = 0$$

$$B = B_x = \int dB_x = \int_0^\pi -\frac{\mu_0 I d\theta}{2\pi^2 R}\sin\theta = -\frac{\mu_0 I}{\pi^2 R}$$

**例题 6-3** 试确定通有电流为 $I$、半径为 $R$ 的载流圆形线圈，其轴线上任一点 $P$ 处的磁感应强度 $B$。

**解**：如图 6-7a 所示，$O$ 在线圈中心，$x$ 轴为线圈轴线，在圆线圈上任意取一电流元 $Idl$，显然 d$l \perp r$。根据毕奥-萨伐尔定律可知，它在距离中心 $O$ 为 $x$ 处的 $P$ 点产生的 d$B$ 大小为

$$dB = \frac{\mu_0}{4\pi} \cdot \frac{Idl\sin\frac{\pi}{2}}{r^2} = \frac{\mu_0}{4\pi} \cdot \frac{Idl}{r^2}$$

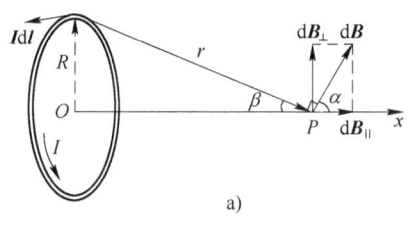 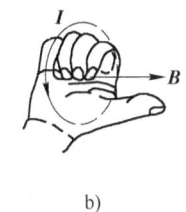

a) b)

图 6-7 载流圆线圈轴线上的磁场

由对称性分析可知，线圈上各个电流元在场点 $P$ 处所产生的磁场方向与 $x$ 轴的夹角均相等，设为 $\alpha$。显然，它们的合磁场方向沿着 $x$ 轴的正向，即把 d$B$ 分解成平行于 $x$ 轴的分量 d$B_{/\!/}$ 与垂直于 $x$ 轴的分量 d$B_\perp$ 时，由于对称性，最终合成后，只有平行于 $x$ 轴的分量，其大小为

$$B = B_{/\!/} = \int dB\cos\alpha = \int_0^{2\pi R} \frac{\mu_0 I dl}{4\pi r^2}\cos\alpha$$

由几何关系知，$r = (R^2 + x^2)^{1/2}$，$\cos\alpha = \sin\beta = R/r$ 代入上式，积分可得

$$B = \frac{\mu_0 I R^2}{2(R^2+x^2)^{3/2}} \tag{6-10}$$

载流圆线圈轴线上的磁场 $B$ 方向沿 $x$ 轴正向，符合右手螺旋法则，如图 6-7b 所示。下面对以上结果作进一步的讨论。

1）当线圈有 $N$ 匝时，则在轴线上距离线圈中心距离为 $x$ 的场点 $P$ 处的磁感应强度的大小为

$$B = \frac{N\mu_0 I R^2}{2(R^2+x^2)^{3/2}} \tag{6-11}$$

2）当 $x=0$ 时，即圆心处的磁感应强度的大小为

$$B = \frac{\mu_0 I}{2R} \tag{6-12}$$

进一步将上式应用到一段圆弧形（圆弧对应的圆心角为 $\theta$）电流，可推出其圆心 $O$ 处的磁感应强度的大小为

$$B = \frac{\mu_0 I}{2R} \cdot \frac{\theta}{2\pi} = \frac{\mu_0 I \theta}{4\pi R} \tag{6-13}$$

3）当 $x \gg R$，即在轴线上远离圆心处的磁感应强度的大小可近似为

$$B = \frac{\mu_0 R^2 I}{2x^3} = \frac{\mu_0 I S}{2\pi x^3} \tag{6-14}$$

上式中 $S = \pi R^2$，对于式中的 $IS$ 可定义为圆电流的**磁矩**（magneic moment）

$$\boldsymbol{p}_m = IS\boldsymbol{e}_n \tag{6-15}$$

式中，$I$ 为电流；$S$ 为圆电流环绕的面积；$\boldsymbol{e}_n$ 为圆电流平面的法向单位矢量，其方向与电流的流向遵从右手螺旋关系（见图 6-8）。利用式（6-15），则式（6-14）可用矢量表示为

$$\boldsymbol{B} = \frac{\mu_0 \boldsymbol{p}_m}{2\pi x^3} \tag{6-16}$$

图 6-8 磁矩

不难发现，上式与电偶极子 $p_e$ 在其轴线产生的电场强度（见式（5-11b））形式上相似。因此，在研究载流线圈在远处产生的磁场时，可以类似电偶极子的定义把线圈看成是一个**磁偶极子**（magnetic dipole）。磁偶极子、磁矩的概念在电磁波辐射、接收理论中，以及物质磁性的研究中都非常有用。

**例题 6-4** 一半径为 $R_2$ 的带电薄圆盘，其中半径为 $R_1$ 的阴影部分均匀带正电荷，如图 6-9 所示，面电荷密度为 $\sigma$；其余部分均匀带负电荷，面电荷密度为 $-\sigma$。当 $R_2 = 2R_1$ 且圆盘以角速度 $\omega$ 旋转时，试问在圆盘中心点 $O$ 测得的磁感应强度为多少？

**解**：当带电圆盘转动时，$O$ 点的磁场可看做为无数个以 $O$ 为圆心的圆电流所产生的磁场在 $O$ 点的叠加。半径为 $r$，宽为 $dr$ 的元电流可表示为

$$dI = \sigma 2\pi r dr \frac{\omega}{2\pi} = \sigma\omega r dr$$

根据元电流在中心产生的磁场公式得

$$dB = \frac{\mu_0 dI}{2r} = \frac{1}{2}\mu_0 \sigma\omega dr$$

利用叠加原理可知,正电荷在中心 $O$ 产生的磁感应强度的大小为

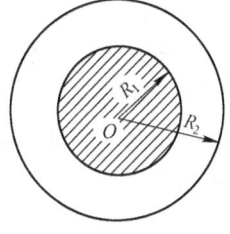

图 6-9 旋转带电圆盘中心的磁场

$$B_+ = \int_0^{R_1} \frac{1}{2}\mu_0 \sigma\omega dr = \frac{\mu_0 \sigma\omega R_1}{2}$$

同理可知,负电荷在中心 $O$ 产生的磁感应强度的大小为

$$B_- = \int_{R_1}^{R_2} \frac{1}{2}\mu_0 \sigma\omega dr = \frac{1}{2}\mu_0 \sigma\omega(R_2 - R_1)$$

因为 $R_2 = 2R_1$,所以 $B_+ = B_-$。由于它们的方向相反,因此圆盘中心 $O$ 处的磁感应强度的大小为

$$B = B_+ - B_- = 0$$

## 6.2 稳恒磁场的基本特性

上节中已指出,磁感应线是闭合曲线,这显然与电场线的特点不同。由此,可以推断磁场与电场的基本特性存在显著的区别。稳恒磁场具有哪些基本特性呢?

### 6.2.1 磁场的高斯定理

可以借鉴电场电通量的概念,来分析磁场中通过曲面的磁通量,从中探究磁场的性质。

如图 6-10 所示,磁场中通过某一曲面的**磁通量**(magnetic flux)$\Phi_m$ 可定义为

$$\Phi_m = \iint B\cos\theta dS = \iint_s \boldsymbol{B} \cdot d\boldsymbol{S} \tag{6-17}$$

式中,$d\boldsymbol{S} = dS\boldsymbol{e}_n$,$\boldsymbol{e}_n$ 为面元的法线方向的单位矢;$\theta$ 为 $\boldsymbol{e}_n$ 与 $\boldsymbol{B}$ 之间的夹角。磁通量 $\Phi_m$ 的大小也可以形象地理解为穿过该曲面的磁感应线的条数。磁通量的单位为韦伯(Wb),$1\text{Wb} = 1\text{T} \cdot \text{m}^2$。

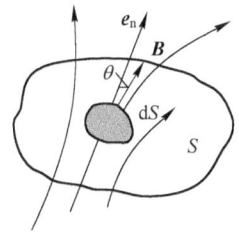

图 6-10 通过任意曲面的磁通量

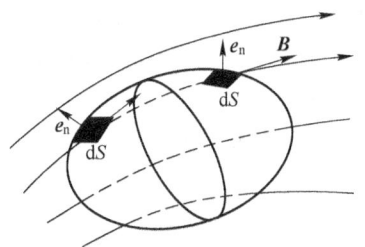

图 6-11 通过任意封闭曲面的磁通量

对如图 6-11 所示封闭曲面而言，通常规定取向外的指向为正法线方向。显然，磁感应线从闭合曲面穿出处的磁通量为正（$0 \leqslant \theta < \pi/2$，$\cos\theta > 0$），穿入处的为负（$\pi/2 < \theta \leqslant \pi$，$\cos\theta < 0$）。由于磁感应线是闭合的，磁感应线从封闭曲面某点穿入时，必定会从该曲面的另一点穿出。这就是说，每条磁感应线对闭合曲面的磁通量的贡献都为零。因此，**空间任一闭合曲面的磁通量的代数和为零**，即

$$\oint_S \boldsymbol{B} \cdot \mathrm{d}\boldsymbol{S} = 0 \tag{6-18}$$

式（6-18）称为**磁场的高斯定理**（Gauss theorem of magnetic field）。

磁场的高斯定理是磁感应线闭合性的数学表述，它不仅对稳恒磁场适用，对任意磁场都适用。显然，与静电场的高斯定理相比较，任意封闭曲面的电通量可以不等于零，其原因是由于自然界存在单独的正、负电荷，这些电荷正是激发静电场的场源，电力线的源头起自于正电荷，电力线的尾闾终止于负电荷。而磁场的通量恒为零，则表明与电荷具有相应地位的磁单极（magnetic monopole）不能单独存在，磁感应线是既无源头，又无尾闾的闭合线，也就是说，磁场为无源场。

部分理论物理学家基于对自然和谐对称的理念，却坚持认为磁单极是极有可能存在的。英国著名的物理学家狄拉克（P. A. M. Dirac，见图 6-12）1931 年在分析量子系统波函数相位不确定性时，从电磁的对称性出发，首先从理论上预言了磁单极存在的可能性。尽管迄今为止还没找到磁单极粒子，但由于磁单极子问题不仅涉及物质磁性的来源、电磁现象的对称性，而且还同宇宙早期演化理论及微观粒子结构理论等问题息息相关，半个多世纪以来仍不断地激励着许多科学家的研究热情。磁单极粒子位居何方？科学界何时才能对磁单极的存在与否做一个定论？这些问题的揭开需要更多探索者的不懈努力。

图 6-12　狄拉克

### 6.2.2　安培环路定理

我们知道静电场的环流 $\oint \boldsymbol{E} \cdot \mathrm{d}\boldsymbol{l} = 0$，反映了静电场的保守性和无旋性。稳恒磁场是否具有类似或不同的的性质呢？我们期待从对稳恒磁场的环流 $\oint_L \boldsymbol{B} \cdot \mathrm{d}\boldsymbol{l}$ 作类似的探究中得到答案，这可行吗？

这里按照从特殊到一般的方法进行研究，现以一个特例来进行试探。设真空中一无限长载流直导线，通有电流 $I$，其周围的磁感应线是在垂直于导线的平面内、以导线为中心的一系列同心圆，如图 6-13a 所示。根据式（6-9）知，距离导线为 $r$ 的场点处的磁感应强度的大小为

$$B = \frac{\mu_o I}{2\pi r}$$

在垂直于导线的平面上任取一积分路径 $L$，分两种情况对 $\boldsymbol{B}$ 沿闭合路径的线积

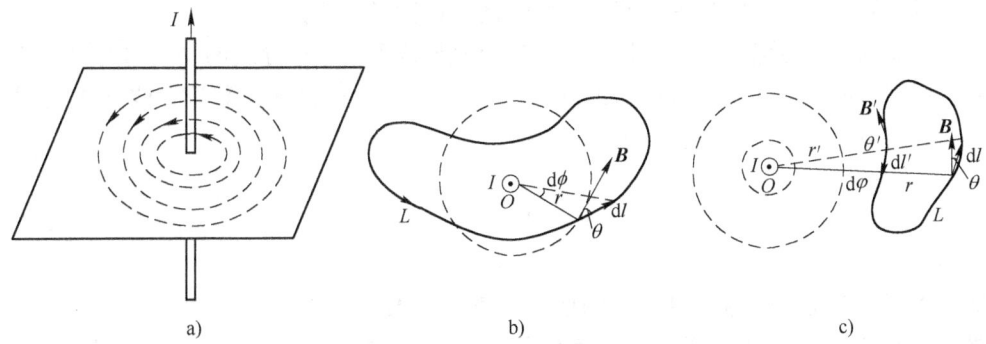

图 6-13 安培环路定理的证明

分进行讨论。这里假定两种情况中路径 $L$ 的绕行方向与电流 $I$ 的方向成右手螺旋关系。

（1）闭合曲线 $L$ 包围载流直导线　在 $L$ 上任取一线元 $\mathrm{d}\boldsymbol{l}$，其俯视图如图 6-13b 所示，它与该处的 $\boldsymbol{B}$ 的夹角为 $\theta$，则有

$$\oint_L \boldsymbol{B} \cdot \mathrm{d}\boldsymbol{l} = \oint_L B\mathrm{d}l\cos\theta$$

由图 6-13b 可知，$\mathrm{d}l$ 对中心 $O$ 点所张的角为 $\mathrm{d}\varphi$，显然 $\cos\theta \mathrm{d}l = r\mathrm{d}\varphi$，于是

$$\oint_L \boldsymbol{B} \cdot \mathrm{d}\boldsymbol{l} = \oint_L \frac{\mu_0 I}{2\pi r} r\mathrm{d}\varphi = \frac{\mu_0 I}{2\pi} \int_0^{2\pi} \mathrm{d}\varphi = \mu_0 I$$

（2）闭合曲线 $L$ 不包围载流直导线　如图 6-13c 所示，在环路 $L$ 上对应同一个张角 $\mathrm{d}\varphi$ 有两个线元 $\mathrm{d}l$ 和 $\mathrm{d}l'$，设它们分别与导线相距 $r$ 和 $r'$，则有

$$\boldsymbol{B} \cdot \mathrm{d}\boldsymbol{l} = B\cos\theta \mathrm{d}l = Br\mathrm{d}\varphi = \frac{\mu_0 I}{2\pi}\mathrm{d}\varphi$$

$$\boldsymbol{B}' \cdot \mathrm{d}\boldsymbol{l}' = B'\cos\theta' \mathrm{d}l' = -B'r'\mathrm{d}\varphi = -\frac{\mu_0 I}{2\pi}\mathrm{d}\varphi$$

于是

$$\boldsymbol{B} \cdot \mathrm{d}\boldsymbol{l} + \boldsymbol{B}' \cdot \mathrm{d}\boldsymbol{l}' = 0$$

同理可知，积分回路 $L$ 上所有对中心 $O$ 张角相同的每对线元对 $\oint_L \boldsymbol{B} \cdot \mathrm{d}\boldsymbol{l}$ 的贡献相互抵消，于是

$$\oint_L \boldsymbol{B} \cdot \mathrm{d}\boldsymbol{l} = 0$$

以上推导过程中，对磁场的闭合路径积分 $\oint_L \boldsymbol{B} \cdot \mathrm{d}\boldsymbol{l}$ 常称为**磁场的环流**（circulation of magnetic field）。若积分的方向刚好与上述约定相反时，即积分环路 $L$ 的绕行方向与电流 $I$ 的方向成左手螺旋关系时，显然其积分结果是成右手螺旋关系时的负

值。若所取的积分回路 $L$ 并不在垂直于导线的平面内，也不在同一个平面内，这种情况下还能得到以上结论吗？回答是肯定的，请读者自行证明。

上面的讨论虽然是针对一根无限长载流直导线和垂直于导线的平面内的闭合环路进行的，但可以证明，所得结论对任意闭合环路 $L$，包围多根载流导线（电流大小、方向不同）的情况下仍然成立。因此

$$\oint_L \boldsymbol{B} \cdot \mathrm{d}\boldsymbol{l} = \mu_0 \sum_{i=1}^{n} I_i \tag{6-19}$$

结果表明，**真空中的稳恒磁场，磁感应强度 $B$ 沿任意闭合环路的线积分等于穿过该环路的所有传导电流的代数和的 $\mu_0$ 倍**。这个结论称为稳恒磁场的**安培环路定理**（Ampere circuit theorem）。其中 $I_i$ 的正负符号规定如下：当穿过积分环路 $L$ 的绕行方向与电流流向满足右手螺旋法则关系时，则电流 $I_i$ 为正，相反则取负，如图 6-14 所示。

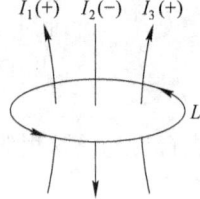

图 6-14 安培环路定理中电流的符号规则

式（6-19）表明，稳恒磁场的环流 $\oint_L \boldsymbol{B} \cdot \mathrm{d}\boldsymbol{l}$ 不一定等于零，不具有功的意义。这揭示出稳恒磁场在本质上与静电场有重要的区别，即稳恒磁场为非保守力场而静电场为保守场。按照矢量的环流是否为零的定义，前者可称为有旋场（涡旋场），后者则称为无旋场。

需要强调的是：环路上各点的 $B$ 是空间所有电流激发的总磁场，但 $\oint_L \boldsymbol{B} \cdot \mathrm{d}\boldsymbol{l}$ 的大小仅决定于穿过以环路 $L$ 为边界的任意曲面内的电流，环路外的电流对环流的贡献为零。

### 6.2.3 安培环路定理的应用举例

安培环路定理表明磁场的环流决定于环路内的电流，而对环路积分的具体路径没有任何限制。因而当磁场在空间的分布具有某种对称性时，利用安培环路定理可以如同利用高斯定理来求某些具有一定对称性的电场一样，方便简捷地将磁场求解出来。下面举几个例子来说明。

**例题 6-5** 一无限长圆柱导体的截面半径为 $R$，通有沿轴线方向均匀流动的电流 $I$，试计算载流圆柱导体内、外的磁场分布。

**解**：在载流圆柱导体外任取一距圆柱中心轴线距离为 $r$ 的 $P$ 点，如图 6-15a 所示。因为无限长的载流圆柱导体可以看成是无穷多的无限长载流直导线的集合，所以可以假想在圆柱体内对称地取一对直导线，所通的电流 $\mathrm{d}I_1 = \mathrm{d}I_2$，并使其对称地分布在 $OP$ 两侧，其截面示意图如 6-15b 所示。这对电流在 $P$ 点激发的磁场分别为 $\mathrm{d}\boldsymbol{B}_1$ 和 $\mathrm{d}\boldsymbol{B}_2$，其合成的磁场 $\mathrm{d}\boldsymbol{B}$ 的方向与 $r$ 垂直，且与电流成右手关螺旋关系，显然，此方向即为所有电流在 $P$ 处激发的总磁场方向。考虑到电流分布具有轴对称

性，我们可以推知距轴线相同距离处的磁场大小必定相等。应用上述方法同理可以得到圆柱导体内的磁场分布具有相同的特点。

根据以上分析，可取与圆柱导体同轴、半径为 $r$ 的圆周作为安培环路定理的积分回路，因而有

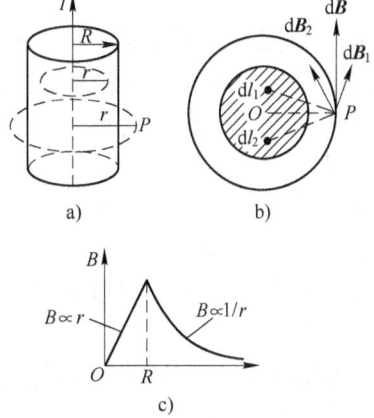

$$\oint_l \boldsymbol{B} \cdot \mathrm{d}\boldsymbol{l} = B \cdot 2\pi r = \mu_0 \sum_i I_i$$

（1）对圆柱导体外一点（$r > R$），显然 $\sum_i I_i = I$，由此可得

图 6-15 无限长均匀载流圆柱的磁场

$$B = \frac{\mu_0 I}{2\pi r}$$

（2）对圆柱体内部一点（$r < R$），有 $\sum_i I_i = \dfrac{I}{\pi R^2} \pi r^2 = \dfrac{r^2}{R^2} I$，由此可解得

$$B = \frac{\mu_0}{2\pi r} \cdot \frac{r^2}{R^2} I = \frac{\mu_0 r I}{2\pi R^2}$$

可见，长直圆柱形导体内部的 $B$ 与 $r$ 成正比；外部的 $B$ 等效于电流集中在圆柱轴线上的一根载流直导线激发的磁场（$B$-$r$ 曲线如图 6-15c 所示）。

**例题 6-6** 无限长载流螺线管中通有电流 $I$，沿着轴线方向单位长度上的匝数为 $n$，试求载流螺线管内外的磁感应强度。

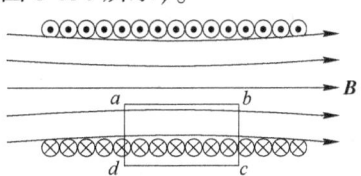

图 6-16 长直密绕螺线管的磁场

**解**：由对称性分析，螺线管内部的磁感应线的方向必平行于轴线，且离轴等距离处磁场大小相等，螺线管外部贴近管壁处的磁场应趋近于零，磁场分布的剖面图如图 6-16 所示。因此，可取过管内任一点 $P$ 的矩形回路 $abcda$ 为安培环路 $L$，设绕行方向为顺时针，则有

$$\oint_L \boldsymbol{B} \cdot \mathrm{d}\boldsymbol{l} = \int_a^b \boldsymbol{B} \cdot \mathrm{d}\boldsymbol{l} + \int_b^c \boldsymbol{B} \cdot \mathrm{d}\boldsymbol{l} + \int_c^d \boldsymbol{B} \cdot \mathrm{d}\boldsymbol{l} + \int_d^a \boldsymbol{B} \cdot \mathrm{d}\boldsymbol{l}$$

因为

$$\int_a^b \boldsymbol{B} \cdot \mathrm{d}\boldsymbol{l} = B\,\overline{ab},\ \int_b^c \boldsymbol{B} \cdot \mathrm{d}\boldsymbol{l} = 0,\ \int_c^d \boldsymbol{B} \cdot \mathrm{d}\boldsymbol{l} = 0,\ \int_d^a \boldsymbol{B} \cdot \mathrm{d}\boldsymbol{l} = 0$$

所以

$$\oint_L \boldsymbol{B} \cdot \mathrm{d}\boldsymbol{l} = B\,\overline{ab} = \mu_0 I(n\,\overline{ab})$$

解得

$$B = \mu_0 nI \quad (6\text{-}20)$$

可见，无限长螺线管内部为均匀磁场，磁感应强度方向可由右手螺旋法则判断。顺便指出采用类似的对称性分析对横截面很小的载流螺绕环内的磁场可得到形式上与式（6-20）相同的结论，此时式中的 $n$ 表示螺绕环单位长度上的匝数，磁场方向与电流流方向也成右手螺旋关系，如图 6-17 所示。

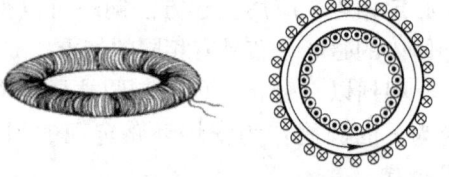

图 6-17 载流螺绕环及其内部的磁场

**例题 6-7** 一对同轴的无限长空心导体圆筒，内、外半径分别为 $R_1$ 和 $R_2$（筒壁厚度可以忽略不计），电流 $I$ 沿内筒流去，沿外筒流回，如图 6-18 所示。(1) 计算两圆筒间的磁感应强度；(2) 求通过长度为 $l$ 的一段截面（图中的斜线部分）的磁通量。

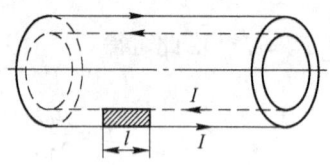

图 6-18 同轴圆筒的磁场及磁通量

**解**：根据无限长同轴中空圆筒导体的轴对称性，在两圆筒间可选取其轴线上任一点为圆心，半径为 $r$ 的圆周为积分路径，此时积分路径上各点的磁场的方向都沿圆周的切线方向。因此，可应用安培环路定理求解。

（1）由安培环路定理得

$$\oint \boldsymbol{B} \cdot \mathrm{d}\boldsymbol{l} = B \cdot 2\pi r = \mu_0 I$$

由此解得

$$B = \frac{\mu_0 I}{2\pi r}$$

（2）在截面上 $r$ 处，取宽为 $\mathrm{d}r$，长 $l$ 的窄条，其面积 $\mathrm{d}S = l\mathrm{d}r$，则

$$\mathrm{d}\Phi_m = \boldsymbol{B} \cdot \mathrm{d}\boldsymbol{S} = \frac{\mu_0 I}{2\pi r} \cdot l\mathrm{d}r$$

于是

$$\Phi_m = \int_S \mathrm{d}\Phi_m = \int_{R_1}^{R_2} \frac{\mu_0 Il}{2\pi r} \cdot \frac{\mathrm{d}r}{r} = \frac{\mu_0 Il}{2\pi r} \ln \frac{R_2}{R_1}$$

通过以上例题可以看出，应用安培环路定理来计算某些具有对称性分布的磁场十分方便。一般而言，首先对电流分布是否有一定的对称性作出分析，然后确定其激发的磁场是否具有一定对性称。其次，对具有一定对称性分布的磁场，选择合适的积分回路，使该回路上的 $\boldsymbol{B} \cdot \mathrm{d}\boldsymbol{l}$ 的积分处处能够简单进行。这样，就可以将问

题解决。相反，若磁场不具一定的对称性，虽然，此时安培培路定理仍然成立，但是因磁场的环流积分难以算出，所以此时一般运用毕奥-萨伐尔定律来解决。

## 6.3 磁场对运动电荷的作用

### 6.3.1 洛伦兹力

在 6.1.1 小节中对磁感应强度进行了定义，从中可以得到以下两个结论：

当运动电荷的速度平行于磁场方向（$v \mathbin{/\mkern-5mu/} B$）时，电荷受到的磁场力 $F=0$，因而，带电粒子作匀速直线运动。

当运动电荷的速度垂直于磁场方向（$v \perp B$）时，$F = F_{\max} = qv \times B$。显然，粒子在均匀磁场中将受到一个大小不变的磁场力 $F=qvB$，作匀速圆周运动。

我们很容易推算出带电粒子在均匀磁场中作圆周运动时的轨道半径，即回旋半径

$$R = \frac{mv}{qB} \tag{6-21}$$

带电粒子绕轨道运行一周所需的时间，即回旋周期为

$$T = \frac{2\pi m}{qB} \tag{6-22}$$

单位时间内带电粒子绕圆周轨道的圈数，即回旋频率为

$$f = \frac{1}{T} = \frac{qB}{2\pi m} \tag{6-23}$$

式（6-22）和式（6-23）表明，$T$ 和 $f$ 与 $R$ 和 $v$ 无关，只取决于带电粒子的荷质比 $q/m$ 和磁感应强度 $B$。回旋加速器的基本原理即在于此，美国的劳伦斯（Ernest Orlando Lawrence）因为发明和发展了回旋加速器（见图6-19），并将其应用到人工放射性元素的研究上，取得了开创性的成果，于 1939 年获诺贝尔物理学奖。

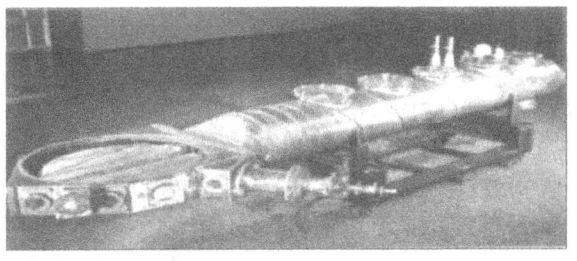
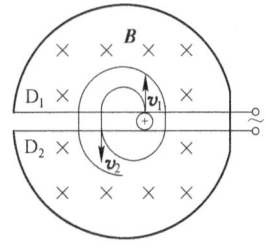

图 6-19　劳伦斯发明的回旋加速器及其基本原理

需要指出的是，微观带电粒子在磁场中运动时，重力对其运动的影响极其微弱，因而讨论时可以忽略重力的作用。

图 6-20 显示了高能电子在充有即将沸腾的液态氢的气泡室中的运动轨迹，其中气泡室外加有强磁场。你能解释电子为什么是作螺旋线运动吗？

图 6-20 电子在气泡室中的运动

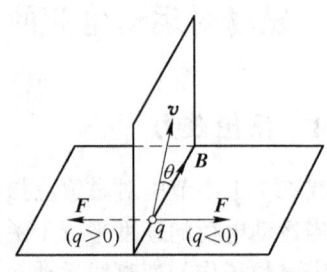

图 6-21 洛伦兹力的方向

根据以上带电粒子在均匀磁场中的运动规律，能否得到一般情况下带电粒子在磁场中的受力和运动规律呢？

为此，可设电荷的运动方向与磁场方向夹角为 $\theta$，如图 6-21 所示。现将 $v$ 分解成平行于 $B$ 及垂直于 $B$ 方向的分量 $v_{//}$、$v_{\perp}$，即有

$$v = v_{//} + v_{\perp}$$

因为平行于 $B$ 方向的运动不受磁场力，所以磁场对运动电荷的作用效果可以看做仅在垂直 $B$ 方向的运动存在作用力，其作用力的大小为

$$F = Bqv_{\perp} = Bqv\sin\theta$$

显然，当 $q>0$ 时，带电粒子所受磁力的方向为 $v \times B$ 的方向；当 $q<0$ 时，为 $v \times B$ 的反方向。因此

$$F = q v \times B \tag{6-24}$$

式（6-24）给出的运动电荷在磁场中受的力，叫做**洛伦兹力**（Lorentz force），$F$，$qv$，$B$ 三者之间的方向遵从右手螺旋关系，这表明洛伦兹力的方向总是与带电粒子的速度方向垂直。因此，洛伦兹力永远不对带电粒子做功，它只能使带电粒子的运动方向偏转，不会改变其速度的大小。

洛伦兹（H. A. Lorentz, 1853—1928）是荷兰物理学家、数学家（见图 6-22），生于阿纳姆，毕业于莱顿大学，1875 年获博士学位。1878 年起任莱顿大学理论物理学教授。因研究磁场对辐射现象的影响取得重要成果，与塞曼共获 1902 年诺贝尔物理学奖金。1895 年，洛伦兹根据物质电结构的假说，成功地解释了相当多的物理现象，创立了经典电子论。洛伦兹的电磁场理论研究成果，在现代物理中占有重要地位。洛伦兹力是洛伦兹在研究电子在磁场中所受的力的实验中确立起来的。洛伦兹还预言了正常的塞曼效应，即磁场中的光源所发出的各谱线，受磁场的影响而分裂成多条的现象中的某种特殊现象。洛伦兹的理论是从经典物理到相对论物理的重要桥

图 6-22 洛伦兹

梁,他的理论构成了相对论的重要基础。洛伦兹对统计物理学也有贡献。

下面我们对带电粒子在磁场中的运动规律及其引起的电磁效应作进一步的探讨。

### 1. 均匀磁场中带电粒子的螺旋运动

设带电粒子的初速度 $v_0$ 与匀强磁场的磁感应强度 $B$ 成任意角 $\theta$ 时,可将初速度 $v_0$ 分解成平行于 $B$ 的分量 $v_{/\!/} = v_0\cos\theta$ 和垂直于 $B$ 的分量 $v_\perp = v_0\sin\theta$。根据运动的叠加和独立性原理,结合上述分析可知,粒子的运动可看作为在平行于磁场方向以速度 $v_{/\!/}$ 作匀速直线运动;在垂于磁场方向以速率 $v_\perp$ 作匀速圆周运动。粒子的实际运动为这两种运动的合成,其运动轨迹是一条螺旋线,如图 6-23 所示。螺旋线的半径为

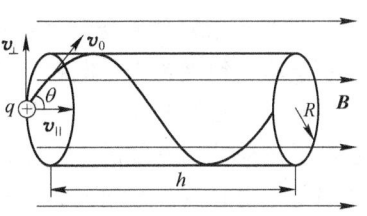

图 6-23 带电粒子在均匀磁场中的螺旋运动

$$R = \frac{mv_\perp}{qB} = \frac{mv_0\sin\theta}{qB} \quad (6\text{-}25)$$

回旋周期为

$$T = \frac{2\pi m}{qB} \quad (6\text{-}26)$$

粒子回转一周所前进的距离为

$$h = v_{/\!/} T = \frac{2\pi m v_0 \cos\theta}{qB} \quad (6\text{-}27)$$

我们称这个距离为螺距。式(6-27)表明,螺距 $h$ 只与 $v_{/\!/}$ 成正比,与 $v_\perp$ 无关。

现设想在通电的长直螺线管激发的均匀磁场中 $A$ 点发射一束初速度相差很小的电子流,它们的 $v_0$ 与 $B$ 的夹角 $\theta$ 有所不同,但都很小,如图 6-24 所示,即 $v_\perp = v_0\sin\theta \approx v_0\theta$ 和 $v_{/\!/} = v_0\cos\theta \approx v_0$。结合式(6-25)和式(6-27)可知,各个电子会沿不同半径作螺旋线

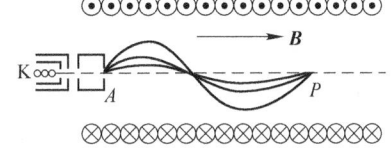

图 6-24 均匀磁场的磁聚焦

运动,这些电子的螺距近似相等。因此,这些电子经过距离 $h$ 后都相交于屏上同一点 $P$。这个现象与光束通过光学透镜聚焦的现象很相似,故称为磁聚焦(magnetic focusing)现象。在实际应用中如在显像管、电子显微镜等电子光学器件中,广泛的采用的是短线圈产生的非均匀磁场的磁聚焦作用,这些线圈的作用类似光学中的透镜,故称为**磁透镜**。

历史上第一台电子显微镜是德国的恩斯特·鲁斯卡(Ernst Ruska)在光电学的基础性研究过程中设计出来的。电子显微镜的发明使科学家有了一双能看见原子

的眼睛,日益成为科学研究和实验分析的重要工具。为此,1986 年诺贝尔物理学奖一半授予给了恩斯特·鲁斯卡,另一半授予给了扫描隧道显微镜的设计者宾尼希(Gerd Binnig)和罗雷尔(Heinrich Rohrer),以表彰他们为人类探索微观世界做出的巨大贡献。

### 2. 非均匀磁场中带电粒子的螺旋运动

由于非均匀磁场中带电粒子的运动较为复杂,这里只讨论带电粒子在非均匀磁场中向磁场较强的方向运动时的情况。一方面,根据式(6-21)可知,随着磁场的增加粒子运动的螺旋线的半径会不断变小,如图 6-25 所示。另一方面,粒子所受到的洛伦兹力总有一个指向磁场较弱方向的轴向分力,它会阻止带电粒子向磁场较强的方向运动,使其沿磁场方向的速度逐渐减小到零,继而迫使粒子向弱磁场区返回。这种往返运动可以在如图 6-26 所示的磁瓶装置中持续进行下去。在受控热核

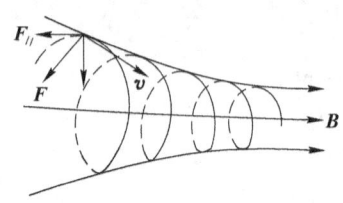

图 6-25 非均匀磁场的磁聚

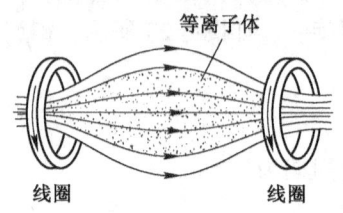

图 6-26 磁镜

反应中可采用这种磁场把等离子体约束在一定的范围内。由于带电粒子在装置两端处的运动好像光遇到镜面发生反射一样,因而这种装置也称为**磁镜**(magnetic mirror)。但磁镜也有缺点,即纵向速度较大的粒子不可避免会有一部分从磁镜两端逃掉。为克服这一结构的缺点,目前受控热核装置常采用磁线圈圆环室(又称环流器)来约束等离子体的运动。它是一个类似通电螺绕环所形成的磁场装置。

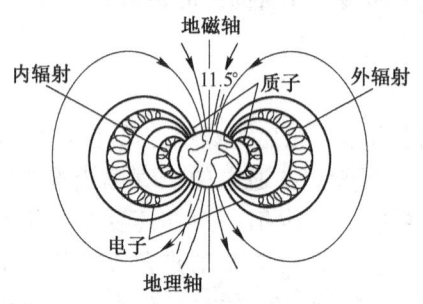

图 6-27 范阿仑辐射

地球磁场与磁镜结构相似,两极的磁场最强,赤道的磁场最弱,形成一个天然的磁镜。它能俘获从外层空间入射的电子和质子,使它们作螺旋运动并在南北两极之间来回振荡而辐射电磁波,从而形成范阿仑辐射带,如图 6-27 所示。它一般分为内外两层,位于地面上空 800~4000km 处的内层俘获质子,在 6000km 处的外层俘获电子。当太阳表面状况的变化严重影响地磁场分布时,可导致大量带电粒子在两极附近泄露,这些高能粒子在地磁场的引导下进入大气层时使大气激发而辐射发光,从而在极地上空出现绚丽多彩的极光现象。

**3. 电磁场中带电粒子的运动及其电磁效应**

以上主要讨论了带电粒子在磁场中的运动和应用。若带电粒子在既有磁场又有电场的空间运动时，作用在该粒子上的力应该是电场力与磁场力的矢量和，即

$$\boldsymbol{F} = q\boldsymbol{E} + q\boldsymbol{v} \times \boldsymbol{B} \tag{6-28}$$

式（6-28）称为**洛伦兹关系式**。它可以用来计算或解决带电粒子在电场和磁场中运动的问题，同时在近代科学和工程技术上有广泛的应用。例如 1897 年英国物理学家汤姆孙（J. J. Thomson）利用正交的电场和磁场对阴极射线的荷质比进行了测定，首次用发现了亚原子粒子——电子，这使他获得了 1906 年的诺贝尔物理学奖。再如利用磁场和电场的各种组合设计出来的质谱仪，可以把电荷量相等但质量不同的粒子分离开来。质谱仪现已成为测定荷质比、研究同位素，以及测定有机化合物的分子式及其结构等涉及核物理学、原子能技术、化学、生物学和农学等领域中的一种重要测量的仪器。下面重点介绍**霍尔效应**（Hall effect）及其应用。

1879 年，美国物理学家霍尔（E. H. Hall，见图 6-28）24 岁时在研究生期间，在研究载流导体在磁场中导电的性质时发现，在长方形导体薄板上通一电流，沿电流的垂直方向外加均匀磁场，则在与电流和磁场两者垂直的两侧面 $A$，$A'$ 产生了一个微弱的电势差，如图 6-29 所示。这种新的电磁效应即为霍尔效应，所产生的电势差称为霍尔电势差。实验表明当电场强度不太强时，霍尔电压 $U_H$ 与电流 $I$ 和磁感应强度 $B$ 成正比，与板的厚度 $d$ 成反比，即

$$U_H = K \frac{IB}{d} \tag{6-29}$$

图 6-28　霍尔

式中，$K$ 称为霍尔系数。

现利用导电薄板中的载流子所受的电磁力来分析霍尔效应的形成机理。设导电薄板中均匀分布着浓度为 $n$ 的载流子（如图 6-29 所示以负电荷为例），所带的电荷量为 $q$，其定向速度为 $v$。显然导体板中的载流子因受到洛伦兹力而向板的 $A$ 端移动，使得 $A$ 侧

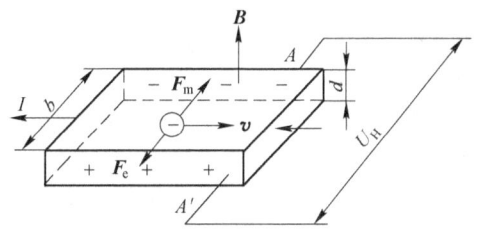

图 6-29　霍尔效应

不断地积聚负电荷，而与之平行的 $A'$ 侧由于缺少自由电子而不断地有多余的正电荷积累。这些正负电荷在导体内部形成由 $A'$ 指向 $A$ 的附加电场和电势差。因此，继续在导体内部运动的自由电荷会同时受到作用方向恰好相反的电场力和洛伦兹力的共同作用。显然，由于电荷的积累，使得附加电场不断增大，最终电场力与洛伦兹力达到平衡，电子不再向导体板偏转，$A$ 和 $A'$ 两侧积累的电荷保持稳定，在导体内形成了稳定的附加电场，因而 $AA'$ 之间形成一恒定的电势差，即霍尔电势差 $U_H$。

由上述受力分析和平衡状态可得

$$qvB = qE = q\frac{U_H}{b}$$

根据式（6-7），$I = nqvbd$。将其代入上式得

$$U_H = \frac{1}{nq}\frac{IB}{d}$$

将上式与式（6-29）比较，可知霍尔系数为

$$K = \frac{1}{nq} \tag{6-30}$$

式（6-30）表明，霍尔系数 $K$ 与载流子的浓度成反比。显然，由式（6-29）可知，通过测定 $U_H$，$I$，$B$ 和 $d$，就可以得出霍尔系数 $K$，从而测定出材料的载流子浓度。同理可知，只要测定出上述五个物理量的四个量，就可以得出第五个量。

半导体材料的载流子的浓度比金属的小得多，因而其霍尔系数较大，霍尔效应明显。基于这个原因，常常用半导体材料制成各种霍尔传感元件。利用霍尔效应原理制成的霍尔元件具有结构简单而牢靠、使用方便、成本低廉等优点，在科研和生产中得到了广泛的应用。例如，半导体的导电类型的判别、载流子的浓度与温度的关系的确定，磁感应强度、电流等物理的测量，以及电信号转换及运算等方面都可以利用相关霍尔元件来测定和分析。值得一提的是，磁流体发电机的基本原理可应用霍耳效应来理解。简单地说，即利用工作气体在高温下充分电离形成等离子体，这些等离子体在磁场的作用下发生霍尔效应，从而在电极间形成稳定的电压，外部负载通过电极实现电能的输运。

需要指出的是，上述霍尔效应是运用经典电子论的近似结果，更深入的讨论和研究需要用固体量子理论来分析。

仿照电阻的定义，霍尔效应中的霍尔电阻可定义为 $R_H = U_H/I = B/nqd$。这一定义表明一般情况下霍尔电阻正比于外磁场。然而，1980 年德国物理学家冯·克里青（Klaus von Ktitzing）在研究金属-氧化物-半导体场效应晶体管（MOSFET）的过程中，发现在强磁场和深低温度下霍尔电阻和磁场的关系呈现一系列的台阶式变化的非线性关系。这种变化只能用量子理论来解释。故这一效应称为**量子霍尔效应**（quantum Hall effect），年轻的冯·克里青因此而获得了 1985 年的诺贝尔物理学奖。

图 6-30　崔琦

令人激动的是科学的发展是永无止境的，继冯·克里青发现后的第二年，即 1982 年，美籍华裔科学家崔琦（D. C. Tsui，见图 6-30）、施特墨（H. L. Stormer）、劳克林（R. B. Laughlin）在更强的磁场和更低的温度下研究二维电子系统时，发现了一种分数电荷激发状态的新型的量子电子流，提出这种状态起因于所谓的**分数量子霍尔效应**（fractional quantum Hall effect）。他们因为"发现了一种新形态的量子流体，其中有带分数电荷的激发态"而获得 1998 年的诺贝尔物理学奖。这是一项具有重要意义的凝聚态物质中的宏观量子效应，分数量子霍尔效应是继高温超导之后凝聚态物理学又一项崭新课题。

## 6.3.2 安培力

如果把载流导线置于磁场中，运动的载流子因受到洛伦兹力的作用而发生侧向漂移，不可避免地会与导体内部晶格上的正离子发生碰撞，最终将所有载流子微观上所受到的力传递给整段导线，从而整段导线一般情况下会表现出受到一个宏观上作用的磁场力，即**安培力**（Ampere force）。

根据上面的论述，我们来分析任意形状的载流导线上任一电流元 $Idl$ 所受的安培力。如图 6-31 所示，设导线的横截面积为 $S$，每个载流子所带的电荷量均为 $q$，载流子的平均漂移速度为 $\boldsymbol{v}$，载流子浓度为 $n$。显然每个载流子受到的洛伦兹力都为 $q\boldsymbol{v} \times \boldsymbol{B}$，考虑到此电流元中共有 $nSdl$ 个载流子，因而电流元 $Idl$ 所受的安培力为

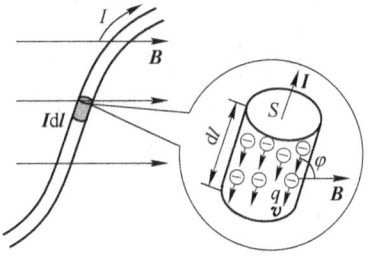

图 6-31　磁场对载流导线的作用

$$d\boldsymbol{F} = nSdlq\,\boldsymbol{v} \times \boldsymbol{B}$$

上式中，$q\boldsymbol{v}$ 的方向与 $d\boldsymbol{l}$ 的方向相同，由于 $I = nqSv$，因而

$$nSdlqv = Idl$$

故电流元所受的安培力可表为

$$d\boldsymbol{F} = Id\boldsymbol{l} \times \boldsymbol{B} \tag{6-31}$$

式（6-31）称为**安培定律**（Ampere law）。安培定律表明，电流元在磁场中某点所受到的磁场力的大小与该点的磁感应强度的大小、电流元的大小及电流元的方向与磁感应强度的方向间的夹角的正弦成正比；安培力、电流元、磁感应强度三者之间的方向符合右手螺旋关系。

我们常常将上述安培定律称为安培定律的微分形式。利用力的叠加原理很容易得到任意一段载流导线 $L$ 各段电流元所受的磁场力的矢量和，即整段导线所受到的安培力为

$$\boldsymbol{F} = \int_L d\boldsymbol{F} = \int_L Id\boldsymbol{l} \times \boldsymbol{B} \tag{6-32}$$

式（6-32）称为安培定律的积分形式。

安培（A. M. Ampere, 1775—1836）是法国物理学家（见图 6-32），他出生于法国里昂的一个土地商人的家庭。安培从小就酷爱数学，12 岁就学完了微积分。他父亲是一位卢梭思想和学说的忠实追随者，1793 年在法国革命中被处死。这使年仅 18 岁的安培在精神上受到很大的打击，他在逆境中没有颓废，而是一边为私人补习数学以维持生计，一边奋发自学。在广泛阅读自然科学、哲学、历史、文学等方面的书籍基础上，他还专心研读了数学家拉格朗日和欧拉等人的著作，后来他被聘为里昂学院的物理学教授和化学教授。

在他妻子去世后，感到孤独的安培离开了里昂迁居巴黎，担任法兰西学院的物理学教授。1814 年他被选为法国科学院院士。1820 年 45 岁的安培，因奥斯特发现的电流的磁效应而改变了

事业的研究方向，于同年几个月后就发现了通电导体间的相互作用定律——安培定律。1821 年 1 月他提出了著名的分子电流假说。1822 年他总结了当时有关动电理论的研究成果，发表了《电动力学的观察汇编》。1827 年他又出版了《电动力学理论》一书，同年他被选为英国皇家学会会员。安培在磁学领域所取得了一系列研究成果，确定了其在科学史上不可磨灭贡献。

值得回顾的是，安培定律的论证和提出具有丰富的创新思维价值，值得我们借鉴和学习。1820 年，安培在奥斯特发现电流的磁效应之后，紧接着做了大量精实巧的实验，特别是利用一个假设（假定两个电流元之间的相互作用力沿它们的连线。需要指出的是这个

图 6-32  安培

假定并不正确，但由于无法对孤立的电流元进行实验，只能用各种不同形状的稳恒电流导线来做实验，因而这种情况下这个假定就没有问题)，和四个示零实验以及对电流元与点电荷、电流间的相互作用与磁极间的相互作用等进行相关联想、相似推理，仅经过几个月的时间就获得了电流元间相互作用的安培定律。

其中四个示零实验非常经典，这里作一简单的介绍。第一个实验，安培用一个无定向秤检验对折载流导线是否有作用力，结果是否定的。这表明，当电流反向时，它产生的作用也反向；第二个实验，安培用一个无定向秤检验对折载流导线（但另一臂绕成螺旋线）是否有作用力，结果也是否定的。这表明，电流元的作用具有矢量性质——多个电流元的合作用等于各电流元所产生作用的矢量叠加；第三个实验，他在一端固定于圆心的绝缘柄上连接一圆弧形导体，再将圆弧形导体架在两个通电的水银槽上，然后用各种线圈对它作用，结果却不能使圆弧形导体沿其电流方向运动。这表明作用在电流元上的力是与它垂直的；第四个实验，他将三个相似的线圈（这三个相似的线圈的线度之比与三个线圈间距之比一致），通电后发现，两侧的两个线圈对中间的线圈的合作用为零。这表明各电流的长度和相互距离增加同样倍数时，作用力不变。

通过这些实验，安培最终分析得出安培定律。为表述方便，这里对安培的原始公式作进一步的推导得出如下形式：

$$dF_{12} = \frac{\mu_0}{4\pi} \frac{I_2 dl_2 \times (I_1 dl_1 r_{12})}{r_{12}^3}$$

上式表示电流元 $I_1 dl_1$ 对电流元 $I_2 dl_2$ 的作用力，再进一步与式（6-31）比较可得出毕奥-萨伐尔定律。因此，从这个角度来说安培定律包含了安培力公式和毕奥-萨伐尔定律。

安培定律是解决通电导体在磁场中受力的基本定律，在历史上洛伦兹力的得出也是通过安培定律推导而来的。安培定律曾被英国物理学家麦克斯韦（J. C. Maxwell）誉为"科学中最光辉的成就之一"，而安培本人则被誉为"电学中的牛顿"。

**例题 6-8**  如图 6-33 所示，一半径为 $R$ 的半圆形通有电流为 $I$ 导线放在均匀磁场 $B$ 中，导线所在平面与磁场垂直，求导线所受的磁力。

**解**：建立如图 6-34 所示坐标系，在半圆形载流直导线上任取一电流元 $Idl$，根据安培定律 $dF = $

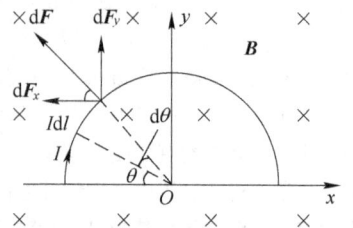

图 6-33  半圆形载流导线
在均匀磁场中的受力计算

$Id\boldsymbol{l} \times \boldsymbol{B}$,可得电流元受到的安培力大小为

$$dF = BIdl\sin\frac{\pi}{2} = BIdl$$

电流元受到的安培力的方向为沿半径向外。

现将各电流元所受的力 $d\boldsymbol{F}$ 分解成 $x$ 方向和 $y$ 方向的分力 $d\boldsymbol{F}_x$ 和 $d\boldsymbol{F}_y$,由电流元分布的对称性很容易得出,各电流元在所受分力在成 $x$ 方向的叠加的总和为零。于是,通电半圆形导线所受的安培力为

$$F = \int_L dF_y = \int_L dF\sin\theta = \int_L BI\sin\theta dl$$

考虑到 $dl = Rd\theta$,于是

$$F = \int_0^\pi BIR\sin\theta d\theta = BIR\int_0^\pi \sin\theta d\theta = 2BIR$$

安培力 $\boldsymbol{F}$ 的方向沿 $y$ 轴的正方向。

由以上结论可推广得到以下两个结论:

1)任意弯曲的载流导线置于均匀磁场中所受到的磁场力,等效于弯曲导线起点到终端的一段长直导线通相同电流时受到的安培力。

2)任意平面闭合线圈在均匀磁场中受到的安培力的合力为零。

**例题 6-9** 两条相互平行的无限长直导线放置在真空中,相距为 $d$,所通电流分别为 $I_1$ 和 $I_2$,试求两导线间单位长度上的相互作用的安培力。

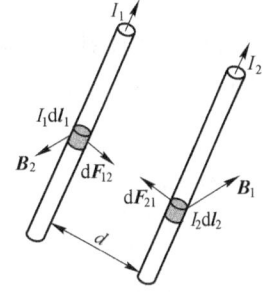

图 6-34 平行载流导线之间的相互作用力

**解**:如图 6-34 所示,在通有电流 $I_1$ 的直导线上取一电流元 $I_1 dl_1$,由于该电流元处于载流导线 $I_2$ 所产生的磁场中,其磁场大小为

$$B_2 = \frac{\mu_0 I_2}{2\pi d}$$

根据安培定律,该电流元所受的安培力大小为

$$dF_{12} = B_2 I_1 dl_1 \sin\frac{\pi}{2} = \frac{\mu_0 I_2 I_1 dl_1}{2\pi d}$$

$dF_{12}$ 的方向在两平行载流直导线所确定的平面内,指向通有电流 $I_2$ 的导线。显然载流导线 $I_1$ 上各个电流元所受的力的方向都与上述方向相同。因此,导线 $I_1$ 单位长度上所受的安培力为

$$\frac{dF_{12}}{dl_1} = \frac{\mu_0 I_2 I_1}{2\pi d}$$

同理,可以求得通电导线 $I_2$ 单位长度上所受的安培力的大小亦为 $\mu_0 I_1 I_2 / 2\pi d$,方向指向通有电流 $I_1$ 的导线。

由以上推导过程可知,当两导线中通有同向的电流时两导线互相吸引,当电流方向相反时,则相互排斥。

值得指出的是,由于电流比电荷量更容易测定,在国际单位制中定义电流的单位安培(A)时,就是按照上述结果规定的,即:真空中相距1m的两无限长直导线通有相等的恒定电流,若导线每米长度受到的相互作用力为 $2 \times 10^{-7}$ N,则导线中的电流就规定为1安培(1A)。

**例题 6-10** 一载流矩形线圈 $abcd$ 边长分别为 $l_1$,$l_2$,放置在均匀磁场 $\boldsymbol{B}$ 中,所通电流为 $I$。试证明磁场对该载流线圈的磁力矩为 $\boldsymbol{M} = \boldsymbol{p}_m \times \boldsymbol{B}$,其中 $\boldsymbol{p}_m$ 为载流线圈的磁矩。

**解**:设矩形载流线圈平面的法线方向的单位矢量为 $\boldsymbol{e}_n$,且 $\boldsymbol{e}_n$ 的指向与线圈中电流的环绕方向之间满足右手螺旋关系,线圈平面与 $\boldsymbol{B}$ 的方向夹角为 $\theta$,如图 6-35a 所示,对边 $ab$,$cd$ 与磁场垂直。

根据安培定律,导线 $bc$ 和 $ad$ 所受的安培力大小分别为

$$F_{bc} = BIl_1 \sin\theta$$

$$F_{ad} = BIl_1 \sin(\pi - \theta) = BIl_1 \sin\theta$$

显然力 $F_{bc}$ 和 $F_{ad}$ 是一对平衡力,其合力为零。

线圈两边 $ab$,$cd$ 所受的安培力大小为

$$F_{ab} = F_{cd} = BIl_2$$

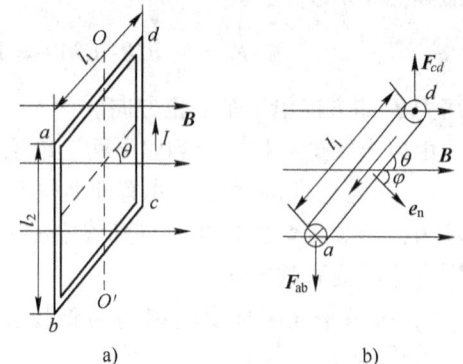

图 6-35 载流线圈在磁场中的磁力矩

$F_{ab}$ 和 $F_{cd}$ 大小也相等,方向相反,但不在同一直线上(如俯视图 6-35b 所示)。这一对力对 $OO'$ 轴的力偶矩 $M$ 大小为

$$M = F_{ab}\frac{l_1}{2}\cos\theta + F_{cd}\frac{l_1}{2}\cos\theta = BIl_1l_2\cos\theta$$

考虑到线圈面积 $S = l_1 l_2$,线圈的磁矩 $\boldsymbol{p}_m = IS\boldsymbol{e}_n$,且 $\boldsymbol{e}_n$ 与 $\boldsymbol{B}$ 之间的夹角 $\varphi = \pi/2 - \theta$,则上式可表示

$$M = p_m B \sin\varphi \tag{6-33}$$

由于力矩 $\boldsymbol{M}$ 的方向与矢积 $\boldsymbol{e}_n \times \boldsymbol{B}$ 的方向相同,因此上式可写成矢量式

$$\boldsymbol{M} = \boldsymbol{p}_m \times \boldsymbol{B} \tag{6-34}$$

进一步的推证可以证明,式(6-34)适用于均匀磁场中的任意形状的载流平面线圈。下面根据式(6-34)对几种特殊情况进行讨论。

1)当 $\varphi = 0$ 时,线圈平面与磁场方向垂直,$\boldsymbol{p}_m$ 与 $\boldsymbol{B}$ 方向相同,线圈所受力矩为零,线圈处于稳定平衡状态;

2) 当 $\varphi = \pi/2$ 时，线圈平面与磁场方向平行，$p_m$ 与 $B$ 方向垂直，线圈所受力矩最大。

3) $\varphi = \pi$ 时，线圈所受力矩为零，这时线圈处于非稳定平衡状态，只要线圈稍稍偏过一个微小角度，它就会在力矩的作用下离开这个位置。

需要指出的是，当平面载流线圈在非匀强磁场中，一般情况下，线圈所受的合磁力和合磁力矩均不为零，此时线圈既有平动又有转动。

以上几个例题反映了磁场对通电导体具有力（力矩）的作用和做功的本领。其中，磁力所做的功是靠消耗电能来完成的，这一过程中至少有部分电能转化为机械能。这一基本原理的应用已极为普遍，例如应用到各种电动机、磁电式仪表和电磁炮等。

## 6.4 磁场与物质的相互作用

前面我们讨论了稳恒电流所激发的磁场在真空中的基本特性。而实际情况往往在磁场中存在各种各样的物质，这时磁场与物质之间如何发生相互作用，这种相互作用的效果、强弱如何描述，其作用规律又将怎样？本节对这些问题作一些简单的介绍和讨论。

### 6.4.1 磁介质

**1. 磁介质的分类和特性**

我们知道空间中总存在着各种各样的物质，这些物质与磁场之间会发生相互作用，使得物质的内部状态发生变化，即物质发生**磁化**（magnetize）；反过来被磁化的物质类似于当初讨论电介质处于电场中被极化而产生附加电场一样，会产生附加磁场，并对空间的磁场分布产生影响。这样的物质称为**磁介质**（magnetic medium）。事实上，一切由分子或原子所组成的物质都是磁介质。

磁介质中的磁场与真空中的磁场会因介质被磁化产生的附加磁场而有所不同，不同磁介质因不同的磁化特性在空间激发的磁场也会有差异。为考察这些特性，实验发现，真空中某点的磁场大小为 $B_0$，若在此空间放入某种各向同性的磁介质后，该点的磁感应强度大小则变为 $B$。若定义

$$\mu_r = \frac{B}{B_0} \tag{6-35}$$

实验发现，对于同种各向同性的磁介质而言，空间各点的磁场前后的比值是确定的，而用不同的磁介质做实验，则 $\mu_r$ 随磁介质的种类和状态的不同而发生变化。可见 $\mu_r$ 是与磁介质本身性质有关的一个物理量。我们称 $\mu_r$ 为磁介质的**相对磁导率**（relative magnetic permeability），它是一个量纲为一的值，反映磁介质被磁化的效果。表 6-1 是常温常压下几种磁介质的相对磁导率。

表 6-1　几种磁介质在常温下的相对磁导率 $\mu_r$

| 顺磁质 | 相对磁导率 $\mu_r$ | 抗磁质 | 相对磁导率 $\mu_r$ | 铁磁质 | 相对磁导率 $\mu_r$ |
| --- | --- | --- | --- | --- | --- |
| 空气 | $1+30.4\times10^{-5}$ | 氢 | $1-2.49\times10^{-5}$ | 铸铁 | $200\sim400$ |
| 锰 | $1+12.4\times10^{-5}$ | 铜 | $1-0.108\times10^{-5}$ | 铸钢 | $500\sim2200$ |
| 铬 | $1+4.5\times10^{-5}$ | 碳 | $1-2.1\times10^{-5}$ | 硅钢 | $7\times10^3$（最大值） |
| 铝 | $1+2.14\times10^{-5}$ | 血液 | $1-7\times10^{-6}$ | 坡莫合金 | $1\times10^5$（最大值） |

根据 $\mu_r$ 的大小不同，可将磁介质分为三类：

若 $\mu_r>1$，表明介质磁化后产生的附加磁场与原磁场同向，空间的磁场增强。这类介质属于**顺磁质**，如氮、氧、铝、铬、锰、铂等介质；若 $\mu_r<1$，表明介质磁化后产生的附加磁场与原磁场反向，空间的磁场减弱。这类介质属于**抗磁质**，如金、银、铜、水银、锌、铅、氢等介质。若 $\mu_r\gg1$（数量级可达 $10^2\sim10^5$），表明介质磁化后产生的附加磁场与原磁场同向，空间的磁场显著增强，其磁化效应较强。这类介质属于**铁磁质**，如铁、钴、镍等介质。

顺磁质和抗磁质统称为**弱磁质**，附加磁感应强度 $B'$ 的值都较 $B_0$ 小得多（约为几万分之一或几十万分之一），对原磁场的影响极为微弱。而铁磁质由于磁化后空间的磁场极大地增强，因而属于强磁质。由于铁磁质的磁性很强，具有高的磁导率，存在磁滞现象，一定温度下（居里温度）可转变为顺磁质等特殊的性质，因而在诸如电磁铁、变压器、继电器、电机的铁心，雷达中的磁控管、磁屏蔽、磁记录元件所需用到的铁磁材料等多种领域都有铁磁质的广泛应用。

**2. 磁介质的磁化机理**

磁介质中附加磁场的起源是分析磁化机理的关键，介质中的附加磁场是如何产生的呢？奥斯特的电流磁效应可以给我们以启示，即所产生的附加磁场是由电流激发的。这就是说磁介质中应该存在一种与我们平常所说的传导电流等效的电流，这种电流的产生需要从物质的微观结构来理解。我们知道物质是由分子、原子组成的，分子、原子中的电子在不停地运动，其运动可以看做由两种运动组成：一是电子绕原子核的轨道运动，二是电子本身有自旋运动。这两种运动分别使电子具有轨道磁矩和自旋磁矩，如果把分子和原子当做一个整体，则一个分子或原子内的所有电子的轨道磁矩和自旋磁矩的矢量和称为分子的固有磁矩，简称**分子磁矩**，用符号 $p_m$ 表示，其磁效应的效果可以用一个等效的圆电流来表示，称为**分子电流**（molecular current）。磁介质磁化时，介质中的所有分子电流在宏观上表现为**磁化电流**（magnetizing current）。下面我们运用这些概念来简要分析弱磁介质的微观磁化机制。

在顺磁质中，每个分子磁矩具有固有磁矩。在无外磁场时，由于分子的热运动使得各个分子磁矩的取向杂乱无章，所以，在一定宏观体积元内的所有分子其磁矩的矢量和为零，因而对外不显磁性，如图 6-36a 所示。当有外磁场时，每个分子磁矩因受到外磁场的磁力矩的作用而不同程度地朝外磁场的方向转动。因此，在一个宏观小体积元中，所有分子磁矩的矢量和不再为零。此时，各分子电流的环绕方向一致，由于在介质内部任何两个分子电流相邻处的电流相反，因而相互抵消。只有在横截面边缘处，分子电流未能抵消，从而在宏观上形成与截面边缘重合的一个圆电流（即磁化电流），如图6-36b所示，这些磁化电流在宏观上的磁效应相当于产生了一个沿外磁场方向附加磁场，因而空间的磁场增强，呈现出顺磁性。

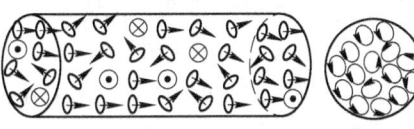 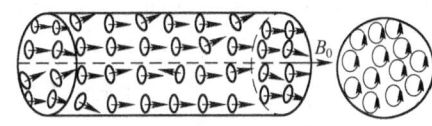

a) b)

图6-36 顺磁质的磁化
a) 无外磁场 b) 有外磁场

在抗磁质中，每个原子、分子中所有电子的轨道磁矩和自旋磁矩的矢量和等于零，整个分子的固有磁矩为零，因而在外磁场作用时宏观上不显磁性。但在外磁场作用下，分子中每个电子的轨道运动和自旋运动都将受到影响，产生了一个方向与外磁场方向相反的附加感应磁矩，因此宏观上显现出抗磁性。下面运用经典理论来证明这个结论。

设原子中的电子以速率$v$绕原子核作圆周运动，当外磁场方向与电子轨道磁矩方向相同时，如图6-37a所示，电子受到的洛伦兹力沿轨道半径向外，因而电子所受的向心力将减小。由于要保持电子轨道半径不变，因而电子运动的速率就要减小，这等效于分子电流变小了，由于电子带负电，所以相当于在外磁场的相反方向产生了一个附加的磁场和附加磁矩$\Delta p_m$。同理可以得出，当外磁场的方向与电子轨道磁矩方向相反时，如图6-37b所示，附加磁矩$\Delta p_m$的方向也将与外磁场方向相反。上述两种情况都表明抗磁质发生磁化时，电子运动时另外附加了一种以外磁场方向为轴线的转动，这种转动相当于一个圆电流，因而产一个附加磁矩，介质内所有分子的电子附加磁矩叠加起来，宏观上就表现为由磁化电流产生与外磁场方向相反的磁矩和磁场，因此呈现出抗磁性。

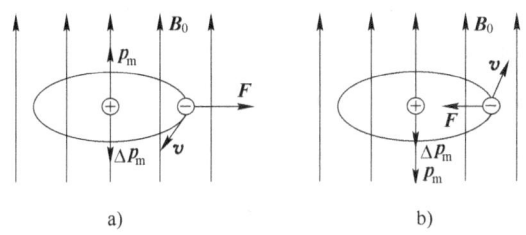

图6-37 抗磁质的磁化

事实上，任何物质都具有抗磁性。但由于电子的附加磁矩要比轨道磁矩小很多，因而通常介质的抗磁性都非常弱，所以顺磁介质的顺磁性掩盖了抗磁性，一般都忽略其抗磁性。可是当物质的分子磁矩为零时，在外磁场的作用下其抗磁性就会显现出来，这就是我们所说的抗磁性。

铁磁质的磁化机制需要用磁畴理论来解释。在铁磁质中，相邻原子中的电子之间存在非常强的交换耦合作用，这个相互作用使得相邻原子中电子的自旋磁矩自发有序地平行排列起来，从而在介质内通过自发磁化形成无数个达到磁化饱和状态的微小区域，这些区域称为**磁畴**（magnetic domain），它的大小约为 $10^{-12} \sim 10^{-8} \mathrm{m}^3$。在未磁化的铁磁质中，每个磁畴中的所有原子的磁矩的取向相同，由于热运动各磁畴的磁矩取向各不相同，因而在宏观上对外不显磁性，如图 6-38a 所示。当铁磁质受到外磁场作用并逐渐增大时，其磁矩方向和外加磁场方向相近的磁畴逐渐扩大，而方向相反的磁畴则逐渐缩小。随着外加磁场增大到一定程度后，所有磁畴的磁矩都沿外磁场方向整齐排列，铁磁质就达到了磁饱和状态，如图 6-38b ~ 图 6-38d 所示。当外磁场逐渐减弱至为零时，铁磁质由磁饱和状态重新分裂为许多磁畴，但由于掺杂和内应力等摩擦阻力的作用，磁畴并不能逆着原来的变化恢复到原来的状态，因而在介质内留有部分磁性，表现出磁滞特性。当铁磁质的温度超过某一临界温度（即居里温度）时，分子热运动加剧，最终使得磁畴全部瓦解，铁磁性转化为顺磁性。

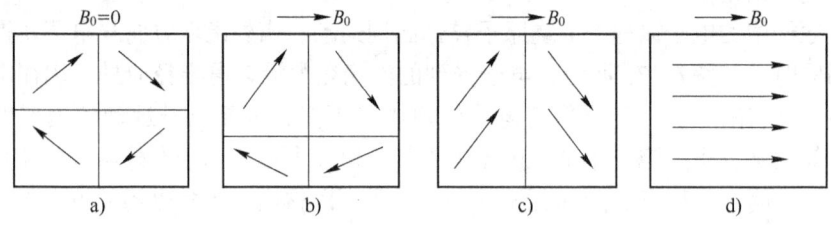

图 6-38  磁质的磁化过程

### 3. 对磁介质磁化状态的描述

根据前面对弱磁质的讨论可以看出，弱磁质的磁化实质是磁介质在外磁场的作用下产生了附加磁矩。磁介质内所有分子、原子的附加磁矩的矢量和越大，其磁化的程度就越高。我们仿照讨论电介时定义极化强度的方法，引进**磁化强度**（intensity of magnetization）这个宏观物理量来描述磁介质的磁化状态。磁化强度可定义为：在磁介质中某点附近单位体积内所有分子磁矩的矢量和为该点的磁化强度，用 $M$ 表示，即

$$M = \frac{\sum \boldsymbol{p}_\mathrm{m}}{\Delta V} \tag{6-36}$$

在国际单位制中，磁化强度 $M$ 的单位为安培每米，符号为 A/m。

前面已经指出磁介质中所有分子的附加磁矩起源于分子电流在宏观上表现出来的磁化电流。根据磁化强度的定义，磁化强度与磁化电流之间必然存在某种定量关

系。理论上可证明其关系为

$$\oint_L \boldsymbol{M} \cdot \mathrm{d}\boldsymbol{l} = \sum I_\mathrm{m} \tag{6-37}$$

上式表明，磁化强度 $M$ 沿任意闭合回路 $L$ 的线积分，等于回路 $L$ 所包围的面积内的总磁化电流 $\sum I_\mathrm{m}$。

## 6.4.2 磁场强度

根据上面磁化机制和磁化强度的讨论可知，载流导体的磁场中分布着磁介质时，空间的磁场是由载流导体的传导电流和磁介质中的磁化电流共同激发的。因此，原则上知道传导电流和磁化电流的分布，便可求出空间各点总的磁感应强度。但是由于磁化电流通常都是未知的，因而问题的解决需要利用磁介质的性质，将磁化电流对总磁场的贡献隐含到磁介质的性质中去。这一思路可行吗？我们以无限长载流直螺线管中充满均匀的各向同性的顺磁质为特例来论证。

设直螺线管线圈中的传导电流为 $I$，磁介质的相对磁导率为 $\mu_\mathrm{r}$，单位长度线圈的匝数为 $n$。则当该载流螺线管内没有充满任何介质即处于真空中时，螺线管内的磁场为

$$B_0 = \mu_0 n I$$

当载流螺线管内均匀充满各向同性的顺磁质时，根据式（6-35）很容易得到螺线管内的磁场为

$$B = \mu_\mathrm{r} B_0 = \mu_\mathrm{r} \mu_0 n I = \mu n I \tag{6-38}$$

式中，$\mu$ 为磁介质的**磁导率**（magnetic permeability）。上式反映出磁化电流对总磁感应强度的贡献隐含到了磁介质的磁导率中，事实上磁化电流是磁场与磁介质相互作用的结果，因而磁化电流对磁场的贡献必然与磁介质的性质有关。现令

$$H = \frac{B}{\mu} \tag{6-39}$$

显然，根据式（6-38）和式（6-39）可知，$H$ 与磁介质无关，只与传导电流有关。因此，在求解磁介质与传导电流相互作用的磁场时，利用 $H$ 这个物理量可以为问题的解决带来方便性。为尊重历史，这里也将 $H$ 称为**磁场强度**（magnetic intensity），其单位为 A/m。需要指出的是，$H$ 与 $B$ 是两个不同的物理量，$H$ 只是一个辅助的物理量，这与电场中电位移矢量 $D$ 的地位相似，但由于物理学发展过程中先将 $H$ 命名为磁场强度，而事实上 $B$ 才是一个具有直接物理意义的量。特别说明一下，式（6-39）只适用于弱磁质。对于铁磁质，由于其复杂性，铁磁质的磁导率是不恒定的，因而虽然形式上有式（6-39）的关系，但 $B$ 和 $H$ 的关系实际上是非线性的。

为进一步理解磁场强度在解决磁介质中的磁场所具有的方便性，我们仍以载流螺线管为例，应用安培环路定理来进行说明。

当该载流螺线管内没有充满任何介质即处于真空中时，安培环路定理可表为

$$\oint_L \boldsymbol{B}_0 \cdot \mathrm{d}\boldsymbol{l} = \mu_0 \sum I$$

当载流螺线管内均匀充满各向同性的顺磁质时，根据式（6-35），上式可化为

$$\oint_L \frac{\boldsymbol{B}}{\mu_0 \mu_\mathrm{r}} \cdot \mathrm{d}\boldsymbol{l} = \oint_L \frac{\boldsymbol{B}}{\mu} \cdot \mathrm{d}\boldsymbol{l} = \sum I$$

结合式（6-39），即有

$$\oint_L \boldsymbol{H} \cdot \mathrm{d}\boldsymbol{l} = \sum I \tag{6-40}$$

式（6-40）称为**有磁介质时的安培环路定理**。该式表明，**磁场强度 $H$ 沿任意闭合环路的线积分等于穿过以闭合环路为周界的任意曲面的传导电流的代数和，而与磁化电流无关**。其中，当传导电流 $I$ 与 $L$ 的绕行方向符合右手螺旋关系时，电流取正值，反之取为负。

上述结论说明，引入磁场强度 $H$ 为研究磁介质存在时的情况提供了方便。在某些具有对称性情况下的介质中，运用它可以简便求出磁场强度 $H$，从而求得磁场 $B$ 在介质中的分布，进而运用磁场 $B$ 的安培环路定理，即

$$\oint_L \boldsymbol{B} \cdot \mathrm{d}\boldsymbol{l} = \mu_0 \left( \sum I + \sum I_\mathrm{m} \right) \tag{6-41}$$

可解出磁化电流 $I_\mathrm{m}$ 的分布。

对上式作适当变形，并利用式（6-37）可得

$$\oint_L \left( \frac{\boldsymbol{B}}{\mu_0} - \boldsymbol{M} \right) \cdot \mathrm{d}\boldsymbol{l} = \sum I \tag{6-42}$$

比较式（6-40）和式（6-42）可得

$$\boldsymbol{H} = \frac{\boldsymbol{B}}{\mu_0} - \boldsymbol{M} \tag{6-43}$$

上式为磁场强度的定义式。

对于各向同性的均匀磁介质，由实验可测得磁介质任一点处的 $M$ 与 $H$ 有正比关系，即

$$\boldsymbol{M} = \chi_\mathrm{m} \boldsymbol{H} \tag{6-44}$$

式中，比例系数 $\chi_\mathrm{m}$ 称为**磁化率**（magnetic permeability），是一个量纲为一的量，它的值取决于磁介质的性质。利用式（6-39）、式（6-43）和式（6-44），很容易得到

$$\mu_\mathrm{r} = 1 + \chi_\mathrm{m} \tag{6-45}$$

**例 6-11** 两个半径分别为 $R_1$ 和 $R_2$ 的无限长同轴圆柱面，两圆柱面间充满各向同性的磁介质，其相对磁导率为 $\mu_\mathrm{r}$，两圆柱面通有均匀分布的方向相反的电流，如图 6-39 所示。试求（1）两圆柱面间的磁感应强度；（2）大圆柱面外的磁感应强度。

**解**：（1）由于两个无限长的同轴圆柱面所产生的磁场具有轴对称性，所以可

取以轴线上任意一点 $O$ 为圆心，$r$ 为半径作一个圆周为积分回路，如图 6-39a 所示。此积分回路上的各点的磁感应强度的大小相等，方向沿圆周的切线方向。利用磁介质中的安培环路定理有

$$\oint_L \boldsymbol{H} \cdot \mathrm{d}\boldsymbol{l} = H\oint_L \mathrm{d}l = H2\pi r = I$$

由此可解出

$$H = \frac{I}{2\pi r}$$

根据式（6-39），两圆柱面间任一距轴线距离为 $r$ 的 $P$ 点其磁感应强度的大小为

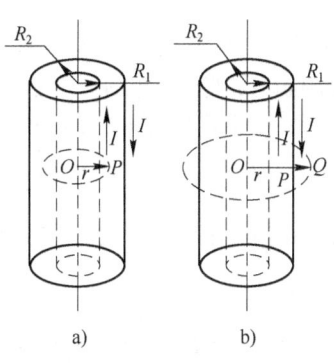

图 6-39 同轴圆柱面的磁场

$$B = \mu H = \frac{\mu I}{2\pi r} = \frac{\mu_0 \mu_r I}{2\pi r}$$

（2）设大圆柱面外任一点 $Q$ 到轴线的垂直距离为 $r$，以垂足 $O$ 为圆心，$r$ 为半径作一圆周积分回路，如图 6-39b 所示，同理可由磁介质中的安培环路定理得

$$\oint_L \boldsymbol{H} \cdot \mathrm{d}\boldsymbol{l} = 0$$

即有

$$H = 0$$

因此，大圆柱面外的磁感应强度均为

$$B = 0$$

## 习　题

6-1　比较稳恒磁场与静电场的环流和通量，说明它们各自的特点。

6-2　在电子仪器中，为了减弱与电源相连的两条导线的磁场，通常总是把它们扭在一起。为什么要这样做？

6-3　宇宙射线是高速带电粒子流（基本上是质子），它们交叉来往于星际空间并从各个方向撞击着地球。为什么宇宙射线穿入地球磁场时，接近两磁极比其他任何地方都容易？

6-4　如果想让一个质子在地磁场中一直沿着赤道运动，我们是向东还是向西发射它呢？

6-5　如习题 6-5 图所示，把一根柔软导线接在两个接线柱上。通入电流后，导线的形状将有什么变化？

6-6　解释等离子体电流的箍缩效应，即等离子体柱中通以电流时，它会受到自身电流的磁场的作用而向轴心收缩。

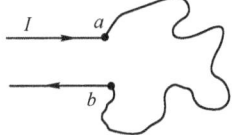

习题 6-5 图

6-7　将磁介质样品装入试管中，用弹簧吊起来挂到一竖直螺线管的上端开口处，如习题 6-7 图所示。当螺线管通电流后，则可发现随样品不同，它可能受到该处不均匀磁场的向上或向下的磁力。这是一种区分样品是顺磁质还是抗磁质的精细的实验。受到向上的磁力的样品是顺磁质还是抗磁质？

6-8 介质中的安培环路定理 $\oint_L \boldsymbol{H} \cdot \mathrm{d}\boldsymbol{l} = I$ 表明，稳恒磁场中 $\boldsymbol{H}$ 的环流只和穿过环路的传导电流有关，这是否意味着磁场强度 $\boldsymbol{H}$ 是一个与磁化电流无关，只和传导电流有关的物理量？

6-9 由于 $\boldsymbol{B} = \mu \boldsymbol{H}$，能否将介质中的安培环路定理 $\oint_L \boldsymbol{H} \cdot \mathrm{d}\boldsymbol{l} = I$ 改写成 $\oint_L \boldsymbol{B} \cdot \mathrm{d}\boldsymbol{l} = \mu I$，使之在形式上与真空中的安培环路定理 $\oint_L \boldsymbol{B} \cdot \mathrm{d}\boldsymbol{l} = \mu_0 I$ 完全一样？

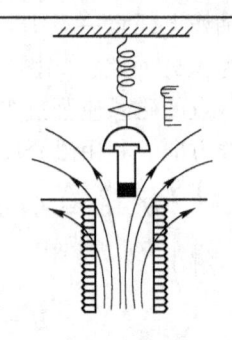

习题 6-7 图

6-10 两带电粒子在均匀磁场中的运动轨迹如习题 6-10 图所示，已知磁感应强度垂直于纸面向外，则（　　）。
(A) 两粒子的电荷必然同号　　(B) 粒子的电荷可同号也可异号
(C) 两粒子的动量大小必然不同　　(D) 两粒子的运动周期必然不同

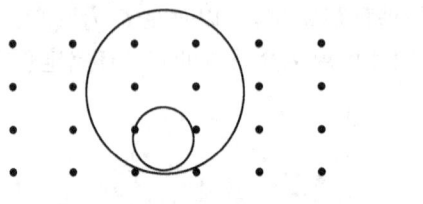

习题 6-10 图　　　　　　　　　习题 6-11 图

6-11 如习题 6-11 图所示，无限长载流直导线与正三角形载流线圈在同一平面内，若长直导线固定不动，则载流三角形线圈将（　　）。
(A) 向着长直导线平移　　(B) 离开长直导线平移
(C) 转动　　(D) 不动

6-12 如习题 6-12 图所示为几种载流导线在平面内的分布，电流均为 $I$，它们在 $O$ 点的磁感应强度各为多少？

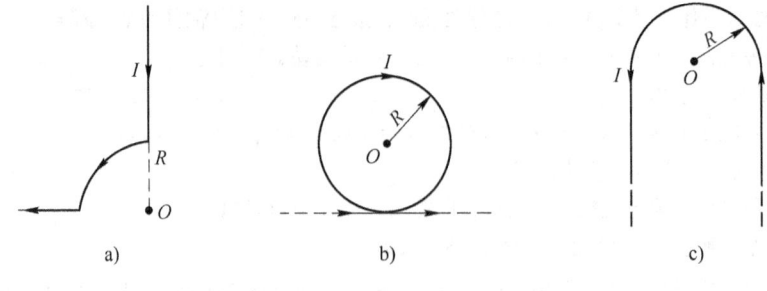

习题 6-12 图

6-13 如习题 6-13 图所示，被折成 120° 钝角的长导线中通有 20A 的电流。求 $A$ 点的磁感应强度。

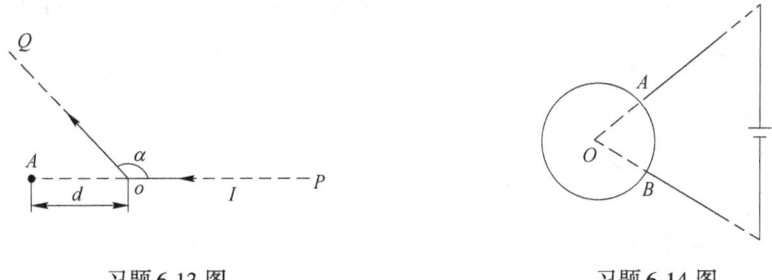

习题 6-13 图          习题 6-14 图

6-14 如习题 6-14 图所示，两根导线沿半径方向引向铁环上的 $A$，$B$ 两点，并在很远处与电源相连。已知圆环的粗细均匀，试证明环中心 $O$ 的磁感应强度为零。

6-15 如习题 6-15 图所示，一宽为 $b$ 的薄金属板，其电流为 $I$。试求在薄板的平面上距板的一边为 $r$ 的点 $P$ 处的磁感应强度。

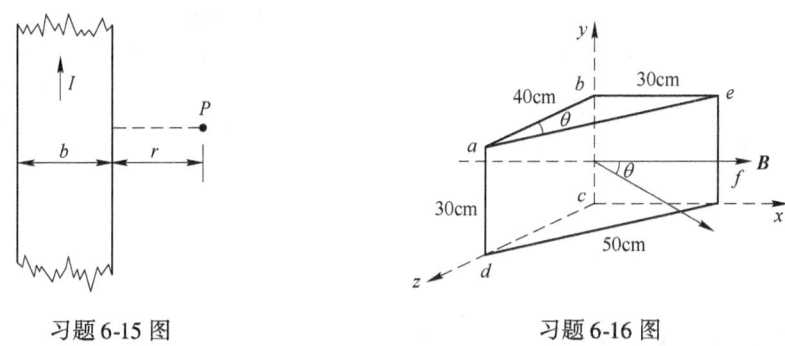

习题 6-15 图          习题 6-16 图

6-16 已知磁感应强度的大小 $B = 2.0\text{Wb/m}^2$ 的均匀磁场，方向沿 $x$ 轴正方向，如习题 6-16 图所示。试求：(1) 通过图中 $abcd$ 面的磁通量；(2) 通过图中 $befc$ 面的磁通量；(3) 通过图中 $aefd$ 面的磁通量。

6-17 在磁感强度为 $B$ 的均匀磁场中作一半径为 $r$ 的半球面 $S$，$S$ 边线所在平面的法线方向单位矢量 $e_n$ 与 $B$ 夹角为 $\alpha$，如习题 6-17 图所示，则通过半球面 $S$ 的磁通量（取弯面向外为正）为多少？

习题 6-17 图          习题 6-18 图

6-18 如习题 6-18 图所示，两根无限长载流直导线相互平行且垂直于纸面，所通电流分别为 $I_1$ 和 $I_2$，则磁感应强度对于积分回路 $L_1$ 和 $L_2$ 的环流分别为多少？

6-19 一根很长的同轴电缆，由一导体圆柱（半径为 $a$）和一同轴的导体圆管（内、外半径分别为 $b$，$c$）构成，横截面如习题 6-19 图所示。使用时，电流 $I$ 从一导体流去，从另一导体流回，设电流都是均匀地分布在导体的横截面上。求：(1) 导体圆柱内（$r < a$）；(2) 两导体之间

($a<r<b$);(3)导体圆筒内($b<r<c$)以及(4)电缆外($r>c$)各点处磁感应强度的大小。

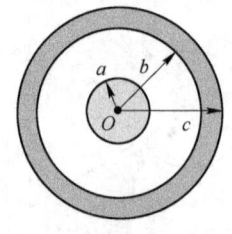

习题 6-19 图

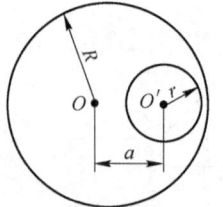

习题 6-20 图

6-20 在半径为 $R$ 的长直圆柱形导体内部,与轴线平行地挖成一半径为 $r$ 的长直圆柱形空腔,两轴间距离为 $a$,且 $a>r$,横截面如习题 6-20 图所示。现在电流 $I$ 沿导体管流动,电流均匀分布在管的横截面上,而电流方向与管的轴线平行。求:(1)圆柱轴线上的磁感应强度的大小;(2)空心部分轴线上的磁感应强度的大小。

6-21 求无限大载流薄平板的磁场。一无限大导体平板,其厚度可忽略不计,设单位宽度上通有恒定电流 $I$,如习题 6-21 图所示,试求无限大载流薄平板周围的磁感应强度 $B$。

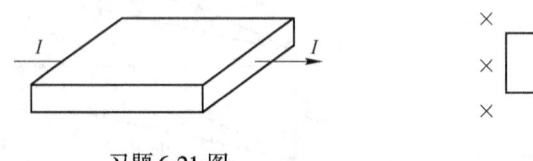

习题 6-21 图　　　　　　　　　习题 6-22 图

6-22 在霍尔效应实验中,如习题 6-22 图所示宽 $1.0$cm,长 $4.0$cm,厚 $1.0\times10^{-3}$cm 的导体沿长度方向载有 30mA 的电流,当磁感应强度大小 $B=1.5$T 的磁场垂直地通过该薄导体时,产生 $1.0\times10^{-5}$V 的霍尔电压(在宽度两端)。试由这些数据求:(1)载流子的漂移速度;(2)每立方厘米的载流子数;(3)假设载流子是电子,画出霍尔电压的极性。

6-23 设在一电视显像管中,电子在水平面内从南向北运动,其动能为 $1.2\times10^4$eV。若地磁场在显像管处竖直向下分量为 $0.55\times10^{-4}$T,电子在显像管内南北飞行距离为 20cm 时,其轨道向东偏转多少?

6-24 在长直导线 $AB$ 内通以电流 $I_1$,在矩形线圈 $CDEF$ 中通有电流 $I_2$,$AB$ 与线圈共面,且 $CD$、$EF$ 都与 $AB$ 平行,线圈的尺寸及位置均如习题 6-24 图所示。求导线 $AB$ 的磁场对矩形线圈每边所作用的力及矩形线圈所受的合力。

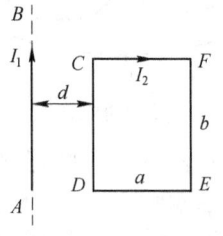

习题 6-24 图

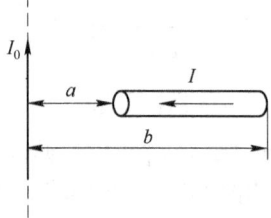

习题 6-25 图

6-25 通电直导线旁放一通电导体棒，两者相互垂直，如习题 6-25 图所示。求此导体棒所受安培力的大小和方向。

6-26 习题 6-26 图是一种"电磁导轨炮"的原理图，通以电流 $I$ 后，在两条平行导轨间可自由滑动的导电物体（如子弹）会被磁力加速而发射出去。设两条半径为 $r$ 的圆柱形导轨的间距为 $d$，并可近似为半无限长。试证明作用在导电物体上的磁场力为

$$F = \frac{\mu_0 I^2}{2\pi} \ln \frac{d+r}{r}$$

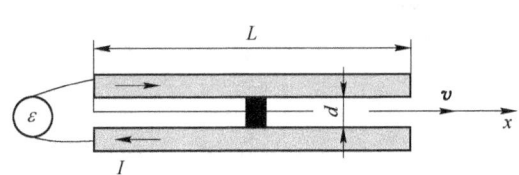
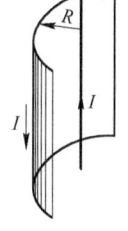

习题 6-26 图　　　　　　　　　习题 6-27 图

6-27 一半径为 $R$ 的无限长半圆柱面导体，载有与轴线上的长直导线的电流 $I$ 等值反向的电流，如习题 6-27 图所示。试求轴线上长直导线单位长度所受的磁力。

6-28 截面积为 $S$、密度为 $\rho$ 的铜导线被弯成正方形的三边，可以绕水平轴 $OO'$ 转动，如习题 6-28 图所示。导线放在方向沿竖直向上的匀强磁场中，当导线中的电流为 $I$ 时，导线离开原来的竖直位置偏转一个角度 $\theta$ 而平衡，求磁感应强度。若 $S = 2\text{mm}^2$，$\rho = 8.9 \text{g/cm}^3$，$\theta = 15°$，$I = 10\text{A}$，磁感应强度大小为多少？

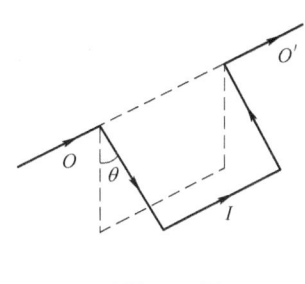
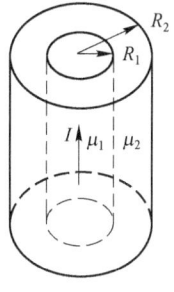

习题 6-28 图　　　　　　　　　习题 6-29 图

6-29 如习题 6-29 图所示，磁导率为 $\mu_1$ 的无限长磁介质圆柱体，半径为 $R_1$，其中通以电流 $I$，且电流沿横截面均匀分布。在它的外面有半径为 $R_2$ 的无限长同轴圆柱面，圆柱面与柱体之间充满着磁导率为 $\mu_2$ 的磁介质，圆柱面外为真空，求磁感应强度的分布。

6-30 一铁环中心线的周长为 30cm，横截面积为 $1.0\text{cm}^2$，在环上紧密地绕有 300 匝表面绝缘的导线。当导线中通有电流 3.2mA，通过环的横截面积的磁通量为 $2.0 \times 10^{-6}$ Wb。求铁环内部的磁感应强度 $B$ 的大小和磁场强度 $H$ 的大小以及环内材料的相对磁导率。

6-31 细螺绕环中心周长 $L = 10\text{cm}$，环上线圈匝数 $N = 200$ 匝，线圈中通有电流 $I = 100\text{mA}$。问：（1）当管内是真空时，管中心的磁场强度和磁感应强度各是多少？（2）若环内充满相对磁导率 $\mu_r = 4200$ 的磁性物质，则管内的磁场强度和磁感应强度各是多少？

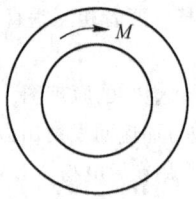

习题 6-32 图

6-32 有一磁介质细圆环，在外磁场撤销后仍处于磁化状态，磁化强度 $M$ 的大小处处相同，$M$ 的方向如习题 6-32 图所示，求环内的磁场强度和磁感应强度。

# 第7章 电磁感应

电能的广泛应用使我们的世界变了样,人们能充分感受到电带来的方便与舒适:电磁炉可以烹饪美味佳肴,录音机可以放出美妙音乐,麦克风可以让人一展歌喉……英国物理学家法拉第利用磁铁、线圈等材料打开了电气时代的大门。图示为高压变电站。

本章首先讲解电磁感应现象的基本规律——法拉第电磁感应定律,产生感应电动势的两种情况——动生的和感生的,然后介绍在电工技术中经常遇到的自感和互感两种现象的规律并推导出磁场能量的表达式,最后简要介绍麦克斯韦方程组。部分内容在中学物理课程中已经讲到,本章的讲解则进一步深入到定量的形式。

本章内容提要
◆法拉第电磁感应定律和楞次定律
◆动生电动势和感生电动势
◆自感和互感
◆磁场的能量
◆麦克斯韦方程组

## 7.1 电磁感应定律

1820年,丹麦物理学家奥斯特发现了电流的磁效应,拉开了研究电与磁相互关系的序幕。电流磁效应的发现给人们很大启示:既然电能够产生磁,反过来利用磁能否获得电呢?这项研究最具有代表性的人物就是**法拉第**(M. Faraday,1791—1867),从1822年起,他进行了大量的磁生电的研究,经历了多次失败和挫折,终于在1831年通过实验第一次发现了电磁感应现象,即利用磁场产生电流的现象。

### 7.1.1 法拉第电磁感应定律

法拉第的实验大体上可归结为两类:一类是磁铁与线圈有相对运动时,线圈中产生了电流;另一类是当一个线圈中电流发生变化时,在它附近的其他线圈中也产生了电流。法拉第将这些现象与静电感应类比,把它们称为"**电磁感应**"(electromagnetic induction)现象。

上述两类实验可用一个统一的思想来概括:当穿过闭合导体回路所包围面积的

磁通量发生变化时,不管这种变化是由于什么原因所引起的,闭合导体回路中就会出现电流,这电流叫感应电流。在回路中出现了电流,说明回路中有电动势存在,这种在回路中由于磁通量的变化而引起的电动势,称为**感应电动势**(induction emf)。实验表明:当导体回路不闭合时,则无感应电流但感应电动势依然存在。因此,电磁感应现象应理解为:当穿过导体回路的磁通量发生变化时,回路就产生感应电动势。

德国物理学家纽曼(Neumann,1798—1895)于1845年在法拉第工作的基础上,从理论上总结出了感应电动势的定量表达式,即

$$\mathscr{E} = -\frac{d\Phi_m}{dt} \tag{7-1}$$

上式表明:**导体回路中感应电动势的大小与穿过导体回路的磁通量的变化率成正比**。此为**法拉第电磁感应定律**的一般表达式。

式(7-1)只适合于单匝回路,实际上用到的线圈常常是许多匝串联而成的,在这种情况下,在整个线圈中产生的感应电动势应是每匝线圈中产生的感应电动势之和。当穿过各匝线圈的磁通量分别为 $\Phi_{m1}$,$\Phi_{m2}$,…,$\Phi_{mN}$ 时,总感应电动势则为

$$\mathscr{E} = \mathscr{E}_1 + \mathscr{E}_2 + \cdots + \mathscr{E}_N = -\frac{d}{dt}(\Phi_{m1} + \Phi_{m2} + \cdots + \Phi_{mN}) = -\frac{d\psi_m}{dt} \tag{7-2}$$

式中,$\psi_m = \Phi_{m1} + \Phi_{m2} + \cdots + \Phi_{mN}$ 称为**磁通链数**(magnetic flux linkage),或称为全磁通。若穿过每匝回路的磁通量相同,均为 $\Phi_m$,则 $\Psi_m = N\Phi_m$,这样

$$\mathscr{E} = -\frac{d\Psi_m}{dt} = -N\frac{d\Phi_m}{dt} \tag{7-3}$$

式中,负号反映了感应电动势的方向与磁通量变化之间的关系。在判定感应电动势的方向时,应先规定导体回路 $L$ 的绕行方向。如图7-1所示,当回路中磁感线的方向和所规定的回路的绕行正方向有右手螺旋关系时,磁通量 $\Phi_m$ 是正值。这时,如果穿过回路的磁通量增大,即 $d\Phi_m/dt > 0$,则 $\mathscr{E} < 0$,这表明此时感应电动势的方向和 $L$ 的绕行正方向相反,如图7-2a所示。如果穿过回路的磁通量减小,即 $d\Phi_m/dt < 0$,则 $\mathscr{E} > 0$,这表明此时感应电动势的方向和 $L$ 的绕行正方向相同,如图7-2b所示。

图7-1 右手螺旋关系

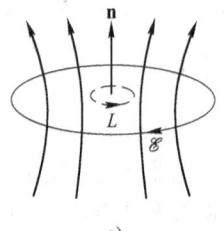

图7-2 $\mathscr{E}$ 的方向

**例题7-1** 设有一线圈,共50匝,把它放于变量磁场中,若通过每一匝线圈的磁通量都满足 $\Phi_m = 1.0 \times 10^{-5}\sin100\pi t(\text{Wb})$,试求:当 $t = 2.0 \times 10^{-2}$ s 时,线圈中的感应电动势。

**解**: $\mathscr{E} = -N\dfrac{d\Phi_m}{dt} = -50 \times 1.0 \times 10^{-5} \times 100\pi\cos100\pi t = -1.57 \times 10^{-1}\cos100\pi t$

当 $t = 2.0 \times 10^{-2}$ s 时,$\mathscr{E} = -1.57 \times 10^{-1}$ V

### 7.1.2 楞次定律

导体回路中产生的感应电动势将按自己的方向产生感应电流,这感应电流将在导体回路中产生自己的磁场。俄国物理学家海因里希·楞次(Heinrich Friedrich Lenz)在总结了大量电磁感应实验结果的基础上,发现并提出了关于感应电流方向的规律:**感应电流的磁场总要阻碍引起感应电流的磁通量的变化**。这就是**楞次定律**(Lenz Law)。在实际问题中,用楞次定律来确定感应电动势的方向比较简单。

根据楞次定律判断感应电动势的方向一般可用下述"四步法"

1) 确定回路中原来的磁通量 $\Phi_m$ 的方向。

2) 确定 $\Phi_m$ 的变化,即增加或减少。

3) 根据楞次定律确定感应电流的磁通 $\Phi_m'$ 的方向,即 $\Phi_m$ 增,则 $\Phi_m'$ 与 $\Phi_m$ 反向;$\Phi_m$ 减,则 $\Phi_m'$ 与 $\Phi_m$ 同向。

4) 用右手螺旋法则由 $\Phi_m'$ 确定感应电动势的方向。

如图7-3所示,若将磁铁S极插入线圈,磁铁的磁感线方向向上,在磁铁插入过程中,穿过线圈向上的磁通量增加,线圈中将因此产生感应电流,根据楞次定律,感应电流的磁场应阻碍线圈中原磁通量的增加,这时感应电流的磁感应线方向向下,如图7-3a中虚线所示,进而可根据右手螺旋定则判断出感应电流的方向。反之,在磁铁拔出的过程中,穿过线圈向上的磁通量减少,线圈中也会产生感应电流,此时感应电流所产生的磁场方向将与原磁场方

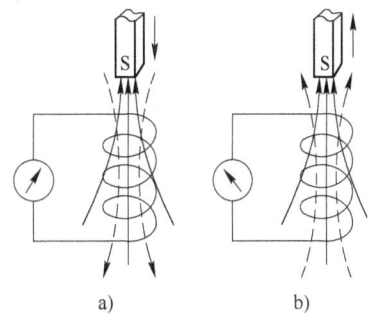

图7-3 用楞次定律判断感应电流的方向
实线表示磁铁的磁感应线,虚线表示
感应电流的磁感应线。

向相同,以阻碍原磁通量的减少,如图7-3b中虚线所示,进而可根据右手螺旋定则判断出感应电流的方向。使用楞次定律可以很方便地确定感应电流的方向,从而也就确定了感应电动势的方向。

楞次定律可以有不同的表述方式,但各种表述的实质相同,楞次定律的实质是:产生感应电流的过程必须遵守**能量守恒定律**。如果感应电流的方向违背楞次定律规定的原则,那么永动机就是可以制成的。

例如，如果感应电流在回路中产生的磁通量加强了引起感应电流的原磁通的变化，那么，一经出现感应电流，引起感应电流的磁通变化将得到加强，于是感应电流进一步增加，磁通变化也进一步加强……感应电流在如此循环过程中不断增加直至无限。这样，便可从最初磁通微小的变化中(并在这种变化停止以后)得到无限大的感应电流。这显然是违反能量守恒定律的。楞次定律指出这是不可能的，感应电流的磁通必须反抗引起它的磁通变化，感应电流具有的以及消耗的能量，必须从引起磁通变化的外界获取。要在回路中维持一定的感应电流，外界必须消耗一定的能量。

楞次定律中的"阻碍"作用，正是体现了能量的转化和守恒，反映在克服这种阻碍过程中，使其他形式的能转化为电能，故楞次定律是能量守恒定律在电磁感应现象上的具体体现。显然，式(7-1)中的负号是楞次定律的数学表示。

**例题 7-2** 交流发电机是根据电磁感应原理制成的。如图 7-4 所示，在磁感应强度为 $B$ 的均匀磁场中，有面积为 $S$，匝数为 $N$ 的线圈 $abcd$ 绕固定轴 $OO'$ 以角速度 $\omega$ 作匀速转动。求线圈中的感应电动势。

**解**：设在 $t$ 时刻线圈平面的法线 $e_n$ 和磁感应强度 $B$ 之间的夹角为 $\theta$，则该时刻穿过线圈平面的磁通链数为

$$\psi_m = N\Phi_m = NBS\cos\theta = NBS\cos\omega t$$

由式(7-3)得，线圈中的感应电动势为

$$\mathscr{E}_i = -\frac{d\psi_m}{dt} = NBS\omega\sin\omega t$$

令 $NBS\omega = \mathscr{E}_m$，代入上式得 $\mathscr{E}_i = \mathscr{E}_m\sin\omega t$
设线圈的转速为 $f$，则有 $\omega = 2\pi f$，上式又可表示为

$$\mathscr{E}_i = \mathscr{E}_m\sin 2\pi ft$$

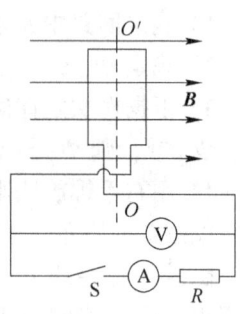

图 7-4 例题 7-2 图

由上式可知，在均匀磁场中匀速转动的线圈所具有的感应电动势是随时间作周期性变化的，这种电动势称为交变电动势。$\mathscr{E}_m$ 为感应电动势的最大值，称为电动势的振幅。如果线圈与外电路接通而构成回路，其总电阻为 $R$，则根据欧姆定律，闭合回路中的感应电流为

$$i = \frac{\mathscr{E}_m}{R}\sin 2\pi ft = I_m\sin 2\pi ft$$

上式表明，感应电流也是交变的，这种电流叫做交变电流或交流电。其中 $I_m = \mathscr{E}_m/R$ 是感应电流的最大值，称为电流振幅。

## 法拉第与电磁学

法拉第(M. Faraday, 1791—1867)，自学成才的英国科学家(见图 7-5)。它主要从事电学、磁学、电化学研究，并在这些领域取得了一系列重大成就。

法拉第始终坚信自然界各种不同现象之间有着相互联系，一直坚持探索电磁感应现象。在

这一思想的指导下，他继续研究当时已知的伏打电池的电、摩擦产生的电、温差电、伽伐尼电、电磁感应产生的电的同一性，用大量实验证实了"不管电的来源如何，它们的本性都相同"，从而解开了人们对电的本性问题认识上的种种谜团。

作为电磁场理论的奠基人，法拉第首先提出了力线和场的概念，否定了超距作用观点。爱因斯坦曾指出，场的思想是法拉第最富有创造性的思想，是自牛顿以来最重要的发现。麦克斯韦正是继承和发展了法拉第的思想，为之找到了完美的数学表达式，从而建立了电磁场理论。法拉第对科学坚韧不拔的探索精神、献身精神，连同他杰出的科学贡献，永远为后人敬仰。

图 7-5　法拉第

## 7.2　动生电动势和感生电动势

法拉第电磁感应定律表明，只要穿过一个导体回路的磁通量发生变化时，回路中就产生感应电动势。但引起磁通量变化的原因可以不同，有下列三种情况：

1) 磁感应强度 $B$ 不随时间变化（稳恒磁场），而导体回路的整体或局部在运动。这样产生的感应电动势叫做**动生电动势**(motional emf)。

2) 磁感应强度 $B$ 随时间变化，而导体回路的任一部分都不动。这样产生的感应电动势叫做**感生电动势**(induced emf)。

3) 磁感应强度 $B$ 随时间变化且导体回路也有运动。不难看出，这时的感应电动势是动生电动势和感生电动势的叠加。

### 7.2.1　动生电动势

本节讨论导体在稳恒磁场中运动时产生的感应电动势，这种感应电动势叫做动生电动势。如图 7-6 所示，将一矩形导体回路垂直放于匀强磁场 $B$ 中，导体 $ab$ 段以速度 $v$ 向右平移，其他边不动，某时刻穿过回路所围面积的磁通量为

$$\Phi_m = BS = Blx \tag{7-4}$$

随着导体 $ab$ 的运动，回路所围面积扩大，因而回路中的磁通量发生变化。用式(7-1)计算回路中的动生电动势的大小为

$$|\mathscr{E}| = \frac{d\Phi_m}{dt} = \frac{d}{dt}(Blx) = Bl\frac{dx}{dt} = Blv \tag{7-5}$$

用楞次定律可判定动生电动势的方向为逆时针。由于其他边都不动，所以动生电动势应归之于导体 $ab$ 的运动，方向由 $a$ 指向 $b$。导体 $ab$ 可视为整个回路的电源，由于在电源内电动势的方向由低电势指向高电势，所以在导体 $ab$ 上，$b$ 点电势高于 $a$ 点电势。

洛伦兹力正是引起动生电动势的非静电力，当导体 $ab$ 以速度 $v$ 向右移动时，

$ab$ 中的电子亦以 $v$ 向右移动,因而每个电子都受到洛伦兹力的作用(见图7-6),于是 $F_m = -ev \times B$,方向向下,它促使自由电子向下运动,闭合线框便出现逆时针方向的电流。在洛伦兹力的作用下,电子向 $a$ 端运动,从而在 $a$ 端积累一定数量的负电荷,相应地在 $b$ 端积累数量相等的正电荷,这些电荷在 $ab$ 内形成一静电场 $E$,方向向下,这样电子还要受到静电场力 $F_e = -eE$ 的作用。当电子受的静电场力 $F_e$ 与洛伦兹力 $F_m$ 达到平衡时,$\mathscr{E}$ 取一稳定值,从而 $ab$ 端形成稳定的电势差。

下面从洛伦兹力公式来推导动生电动势。

依电动势的定义 $\mathscr{E} = \int_-^+ k \cdot dl$,这里 $k$ 是移动单位正电荷的非静电力,结合洛伦兹力公式 $F_m = -ev \times B$,有 $k = F_m/(-e) = v \times B$,由此可得,导体 $ab$ 中动生电动势的公式

$$\mathscr{E} = \int_a^b (v \times B) \cdot dl \qquad (7\text{-}6)$$

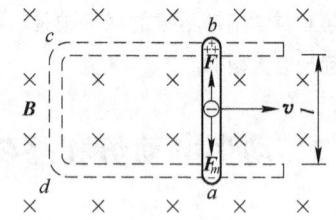

图 7-6 动生电动势

如图7-6所示,由于 $v$,$B$ 和 $dl$ 相互垂直,所以上式的结果应为

$$\mathscr{E} = Blv$$

这一结果和式(7-5)相同。

将上式推广到普遍的情况:设垂直于恒定磁场放置一任意形状的导体线圈 $L$,可以闭合,也可以不闭合,它在磁场中运动着或在发生形变,此线圈上任一线元 $dl$ 的运动速度为 $v$,磁感应强度为 $B$,则线元 $dl$ 中的动生电动势为

$$d\mathscr{E} = (v \times B) \cdot dl \qquad (7\text{-}7)$$

若线圈 $L$ 不闭合,则整个 $L$ 中的动生电动势为

$$\mathscr{E} = \int_L (v \times B) \cdot dl \qquad (7\text{-}8)$$

若线圈 $L$ 闭合,则整个 $L$ 中的动生电动势为

$$\mathscr{E} = \oint_L (v \times B) \cdot dl \qquad (7\text{-}9)$$

**例题 7-3** $PM$ 和 $MN$ 两段导体,其长均为 10cm,在 $M$ 处相接成 30°角,若使导线在均匀磁场中以速度 $v = 1.5$m/s 运动,方向如图7-7所示,磁场方向垂直纸面向里,磁感应强度为 $B = 2.5 \times 10^{-2}$T,问 $P$,$N$ 两端的电势差为多少?哪一端电势高?

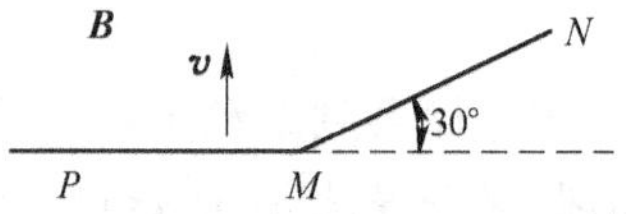

**解:** 动生电动势 $\mathscr{E} = Blv = Bv(L_{PM} + L_{MN}\cos 30°)$

$= 2.5 \times 10^{-2} \times 1.5 \times 10 \times 10^{-2}\left(1 + \dfrac{\sqrt{3}}{2}\right)$V

$= 7.0 \times 10^{-3}$V

图 7-7 例题 7-3 图

电势:$P$ 点高,$N$ 点低。

## 7.2.2 感生电动势

当线圈不动而磁场变化时，穿过线圈的磁通量也会变化，由此引起的感应电动势叫做感生电动势。产生感生电动势的非静电力肯定不会再是洛伦兹力，那么是什么力呢？麦克斯韦(James Clerk Maxwell，1831—1879)提出假设：变化的磁场会在周围的空间激发一个电场，这种电场称为感生电场，它就是产生感生电动势所对应的"非静电场"，此感生电场作用于导体中的自由电荷，从而在导体中引起感生电动势和感应电流。以 $E_i$ 表示感生电场的电场强度，即感生电场作用于单位正电荷上的非静电力，则根据电动势的定义，由于磁场的变化，在一个导体回路 $L$ 中产生的感生电动势为

$$\mathscr{E} = \int_L \boldsymbol{E}_i \cdot \mathrm{d}\boldsymbol{l} \tag{7-10}$$

根据法拉第电磁感应定律应该有

$$\oint_L \boldsymbol{E}_i \cdot \mathrm{d}\boldsymbol{l} = -\frac{\mathrm{d}\Phi_\mathrm{m}}{\mathrm{d}t} = -\frac{\mathrm{d}}{\mathrm{d}t}\iint_S \boldsymbol{B} \cdot \mathrm{d}\boldsymbol{S} = -\iint_S \frac{\partial \boldsymbol{B}}{\partial t} \cdot \mathrm{d}\boldsymbol{S} \tag{7-11}$$

式(7-11)中，$S$ 是以 $L$ 为周界的任一曲面，$\mathrm{d}\boldsymbol{S}$ 的法线方向必须与 $L$ 的绕行方向成右手螺旋关系。

由上式知，$E_i$ 的环流不为 0，因此感生电场是有旋场，称为涡旋电场。上述方程是电磁学的基本方程之一，它表明了感生电场与变化的磁场之间的关系。

## 7.2.3 涡电流

在实际问题中，常常会遇到大块金属导体放在变化着的磁场中或相对于磁场运动，此时在这块导体中也会出现感应电流。由于导体内部处处可以构成回路，任意回路所包围面积的磁通量都在变化，因此，这种电流在导体内自行闭合，形成涡旋状，故称为**涡电流**(eddy current)。对于大块的良导电体，由于电阻很小，因此涡电流可以达到非常大的强度。

强大的电流在金属内流动会产生大量的焦耳热，工业上常用这种热效应制成高频感应电炉来冶炼金属。图 7-8 是高频感应电炉的原理图，在坩锅的外面绕有线圈，当线圈中通有高频交变电流时，坩锅中需冶炼的金属便处于很强的高频交变磁场中，从而被冶炼的金属会由于电磁感应而产生涡流释放出大量的焦耳热，使自身熔化，这种冶炼方法的最大优点是无接触加热，我们可以把坩锅和金属放在真空中进行冶炼，从而使金属不被玷污，也不会在高温下被氧化，另外这种加热的方式还具有效率高，速度快的特点。

涡流还可以起到电磁阻尼的作用。其原理如图 7-9 所示，把铜(或铝)片悬挂在电磁铁的两极间，形成一个摆。在电磁铁线圈未通电时，即没有磁场作用时，铜片可以自由摆动，要经过较长时间才会停下来。但当电磁铁被励磁之后，由于穿过摆

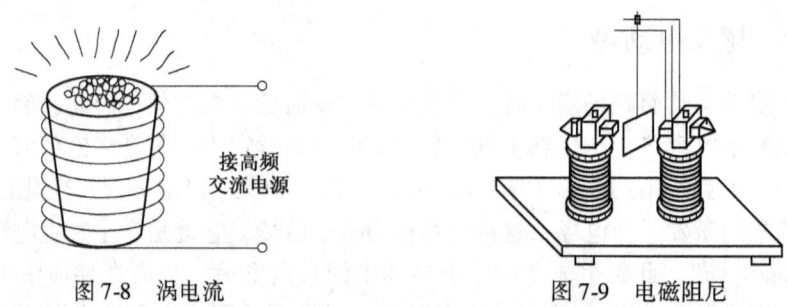

图 7-8  涡电流  　　　　　图 7-9  电磁阻尼

动铜片的磁通量发生变化,铜片内将产生感应电流,根据楞次定律,感应电流的效果总是反抗引起感应电流的原因,因而形成电磁阻力,使铜片的摆动迅速停止。利用这种阻尼作用,可制成各种电动阻尼器。例如在磁电式电表中,为了使测量时指针的摆动能迅速稳定下来,就采用了类似的电磁阻尼。

涡流的热效应在某些情形下也是非常有害的,比如变压器中的铁心会由于涡流的存在而产生大量的热,从而白白的损失大量的能量,甚至由于发热而烧毁设备,因此,为了减小涡流及其损失,通常用彼此绝缘的硅钢片叠合起来代替整块铁心。

## 7.3　自感、互感和磁场中的能量

### 7.3.1　自感

当导体中的电流发生变化时,它周围的磁场就随着变化,并由此产生磁通量的变化,因而在导体中就产生感应电动势,这种由于导体本身电流的变化而产生的电磁感应现象叫做自感现象。这个电动势总是阻碍导体中原来电流的变化,此电动势即**自感电动势**(self-induction emf)。

考虑一个通有电流 $I$ 的闭合回路,由毕奥-萨伐尔定律可知,回路中电流所产生的磁场与电流成正比,因而,穿过回路本身所包围面积的全磁通也与电流成正比,即

$$\Psi_m = LI \tag{7-12}$$

式中,$L$ 称为**自感**(self-inductance)。

实验表明,自感 $L$ 与回路的形状、大小,匝数及周围磁介质的分布有关,通常与线圈中的电流无关,在国际单位制中,它的单位为亨利(H)。

由电磁感应定律知,在 $L$ 一定的条件下,回路中的自感电动势为

$$\mathscr{E} = -\frac{\mathrm{d}\Psi_m}{\mathrm{d}t} = -L\frac{\mathrm{d}I}{\mathrm{d}t} \tag{7-13}$$

在上式中,取电流 $I$ 的方向为回路正方向,当回路中电流减小时(即 $\mathrm{d}I/\mathrm{d}t < 0$),由式(7-13)得出 $\mathscr{E} > 0$,说明自感电动势与电流方向相同;当回路中电流增加时(即

d$I$/d$t$ > 0），由式(7-13)得出 $\mathscr{E}$ < 0，说明自感电动势与电流方向相反。

由此可知，自感电动势的方向总是要使它阻碍回路本身电流的变化。$L$ 越大，这种阻碍作用越强。自感现象在电工、无线电技术中有广泛的应用。荧光灯上装的镇流器是自感用于电工技术的简单例子。在电子电路中广泛使用自感线圈，特别是用它与电容器组成各种谐振电路来完成特殊的任务。

自感现象也有不利的一面，在自感很大而电流又很强的电路(如大型电动机的定子绕组)中，在切断电路的瞬间，由于电流强度在很短的时间内发生很大的变化，会产生很高的自感电动势，使开关的闸刀和固定夹片之间的空气电离而变成导体，形成电弧。这会烧坏开关，甚至危及人身安全。因此，切断这段电路时必须采用带有灭弧结构的特殊开关(负荷开关或油开关)。

**例题 7-4** 已知长螺线管的体积为 $V$，单位长度的匝数为 $n$，求其自感。

**解**：设螺线管中通有电流 $I$，则螺线管内的

$$B = \mu_0 n I$$

设 $S$ 是螺线管的横截面积，则每匝的自感磁通为

$$\Phi_\mathrm{m} = BS = \mu_0 n I S$$

螺线管的自感磁链为

$$\Psi_\mathrm{m} = N\Phi_\mathrm{m} = nl\Phi_\mathrm{m} = \mu_0 n^2 l S I$$

式中，$l$ 是螺线管的长度；$lS$ 等于管的体积 $V$，故

$$\Psi_\mathrm{m} = \mu_0 n^2 V I$$

由定义，螺线管的自感为

$$L = \frac{\Psi_\mathrm{m}}{I} = \mu_0 n^2 V$$

## 7.3.2 互感

如图 7-10 所示，两个彼此靠近的闭合线圈 1 和 2，分别通有电流 $I_1$ 和 $I_2$，当线圈 1 中的电流 $I_1$ 改变时，由它所激发的磁场也将随之改变，因而使通过线圈 2 的磁通量发生改变，这样便在线圈 2 中产生感应电动势。同样，当线圈 2 中的电流 $I_2$ 改变时，由它所激发的磁场也将随之改变，因而使通过线圈 1 的磁通量发生改变，这样便在线圈 1 中产生感应电动势。这种由于一个线圈中电流变化而在附近另一个线圈中产生感应电动势的现象叫**互感现象**(mutual induction)，相应的感应电动势叫**互感电动势**(mutual emf)。

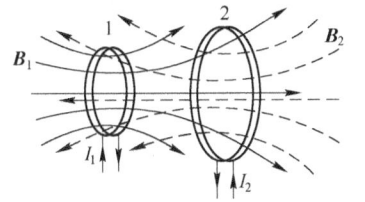

图 7-10 互感现象

根据毕奥-萨伐尔定律，线圈 1 中的电流 $I_1$ 在线圈 2 处所激发的磁感应强度应与 $I_1$ 成正比，故通过线圈 2 的全磁通 $\Psi_{21}$ 也应与 $I_1$ 成正比，即

$$\Psi_{21} = M_{21}I_1 \tag{7-14}$$

同理可得，线圈2中的电流 $I_2$ 所激发的磁场，通过线圈1的全磁通 $\Psi_{12}$ 为

$$\Psi_{12} = M_{12}I_2 \tag{7-15}$$

式(7-14)和式(7-15)中的比例系数 $M_{21}$ 和 $M_{12}$ 仅与两线圈的结构（如形状、大小、匝数）、相对位置及周围磁介质的情况有关，而与线圈中的电流无关（无铁磁质的情况）。可以证明

$$M_{21} = M_{12} = M$$

我们称 $M$ 为**互感**(mutual inductance)，它的单位也是亨利(H)。

根据法拉第电磁感应定律，线圈1中电流 $I_1$ 的变化在线圈2中产生的互感电动势

$$\mathscr{E}_{21} = -\frac{d\Psi_{21}}{dt} = -M\frac{dI_1}{dt} \tag{7-16}$$

而线圈2中的电流 $I_2$ 的变化在线圈1中产生的互感电动势

$$\mathscr{E}_{12} = -\frac{d\Psi_{12}}{dt} = -M\frac{dI_2}{dt} \tag{7-17}$$

互感的计算一般比较复杂，实际上常采用实验的方法测定。

互感现象在电工和电子技术中应用很广，变压器就是一个重要实例。变压器中有两个匝数不同的线圈，由于互感耦合，当在一个线圈两端加上交流电压时，另一个线圈两端将感应出数值不同的电压。但互感现象在某些情况下也带来不利的影响。在电子仪器中，元件之间不希望存在的互感耦合会使仪器工作质量下降甚至无法工作，在这种情况下就要设法减少互感耦合，例如把容易产生不利的互感耦合元件远离或调整方向以及采用"磁场屏蔽"的措施等。

**例题 7-5** 如图7-11所示，一长直螺线管1，长度为 $l_1$，匝数 $N_1$，截面积 $S_1$，在此螺线管外部的中间，绕有另一螺线管2，其长度为 $l_2 < l_1$，匝数 $N_2$，截面积 $S_2$，求二螺线管之间的互感 $M$。

**解**：设在线圈1中通有电流 $I_1$，则 $I_1$ 激发的磁场

$$B_1 = \mu_0 n_1 I_1 = \mu_0 \frac{N_1}{l_1} I_1$$

穿过线圈2的磁链

$$\Psi_{21} = N_2 B_1 S_1 = N_2 \mu_0 \frac{N_1}{l_1} I_1 S_1$$

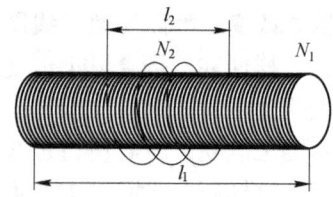

图7-11 例题7-5图

故

$$M = \frac{\Psi_{21}}{I_1} = N_2 \mu_0 \frac{N_1}{l_1} S_1$$

### 7.3.3 磁场能量

在静电学中，通过平行板电容器的充放电过程得到电场的一般能量密度公式，说明电场能量确实是储存在电场中的。与此相似，磁场也具有能量。下面通过自感现象演示实验来讨论磁场的能量。如图 7-12 所示，实验开始时，让开关 S 处于位置 1，电路上出现电流 $i$，但电流不会瞬间增大到 $I$，这是因为线圈产生的自感电动势要反抗电流的增加，所以自感电动势的方向与 $i$ 的方向相反，致使 $i$ 值增长缓慢，经过一段时间后才达到稳定值 $I$。在此过程

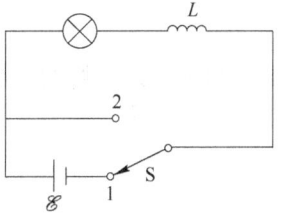

图 7-12 自感现象

中，电源不仅要供给电路中电阻所产生焦耳热的能量，而且还要克服自感电动势的反抗做功。此功便转化为能量储存在自感元件中，我们称这一能量为**自感磁能**，用 $W_L$ 表示。当把开关 S 从 1 扳向 2 时，电源已不再向灯泡提供能量了，但此时的自感元件中储存的自感磁能会使灯泡突然强烈地闪亮一下后才熄灭。

设开关 S 处于位置 1 时，回路中某一时刻的电流为 $i$，线圈中的自感电动势为

$$\mathscr{E}_L = -L\frac{\mathrm{d}i}{\mathrm{d}t}$$

在 $\mathrm{d}t$ 时间内电源克服自感电动势所做的功

$$\mathrm{d}W = -\mathscr{E}_L i \mathrm{d}t = L\frac{\mathrm{d}i}{\mathrm{d}t}i\mathrm{d}t = Li\mathrm{d}i$$

当电流 $i$ 从 0 增加到稳定值 $I$ 时，自感电动势所做的总功为

$$W = \int \mathrm{d}W = \int_0^I Li\mathrm{d}i = \frac{1}{2}LI^2$$

因此，具有自感 $L$ 的线圈通有电流 $I$ 时所具有的磁场能量为

$$W_\mathrm{m} = \frac{1}{2}LI^2 \tag{7-18}$$

与电场能量一样，磁场能量也是定域在磁场中的。下面我们用一长直螺线管导出磁场能量密度公式。设有一长直螺线管，长为 $l$，横截面积为 $S$，单位长度的匝数为 $n$，其中充满相对磁导率为 $\mu$ 的各向同性磁介质，由例题 7-4 知自感 $L = \mu n^2 V$，当螺线管中通有电流 $I$ 时，由式(7-18)知此螺线管的磁场能量为

$$W_\mathrm{m} = \frac{1}{2}LI^2 = \frac{1}{2}\mu n^2 VI^2$$

由于螺线管内的磁场 $B = \mu n I$，所以上式可写为

$$W_\mathrm{m} = \frac{B^2}{2\mu}V$$

由于螺线管的磁场集中于管内，其体积就是 $V$，并且管内磁场基本上是均匀的，所以螺线管内的**磁场能量密度**(magnetic energy density)为

$$w_m = \frac{B^2}{2\mu} \tag{7-19}$$

利用磁场强度 $H = B/\mu$，此式还可以写成

$$w_m = \frac{1}{2}BH \tag{7-20}$$

上述结果虽然是从均匀磁场的特例导出的，但是可以证明在一般情况下，磁场能量密度可以表示为

$$w_m = \frac{1}{2}\boldsymbol{B} \cdot \boldsymbol{H} \tag{7-21}$$

它表明：任何磁场都具有能量，磁能是定域在磁场中的。利用式(7-21)可以求得某一磁场所储存的总能量为

$$W_m = \int w_m \mathrm{d}V = \int \frac{1}{2}(\boldsymbol{B} \cdot \boldsymbol{H})\mathrm{d}V$$

此式的积分应遍及整个磁场分布的空间。

**例题 7-6** 如图 7-13 所示，一很长的同轴电缆由二半径分别为 $R_1$ 和 $R_2$ 的二导体圆柱面构成，电流 $I$ 由内柱面流出去，再由外柱面流回来，构成闭合回路。求长为 $l$ 的一段电缆所储存的磁场能量。

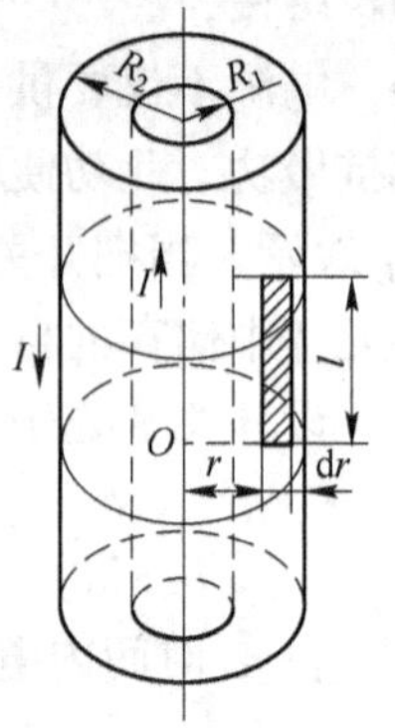

**解**：根据安培环路定理，可得同轴电缆的磁场分布为

$$H = \frac{I}{2\pi r}, \quad B = \frac{\mu_0 I}{2\pi r} \quad (R_1 < r < R_2)$$

$$H = 0, \quad B = 0 \quad (r < R_1, \ r > R_2)$$

式中，$r$ 为场点到中轴线的距离。

图 7-13 例题 7-6 图

$$w_m = \frac{1}{2}BH = \frac{1}{2}\frac{\mu_0 I}{2\pi r}\frac{I}{2\pi r} = \frac{\mu_0 I^2}{8\pi^2 r^2}$$

故长为 $l$ 的电缆内储存的总磁能为

$$W_m = \iiint w_m \mathrm{d}V = \int_{R_1}^{R_2} w_m \cdot 2\pi r l \cdot \mathrm{d}r = \int_{R_1}^{R_2} \frac{\mu_0 I^2 l \mathrm{d}r}{4\pi r} = \frac{\mu_0 I^2 l}{4\pi}\ln\frac{R_2}{R_1}$$

## 7.4 麦克斯韦方程组

变化的电场和变化的磁场密切联系，构成了一个统一的电磁场整体。1865 年麦克斯韦首先将电磁场的规律加以总结和推广，归纳出一组全面反映电磁场规律的方程组，称为**麦克斯韦方程组**(Maxwell equations)，其积分形式为

$$\text{I} \quad \oint_S \boldsymbol{E} \cdot \mathrm{d}\boldsymbol{S} = \frac{q}{\varepsilon_0} = \frac{1}{\varepsilon_0}\int_V \rho \mathrm{d}V \tag{7-22}$$

$$\text{II} \quad \oint_S \boldsymbol{B} \cdot \mathrm{d}\boldsymbol{S} = 0 \tag{7-23}$$

Ⅲ $\quad \oint_C \boldsymbol{E} \cdot \mathrm{d}\boldsymbol{l} = -\dfrac{\mathrm{d}\Phi_\mathrm{m}}{\mathrm{d}t} = -\int_S \dfrac{\partial \boldsymbol{B}}{\partial t} \cdot \mathrm{d}\boldsymbol{S}$ (7-24)

Ⅳ $\quad \oint_C \boldsymbol{B} \cdot \mathrm{d}\boldsymbol{l} = \mu_0 I + \dfrac{1}{c^2}\dfrac{\mathrm{d}\Phi_\mathrm{e}}{\mathrm{d}t} = \mu_0 \int_S \left( \boldsymbol{J} + \varepsilon_0 \dfrac{\partial \boldsymbol{E}}{\partial t} \right) \cdot \mathrm{d}\boldsymbol{S}$ (7-25)

这就是关于真空中的麦克斯韦方程组的积分形式。下面简要说明各方程组的物理意义：

方程Ⅰ是电场的高斯定律，它说明，电场强度和电荷的关系。尽管电场和磁场的变化也有联系(如感生电场)，但总的电场和电荷的联系服从这一高斯定律。

方程Ⅱ是磁通连续定理，它说明，目前的电磁场理论认为在自然界中没有单一的"磁荷"(或磁单极子)存在。

方程Ⅲ是法拉第电磁感应定律，它说明，变化的磁场和电场的关系。

方程Ⅳ是一般形式下的安培环路定理，它说明，磁场和电流(即运动的电荷)以及变化的电场的联系。

为求出电磁场对带电粒子的作用，从而预言粒子的运动规律，还需要洛伦兹力公式

$$\boldsymbol{F} = q\boldsymbol{E} + q\boldsymbol{v} \times \boldsymbol{B}$$ (7-26)

随着人类对物质世界的探索，理论和实验都证明麦克斯韦方程组对宏观的低速、高速运动都成立，但不适用于微观领域，因此，发展了量子电动力学。

## 习　题

7-1　灵敏电流计的线圈处于永磁体的磁场中，通入电流，线圈就发生偏转。切断电流后，线圈在回复原来位置前总要来回摆动好多次。这时如果用导线把线圈的两个接头短路，则摆动会马上停止。这是什么缘故？

7-2　熔化金属的一种方法是用"高频炉"。它的主要部件是一个铜制线圈，线圈中有一坩埚，埚中放待熔的金属块。当线圈中通以高频交流电时，埚中金属就可以被熔化。这是什么缘故？

7-3　变压器的铁心为什么总做成片状的，而且涂上绝缘漆相互隔开？

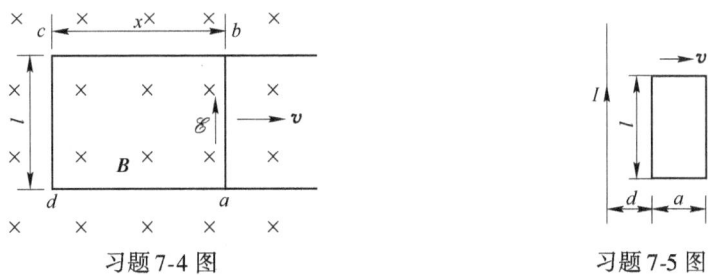

习题 7-4 图　　　　　习题 7-5 图

7-4　如习题 7-4 图所示，一导体回路，其中 $ab$ 段可自由滑动。现将其放入匀强磁场中，设 $l = 0.2\,\mathrm{m}$，$B = 0.15\,\mathrm{T}$，现 $ab$ 边以速度 $v = 3\,\mathrm{m/s}$ 向右匀速移动。求回路中的感应电动势。

7-5　如习题 7-5 图所示，一无限长直导线通有电流 $I = 5.0\,\mathrm{A}$，一矩形单匝线圈与此长直导线共面。设矩形线圈以 $v = 3.0\,\mathrm{m/s}$ 的速度垂直于长直导线向右运动。已知：$l = 0.40\,\mathrm{m}$，$a = 0.20\,\mathrm{m}$，

$d = 0.20\text{m}$,求矩形线圈中的感应电动势。

**7-6** 在习题7-5中,若线圈保持不动,而长直导线中的电流变为交变电流 $I = I_0\cos\omega t$($I_0$ 和 $\omega$ 是正常数),求:(1)穿过线圈的磁通量;(2)线圈中的感应电动势。

**7-7** 如习题7-7图所示,一无限长通电直导线中通有电流 $I = 5\text{A}$,一金属棒 $AB$ 以 $v = 5\text{m/s}$ 的速度平行于长直导线运动。已知 $a = 10\text{cm}$,$b = 50\text{cm}$,求棒中感应电动势的大小,哪边电势高?

**7-8** 如习题7-8图所示,在匀强磁场 $B$ 中有一导体棒 $OA$ 以角速度 $\omega$ 绕 $O$ 点逆时针旋转,设导体棒的长度为 $L$,求棒中的动生电动势和棒两端的电势差。

**7-9** 设螺线管的截面积为 $S$,单位长度的匝数为 $n$,长度为 $l$,计算一长直密绕螺线管的自感。

**7-10** 如习题7-10图所示,$AB$ 和 $DC$ 为两根金属棒,各长1m,电阻都是 $R = 4\Omega$,放置在均

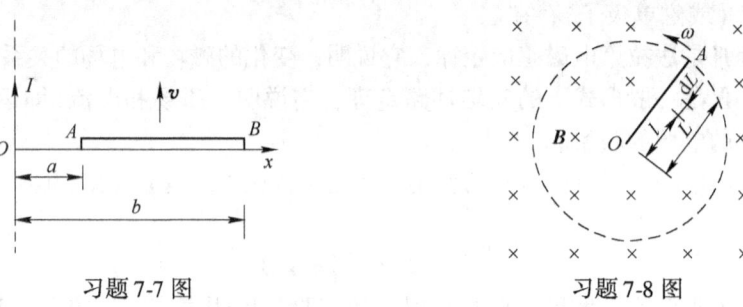

习题7-7图　　　　　　　　习题7-8图

匀磁场中,已知 $B$ 的大小为2T,方向垂直纸面向里。当两根金属棒在导轨上以 $v_1 = 4\text{m/s}$ 和 $v_2 = 2\text{m/s}$ 的速度向左运动时,忽略导轨的电阻。试求:

(1) 在两棒中动生电动势的大小和方向,并在图中标出。
(2) 金属棒两端的电势差 $U_{AB}$ 和 $U_{CD}$。
(3) 两金属棒中点 $O_1$ 和 $O_2$ 之间的电势差。

**7-11** 一矩形回路在磁场中运动,已知磁感应强度 $B_y = B_z = 0$,$B_x = 6 - y$。当 $t = 0$ 时,回路的一边与 $z$ 轴重合(如习题7-11图所示)。求下列情况时,回路中感应电动势随时间变化的规律。

(1) 回路以速度 $v = 2\text{m/s}$ 沿 $y$ 轴正方向运动。
(2) 回路从静止开始,以加速度 $a = 2\text{m/s}^2$ 沿 $y$ 轴正方向运动。
(3) 如果回路沿 $z$ 轴方向运动,重复(1),(2)。
(4) 如果回路电阻 $R = 2\Omega$,求(1),(2)回路中的感应电流。

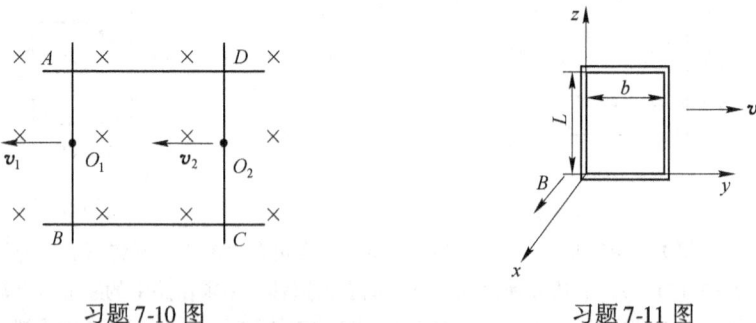

习题7-10图　　　　　　　　习题7-11图

**7-12** 有一同轴电缆,由两个圆筒形金属导体构成,其半径分别为 $R_1$ 和 $R_2$,如习题7-12图

所示。通过它们的电流为 $I$，流向相反。若两圆筒间充满相对磁导率为 $\mu_r = 1$ 的均匀磁介质。试求其单位长度的自感。

7-13 有一螺线管，每米有 800 匝，在管内中心放置一绕有 30 圈的半径为 1cm 的圆形小回路，在 0.01s 时间内，螺线管中产生 5A 的电流。问小回路中产生的感生电动势为多少？

7-14 在长为 60cm、直径为 5.0cm 的空心纸筒上绕多少匝才能得到自感为 $6.0 \times 10^{-3}$ H 的线圈？

7-15 一长直螺线管，半径为 1.0cm，长为 30.0cm，上面均匀密绕 1000 匝线圈，求：

（1）此螺线管的自感。

（2）若 $t$ 时，此线圈内放入 $\mu_r = 5000$ 的铁心，则此时线圈的自感为多大？

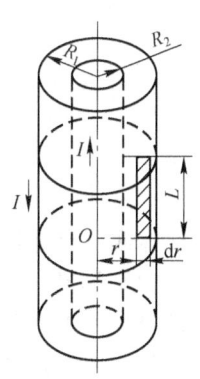

习题 7-12 图

（3）若此螺线管内通有的电流以 2.0A/s 的速率变化，求线圈中的自感电动势。

7-16 一长直螺线管，当线圈中通有 5.0A 的恒定电流时，通过每匝线圈的磁通量是 $1.0 \times 10^{-5}$ Wb，当电流以 2.0A/s 的速率变化时，产生的自感电动势为 2.0mV。求此螺线管的自感与总匝数。

7-17 一圆柱形纸筒，其上密绕两组线圈，匝数分别是 $N_1$ 和 $N_2$，若筒的长度为 $l$，半径为 $R$，求两组线圈的互感(设筒内为空气)。

7-18 一螺绕环，其上密绕两组线圈，匝数分别是 $N_1$ 和 $N_2$，若螺绕环的横截面的半径为 $a$，中心线的半径为 $R$，且 $R \gg a$，求二线圈的自感 $L_1$ 和 $L_2$ 及二线圈的互感 $M$。

7-19 假定从地面到海拔 $6 \times 10^6$ m 范围内，地磁场为 $0.5 \times 10^{-4}$ T，试粗略计算在此区域内地磁场的总磁能。

# 第8章 振动和波

物体或质点绕某一位置作周期性往复运动称为**机械振动**(mechanical vibration)，例如，钟摆摆动、浮标浮动、晶体中原子的振动等，图中所示为水面的波纹。广义上，任何一个物理量在某一数值附近作周期性变化，就可以称为振动，例如，在电路中电荷的震荡，交流电中电流、电压的反复变化等。机械振动在弹性媒质中的传播叫做机械波，电磁振动在空间的传播形成电磁波。振动和波动都是运动的基本形式，二者密切相关，许多波动问题最后都归结为对相应振动的讨论。振动与波动的内容贯穿在力学、电磁学、光学乃至量子力学之中。

本章内容提要
◆简谐振动
◆机械振动的能量
◆简谐振动的合成
◆振动的频谱分析
◆平面简谐波
◆波的干涉和衍射
◆电磁振荡和电磁波
◆多普勒效应

## 8.1 机械振动

我们知道，在日常生产生活及自然界中广泛存在着各种机械振动。人类在利用机械振动的同时，常常希望能够对机械振动的形式及其振动的程度进行控制。例如，在设计机械设备时，应考虑设计对象可能出现的振动形式和振动程度，如已有的机械设备出现超过允许范围的振动时，需要采取减振措施。为了减小机械设备本身的振动，可配置各类减振器。为减小机械设备振动对周围环境的影响，或减小周围环境的振动对机械设备的影响，可采取隔振措施。受到冲击载荷作用时，为了保护机械设备不致于受强烈冲击而破坏，可采取缓冲措施，如飞机起落架和缓冲支柱的设计。

物体运动时，如果离开平衡位置的位移随时间变化的规律服从余弦(或正弦)函数，则这种运动称为**简谐振动**(simple harmonic vibration)。简谐振动是最基本和最简单的一种振动形式，任何一个复杂的振动都可以视为许多简谐振动的合成结果。在忽略阻力的情况下，弹簧振子的小幅度振动、单摆的小角度摆动以及 LC 电磁振荡电路简谐振动都是简谐振动。下面以弹簧振子为例来讨论简谐振动的特征。

### 8.1.1 弹簧振子的简谐振动

弹簧振子是一个忽略摩擦阻力，不考虑弹簧的质量和振子的大小及形状的理想化物理模型，其结构如图 8-1 所示，一劲度系数为 $k$ 的轻质弹簧，一端固定，另一端系一质量为 $m$ 的物体。

设物体在光滑平面上，当弹簧为原长时，物体所受合力为零，此时物体的位置是平衡位置，设为 $O$ 点。如果把物体由平衡位置稍加移动后释放，物体将在弹力的作用下，绕 $O$ 左右作往复运动。

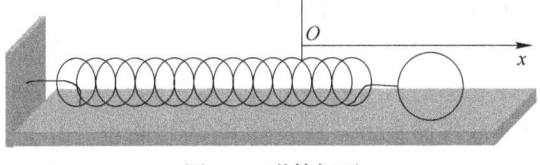

图 8-1 弹簧振子

取平衡位置为坐标原点，物体的运动轨道为 $x$ 轴，向右为正向。由牛顿第二定律

$$-kx = m\frac{\mathrm{d}^2 x}{\mathrm{d}t^2}$$

得

$$\frac{\mathrm{d}^2 x}{\mathrm{d}t^2} + \frac{k}{m}x = 0 \tag{8-1}$$

令

$$\frac{k}{m} = \omega^2 \tag{8-2}$$

则

$$\frac{\mathrm{d}^2 x}{\mathrm{d}t^2} + \omega^2 x = 0 \tag{8-3}$$

这一微分方程的解为

$$x = A\cos(\omega t + \varphi_0) \tag{8-4}$$

式中，$A$，$\varphi_0$ 是两个待定的常数。此式说明弹簧振子相对平衡位置的位移随时间按余弦函数的规律变化，弹簧振子所做的运动就是简谐振动。

根据速度和加速度的定义，可求得振子的运动速度和加速度分别为

$$v = \frac{\mathrm{d}x}{\mathrm{d}t} = -\omega A \sin(\omega t + \varphi_0) = -v_\mathrm{m}\sin(\omega t + \varphi_0) = A\omega\cos\left(\omega t + \varphi_0 + \frac{\pi}{2}\right) \tag{8-5}$$

$$a = \frac{\mathrm{d}v}{\mathrm{d}t} = -\omega^2 A\cos(\omega t + \varphi_0) = -a_\mathrm{m}\cos(\omega t + \varphi_0) = A\omega^2\cos(\omega t + \varphi_0 + \pi) \tag{8-6}$$

式中,$v_m = A\omega$,$a_m = A\omega^2$ 分别称为速度幅值和加速度幅值。

振动的位移、速度、加速度随时间变化的步调不一致,可由它们之间的相位差表征,$x$ 与 $a$ 永远反向,$v$ 与 $x$,$v$ 与 $a$ 均有 $\pi/2$ 的相位差。

需要说明的是,位移、速度、加速度均为矢量,设定坐标后,以上三式的正负号表示矢量方向与坐标轴正向之间的关系,同向为正,异向为负。可见,简谐振动的位移、速度、加速度都随时间按余弦函数规律呈周期性变化,如图 8-2 所示。

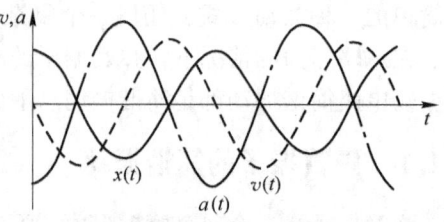

图 8-2 简谐振动的位移、速度、加速度随时间变化曲线

通过弹簧振子的振动可知,如果物体受到的力的大小总是与物体相对其平衡位置的位移成正比、而方向相反,那么,该物体的运动就是简谐运动,这是物体作简谐振动的动力学特征,这种性质的力称为**线性回复力**。从式(8-6)可以看出,作简谐振动的物体的加速度的大小总是与其位移的大小成正比,而方向相反,这是简谐振动的运动学特征。

### 8.1.2 简谐振动的描述

**1. 振幅**

作简谐振动的物体离开平衡位置的最大距离叫**振幅**(amplitude),在数值上等于最大位移的大小,振幅用 $A$ 表示,单位是米(m)。

**2. 周期和频率**

一个振动系统完成一个完整振动所需要的时间叫做**周期**(period),用 $T$ 表示,单位是秒(s)。由周期的定义可知,对于简谐振动 $t$ 时刻的振动与 $t+T$ 时刻的振动状态相同,即

$$x = A\cos(\omega t + \varphi_0) = A\cos[\omega(t+T) + \varphi_0]$$

根据余弦函数的特点,有

$$x = A\cos(\omega t + \varphi_0) = A\cos(\omega t + \varphi_0 + 2\pi)$$

则

$$T = \frac{2\pi}{\omega} \tag{8-7}$$

单位时间内振动的次数叫做**频率**(frequency),用 $\nu$ 表示,单位为赫兹(Hz)。频率与周期的关系为

$$\nu = 1/T = \omega/(2\pi)$$

或

$$\omega = 2\pi/T = 2\pi\nu \tag{8-8}$$

$\omega$ 表示物体在 $2\pi$ 时间内所作的完全振动的次数,称为振动的**角频率**(angular frequency),也称**圆频率**(circular frequency),它的单位为 rad/s。

每个振动系统都有由其自身性质决定的与振幅无关的频率，叫做固有频率。读者可以自行推导以下结论。

弹簧振子的固有频率

$$\omega = \sqrt{\frac{k}{m}} \tag{8-9}$$

单摆的固有频率

$$\omega = \sqrt{\frac{g}{l}} \tag{8-10}$$

### 3. 相位和初相

由式(8-4)~式(8-6)可知，在角频率和振幅一定的情况下，振动物体在任一时刻的运动状态取决于 $\omega t + \varphi_0$，因此，称 $\omega t + \varphi_0$ 为振动的**相位**(phase)。

时间为零时的相位 $\varphi_0$ 叫做**初相位**(initial phase)，简称初相。它决定了物体起始时的振动状态。由式(8-4)和式(8-5)得

$$A = \sqrt{x_0^2 + v_0^2/\omega^2}$$

$$\tan\varphi_0 = -v_0/\omega x_0$$

设有两个同频率的简谐振动，它们的振动表达式为

$$x_1 = A_1\cos(\omega t + \varphi_{10})$$
$$x_2 = A_2\cos(\omega t + \varphi_{20})$$

则相位差为

$$\Delta\varphi = (\omega t + \varphi_{20}) - (\omega t + \varphi_{10}) = \varphi_{20} - \varphi_{10} \tag{8-11}$$

即它们任意时刻的相位差都等于它们的初相位差。

当 $\Delta\varphi$ 为 $\pi$ 的偶数倍时，两振动步调一致，称为**同相**(same phase)；当 $\Delta\varphi$ 为 $\pi$ 的奇数倍时，两振动步调完全相反，称为**反相**(opposite phase)；$\Delta\varphi = \varphi_{20} - \varphi_{10} > 0$ 时，第二个简谐振动超前第一个振动 $\Delta\varphi$。

### 4. 旋转矢量法

一个作匀速圆周运动的物体在一条直径上的投影所作的运动就是简谐振动，这种表示谐振动的方法叫做简谐振动的**旋转矢量**(rotation vector)表示法(又称参考圆法)。

如图8-3所示，自 $Ox$ 轴的原点作一矢量，使其模等于简谐振动的振幅 $A$，令矢量绕原点 $O$ 在图面内以恒定的角速度逆时针旋转，其角速度的大小与简谐振动的角频率 $\omega$ 相同，则矢量端点在 $Ox$ 轴上的投影的运动就是简谐振动，矢量 $A$ 称为旋转矢量或振幅矢量。旋转矢量旋转一周时矢量端点的轨迹是一个圆，故旋转矢量法又称为参考圆法。

设 $t=0$ 时，矢量 $A$ 与 $Ox$ 轴之间夹角等于振动的初相位 $\varphi_0$，这时，矢量 $A$ 的端点在 $Ox$ 轴上的投影坐标为 $x_0 = A\cos\varphi_0$，恰是谐振动物体的初始位移。在任一时刻 $t$，矢量 $A$ 与 $Ox$ 轴之间夹角变为 $\omega t + \varphi_0$，此时，$A$ 的矢端在 $Ox$ 轴上的投影坐标

$$x = A\cos(\omega t + \varphi_0)$$

可见,旋转矢量 $A$ 的端点在 $Ox$ 轴上的投影坐标就是沿 $x$ 轴作简谐振动的物体在 $t$ 时刻相对于原点的位移。

和简谐振动的解析表示法、振动曲线法比较,旋转矢量法是一种直观描述简谐振动的几何方法,在确定振动相位、两个振动的相位差、振动合成时具有明显的优势。

利用参考点在参考圆中的位置可以很方便地判断振动相位所在的象限,如图 8-4 所示。当 $x > 0$, $v < 0$ 时,$\varphi$ 在第Ⅰ象限;当 $x < 0$, $v < 0$ 时,$\varphi$ 在第Ⅱ象限;当 $x < 0$, $v > 0$ 时,$\varphi$ 在第Ⅲ象限;当 $x > 0$, $v > 0$ 时,$\varphi$ 在第Ⅳ象限。

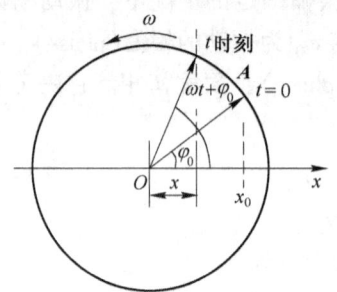

图 8-3 旋转矢量法描述简谐振动

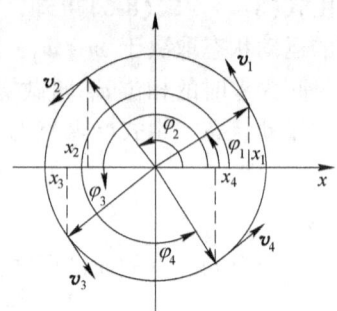

图 8-4 相位和速度的分布

进一步可得,同一振动在 $t_1$ 时刻和 $t_2$ 的相位差为

$$\Delta\varphi = \varphi_2 - \varphi_1 = (\omega t_2 + \varphi_0) - (\omega t_1 + \varphi_0) = \omega(t_2 - t_1)$$

显然,一个谐振动从一个状态到另一个状态经历的时间间隔为

$$\Delta t = t_2 - t_1 = \frac{\Delta\varphi}{\omega} = \frac{\Delta\varphi}{2\pi}T$$

**例题 8-1** 一物体沿 $x$ 轴作简谐振动,振幅 $A = 0.12\text{m}$,周期 $T = 2\text{s}$,当 $t = 0$ 时,物体的位移 $x = 0.06\text{m}$,且向 $x$ 轴正方向运动。求:(1) 此简谐振动的表达式;(2) $t = T/4$ 时物体的速度和加速度;(3) 物体从 $x = -0.06\text{m}$ 向 $x$ 轴负方向运动,第一次回到平衡位置所需的时间。

**解**:(1) 因为 $A = 0.12\text{m}$,$\omega = 2\pi/T = \pi$,且由初始条件 $t = 0$,$x = 0.06\text{m}$,且向 $x$ 轴正方向运动可知,初相 $\varphi_0 = -\pi/3$,如图 8-5a 所示,所以

$$x = 0.12\cos(\pi t - \pi/3)\,(\text{m})$$

(2) $t$ 时刻的速度和加速度分别为

$$v = \frac{\mathrm{d}x}{\mathrm{d}t} = -0.12\pi\sin(\pi t - \pi/3)$$

$$a = \frac{\mathrm{d}v}{\mathrm{d}t} = -0.12\pi^2\cos(\pi t - \pi/3)$$

则 $t = T/4$ 时,物体的速度为

$$v = -0.12\pi\sin(\pi/6)\,\text{m/s} = -0.188\,\text{m/s}$$

物体的加速度为

$$a = -0.12\pi^2\cos(\pi/6)\,\text{m/s}^2 = -1.03\,\text{m/s}^2$$

（3）由旋转矢量图（见图 8-5b）可知，物体从 $t_1$ 时刻、$x = -0.06$m 处向 $x$ 轴负方向运动到 $t_2$ 时刻，第一次回到平衡位置的过程中，旋转矢量转过的角度为

$$\frac{3\pi}{2} - \frac{2\pi}{3} = \frac{5\pi}{6}$$

显然，所需时间为

$$\Delta t = \frac{5\pi/6}{\omega} = 0.83\,\text{s}$$

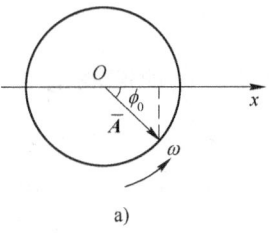

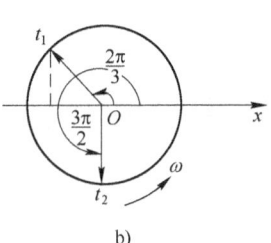

图 8-5　例题 8-1 图

**例题 8-2**　根据弹簧振子的初始运动状态图，如图 8-6a，b 所示，利用旋转矢量法确定弹簧振子的初相，并画出位移振动曲线。

**解：**（1）根据图 8-6a 提供的信息可知，$t = 0$ 时，$x = A$，$v < 0$，即速度的方向沿 $x$ 轴的负方向，由此可作出其旋转矢量图，如图 8-6c 所示，从而可得此种情况下的初相 $\varphi_0 = 0$。进一步可画出弹簧振子的位移振动曲线图，如图 8-6d 所示。

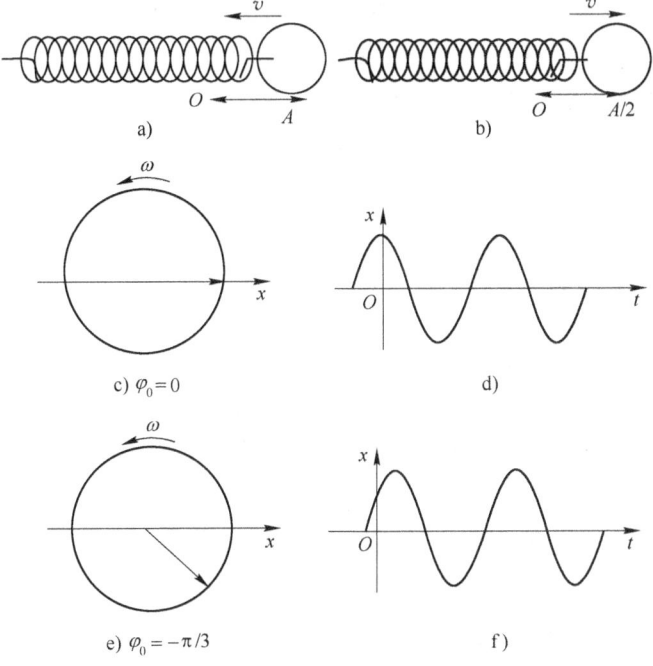

图 8-6　例题 8-2 图

（2）根据图 8-6b 提供的信息可知，$t = 0$ 时，$x = A/2$，$v > 0$，即速度的方向沿 $x$ 轴的正方向，由此可作出其旋转矢量图，如图 8-6e 所示，从而可得此种情况下的

初相 $\varphi_0 = -\pi/3$。进一步可画出弹簧振子的位移振动曲线图，如图 8-6f 所示。

### 8.1.3 振动的能量

**1. 简谐振动的能量**

以弹簧振子为例来讨论简谐振动的能量。设振动物体的质量为 $m$，$t$ 时刻位移为 $x$、速度为 $v$，则弹簧和振子构成的系统具有动能

$$E_k = \frac{1}{2}mv^2 = \frac{1}{2}m\omega^2 A^2 \sin^2(\omega t + \varphi_0) \tag{8-12}$$

系统具有的势能

$$E_p = \frac{1}{2}kx^2 = \frac{1}{2}kA^2 \cos^2(\omega t + \varphi_0) \tag{8-13}$$

由此可见，物体作简谐振动时，其动能和势能都随时间作周期性变化，相位差为 $\pi/2$。位移最大时，势能达最大值，动能为零；物体通过平衡位置时，势能为零，动能达最大值。系统的总能量为

$$E = E_k + E_p = \frac{1}{2}m\omega^2 A^2 \sin^2(\omega t + \varphi_0) + \frac{1}{2}kA^2 \cos^2(\omega t + \varphi_0)$$

由 $\omega^2 = k/m$，可得

$$E = \frac{1}{2}kA^2 \tag{8-14}$$

由此可知，简谐振动系统在振动过程中的总能量守恒，与振幅的平方成正比。

在一个周期内，动能的平均值为

$$\overline{E}_k = \frac{1}{T}\int_0^T E_k(t)\,dt = \frac{1}{2T}\int_0^T kA^2 \sin^2(\omega t + \varphi_0)\,dt$$

$$= \frac{1}{4T}\int_0^T kA^2 [1 - \cos 2(\omega t + \varphi_0)]\,dt = \frac{1}{4}kA^2 \tag{8-15}$$

同理，在一个周期内，平均势能为

$$\overline{E}_p = \frac{1}{T}\int_0^T E_p(t)\,dt = \frac{1}{2T}\int_0^T kA^2 \cos^2(\omega t + \varphi_0)\,dt = \frac{1}{4}kA^2 \tag{8-16}$$

**例题 8-3** 质量为 0.1kg 的物体以振幅 $1 \times 10^{-2}$m 作简谐振动，其最大加速度为 4.0m/s$^2$，求：(1) 振动周期；(2) 通过平衡位置时的动能；(3) 总能量；(4) 物体动能和势能相等的位置。

**解**：(1) 利用式(8-7)，并考虑到 $a_{max} = A\omega^2$，由此可得

$$T = 2\pi/\omega = 2\pi/\sqrt{a_{max}/A} = 0.1\pi \text{s}$$

(2) $E_k = \frac{1}{2}mv_{max}^2 = \frac{1}{2}mA^2\omega^2 = \frac{1}{2}mAa_{max} = 2 \times 10^{-3}$ J

(3) $E = E_k(x = 0) = 2 \times 10^{-3}$ J

(4) 因为 $E_p = \frac{1}{2}kx^2 = \frac{1}{2}E = \frac{1}{2}\left(\frac{1}{2}kA^2\right)$，所以 $x = \frac{A}{\sqrt{2}} = 0.707 \times 10^{-2}$m

## 第8章 振动和波

**例题 8-4** 一物体质量为 0.25kg，在弹性力作用下作简谐振动，弹簧的劲度系数 $k=25\text{N/m}$，如果起始振动具有势能 0.06J 和动能 0.02J，求：(1) 振幅；(2) 经过平衡位置时物体的速度。

**解：** (1) 系统总能量守恒

$$E = E_k + E_p = \frac{1}{2}kA^2$$

$$A = \sqrt{\frac{2E}{k}} = 0.08\text{m}$$

(2) 经过平衡位置时，物体的位移为零，系统的势能为零，动能最大

$$E = \frac{1}{2}mv^2$$

$$v = \sqrt{\frac{2E}{m}} = 0.8\text{m/s}$$

### 2. 阻尼振动的能量

在理想情况下，简谐振动系统只有内部保守力的作用，外力不做功，因而系统的总机械能守恒，振动系统将以固有频率等振幅地持续振动。实际上，振动物体总是要受到外界摩擦和介质阻力作用，振动系统最初所获得的能量，在振动过程中因不断克服阻力做功而减小。也就是说实际振动系统必定有能量损耗，振动强度逐渐衰减，其振动的振幅就会越来越小，经过一段时间，振动就会完全停下来，这种振幅越来越小的振动叫做**阻尼振动**(damping vibration)。

因为振幅与振动的能量有关，阻尼振动也就是能量不断减少的振动。一般来说，阻尼振动能量减少的方式有两种。一种是摩擦阻尼，由于摩擦阻力的存在，例如弹簧振子周围空气等介质的阻力和支承面的摩擦力的作用，使振动的机械能逐渐转化为热能，如单摆摆动的过程中，系统的阻力作用使摆的机械能转化为空气的内能，系统的能量逐渐减小；另一种是辐射阻尼，由于振动系统引起邻近介质中各质元的振动，振动向外传播出去，使能量以波动形式向四周辐射出去，这虽然只是机械能的转移，但对振动系统本身来说，其能量也因不断输出而在衰减。例如，琴弦发出声音不仅因为有空气的阻力要消耗能量，同时也因为以波的形式辐射而减少能量，最后琴弦会停止振动。

机械振动按振幅的变化可分为阻尼振动(减幅振动)和无阻尼振动(等幅振动)。物体作无阻尼振动仅指其振幅大小不变，物体作简谐运动时，只受回复力的作用，不受任何阻力，不对外做功，系统没有能量输出、输入，总能量守恒，振幅保持不变，因此简谐振动是一种无阻尼的自由振动。

### 3. 受迫振动的能量

物体在周期性外力的持续作用下发生的振动称为**受迫振动**(forced vibration)。设一个固有频率为 $\omega_0$ 的系统，在简谐力 $F = F_0\cos(\omega t + \varphi_0)$ 的作用下作受迫振动，

可以证明，物体在弹性力、阻力、简谐策动力作用下，开始阶段系统的振动很复杂，经过一段时间系统达到稳定状态后，其振动表达式为

$$x = A\cos(\omega t + \varphi_0) \tag{8-17}$$

式中，$A$，$\omega$，$\varphi$ 分别为受迫振动的振幅、角频率和初相位。$\omega$ 等于策动力的角频率，$A$ 和 $\varphi$ 由振动系统和策动力决定，而与初始条件无关。

从运动学角度看，受迫稳态振动也是简谐振动，但从动力学角度看，二者有本质的区别：弹簧振子是保守的孤立系统，系统机械能守恒，有其自身的固有频率；而受迫稳态振动是开放的耗散系统，它不断从策动力源吸收能量，同时又由于阻尼而耗散能量，它只按外力的频率振动。物体作受迫振动的振幅不仅和驱动力的大小有关，还与驱动力的频率以及作振动的物体自身的固有频率有关，当从驱动力输入系统的能量等于物体克服阻力做功输出的能量时，系统的能量达到动态平衡，这时振动系统的能量和振幅都保持不变，是无阻尼运动，但系统并不是不受阻力。

受迫振动是常见的一种振动，例如，扬声器纸盆的振动，录音机耳机中膜片的振动，人耳能听到声音是由于耳膜在传入耳蜗的声波产生的周期性压力作用下作受迫振动的缘故。

**4. 共振的能量**

当策动力的角频率接近振动系统的固有频率时，受迫振动的振幅急剧增大，出现了极大值，这种现象叫做**位移共振**(displacement resonance)。在电学中，振荡电路的共振现象称为"谐振"。

理论分析表明，系统共振时，外加策动力对系统做功，系统能最大限度地从外界得到能量，因而系统振动的振幅最大。

在一般情况下共振是有害的，会引起机械和结构很大的变形和动应力，甚至造成破坏性事故，例如由于共振造成机器设备的损坏、桥梁工程的破坏等。可以通过改进机械的结构或改变激励，使机械的固有频率避开激励频率或采用减振装置来避免或减小共振带来的损害。另一方面，共振状态包含有机械系统的固有频率、最大响应、阻尼和振型等信息。在振动测试中常人为地再现共振状态，进行机械的振动试验和动态分析。此外，利用共振原理的振动机械，可用较小的功率完成某些工艺过程，如共振筛等。如果没有共振，收音机播放不出美妙的音乐，电视机屏幕也不可能显示出生动的画面。人的发声器官和听觉与共振有关，一些乐器利用共振提高音响效果。原子核内的磁共振被用来进行物质结构的研究以及医疗诊断等。

需要指出的是，受迫振动的速度在一定条件下也可以发生共振，这种振动称为**速度共振**(velocity resonance)。我们通常所说的"驱动力的频率等于系统的固有频率时发生共振"，从严格意义上来说，应该是指速度共振，但对于阻尼非常小的情形下的共振，速度共振与位移共振可以不必加以区分。

人们在生活和生产中会接触到各种振动,这些振动都可能会对人体产生危害。由科学测试知道,人体各部位有不同的固有频率,如眼球的固有频率最大约为60Hz,颅骨的固有频率最大约为200 Hz等。把人体作为一个整体看,其水平方向的固有频率约为3~6 Hz,竖直方向的固有频率约为48 Hz。因此,跟振动源十分接近的操作人员,如拖拉机驾驶员、风镐、风铲、电锯、镏钉机等的操作工,在工作时应尽量避免这些振动源的频率与人体有关部位的固有频率产生共振。同时,为了保障工人的安全与健康,有关部门已作出了相应规定,要求用手工操作的各类振动机械的频率必须大于20Hz。

对人危害程度尤为厉害的是次声波所产生的共振。次声波是一种每秒钟振动很少、人耳朵听不到的声波,它的频率很低,一般均在20MHz以下,波长却很长,不易衰弱。自然界的太阳磁暴、海浪咆哮、雷鸣电闪、气压突变、火山爆发,军事上的原子弹和氢弹爆炸,火箭发射、飞机飞行等等,都可以产生次声波。在我们工作、学习和生活的周围,能够产生次声波的小型动力设备很多,如鼓风机、引风机、压气机、真空泵、柴油机、电风扇、车辆发动机等。次声波的这种神奇的功能也引起了军事专家的高度重视,一些国家利用次声波的性质进行次声波武器的研制,目前已研制出次声波枪和次声波炸弹,它们的次声波频率为16~17 Hz,会与人体内的某些器官发生共振,使受振者的器官发生变形、位移或出血,从而达到杀伤敌方的目的。现代科学研究已经证明,大量发射的频率为16~17 Hz的次声波会引起人体无法忍受的颤抖,从而产生视觉障碍、定向力障碍、恶心等症状,甚至还会出现可导致死亡的内脏损坏或破裂。这种次声波武器可以说是人类运用共振来危害人类自己的一种技术上的极致。

在人的一生中,离不开音乐的"沐浴"和"滋润",而优美曼妙的音乐里也无不蕴藏着共振的"精灵"。专家研究认为,音乐的频率、节奏和有规律的声波振动,是一种物理能量,而适度的物理能量会引起人体组织细胞发生和谐共振现象,直接影响人们的脑电波、心率、呼吸节奏等,使细胞体产生轻度共振,给人一种舒适、安逸感。音律的变化还使人的身体有一种充实、流畅的感觉,它活化了体内的细胞,加快了血液的流动,激活了人的物理层次的生命潜能。人们还发现,当人处在优美悦耳的音乐环境中时,可以改善神经系统、心血管系统、内分泌系统和消化系统的功能,促使人体分泌一种有利健康的活性物质,提高大脑皮层的兴奋性,振奋人的精神,让人的心灵得到了陶冶和升华。因此,人们已经开始运用音乐产生的共振,来缓解人们由于各种因素造成的紧张、焦虑、忧郁等不良心理状态和一些心理和生理上的疾病。

人们在电影院、播音室等对隔音要求很高的地方,常常采用加装一些海绵、塑料泡沫或布帘的办法,使声音的频率在碰到这些柔软的物体时,不能与它们产生共振,而是被它们吸收掉。大街上行人和车辆的喧闹声、机器的隆隆声——这些连绵不断的噪声不仅影响人们正常生活,还会损害人的听力。于是人们发明了一种消声器,它是由开有许多小孔的孔板和空腔所构成,当传来的噪声频率与消声器的固有频率相同时,就会跟小孔内空气柱产生剧烈共振。这样,相当一部分噪声能在共振时被"吞噬"掉,而且还能够转变为热能来加以应用。

## 8.1.4 简谐振动的合成

在实际问题中,振动往往由好几个振动合成。例如,在凸凹不平的路面上行驶的小汽车,车轮相对地面在振动,车身相对车轮也在振动,而车身相对地面的振动就是这两个振动的合振动。巧妙设计现代汽车的减振系统,可以使车身相对地面的振动不至于太剧烈。

**1. 同方向同频率简谐振动的合成**

设某一物体同时参与两个频率相同、振动方向相同的简谐振动,其振动方程分别为

$$x_1 = A_1\cos(\omega t + \varphi_1), \quad x_2 = A_2\cos(\omega t + \varphi_2)$$

合振动的位移为

$$x = x_1 + x_2 = A_1\cos(\omega t + \varphi_1) + A_2\cos(\omega t + \varphi_2)$$

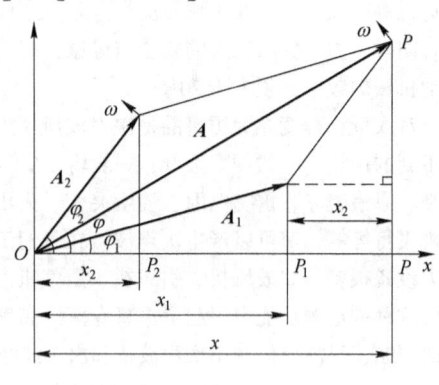

如图 8-7 所示,因为两个简谐振动的角速度相同,两旋转矢量保持相对位置不变,所以合成矢量的模恒定,即合振动的振幅恒定。合矢量 $A$ 的端点在 $Ox$ 轴上的投影 $x$ 等于同一时刻矢量 $A_1$ 的端点在 $Ox$ 轴上的投影 $x_1$ 与矢量 $A_2$ 的端点在 $Ox$ 轴上的投影 $x_2$ 的代数和。即

图 8-7 同方向同频率两个简谐振动的合成

$$x = A\cos(\omega t + \varphi) \tag{8-18}$$

所以合振动也是简谐振动。角频率等于分振动的角频率,且有

$$A = \sqrt{A_1^2 + A_2^2 + 2A_1A_2\cos(\varphi_2 - \varphi_1)} \tag{8-19}$$

$$\varphi = \arctan\left[(A_1\sin\varphi_1 + A_2\sin\varphi_2)/(A_1\cos\varphi_1 + A_2\cos\varphi_2)\right] \tag{8-20}$$

可见,合振幅不仅与两个分振动的振幅有关,而且与两个分振动的相位差有关。

1) 当相位差 $\Delta\varphi = \varphi_2 - \varphi_1 = 2k\pi$,$(k = 0, \pm 1, \pm 2, \pm 3, \cdots)$ 时,有

$$A_{\max} = \sqrt{A_1^2 + A_2^2 + 2A_1A_2\cos(\varphi_2 - \varphi_1)} = A_1 + A_2$$

合振幅最大。

2) 当相位差 $\Delta\varphi = \varphi_2 - \varphi_1 = (2k+1)\pi$,$(k = 0, \pm 1, \pm 2, \pm 3, \cdots)$ 时,有

$$A_{\min} = \sqrt{A_1^2 + A_2^2 + 2A_1A_2\cos(\varphi_2 - \varphi_1)} = |A_1 - A_2|$$

合振幅最小。若两个振动的振幅相等,则合振动由于相互抵消而静止。

3) 一般情况下,合振动的振幅介于两者之间,即 $|A_1 - A_2| \leq A \leq A_1 + A_2$。

反复运用式(8-19)和式(8-20),可以得到多个振动的合成结果。这个在分析波的衍射时会有所体现。

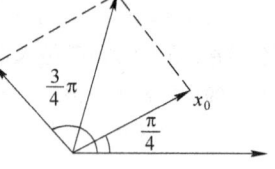

图 8-8 例题 8-5 图

**例题 8-5** 如图 8-8 所示,两个沿 $x$ 方向的谐振动的振动方程分别为

$$x_1 = 5 \times 10^{-2}\cos\left(\omega t + \frac{3\pi}{4}\right)(\text{SI})$$

$$x_2 = 6 \times 10^{-2}\sin\left(\omega t + \frac{3\pi}{4}\right)(\text{SI})$$

求合振动的振幅及相位。

**解：**

$$x_2 = 6 \times 10^{-2} \cos\left(\omega t + \frac{3\pi}{4} - \frac{\pi}{2}\right) = 6 \times 10^{-2} \cos\left(\omega t + \frac{\pi}{4}\right) (\text{SI})$$

$$\varphi_2 - \varphi_1 = \frac{\pi}{4} - \frac{3\pi}{4} = -\frac{\pi}{2}$$

$$A = \sqrt{A_1^2 + A_2^2 + 2A_1A_2\cos(\varphi_2 - \varphi_1)} = \sqrt{61} \times 10^{-2} (\text{SI})$$

$$\varphi = \arctan\frac{A_1\sin\varphi_1 + A_2\sin\varphi_2}{A_1\cos\varphi_1 + A_2\cos\varphi_2} = \arctan 11 = 84.8°$$

**2. 同方向不同频率简谐振动的合成**

设某一物体同时参与两个频率不同、振动方向相同的简谐振动，其振动方程分别为

$$x_1 = A_1\cos(\omega_1 t + \varphi_1), \quad x_2 = A_2\cos(\omega_2 t + \varphi_2) \tag{8-21}$$

由旋转矢量图知，由于两旋转矢量的角速度 $\omega_1 \neq \omega_2$，所以由两矢量 $A_1$，$A_2$ 合成的平行四边形的形状发生变化，合矢量 $A$ 的大小也随之而变，出现了振幅有周期性的变化。设 $\omega_2 > \omega_1$，则两振动的相位差为

$$\delta = (\omega_2 t + \varphi_2) - (\omega_1 t + \varphi_1) = (\omega_2 - \omega_1)t + (\varphi_2 - \varphi_1) \tag{8-22}$$

因而合振动的振幅 $A$ 和相位 $\varphi$ 都是时间的函数，随时在改变，所以这种合成振动不是谐振动，其相位差为 $2k\pi$ 时，合振幅最大，相位差为 $(2k+1)\pi$ 时，合振幅最小，这种振动出现强弱变化。

当两个频率不同的简谐振动在同一振动方向上合成时，由于它们之间的相位差随时间而改变，因此合成的振动比较复杂。但是，当两个振动频率比较接近时，由于周期的微小差别将出现合振幅随时间作周期性变化，振动时而加强时而减弱的现象，即拍现象。

设两分振动分别为

$$x_1 = A_1\cos(\omega_1 t + \varphi_1), \quad x_2 = A_2\cos(\omega_2 t + \varphi_2)$$

设两振动振幅相等，$A_1 = A_2 = A$，由于 $\omega_1 \neq \omega_2$，我们总能找到某一时刻使得两振动的相位相同。若以此时刻作为时间的起点，则两振动的初相位相等，$\varphi_1 = \varphi_2 = \varphi$。利用三角函数和差化积公式可得合振动的位移方程为

$$x = x_1 + x_2 = 2A\cos\frac{\omega_1 - \omega_2}{2}t\cos\left(\frac{\omega_1 + \omega_2}{2}t + \varphi\right) \tag{8-23}$$

式(8-23)所表征的合振动一般没有明显的周期性，合振动不是简谐振动。但当两个分振动的频率都较高而频率差又较小时，$\cos\left(\frac{\omega_2 - \omega_1}{2}\right)t$ 比 $\cos\left(\frac{\omega_2 + \omega_1}{2}\right)t$ 的变化缓慢得多，因而，合振动的振幅不固定，有些点的振幅是原来的两倍，有些点的振幅

是零,同时某一点的振幅也会随时间变化以角频率$(\omega_2-\omega_1)/2$缓慢变化,而合振幅的频率为$(\omega_2+\omega_1)/2\approx\omega_1\approx\omega_2$,所以合振动可看做振幅缓变的简谐振动。

设$A_2$比$A_1$转得快,并利用旋转矢量合成图示法可知,单位时间内第2振动比第1振动多转$\nu_2-\nu_1$周,振动方向相同和相反的次数为$\nu_2-\nu_1$次,即在单位时间内,加强和减弱的次数为$\nu_2-\nu_1$次。这种由两个频率较大,而频率差别较小的两个分振动合成后,合振动时而加强,时而减弱的现象,称为拍(beat),而此两个简谐振动的频率的差值称为**拍频**(beat frequency)。例如,两个频率相差很小的音叉同时振动时,所听到的时强时弱的声音就是拍音。利用拍现象可以测定振动频率、校正乐器和制造差拍振荡器等等。

### 3. 振动方向相互垂直,频率相同的简谐振动的合成

当一个质点同时参与两个不同方向的振动时,它的合位移是两个分位移的矢量和。该质点在两个运动方向所决定的平面上运动,运动轨迹一般为平面曲线,曲线形状取决于两个振动的周期、振幅和相位差。

下面讨论两个相互垂直的同频率简谐振动的合成问题。设两个方向上的振动表达式分别为

$$x = A_1\cos(\omega t + \varphi_1) \tag{8-24}$$

$$y = A_2\cos(\omega t + \varphi_2) \tag{8-25}$$

消去上面两方程中的参数$t$,便可得到合振动的轨迹方程。

现将以上两式进行恒等变换,得

$$\frac{x}{A_1} = \cos\omega t\cos\varphi_1 - \sin\omega t\sin\varphi_1 \tag{8-26}$$

$$\frac{y}{A_2} = \cos\omega t\cos\varphi_2 - \sin\omega t\sin\varphi_2 \tag{8-27}$$

式(8-26)$\times\cos\varphi_2$ - 式(8-27)$\times\cos\varphi_1$,得

$$\frac{x}{A_1}\cos\varphi_2 - \frac{y}{A_2}\cos\varphi_1 = \sin\omega t\sin(\varphi_2 - \varphi_1) \tag{8-28}$$

式(8-26)$\times\sin\varphi_2$ - 式(8-27)$\times\sin\varphi_1$,得

$$\frac{x}{A_1}\sin\varphi_2 - \frac{y}{A_2}\sin\varphi_1 = \cos\omega t\cos(\varphi_2 - \varphi_1) \tag{8-29}$$

将式(8-28)与式(8-29)两边分别平方相加,并整理可得

$$\frac{x^2}{A_1^2} + \frac{y^2}{A_2^2} - \frac{2xy}{A_1A_2}\cos(\varphi_2 - \varphi_1) = \sin^2(\varphi_2 - \varphi_1) \tag{8-30}$$

式(8-30)说明:两个振动方向互相垂直、频率相同的简谐振动,其合振动的运动轨迹是一条椭圆曲线,如果相位差不是某些特殊值,如 0、π、π/2、2π/3 等,合成振动的轨迹一般是斜椭圆。这些斜椭圆被局限在平行于 $x$、$y$ 轴的边长分别为 $2A_1$、

$2A_2$ 的矩形范围内，它们的长、短轴与原来两个振动方向不重合，其方位及质点的运动方向完全取决于相位差的数值。

两个相互垂直的简谐振动，由于具有不同频率，其相位差将随时间而变化，因而其合成振动的轨迹一般不能形成稳定的图形。若两个分振动的频率相差较小，则合成振动的轨迹将不断地按图 8-9 所示的顺序，在边长为 $2A_1$，$2A_2$ 的矩形范围内由直线逐渐变为椭圆、又由椭圆变为直线，并重复地变化下去。

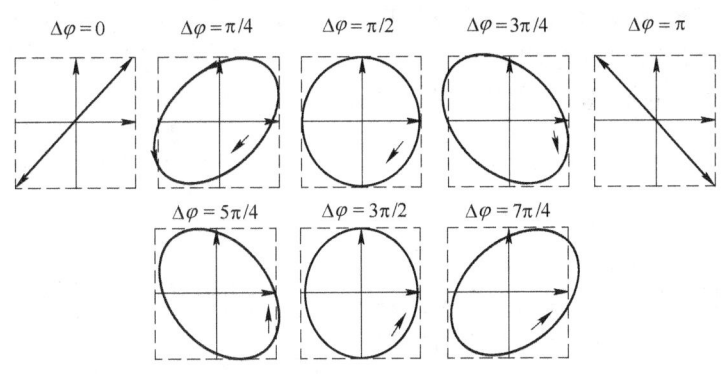

图 8-9　椭圆振动轨迹随相位差的变化

如果两个分振动的频率相差较大，但具有简单的整数比，则合成振动的轨道为稳定的封闭曲线，曲线的样式与分振动的频率比及相位差有关，这种曲线叫做**李萨如图形**(Lissajous-Figure)。李萨如图形是由在互相垂直的方向上的两个频率成简单整数比的简谐振动所合成的规则的、稳定的闭合曲线。利用电子示波器，调整输入信号的频率比，可以在荧光屏上观察到不同样式的李萨如图形。因此，可由一个振动的已知频率，通过测量求出另一个振动的未知频率。在电工、无线电技术中，常利用示波器来观察李萨如图形，并用以测定频率或相位差。

### 8.1.5　频谱分析技术与傅里叶变换

一个复杂的振动必定包含两个或两个以上的简谐振动，这就意味着一个周期为 $T$ 的任意周期性振动一定可以分解为周期分别为 $T$，$T/2$，$T/3$，…（或角频率分别为 $\omega$，$2\omega$，$3\omega$，…）的一系列简谐振动，其中角频率为 $\omega$ 的简谐振动称为基频振动，角频率为 $n\omega$ 的简谐振动称为 $n$ 次倍频（谐频）振动。

法国数学家傅里叶(Jean Baptiste Joseph Fourier，1768—1830)通过理论研究表明，任意周期性复杂振动都能分解成频率成整数倍递增的一系列简谐振动之和

$$x(t) = a + b_1\sin\omega t + b_2\sin2\omega t + \cdots + c_1\cos\omega t + c_2\cos2\omega t + \cdots \tag{8-31}$$

式中，$a$ 是 $x(t)$ 在一个周期内的平均值；$b_1$，$b_2$，…和 $c_1$，$c_2$，…分别表征相应分振动在周期性复杂振动中的相对大小。

式(8-31)叫做周期性复杂振动的傅里叶级数展开式。由于一般频率越高的分振动相应振幅越小,因此实际上通常取前几项低频部分进行近似处理就可以了。

如图 8-10 所示的方波是电子学中常见的电压输入,这是一种非谐振动,其傅里叶级数展开式为

$$x(t) = \sin\omega t + \frac{1}{3}\sin 3\omega t + \frac{1}{5}\sin 5\omega t + \cdots$$

也就是说,这种方波形振荡可分解为角频率为 $\omega$,$3\omega$,$5\omega$,…的谐振动。

锯齿形振动的傅里叶级数展开式为

$$x(t) = -\sin\omega t - \frac{1}{2}\sin 2\omega t - \frac{1}{3}\sin 3\omega t - \cdots$$

复杂振动所包含的分振动的振幅与频率的关系叫做振动的**频谱**(frequency spectrum),它们的关系图叫频谱图。将复杂振动分解成若干个分振动的方法叫做振动的**频谱分析**(frequency anysis spectrum),对复杂振动进行频谱分析是研究振动的一种重要手段。一个任意的周期性复杂振动分解后是一组包含一系列谐频振动的无穷级数,其频谱由一系列高

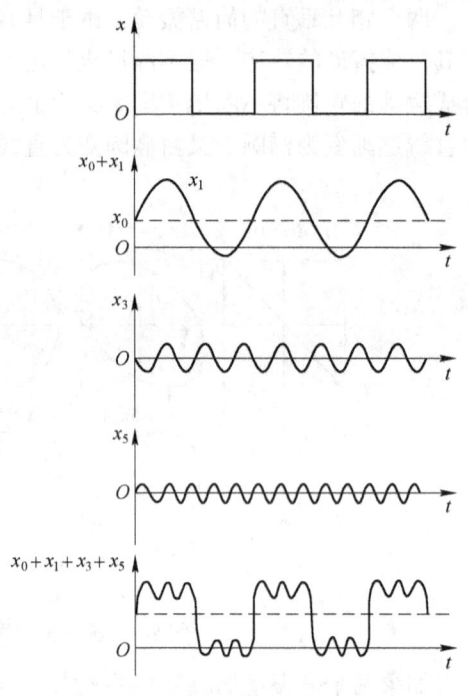

图 8-10　方波形周期振动的分解

度不等的线状谱线构成,谱线的高度代表相应频率分振动的振幅。而一个随机的非周期性的振动(例如脉冲、阻尼振动等),则需借助于傅里叶积分的方法,将它分解为不同频率的简谐振动之和。这时,非周期性振动的频谱不是一系列分立的谱线,而是频率连续分布的连续谱。

工程上的所谓"频谱分析"就是对信号进行"傅里叶变换",把本来随时间变化的信号表示方式变换为随频率变化的"频谱函数"方式。原则上说,所有的信号都是由不同频率的正弦波组成的。频谱分析就是找出该信号含有哪些频率的正弦波成分,它们的幅度和相位分别是多少。在许多情况下从按照时间变化的信号本身看不出什么问题,但经过频谱分析以后,找出了它的频率成分,问题就显露出来了。频谱分析在军事、地震、生物医学、新材料研制、化工、环境科学及通信等领域都有着广泛的应用。

## 8.2　机械波

自然现象中存在着各种各样的波,从我们熟悉的水波、声波、光波,到抽象的

引力波、以及与粒子运动相关的"德布罗意波"等，可以说，波动现象无所不在。在对波的研究过程中，我们使用了类比的方法，先将声波、光波类比于水波，接着在声波、光波之间进行类比，从而认识到波具有通性：周期性、延展性、衍射性和干涉性。本节主要讨论机械波。

## 8.2.1 机械波的产生和传播

机械振动以一定速度在弹性介质中由近及远地传播形成**机械波**(mechanical wave)。例如，小石子落在静止的水面上时，引起石子击水处水的振动，振动向周围水面传播出去形成水波。拉紧一根绳，同时使一端作垂直于绳子的振动，这个振动就沿着绳子向另一端传播，形成绳子上的波。

机械波的产生，既要有作机械振动的物体(波源)，又要有能够传播这种机械振动的介质。例如，音叉在振动时，音叉就是波源，而空气就是传播声波的介质。波源(又称为振源)是指能够维持振动的传播，不间断地输入能量，并能发出波的物体或物体所在的初始位置。波源开始振动后，介质中的其他质点就以波源的频率作受迫振动，波源的频率等于波的频率。仅有波源而没有介质时，机械波不会产生，例如，真空中的闹钟无法发出声音。

波在传播时，质元的振动方向和波的传播方向也不一定相同。如果质元的振动方向和波的传播方向相垂直，则这种波称为**横波**(transverse wave)，横波只能在固体介质中传播，例如在绳子上传播的波；如果质元的振动方向和波的传播方向相平行，这种波称为**纵波**(longitudinal wave)，例如在空气中传播的声波。

在波的传播过程中，质点本身并不随着机械波的传播而迁移，也就是说，介质中各个质点仅在各自平衡位置附近作与波源同方向同频率的简谐振动，但相互间有相位落后。因此，波动是振动状态的传播，而不是质点本身的传播。例如，人的声带不会随着声波的传播而离开口腔。

为了从几何上形象地描述波，我们把表示波传播方向的射线称为波线或射线；某一时刻振动所传播到的各点所连接成的曲面称为**波前**(wave front)，代表某时刻波能量到达的空间位置，它是运动着的，波前与射线成正交；传播过程中振动相位相同的各点所连接成的曲面，称为**波面**(wave surface)，亦称同相面。在任何的时刻都只能有一个确定的波前；而在任何时刻，波面的数目则是任意多的。由于波前上各点同时开始振动，各点的相位必然是相同的，因而波前是波面的特例。

按波面的形状将波分类，常见的有球面波、柱面波和平面波，如图8-11所示。

若波源的大小和形状与波的传播距离相比较，可以忽略不计，则可以把它当做点波源。在各向同性的介质中，振动在各个方向上的传播速度大小是相同的，因此，振动从点波源出发，在各向同性介质中向各个方向传播出去，其波前和波面都是以点波源为中心的球面，形成球面波，如图8-11a所示。若点波源在无穷远处，则在一定范围的局部区域内，波面和波前的形状都近乎是平面，形成平面波，如图

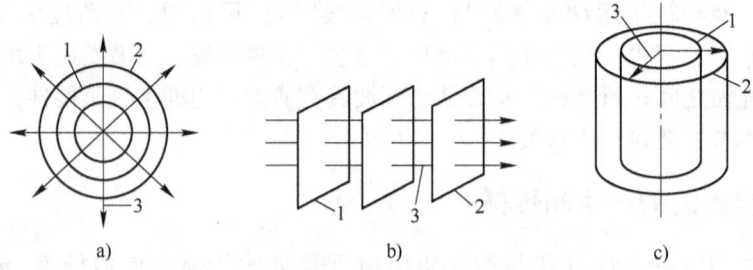

图 8-11 波阵面与波线
a)球面波 b)平面波 c)柱面波
1—波面 2—波前 3—波线

8-11b 所示。在各向同性的介质中波线恒与波面垂直。因此，在球面波的情况下，波线从点波源出发，沿径向呈辐射状，如图 8-11a 所示；在平面波的情况下，波线是与波面垂直的许多平行直线，如图 8-11b 所示。例如，传播到地球表面的太阳光线可以认为是平行的波线，即把太阳当做位于无限远处的点波源；远处传来的声波也可看做平面波。

## 8.2.2 平面简谐波的表达式

**1. 几个特征量**

（1）波的传播速度　**波速**(wave velocity)是单位时间波所传过的距离，实质上是单位时间内一定的振动相位所传播的距离，亦称相速，可用 $u$ 表示。在不同介质中，波速是不同的，机械波在介质中的传播速率是由介质本身的固有性质(弹性模量、密度)决定的。

（2）传播过程中，振动质元的相位　沿着波的传播方向向前看去，前面的各质元都要重复波源的振动状态(即相位)。因此，沿着波的传播方向向前看去，前面质元的振动相位落后于波源的相位。

（3）波长和频率　任意时刻在波的传播方向上，两个相邻的振动相位相同的点之间的距离叫做**波长**(wave length)。在横波中，波长等于"波峰－波峰"的长度或"波谷-波谷"的长度；在纵波中，波长等于"密部-密部"或"疏部-疏部"的长度。

波动传播一个波长所需要的时间称为波动**周期**。当波源完成一次全振动时，振动状态在媒质中恰好传播了一个波长的距离，所以波的周期与振动周期是相同的。波长 $\lambda$、频率 $\nu$ 和波速 $u$ 三者的关系是

$$u = \lambda/T = \nu\lambda \tag{8-32}$$

式中，波速 $u$ 由介质的性质决定；波的频率 $\nu$ 则由波源的振动情况来决定。

当波源作简谐振动时，介质中各质点也作简谐振动，这时的波动称为简谐波。可以证明，任何实际波动都可以分解为若干个平面简谐波，因此讨论简谐波是研究一切波动的基础。

## 2. 平面简谐波波动方程

沿一个方向传播的简谐波是平面简谐波（planar simple harmonic wave）。如图 8-12 所示，一平面简谐波以波速 $u$ 沿 $x$ 轴正向传播，$P$ 是 $x$ 轴上的任意一点，其平衡位置为 $x$，振动位移为 $y$，确定任意时刻 $x$ 轴上任一质元的振动位移 $y$ 的方程叫平面简谐波的**波动方程**（wave equation）。

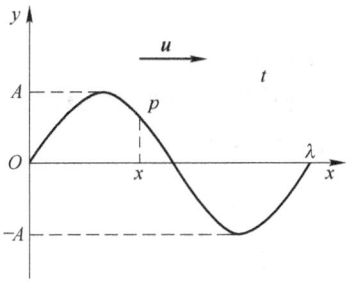

图 8-12 简谐波波动方程推导用图

设坐标原点处质元的振动方程

$$y_0(t) = A\cos(\omega t + \varphi_0)$$

$P$ 点滞后 $O$ 点振动的时间 $t' = x/u$，即 $x$ 处 $t$ 时刻的振动状态是 $O$ 点处 $t - x/u$ 时刻的振动状态，$x$ 处质元的振动方程

$$y_p(t) = A\cos[\omega(t - t') + \varphi_0]$$

即

$$y(x, t) = A\cos\left[\omega\left(t - \frac{x}{u}\right) + \varphi_0\right] \quad (8\text{-}33)$$

式(8-33)即为沿 $x$ 轴方向前进的**平面简谐波的波动表达式**。

平面简谐波波动表达式的另外几种形式如下：

$$y(x, t) = A\cos\left[2\pi\left(\frac{t}{T} - \frac{x}{\lambda}\right) + \varphi_0\right] \quad (8\text{-}34)$$

$$y(x, t) = A\cos\left[2\pi\left(\nu t - \frac{x}{\lambda}\right) + \varphi_0\right] \quad (8\text{-}35)$$

$$y(x, t) = A\cos(\omega t - kx + \varphi_0) \quad (8\text{-}36)$$

式中，$k = 2\pi/\lambda$ 称为**角波数**（angular wave number），简称为波数，表示单位长度上波的相位变化，它的数值等于 $2\pi$ 长度内所包含的完整波的个数。

在振动方程中，振动物体的位移仅是时间的函数，而在波动方程中，介质质点的位移不仅是时间的函数，还是质点位置的函数。

1) 如果 $x$ 给定，那么位移 $y$ 就只是 $t$ 的周期函数，表示距原点为 $x$ 处的质点的振动方程。利用它可求任一点的振动规律。设 $x = x_1$，则 $x_1$ 处质元的振动方程为

$$y(t) = A\cos\left[\omega\left(t - \frac{x_1}{u}\right) + \varphi_0\right] = A\cos(\omega t + \varphi_0')$$

2) 如果 $x$ 和 $t$ 都在变化，表示波线上各个不同质点在不同时刻的位移（表示波形的传播）。设 $t$ 时刻

$$y_t = A\cos\left[\omega\left(t - \frac{x}{u}\right) + \varphi_0\right]$$

由于不同时刻各质元的瞬时位置不同，所以不同时刻有不同形状的波形图，在图 8-13 中给出了 $t$ 和 $t + \Delta t$ 两个时刻的波形。经过一个周期，各质元都分别回到各

自的原有振动状态。因此，经历一个周期，波形图恢复原状。

若物体沿 $x$ 轴负方向传播，那么平面简谐波的波动表达式为

$$y = A\cos\left[\omega\left(t + \frac{x}{u}\right) + \varphi_0\right] \quad (8\text{-}37)$$

若波源不在坐标原点，则应先根据相位差写出原点的振动方程，然后按照前面推求波动方程的思路写出波动方程。

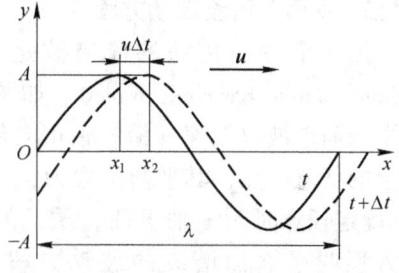

图 8-13 波的传播示意图

**例题 8-6** 已知一平面简谐波沿 $x$ 轴正向传播，波速 $u = 340\text{m/s}$，假定坐标原点处的振动方程为 $y_0 = 4 \times 10^{-2}\cos(20t)$ (SI)。求：(1) 波动方程；(2) $x = \lambda/4$ 处的质元的振动方程；(3) $t = \pi/4\text{s}$ 时波动方程的形式。

**解**：(1) 由 $y_0 = 4 \times 10^{-2}\cos(20t)$ (SI) 与标准振动方程比较可得波的角频率为 $\omega = 20\text{s}^{-1}$，所以波动方程为

$$y = 4 \times 10^{-2}\cos 20\left(t - \frac{x}{u}\right) = 4 \times 10^{-2}\cos 20\left(t - \frac{x}{340}\right)(\text{SI})$$

(2) $x = \lambda/4$ 代入上式，得该点处的振动方程

$$y_P = 4 \times 10^{-2}\cos 20\left(t - \frac{\lambda/4}{340}\right)$$

由波动方程知 $T = \pi/10\text{s}$，得

$$\lambda = uT = 34\pi$$

所以该点处的振动方程

$$y_P = 4 \times 10^{-2}\cos 20\left(t - \frac{\pi}{40}\right) = 4 \times 10^{-2}\cos\left(20t - \frac{\pi}{2}\right)$$

(3) $t = \pi/4\text{s}$ 代入波动方程中，得

$$y = 4 \times 10^{-2}\cos 20(\pi/4 - x/340)\text{m}$$

**例题 8-7** 如图 8-14 所示，一平面谐波以波速 $20\text{m/s}$ 沿 $x$ 轴正方向传播，在同一波线上有 $A$，$B$，$C$，$P$ 四点，假设 $P$ 点的振动方程为 $y = 0.3\cos(4\pi t)$，求分别以 $A$，$B$，$C$，$P$ 为原点的波动方程。

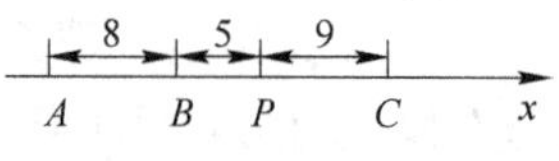

图 8-14 例题 8-7 图

**解**：以 $P$ 点为原点：$y = 0.3\cos\left[4\pi\left(t - \frac{x}{20}\right)\right]$

$A$ 点相位超前 $P$ 点：$\Delta\varphi = \dfrac{\omega(x_P - x_A)}{u} = \dfrac{4\pi \times 13}{20} = \dfrac{13\pi}{5}$

以 $A$ 点为原点的波动方程：$y = 0.3\cos\left[4\pi\left(t - \dfrac{x}{20}\right) + \dfrac{13\pi}{5}\right]$

同理可得，

以 $B$ 点为原点的波动方程：$y = 0.3\cos\left[4\pi\left(t - \dfrac{x}{20}\right) + \pi\right]$

以 $C$ 点为原点的波动方程：$y = 0.3\cos\left[4\pi\left(t - \dfrac{x}{20}\right) - \dfrac{9\pi}{5}\right]$

### 8.2.3 波的干涉和衍射

几列波在传播中相遇时，可以保持各自的特性（频率、波长、振幅、振动方向等），同时通过同一介质，好象没有遇到其他波一样。因此空间相遇点的振动就是各列波单独存在时所引起该质元的各个振动的叠加，这就是**波的叠加原理**（superposition principle of wave）。

**1. 干涉现象和相干条件**

一般情况下，几列波在介质中相遇时，相遇区域内各处质点的合振动是很复杂的，不稳定的。如果两列波频率相同，振动方向一致，波源之间有恒定的相位差，则在空间相遇时，使某些点的振动始终加强，某些点的振动始终减弱或者完全抵消，这种现象称为波的**干涉**（Interference）。

设 $S_1$ 和 $S_2$ 是两个同频率的平面简谐波的波源，振幅为 $A_1$、$A_2$，初相为 $\varphi_1$、$\varphi_2$，振动方向相同。

在空间相遇点，$P$ 点的合振动为两个同方向同频率的简谐振动之和，其振幅和相位差分别为

$$A = \sqrt{A_1^2 + A_2^2 + 2A_1 A_2 \cos\Delta\varphi}$$

$$\Delta\varphi = \left[2\pi\left(\nu t - \dfrac{r_1}{\lambda}\right) + \varphi_1\right] - \left[2\pi\left(\nu t - \dfrac{r_2}{\lambda}\right) + \varphi_2\right] = \dfrac{2\pi(r_2 - r_1)}{\lambda} + (\varphi_1 - \varphi_2)$$

可见，在叠加过程中，有一些特殊点，它们的合振动的振幅为 $A_1 + A_2$，这些点称为增强点；合振动的振幅为 $|A_1 - A_2|$，这些点称为减弱点。即

$$\Delta\varphi = \begin{cases} \pm 2k\pi & (k = 0, 1, 2, \cdots)，增强点 \\ \pm(2k+1)\pi & (k = 0, 1, 2, \cdots)，减弱点 \end{cases} \tag{8-38}$$

如果 $\varphi_1 = \varphi_2$，$A_1 = A_2 = A_0$，用 $r_1$ 表示 $P$ 点到 $S_1$ 的距离，$r_2$ 表示 $P$ 点到 $S_2$ 的距离，则有

$$\Delta r = r_2 - r_1 = \begin{cases} \pm k\lambda & (k = 0, 1, 2, \cdots)，增强点，A = 2A_0 \\ \pm(2k+1)\lambda/2 & (k = 0, 1, 2, \cdots)，减弱点，A = 0 \end{cases} \tag{8-39}$$

即当两相干波源同相时，在两个波的迭加区域内，当波程差等于 0 或半波长的偶数倍时，干涉加强，当波程差等于半波长的奇数倍时干涉减弱。

**例题 8-8** $A$，$B$ 是同一媒质中两相干波源，相距 20m，二波源的振动频率均为 100Hz。二波相向传播，振幅相同，振动方向相同，波速为 200m/s，且波源 $A$ 为波峰时，波源 $B$ 恰为波谷。求 $AB$ 间因干涉而静止的各点位置。

**解：** 两波的波动表达式可表示为

依题意，$y_A = A\cos 2\pi\nu t$，$y_B = A\cos(2\pi\nu t + \pi)$

以 $A$ 为原点，设 $A$ 与 $B$ 间任一点 $P$ 的坐标为 $x$，则二波在 $P$ 点引起的振动方程分别为

$$y_{AP} = A\cos 2\pi(\nu t - x/\lambda)$$
$$y_{BP} = A\cos\{2\pi[\nu t - (20-x)/\lambda] + \pi\}$$

因干涉而静止的条件为 $\Delta\varphi = (2k+1)\pi$，即

$$\Delta\varphi = \{2\pi[\nu t - (20-x)/\lambda] + \pi\} - 2\pi(\nu t - x/\lambda) = \pm(2k+1)\pi$$

得 $x = 10 + k\lambda/2$ (m)，$\lambda = v/\nu = 2$ m ($k = -9, -8, \cdots, 0, \cdots 8, 9$)

即 $AB$ 连线上，距 $A$ 端距离为 1m、2m、⋯、18m、19m 的各点。

**例题 8-9** 两相干波源相距 $\lambda/4$，$S_1$ 较 $S_2$ 的相位超前 $\pi/2$，问在 $S_1$ 和 $S_2$ 的连线上，$S_1$ 外侧各点的振幅，$S_2$ 外侧各点的振幅。

**解：** 依据题意，可设 $S_1$ 和 $S_2$ 两个波源振动方程分别为

$$y_{10} = A_1\cos\left(\omega t + \frac{\pi}{2}\right), \quad y_{20} = A_2\cos(\omega t)$$

$S_1$ 和 $S_2$ 产生的波动方程分别为

$$y_1 = A_1\cos\left[\omega\left(t - \frac{r_1}{u}\right) + \pi/2\right], \quad y_2 = A_2\cos\left[\omega\left(t - \frac{r_2}{u}\right)\right]$$

对于 $S_1$ 外侧的任意一点，有 $r_2 = r_1 + \lambda/4$，因而

$$\Delta\varphi = \varphi_2 - \varphi_1 = \left[\omega(t - r_2/u) - \omega\left(t - \frac{r_1}{u}\right) - \frac{\pi}{2}\right] = -\pi$$

因此，$S_1$ 外侧的任意一点合振幅为

$$A = |A_1 - A_2|$$

对于 $S_2$ 外侧的任意一点，$r_1 = r_2 + \lambda/4$，同理可得

$$\Delta\varphi = 0$$

因此，$S_2$ 外侧的任意一点合振幅为：$A = A_1 + A_2$。

### 2. 衍射现象

在水塘里，微风激起的水波遇到小石、芦苇及狭缝等障碍物时，会绕过它们继续传播，好像它们并不存在，如图 8-15 所示。在波的传播方向上放一个有孔的小屏，可以观察到波穿过小孔而在屏的后面继续向各个方向传播。波可以绕过障碍物继续传播，这种现象叫做**衍射**(diffraction)。

任何波动都会产生衍射现象，实验表明，当孔或狭缝的线度与通过它们的波的波长差不多时，衍射现象比较明显；反之，如果孔或狭缝的线度远大于波长，

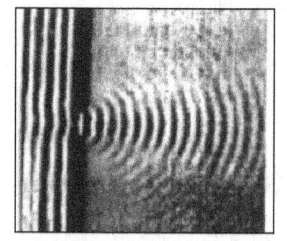

图 8-15 水波通过狭缝后的衍射现象

衍射现象不显著，波主要表现出沿直线传播的特征。日常生活中，障碍物的尺寸一般远大于光的波长，所以不容易观察到光波的衍射现象。

惠更斯于 1690 年提出：**介质中任一波阵面上的各点，都可以看做是发射子波的波源，其后任一时刻，这些子波的包络面就是新的波阵面**。这就是惠更斯原理（Huygens principle）。在此基础上，菲涅耳提出了子波相干的思想，最终发展成为惠更斯-菲涅耳原理。我们将在波动光学中对该原理作进一步的介绍。

### 8.2.4 驻波

波在介质中传播时其波形不断向前推进，故称行波；但在同一介质中，两列振幅相同的相干平面简谐波，在同一直线上沿相反方向传播时，相互叠加后的波形并不向前推进，故称为**驻波**（Stationary waves），如图 8-16 所示。形成驻波时，沿波的传播方向，一些点的振幅始终为 0，一些点的振幅始终极大，另外一些点的振幅介于极大和 0 之间。整个直线分段振动且无跑动趋势，也没有能量传递。不同于行波，驻波不向前传播振动状态。

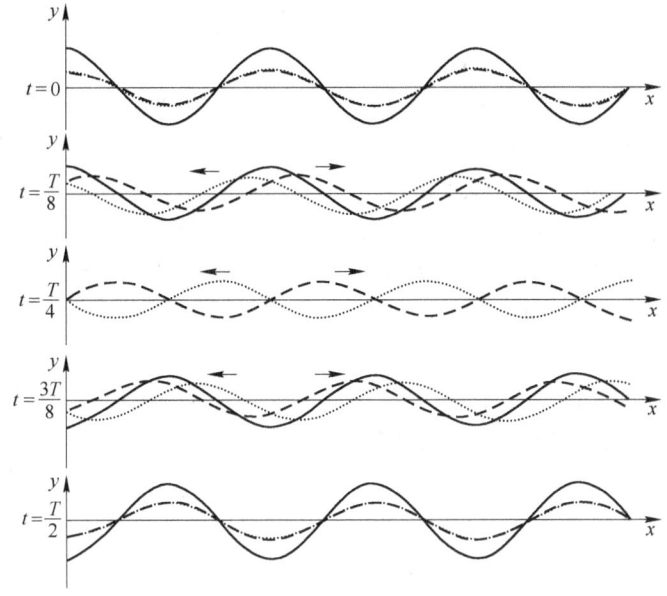

图 8-16 驻波的形成

设一列平面简谐波沿 $x$ 轴正向传播，其波动表达式为

$$y_1 = A\cos\left[2\pi\left(\nu t - \frac{x}{\lambda}\right)\right]$$

另一列平面简谐波沿 $x$ 轴负向传播，其波动表达式为

$$y_2 = A\cos\left[2\pi\left(\nu t + \frac{x}{\lambda}\right)\right]$$

则两列波的在空点某点 $x$ 的合振动为 $y = y_1 + y_2$，经过推算可表示为

$$y = 2A\cos2\pi\left(\frac{x}{\lambda}\right)\cos2\pi\nu t \tag{8-40}$$

由式(8-40)可知，各质点都在自己平衡位置附近以相同频率作简谐振动，各点的振幅，空间某点 $x$ 的振幅是一个位置的余弦函数。即有些位置振幅最大，有些位置振幅为零，另外一些点的振幅介于极大和 0 之间。

我们把振幅最大的各点叫做驻波的波腹；振幅恒为零的各点叫做驻波的波节。对于波腹点，有

$$\left|2A\cos2\pi\left(\frac{x}{\lambda}\right)\right| = 2A \tag{8-41}$$

所以，波腹的位置为

$$x = \frac{\pm k\lambda}{2}(k=0,1,2,\cdots) \tag{8-42}$$

相邻的波腹之间的距离相差 $\lambda/2$。

同样，波节的位置为可由 $2\pi(x/\lambda) = \pm(2k+1)\pi/2$，得

$$x = \pm(2k+1)\frac{\lambda}{4}(k=0,1,2,\cdots) \tag{8-43}$$

相邻的波节之间的距离也相差 $\lambda/2$。

在波节处，因为 $\cos2\pi x/\lambda = 0$，所以在波节两边 $\cos2\pi x/\lambda$ 有相反符号。因此，某时刻在波节的一方位移为正，则在波节的另一方位移一定为负。即波节两边振动相反，相位相反；而在两波节之间的点的相位均相同。

驻波是一种常见的物理现象，如各种乐器，包括弦乐器、管乐器和打击乐器，都是由于产生驻波而发声，水波从码头或悬崖处反射以及声波被光滑的硬壁反射，在水或空气中都会形成驻波。人们把介质的密度 $\rho$ 与波速 $u$ 之乘积 $\rho u$ 相对较大的介质称为波密介质，相对较小的称为波疏介质。当波由波疏介质传到与波密介质的界面处时，其反射波的周相突变为 $\pi$，相当于半个波长的波程差，这种入射波反射时发生相位突变 $\pi$ 的现象叫**半波损失**(half wavelength loss)。因此，波由波疏介质入射，在波密界面上反射时，界面形成波节，反之，波由波密介质入射，在波疏界面上反射时，界面形成波腹。

## 8.3 电磁振荡和电磁波

### 8.3.1 电磁波的产生

变化电场和变化磁场在空间中的传播形成**电磁波**(electromagnetic wave)。电磁波不仅可以用来传播电视信号，而且可以用来加热食品，实现远程控制、进行医疗诊断等。

通过系统总结人类在 19 世纪中叶对电磁规律的研究成果，特别是法拉第电磁

感应现象的研究，麦克斯韦认为：变化的磁场在周围空间产生了电场，电路中的自由电荷在这个电场作用下作定向运动，产生了感应电流，即使在变化的磁场周围没有闭合电路，同样要产生电场，进一步假设，变化的电场就像导线中的电流一样，会在空间产生磁场，即变化的电场产生磁场。根据这两个论点，麦克斯韦推断：如果在空间某区域中有不均匀变化的电场，那么这个变化的电场就在空间引起变化的磁场；而这个变化的磁场又引起新的变化的电场……于是，变化的电场和变化的磁场交替产生，由远及近地向周围传播，即在空间可能存在电磁波。

1886 年，赫兹制作了一套仪器，试图用它发射和接收电磁波。仪器中有一对抛光的金属小球，两球之间有很小的空气间隙。两个球连接到能够产生高电压的感应圈的两端。当两球之间放电时，看去就是一个火花。

仪器的另一部分是围成环状的导线，导线两端也安装两个金属小球，小球之间也有间隙。当把这个导线环放在距感应圈不太远的位置时，他观察到：当感应圈两个金属球间有火花跳过时，导线环两个小球间也跳过了火花。

当感应圈使得与它相连的两个金属球间产生电火花时，空间出现了迅速变化的电磁场。这种变化的电磁场以电磁波的形式在空间传播。当电磁波到达导线环时，它在导线环中激发出感应电动势，使得导线环的空隙中也发生了火花。这个导线环实际上是电磁波的检测器。

赫兹实验验证了电磁波的存在。

## 8.3.2 平面电磁波的性质

根据麦克斯韦的电磁场理论，电磁波中的电场强度与磁感应强度互相垂直，而且二者均与波的传播方向垂直，因此，电磁波是横波。

在机械波中，位移这个物理量随时间和空间作周期性的变化，而在电磁波中，$E$ 和 $B$ 这两个物理量随时间和空间作周期性变化，波的传播速度等于光速 $c$。

与机械波不同，电磁波不需要传播介质，可以在真空中传播，这是因为电磁波的传播靠的是电场和磁场的相互"激发"，而电场和磁场本身就是一种特殊形式的物质。

## 8.3.3 电磁振荡

在由纯电容和纯电感组成的电路中，电容器通过自感线圈放电，由于自感作用总是阻碍电流的变化，所以电路里的电流不能立刻达到最大值，而是由零逐渐增大。这时，线圈周围的磁场逐渐增强，电容器里的电场因极板上电荷逐渐减少而逐渐减弱。这样，电路里的电场能逐渐转化为磁场能。当电容器放电完毕，电路中的电流达到最大值，电场能全部转化为磁场能。电容器放电完毕，由于自感作用，电路中仍然保持有原来方向的电流，但逐渐减弱，这样就使电容器逐渐充电，不过两极所带的电荷符号都跟原来的相反，充电完毕，电流减小到零，磁场能全部转化为电场能。此后，上述的全部过程反复地循环下去，在电路中就出现了振荡电流。这种电场和磁场的周期性变化叫做**电磁振荡**（Electromagnetic Oscillation）。在电磁振荡的过程中，电场能和磁场能同时发生转换。若系统受到外界周期性的电磁激励，且激励的频率等于系统的自由振荡频率，则系统与激励源间形成电谐振。

如果电路中除电容、电感外，还有电阻，即有能量损耗，但无电源，则电流和电荷的振幅逐渐衰减为零，开始时储存的电磁场能通过电阻上散发的焦耳热不断损耗殆尽。这种电磁振荡称为阻尼振荡。如果在由电容、电感和电阻组成的电路中还有交流电源，电源的电动势随时间按正弦

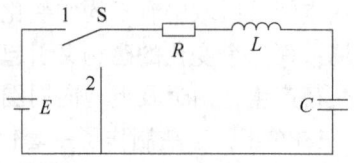

图 8-17　RLC 振荡电路

或余弦函数变化，则由于电源不断提供能量，补偿在电阻上的能量损耗，稳定后电路中电流、电荷的振幅将保持恒定。这种电磁振荡称为受迫振荡，受迫振荡的频率等于交流电源的频率。电磁振荡的上述特征在一些电磁测量仪表（如灵敏电流计，冲击电流计）中有重要应用。

产生电磁振荡的最简单的实例是由电阻 $R$、电感线圈 $L$ 和电容器 $C$ 所组成的振荡回路，使其电容器 $C$ 中储存的电能与电感线圈 $L$ 中储存的磁能不断地相互转换。单回路 RLC 振荡电路如图 8-17 所示。

### 8.3.4　电磁波谱

实验证明，无线电波、红外线、可见光、紫外线、X 射线、γ 射线都是电磁波。它们的区别仅在于频率或波长有差别。光波的频率比无线电波的频率要高很多，光波的波长比无线电波的波长短很多；而 X 射线和 γ 射线的频率则更高，波长也更短。不同频率（波长）的电磁波组成了连续的电磁波谱。**电磁波谱**（electromagnetic spectrum）的频率范围很广（约为 $1 \sim 10^{24}$ Hz）。不同电磁波因其频率或波长的不同而具有不同的特性。

**1. 无线电波**

波长大于 1mm 的电磁波是无线电波（radio wave）。因波长的不同，无线电波又分为长波、短波和微波。微波主要用于电视和雷达。许多自然过程也辐射无线电波，天文学家用射电望远镜接收天体辐射的无线电波，进行天体物理研究。

**2. 红外线**

红外线（infrared ray）波长约从 1mm 到 700nm。物体的温度越高，它辐射的红外线越强，波长较短的辐射也越多。利用红外热效应可以进行红外遥感、红外成像、红外测温和红外线夜视等。如电视机等家用电器的遥控器、医学上进行理疗和加热的红外线灯、用于洗手间的自动冲洗、烘干机以及自动门的开关等。

**3. 可见光**

在电磁波谱中，能使人的眼睛产生视觉效应的只是范围很窄的波段，称为可见

光(visible light)。可见光波长范围约为 700～400nm。从红光到紫光,它们的波长从长到短。不同波长的单色光组合也能产生不同的颜色。这一波段的电磁波能使感光胶片产生化学反应,可以使植物进行光合作用。

#### 4. 紫外线

紫外线(ultraviolet rays)的波长约为 400～5nm。荧光物质受紫外线照射时能发出可见光,利用紫外线荧光作用可以设计防伪措施。紫外线能促使人体合成维生素 D,有助于钙的吸收。紫外线具有较高的能量,能杀灭多种细菌,医院、饭店等常用紫外线来消毒。过强的紫外线会伤害眼睛和皮肤。

#### 5. X 射线

X 射线(X rays)的波长约为 5～0.01nm。X 射线具有较强的穿透能力,它能穿透除牙齿和骨骼以外的人体组织,可用于检查人体内部器官,工业上可用于检查金属内部的缺陷或用于交通运输等场所的安全检查。X 射线对生命物质有较强的作用,过量的 X 射线对人体有害,铅对 X 射线能起防护作用。

#### 6. γ 射线

γ 射线(γ rays)是某些放射性物质发出的波长极短的电磁波,它的波长约为 $0.01～10^{-4}$nm。γ 射线具有很高的能量和穿透能力,能检查出金属内部的伤痕。过量 γ 射线对细胞有伤害,医疗上利用 γ 射线来杀死癌细胞。γ 射线还用于杀灭食品中的微生物,使食品长时间保质。

## 8.4 多普勒效应

多普勒于 1842 年发现,当波源或观察者、或者两者同时相对于介质有相对运动时,观察者接收到的波的频率与波源的振动频率不同,这类现象称为**多普勒效应**(doppler effect)或者**多普勒频移**。例如,当你站在铁路旁,一列火车鸣着汽笛从身旁飞速驶过时,汽笛声会从很尖的音调突然变为低沉。利用多普勒效应可以测量移动物体的速度或对其进行定位,如公路上方的自动测速仪,通过检测血液流速来检查脑部病变的多普勒超声扫描等。

下面以声波为例来讨论声波的多普勒效应。假设观察者(接收器)与声源沿同一直线运动,以介质为参考系,声源的频率为 $\nu$,声波的在介质中的传播速率为 $u$(由介质决定),以观测者为参考系,观察者接收到的波的传播速度为 $u'$,接收到的波长为 $\lambda'$,接收到的频率为 $\nu'$。

(1) 声源 S、观察者 D 均相对于介质为静止

此时观察者接收到的波速、波长与声源在介质中的波速、波长一致,即 $u' = u$,$\lambda' = \lambda$,则 $\nu' = u'/\lambda' = u/\lambda = \nu$,说明在声源、观察者均相对于介质静止时,没有多普勒效应,观察者接收到的频率就是声源在介质中的频率。

(2) 声源 S 相对介质静止,观察者 D 相对介质以 $v_D$ 的速度运动

以波源及观察者连线为 $x$ 轴,并规定波动向着观察者传播方向为正方向,则

$$\nu' = u'/\lambda = \frac{u+v_D}{u/\nu} = \frac{u+v_D}{u}\nu \qquad (8\text{-}44)$$

若观察者 D 向着声源 S 运动时,由图 8-17a 可知 $v_D > 0$,则观察者 D 接收到从 S 发出的波的频率 $\nu'$ 大于声源的频率 $\nu$;若观察者 D 远离声源 S 运动时,$v_D < 0$,则观察者 D 接收到从 S 发出的波的频率 $\nu'$ 小于声源的频率 $\nu$,若观察者相对于某一波面为静止时,观察者的接收频率为零。

(3) 观察者 D 相对介质静止,声源 S 相对介质以 $v_S$ 的速度运动

如果波源 S 不运动,则波头、波尾长为 $uT$,但当波源运动时,波头发出后,即以 $u$ 速在介质中传播,当其到达 P 点时,波源(波尾)在这段时间内(一个振动周期 $T$ 内)运动到 $S'$ 点,波形(面)被压缩,即,$\lambda' = (u - v_S)T$

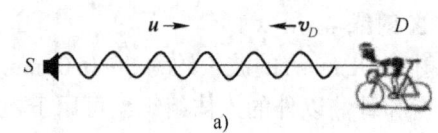

a)

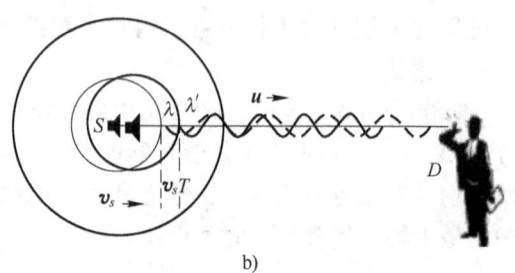

b)

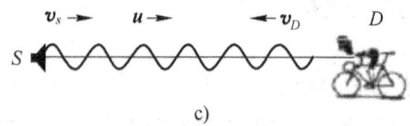

c)

$$\nu' = u/\lambda' = \frac{u}{u-v_S}\nu \qquad (8\text{-}45)$$

若声源 S 向着观察者 D 运动,由图 8-18b 可知 $v_S > 0$,则观察者 D 接收到从 S 发出的波的频率 $\nu'$ 大于声源的频率 $\nu$;若声源 S 远离观察者 D 运动,$v_S < 0$ 则观察者 D 接收到从 S 发出的波的频率 $\nu'$ 小于声源的频率 $\nu$。

(4) 声源相对介质以的 $v_S$ 速度运动、观察者相对于介质以 $v_D$ 的速度运动

图 8-18 多普勒效应
a)声源相对介质静止,观察者相对介质运动
b)观察者相对介质静止,声源相对介质运动
c)声源和观察者均相对介质运动

声源和观察者相互靠近时,如图 8-18c 所示,观察者测得的波速 $u' = u + v_D$,观察者测得的波长 $\lambda' = (u - v_S)T$,则接收到的频率为

$$\nu' = u'/\lambda' = \frac{u+v_D}{u-v_S}\nu \qquad (8\text{-}46)$$

声源和观察者相互靠远离时,观察者测得的波速,$u' = u - v_D'$,观察者测得的波长,$\lambda' = (u + v_S)T$,则接收到的频率为

$$\nu' = u'/\lambda' = \frac{u-v_D}{u+v_S}\nu \qquad (8\text{-}47)$$

综上所述,当观测者(接收器)与声源沿同一直线运动时,假设声源的频率为

$\nu$,声波的在介质中的传播速率为 $u$,相对于传播介质而言,声源朝向观测者运动的速率为 $v_S$,观测者朝向声源运动的速率为 $v_D$,则观测者听到的声音的频率 $\nu'$ 为

$$\nu' = u'/\lambda' = \frac{u+v_D}{u-v_S}\nu \tag{8-48}$$

**例题 8-10** A,B 为两个汽笛,其频率皆为 1000Hz,A 静止,B 以 60m/s 的速率向右运动,在两个汽笛之间有一观察者 O,以 30m/s 的速度也向右运动,已知空气中的声速为 330m/s。求观察者听到来自 B 的频率。

**解**:相对于传播介质,波源 B 朝向观察者的速度 $v_S = -60\text{m/s}$,观测者朝向声源运动的速率为 $v_D = 30\text{m/s}$

根据式(8-48)得观察者听到来自汽笛 B 的频率

$$\nu' = u'/\lambda' = \frac{u+u_D}{u-v_S}\nu = \frac{330+30}{330+60} \times 1000\text{Hz} = 923.1\text{Hz}$$

## 习 题

**8-1** 质量为 50g 的物体挂在弹簧末端作简谐振动,已知振幅为 12cm,周期为 1.70s。求(1)频率;(2)弹簧的劲度系数;(3)最大速率;(4)最大加速度;(5)当位移为 6.0cm 时的速度;(6)当 $x = 6.0$cm 时的加速度。

**8-2** 一物体作简谐振动,速度最大值 $v_m = 2 \times 10^{-2}$m/s,振幅 $A = 2 \times 10^{-2}$m/s。若 $t = 0$ 时,物体位于最大位移位置且向 $x$ 轴的负方向运动。求:(1)振动周期 $T$;(2)加速度的最大值 $a_{max}$;(3)振动方程的表达式。

**8-3** 在忽略一切摩擦和阻力的条件下,分析以下物体的运动是否为简谐振动。(1)浮在水中的木块的上下运动;(2)从一定高度上下落的弹性小球;(3)在圆弧形轨道上运动的小球;(4)放在斜面上的弹簧振子;(5)弹簧下面悬挂物体。

**8-4** 一质量为 10g 的物体作谐振动,当 $A = 24$cm,$T = 4$s,$t = 0$ 时,位移为 12cm,沿 $x$ 轴正向运动,求 $t = 1$s 时物体所在的位置和所受的力,由起始位置运动到 $x = -12$cm 所需的最短时间。

**8-5** 忽略一切摩擦和阻力,质量为 0.4kg 弹簧振子;$k = 1.6$N/m,放在光滑的水平面上,求下列几种情况下的振动方程(1)今将物体拉至 $x_0 = 0.2$m 处释放;(2)把物体拉至 0.1m 处给物体一向右的初速 $x_0 = 0.2$m/s。

**8-6** 单摆由一端固定的不可伸长的轻质细绳与质点固联而成,在重力作用下,单摆在竖直平面内作小角度的摆动($\theta < 5°$),证明在忽略空气阻力的条件下,上述单摆作简谐振动,其固有圆频率为 $\omega = \sqrt{g/l}$。设绳子长 $l$,重力加速度为 $g$。

**8-7** 两个沿 $x$ 轴方向的谐振动的振动方程为:$x_1 = 5 \times 10^{-2} \cos(Rt + 3\pi/4)$(m),$x_2 = 6 \times 10^{-2} \sin(Rt + 3\pi/4)$(m),(1)求 1,2 两振动的合振动的振幅及相位;(2)若另有 $x$ 方向振动的谐振动的方程为:$x_3 = 8 \times 10^{-2} \sin(Rt + \alpha)$(m),$\alpha$ 为何值时,$x_1 + x_3$ 为最大?$\alpha$ 为何值时,$x_2 + x_3$ 为最小?

**8-8** 一质点作简谐振动的角频率为 $\omega$,振幅为 $A$,当 $t = 0$ 时质点位于 $x = A/2$ 处,且向 $x$ 轴正方向运动,试画出此振动的旋转矢量图。

8-9 一物体质量为 0.25kg，在弹性力作用下作简谐振动，弹簧的劲度系数 $k = 25\text{N/m}$，如果起始振动具有势能 0.06J 和动能 0.02J，求(1)振幅；(2)经过平衡位置时物体的速度。

8-10 设有一平面简谐波频率为 $\nu$，振幅为 $A$ 以波速 $u$ 沿 $x$ 轴正向传播，已知波线上距原点为 $d$ 的 $B$ 点的振动方程为 $y_B = A\cos(2\pi\nu t + \varphi)$，试写出其波动方程。

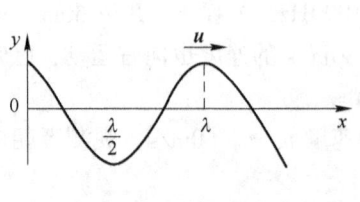

习题 8-11 图

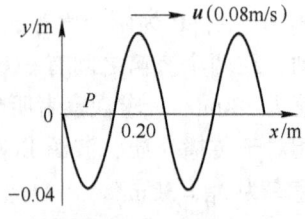

习题 8-12 图

8-11 已知某 $t$ 时刻 $y = A\cos(\omega t - 2\pi x/\lambda)$ 的波形图（见习题 8-11 图），求 $y = A\cos(\omega t - 2\pi x/\lambda - \pi/2)$ 及 $t + T/2$ 时刻的波形图。

8-12 习题 8-12 图示为一平面简谐波在 $t = 0$ 时的波形图，求：(1)该波的波动方程；(2)$P$ 处质点的振动方程。

8-13 一简谐振动曲线如习题 8-13 图所示，问 $t = 2\text{s}$ 时刻质点位移和速度的大小多少？

8-14 已知某简谐振动的振动曲线如习题 8-14 图所示，求此简谐振动的振动方程。

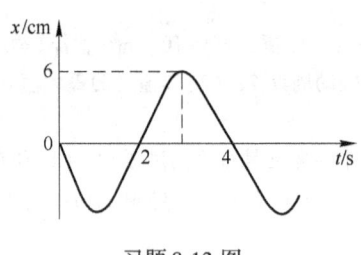

习题 8-13 图

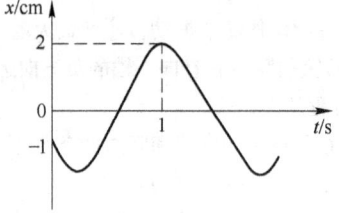

习题 8-14 图

8-15 频率为 3000Hz 的声波，以 1560m/s 的传播速度沿一波线传播，经过波线上的 $A$ 点后，再经 13cm 而传至 $B$ 点。

(1) 求 $B$ 点的振动比 $A$ 点落后的时间；

(2) 波在 $A$，$B$ 两点振动时的相位差是多少？

(3) 设波源作简谐振动，振幅为 1mm，求振动速度的幅值，是否与波的传播速度相等？

8-16 一列平面简谐波以波速 $u$ 沿 $x$ 轴正方向传播，波长为 $\lambda$。已知在 $x_0 = \lambda/2$ 处的质元振动表达式为 $y = A\cos(2\pi\nu t - \pi/2)$，试写出波动方程。

8-17 沿 $x$ 轴正方向传播的平面简谐波在 $t = 0$，$t = 0.5\text{s}$ 时刻的波形曲线如习题 8-17 图所示，波的周期 $T < 1\text{s}$，求：

(1) 波动方程；(2) $P$ 点 $(x = 2\text{m})$ 的振动方程。

8-18 $B$，$C$ 为处在同一媒质中相距 30m 的两个相干波源，它们产生的相干波波长都为 4m，且振幅相同。求下列两种情况下，$BC$ 连线上因干涉而静止的各点的位置：(1) $B$，$C$ 两波源的初相位角 $\varphi_1 = \varphi_2$；(2) $B$ 点为波峰时，$C$ 点恰为波谷。

8-19 两波在一很长的弦线上传播，其波动方程式分别为 $y_1 = 4.00 \times 10^{-2}\cos(4x - 24t)$

(SI)；$y_1 = 4.00 \times 10^{-2}\cos(4x + 24t)$(SI)。求：(1) 两波的频率、波长、波速；(2) 两波叠加后的节点位置；(3) 叠加后振幅最大的那些点的位置。

8-20　机车以 30.0m/s 的速率驶向并经过铁轨旁一行人。汽笛的频率为 2.00kHz。求：(1) 机车驶近时，人听到的汽笛的频率和 (2) 机车远离时，人听到的频率。已知声速为 340m/s。

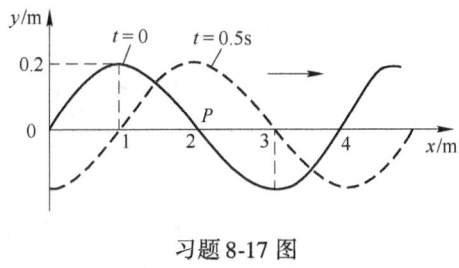

习题 8-17 图

8-21　公路检查站用超声波监测来往汽车的速度，所用超声波的频率为 100kHz，假设发出的超声波被一迎面开来的汽车反射回来，利用拍频装置测得反射波频率为 110kHz，设声波在空气中的传播速度为 $u = 330$m/s，求此汽车的行驶速度。

# 第 9 章 光　　学

一只孔雀在向人们展示它迷人漂亮的羽毛，如图所示。你知道孔雀为什么拥有多变且漂亮绚丽的羽毛吗？是它天生就有这样的色彩吗？是不是由它本身的色素决定的？如果不是，那它又是怎么形成的呢？

光是人类生存与发展的最重要因素，光是地球上生命活动的能量来源，光与农业和生物学密切相关。人们通过感观而感知外部世界，据统计人类接收到的外部信息有90%以上是与视觉相关的。由于光与人类的生活生产的密切关系，光学是物理学发展较早的一个分支。最早也是最容易观察到的

孔雀开屏时的绚丽羽毛

规律是光的直线传播；我国古代的"墨经"就总结了光线直进的原理。古希腊的科学家们曾提出太阳及一切发热与发光的物体发出微小的粒子，这些粒子引起了人们光和热的感觉。17世纪，关于光的本性问题主要有牛顿主张的光的微粒说和惠更斯倡议的波动说。微粒说认为光是从发光体发出而且以一定速度向空间传播的一种微粒，实际上牛顿已察觉到许多光的现象需要用波动来解释，牛顿环就是例子；波动说认为光是在介质中传播的一种波动。不过，微粒说和波动说当时都没有建立系统的有说服力的理论。直到19世纪，人们发现光有干涉、衍射、偏振等现象，这些现象是波动的特征，与微粒学说不相容；托马斯·杨和菲涅耳从实验和理论上建立起了一套比较完整的光的波动理论；但关于光的传播介质是什么的问题有待解决。19世纪中叶麦克斯韦建立了光的电磁理论使人们对光的本质才有了更深入的认识；到了19世纪末叶，迈克耳孙实验以及之后爱因斯坦建立的相对论最终得出光波是一种可独立存在的物质，不需要借助任何介质来传播。从19世纪末到20世纪初人们又发现了光电效应等一系列现象，不能用波动理论来解释，必须假定光是一定能量和动量的粒子所组成的粒子流，这样的粒子称为光子；人们认识到光具有波粒二象性。本章主要讨论光的干涉、衍射和偏振现象及其遵守的波动规律以及有

关应用。关于光的粒子性，将在下一章中研究。

本章内容提要

◆光的干涉

◆光的衍射

◆光的偏振

## 9.1 光的干涉

### 9.1.1 光的相干条件

干涉现象是一切波动所具有的共同特征。在前一章讨论机械波时指出，两列波相遇发生干涉现象的条件是：振动频率相同，振动方向相同和相位差恒定。能够发生干涉的两列波叫相干波。类似地，我们把能够发生干涉的光叫**相干光**，相干光也必须满足一定的条件。光是一种电磁波（横波），用交互传播的振动矢量（电场强度和磁场强度）来描述。光波中产生感觉作用与生理作用的是电场强度矢量，因此我们通常把电矢量称为**光矢量**(light vector)。通常意义的光波是指能引起人眼视觉的电磁波，它的频率在 $3.9×10^{14} \sim 7.6×10^{14}$ Hz 之间，相应地，在真空中的波长为 $0.77 \sim 0.39 \mu m$ 之间。不同波长的光给人以不同颜色的感觉，当波长从小到大变化时，给人感觉出光从紫到红变化成各种颜色。

在光学现象中经常出现一种情况是：两盏灯同时照到一屏幕上，总照度到处都加强了，其值等于两盏灯照度之和。两个独立的无关联的光源发出的光波不会产生干涉，只有从同一光波分离出来的两个关联光波才会发生干涉。可以从光源本身的发光特性来解释两个独立无关联光波不能产生干涉的原因。一般普通光源发光的机理是处于激发态的原子（或分子）的自发辐射。原子吸收了外界能量而处于激发态，由于激发态很不稳定，电子在激发态上存在的时间平均为 $10^{-11} \sim 10^{-8}$ s，原子又会自发的回到低激发态或基态，在这过程原子向外辐射光波，每个原子的发光是间歇的（间歇时间与发射时间有相同的数量级）。一个原子在一次发光后，只有在重新获得足够的能量后才会再次发光。每次发光的持续时间很短，大约为 $10^{-9}$ s，这样，原子发射的光波是一段段频率一定、振动方向一定、有限长的波列。图9-1 粗

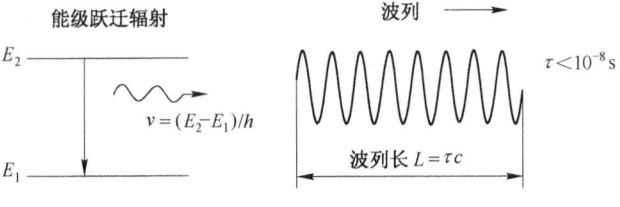

图9-1 光波波列

略地表示了光波列。每一段波列，其振幅在持续时间内保持不变或缓慢变化，前后各段波列之间没有固定的相位关系。在普通光源中，一个原子一次发光只能发出一段长度有限、频率一定、振动方向一定的波列。各个原子发射的波列之间没有特定联系，因而不同原子在同一时刻发出的波列在频率、振动方向和相位上各自独立，同一原子在不同时刻发出的波列之间振动方向和相位也各不相同。

普通光源发出的光是由很多原子所发出的、许多相互独立的波列，这些波列不满足相干条件，因此，普通光源发出的光不能产生干涉现象。两个光波干涉的实质是同一波列分离出来的两列波的干涉。两叠加光波振动方向相同、频率相同和相位差恒定是产生干涉的三个条件，称为**相干条件**(coherent condition)。能产生相干叠加的满足以上三个条件的两束光称为相干光，相应的光源称为相干光源。只有相干光才能产生光的干涉现象。

实际的干涉装置是利用同一发光原子的同一次辐射得到相干光波，但因为原子只能辐射一段段有限长的波列，进入干涉装置的每个波列都分成同样长的两个波列，当光程差太大时，由同一波列分成的两个波列就不能相遇。这时相遇的是对应于原子前一时刻发出的一列波，各时刻波列的相位差无规则地变化，结果仍不会发生干涉现象。必须利用原子发出的同一列波列才能发生干涉，叠加的两列光波的光程差不能大于光波的波列长度。我们把能够产生干涉现象的最大光程差(折射率与几何路程之积称为光程)称为相干长度，显然它等于一个波列的长度。激光的相干长度很长，所以它是很好的相干光源。

获得相干光的基本原理是把由光源上同一点发出的光"一分为二"，然后再使两部分光叠加，实际这就是利用同一发光原子(或发光点)的同一次的辐射得到两束相干光波，相应的这两部分光频率相同、振动方向相同、相位差恒定，满足相干条件。把同一光源发出的波列分成两部分的方法有两种：一种叫**分波阵面法**(division of wavefront)，由于同一波阵面上各点的振动有相同的相位，所以从同一波阵面上取出的两部分光可以作为相干光源。如杨氏双缝实验等就用这种方法。另一种叫**分振幅法**(division of amplitude method)，如图9-2所示，薄膜干涉实验即用这种方法。

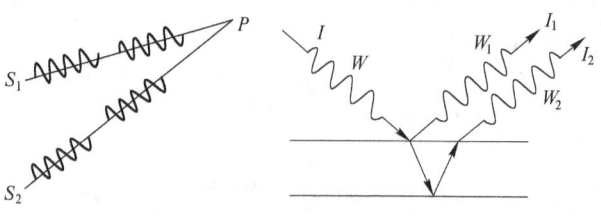

图9-2 相干光的获取方法

## 9.1.2 杨氏双缝干涉实验

托马斯·杨(T. Young)在1802年设计了一个精巧而又简单的方法使两光源之间的相位差能保持固定,把一列波面"一分为二",如图9-3所示。在单色光源后放一狭缝$S$,$S$后又放有与之平行而且等距离的两平行狭缝$S_1$和$S_2$,两缝间距离很小。这时$S_1$和$S_2$构成一对相干光源。从$S_1$和$S_2$发出的光波在空间叠加,产生干涉现象。双缝后屏幕将出现一系列稳定的明暗相间的条纹,称为干涉条纹。这些条纹都与狭缝平行,条纹间的距离彼此相等。当遮住其中一个狭缝时屏幕条纹将消失,干涉条纹遵从叠加原理。在这实验中由于$S_1$和$S_2$是从$S$发出的波阵面上取出的部分,所以把这种获得相干光的方法称为分波阵面法。

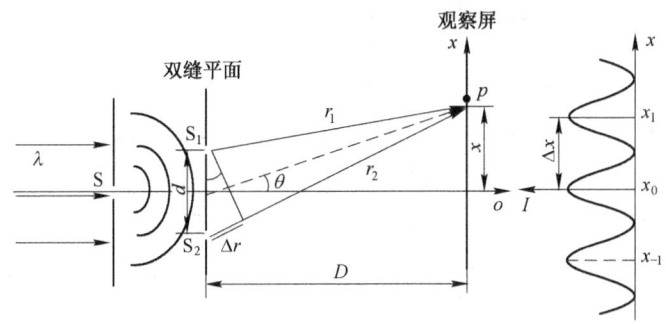

图9-3 双缝干涉示意图

$S_1$和$S_2$是由$S$发出的同一波阵面的两部分,满足相干条件、且同相(到$S$距离相等,$D \gg d$)。波程差$\Delta r = r_2 - r_1 \approx d\sin\theta$;因而相位差为$\Delta\varphi = 2\pi\Delta r/\lambda$,由前章波动理论可知若满足条件:

1) 当$d\sin\theta = \pm k\lambda(k=0,1,2,\cdots)$时,干涉相长;$P$点为明条纹的中心,$k$为明条纹的级次。$k=0$的明条纹为中央明条纹或零级明条纹,$k=1,2,\cdots$称为第1级、第2级、$\cdots$明条纹;正负号表示明条纹对称分布在中央明条纹两侧。由于$\theta$很小,$\sin\theta \approx \tan\theta = x/D$,得:$\Delta r = \mathrm{d}x/D$,则

$$x = \pm k\frac{D}{d}\lambda \quad (k = 0,1,2,\cdots) \tag{9-1}$$

$x$为各级明条纹中心离中心$O$点的距离。

2) 当$d\sin\theta = \pm(2k+1)\lambda/2(k=0,1,2,\cdots)$时,干涉相消;$P$点为暗条纹的中心,$k$为暗条纹的级次,暗条纹也是对称分布在中央明条纹的两侧。

$$x = \pm(2k+1)\frac{D}{d}\frac{\lambda}{2} \quad (k = 0,1,2,\cdots) \tag{9-2}$$

$x$为各级暗条纹中心离中心$O$点的距离。

由上讨论可知干涉条纹特点为:中央为零级明条纹、两侧对称地分布着较高级次的明暗相间的条纹。每一条纹都对应一定的波程差。相邻两明条纹中心或两暗条

纹中心的距离都是 $\Delta x = \lambda D/d$。说明条纹是等间距排列($\theta$不太大时)。

**例题 9-1** 在双缝干涉实验中,两缝间距为 0.3mm,用单色光垂直照射双缝,在离缝 1.2m 的屏上测得中央明条纹一侧第 5 条暗条纹中心与另一侧第 5 条暗条纹中心间的距离为 22.78mm。求所用光的波长为多少,是什么颜色的光?

**解**:根据暗条纹对称分布在中央条纹的特点,结合题意可知题中所指的第 5 条暗条纹为 $k=4$,且它到中央明纹中心的距离为 22.78mm 的一半,即 11.39mm。利用式(9-2)可得

$$x_4 = (2k+1)\frac{D}{d}\frac{\lambda}{2} = \frac{9D\lambda}{2d} = 11.39\text{mm}$$

解得 $\lambda = 632.8\text{nm}$,为红光。

劳埃德(H. Lloyd)于 1834 年提出了一种更简单的观察干涉的装置,如图 9-4 所示。M 为一块涂黑的玻璃体,作为反射镜。从狭缝 S 射出的光一部分直接射到屏 E 上,另一部分经 M 反射后到达 E 上,反射光可看做是由虚光源 S' 发出的,S、S' 构成一对相干光源,在 E 的光波相遇区域内发生干涉,出现明暗相间的条纹。这

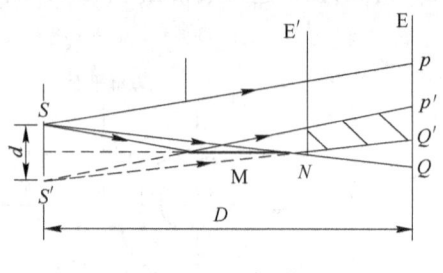

图 9-4 劳埃德镜

也相当于杨氏干涉一样,劳埃德镜干涉仍属于分波阵面法干涉。

若把屏移到平面镜边上,在接触处屏上出现的是暗条纹,这表明,直接射到屏上的光与由镜反射的光在 N 处相位相反,即相位差为 π。反射光的相位跃变了 π,反射光与入射光之间附加了半个波长的波程差,这种现象叫做**半波损失**(相位突变)。光从光速较大(折射率较小)的介质射向光速较小(折射率较大)的介质时,会发生半波损失。

### 9.1.3 光程

对干涉现象进行讨论时,若两相干光始终在同一介质中传播,它们到达某一点叠加时,两光振动的相位差决定于两相干光束间的路程差。若要比较两束经过不同介质的光或讨论一束光在几种不同介质中的传播,常引入光程的概念。现在就一个特殊的例子来详细的讨论两列波的叠加的情况。为简单起见,仅讨论单色光且振幅不随传播距离而改变的光波。设单色光在真空中的传播速度为 $c$,波长为 $\lambda$。它在折射率为 $n$ 的介质中传播时,其频率不变,速度变为 $v = c/n$,波长变为 $\lambda_n = \lambda/n$。

当光传播一个波长的距离时,相位改变 $2\pi$,若光在介质中传播的几何路程为 $r$ 时,则相位变化为

$$\Delta\varphi = 2\pi \frac{r}{\lambda_n} = 2\pi \frac{nr}{\lambda} \tag{9-3}$$

上式表明，光在介质中传播时，相位的变化不但与光在真空中的波长 $\lambda$、光波传播的几何路程 $r$ 有关，而且还与介质的折射率 $n$ 有关。如果对于任意介质，都采用真空中的波长 $\lambda$ 计算相位的变化，那么就需要把介质中通过的几何路程 $r$ 乘以折射率 $n$。光在介质中传播距离 $r$ 与光在真空中传播距离 $nr$ 一样，经历了相

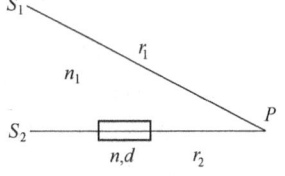

图 9-5　光程差的计算

同的相位变化。所以我们将光波在某一介质中所经历的几何路程 $r$ 与这介质中的折射率 $n$ 的乘积 $nr$，称为**光程**(optical path)。可见，光在介质中某一光程即为相同时间内光在真空中传播的距离。由式(9-3)可知，$\Delta\varphi$ 取决于光程差。用 $\delta$ 表示光程差，则 $\delta = n(r_2 - r_1)$。如图 9-5 所示，$S_1$ 和 $S_2$ 为初相位相同的两相干光源，分别在空气中经过 $r_1$ 和 $r_2$ 传播到 $P$ 点，其中 $S_2$ 到 $P$ 的路径中插入一折射率为 $n$，厚度为 $d$ 的薄膜，则 $S_1$ 和 $S_2$ 光程差为 $\delta = n_1(r_2 - d) + nd - n_1 r_1$，相位差为 $\Delta\varphi = [n_1(r_2 - d) + nd - n_1 r_1]2\pi/\lambda$，$\lambda$ 为真空中波长。

**例题 9-2**　一双缝装置的一个缝被折射率为 1.4 的薄玻璃片所遮盖，另一个缝被折射率为 1.7 的薄玻璃片所遮盖。在玻璃片插入以后，屏上原来的中央极大所在点，现变为第 5 级明纹。假定 $\lambda = 480\text{nm}$，且两玻璃片厚度均为 $d$，求 $d$。

**解**：玻璃片插入之前，双缝到中央极大所在点的光程相等，玻璃片插入以后，双缝到原来中央极大所在点的光程不再相等，其光程差为 $\delta = n_1 d - n_2 d$，根据题意可得

$$\delta = (1.7 - 1.4)d = 5\lambda$$

解得　$d = 8\mu\text{m}$。

在此简单说明光波通过薄透镜传播时的光程情况。以后讲干涉、折射现象等都用透镜来观察。根据光程情况，当光波的波阵面 $ABC$ 与某一光轴垂直时，平行于该光轴的近轴光线通过透镜会聚于一点 $P$，并在这点互相加强产生亮点，如图 9-6 所示。这些光线在 $P$ 点互相加强表明，它们

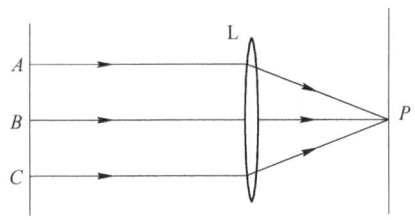

图 9-6　透镜的等光程性

相位相同。因为在 $ABC$ 面上各光线相位是相同的，所以光线经过透镜没产生附加光程差，只是改变了光线方向。因而透镜不引起附加的光程差。

对于厚透镜可产生球差、彗差等。

## 9.1.4　等倾干涉

在日常生活中我们经常观察到薄膜一类的介质，如肥皂膜、水面上的油膜等，在阳光照射下会呈现彩色的花纹。这是一种光波经薄膜两表面反射后相互叠加所形成干涉现象，称为**薄膜干涉**(film interference)。如图 9-7 所示，一折射率为 $n$ 的透

明薄膜，处于折射率为 $n_1$ 的均匀介质中 ($n > n_1$)，膜厚为 $e$，从光源发出的光线以入射角 $i$ 入射到膜上 $A$ 点后，分成两部分，即反射光 1 和折射光，折射光在膜下表面 $B$ 处又反射之后经 $C$ 处折射到介质 $n_1$ 中，即 2 光。显然，1，2 光是平行的，经透镜 L 会聚在 $P$ 点。因为 1，2 光是来自同一入射光的两部分，因此 1，2 光的振动方向相同、频率相同，在 $P$ 点的位相差固定，所以，二者产生干涉。一束光经薄

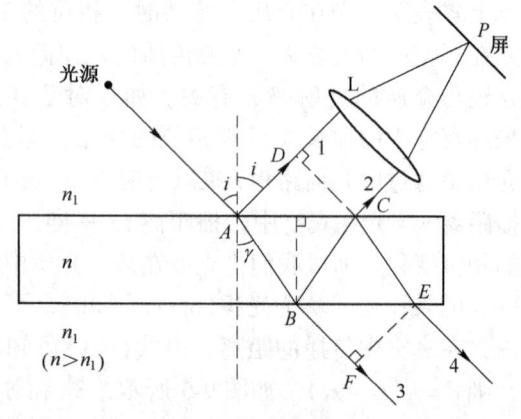

图 9-7  薄膜干涉

膜两表面反射和折射分开后，再相遇而产生的干涉称为薄膜干涉。因为 1，2 各占入射光的一部分，所以此种干涉称为分振幅干涉。日常生活中看到的油膜、肥皂膜上呈现的彩色条纹都属于薄膜干涉。

光在薄膜上、下两表面上反射的光（分振幅法得到的相干光 1，2 光）在 $P$ 处的相位差由 1，2 光从 $A$ 点分开后到 $P$ 点会聚过程中的光程差决定。

设 $CD \perp AD$，由于透镜 L 不产生光程差，所以从 $D$ 到 $P$ 及从 $C$ 到 $P$ 光程相等，可求得由于路程差引起薄膜上、下两表面上反射光的光程差为

$$\delta_1 = n(AB + BC) - n_1 AD$$

从图 9-7 可以得出

$$\delta_1 = 2ne \frac{1}{\cos\gamma} - n_1 \cdot 2e\tan\gamma \sin i = \frac{2e}{\cos\gamma}(n - n_1 \sin\gamma \sin i)$$

利用折射定律 $n_1 \sin i = n\sin\gamma$，代入上式得

$$\delta_1 = \frac{2e}{\cos\gamma}(n - n\sin^2\gamma) = 2en\cos\gamma$$

$$= 2en\sqrt{1 - \sin^2\gamma} = 2e\sqrt{n^2 - n_1^2\sin^2 i}$$

又光在上表面反射时产生半波损失，故 1，2 光总的光程差为

$$\delta = 2e\sqrt{n^2 - n_1^2\sin^2 i} + \frac{\lambda}{2}$$

因此，干涉条件为

$$\delta = 2e\sqrt{n^2 - n_1^2\sin^2 i} + \frac{\lambda}{2} = \begin{cases} k\lambda & (k = 1,2,\cdots) \quad \text{亮条纹} \quad (9\text{-}4) \\ (2k+1)\frac{\lambda}{2} & (k = 0,1,2,\cdots) \quad \text{暗条纹} \quad (9\text{-}5) \end{cases}$$

1) 当光垂直入射时即 $i=0$，反射光的光程差为

$$\delta = 2en + \frac{\lambda}{2} = \begin{cases} k\lambda & (k=1,2,\cdots) \quad \text{亮条纹} \quad (9\text{-}6) \\ (2k+1)\dfrac{\lambda}{2} & (k=0,1,2,\cdots) \quad \text{暗条纹} \quad (9\text{-}7) \end{cases}$$

2) 当光垂直入射时，透射光的光程差 $\delta = 2en$，与反射光相差 $\lambda/2$，即反射光的干涉相互加强时，透射光的干涉相互减弱。这符合能量守恒定律。

在薄膜干涉中当厚度 $e$ 为常数（即膜为平行平面）时称为**等倾干涉**(equal inclination interference)。由式(9-4)、式(9-5)知，对给定的波长，$\delta$ 依赖于 $i$（$e$ 一定），则同一干涉条纹对应同一入射角的一切光线（因为 $k$ 为同一值）。

**例题 9-3** 白光垂直射到空气中厚度为 380nm 的肥皂水膜上，如图 9-8 所示，试问：(1) 水正面呈何颜色？(2) 背面呈何颜色？（肥皂水的折射率为 1.33）

**解**：依题意，对正面 $\delta = 2ne + \lambda/2$（$i=0$，光有半波损失）

(1) 根据反射加强条件得

$$2ne + \frac{\lambda}{2} = k\lambda \quad (k=1,2,\cdots)$$

$$\lambda = \frac{2ne}{k - \frac{1}{2}} = \frac{2 \times 1.33 \times 380}{k - \frac{1}{2}}$$

$$= \frac{1011}{k - \frac{1}{2}} \approx \begin{cases} 2022\text{nm}(k=1) \\ 674\text{nm}(k=2) \\ 404\text{nm}(k=3) \\ 289\text{nm}(k=4) \end{cases}$$

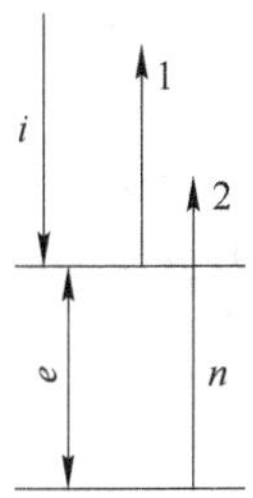

图 9-8 水膜干涉

因为可见光范围为 400~760nm，所以，反射光中 $\lambda_2 = 674$nm 和 $\lambda_3 = 404$nm 的光得到加强，前者为红光，后者为紫光，即膜正面呈红色和紫色。

(2) 利用透射加强条件得

$$2ne + \frac{\lambda}{2} = (2k+1)\frac{\lambda}{2}(k=1,2,\cdots), \text{即} \ 2ne = k\lambda$$

解得

$$\lambda = \frac{2ne}{k} = \frac{1010.8}{k} \approx \begin{cases} 1011\text{nm}(k=1) \\ 506\text{nm}(k=2) \\ 337\text{nm}(k=3) \end{cases}$$

可知，透射光中 $\lambda_2 = 506$nm 的光得到加强，此光为绿光，即膜背面呈绿色。

在比较复杂的光学系统中，光能因反射而损失严重，为了减少入射光能在透镜玻璃表面上反射时所引起的损失，常在镜面上镀一层厚度均匀的透明薄膜。利用薄膜的干涉使反射光减到最小，这样的薄膜称为**增透膜**(reducing reflection film)。

图 9-9 所示为用氟化镁做镀膜层的单层增透膜。设膜的厚度为 $e$，折射率 $n=$

1.38。光垂直入射时,薄膜两表面反射光的光程差等于 $2ne$,由于在膜的上、下表面反射时都有相位突变,结果没有附加的相位差,于是,两反射光干涉相消时应满足关系

$$2ne = \left(k + \frac{1}{2}\right)\lambda \quad (k = 0, 1, 2, \cdots)$$

膜的最小厚度应为(相应于 $k = 0$)

$$e = \frac{\lambda}{4n}$$

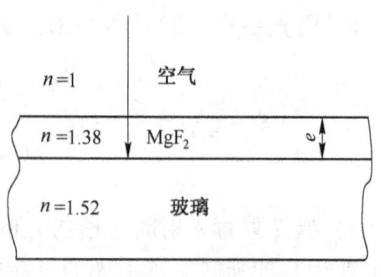

图 9-9 增透膜

由于反射光相消,因而透射光加强。

在镀膜工艺中,常把 $ne$ 称为薄膜的光学厚度。镀膜时控制厚度 $e$,使膜的光学厚度等于入射光波的 1/4。单层增透膜只能使某个特定波长的光尽量减小反射。如镀膜眼镜常选人眼最敏感的波长 $\lambda = 550\text{nm}$ 作为"控制波长",使膜的光学厚度等于此波长的 1/4。在白光下观看此薄膜的反射光,黄绿色光最弱,红光蓝光相对强一些,因而表面呈蓝紫光。

有些光学器件却需要减少其透射率,以增加反射光的强度。激光器中的谐振反射镜,要求对单色光的反射率达 99% 以上,如果把低折射率的膜改成同样光学厚度的高折射率的膜,则薄膜上下表面的两反射光将是干涉加强,这就是使反射光增强了,而透射光就将减弱,这样的薄膜就是**增反膜**或**高反射膜**(high reflecting film)。

近代光学仪器中的透镜等表面上镀有透明的薄膜,利用反射光束的干涉相消使反射光强度大大减少,从而增加了透射光的强度,并可避免杂乱的反射所造成像的不清晰。此外,还可利用多层镀膜使某一特定波长的单色光能透过薄膜引起某些波长的光的干涉而制成滤光片。这种薄膜有介质或金属分子蒸发而成,对不同波长可镀成不同厚度,使用这种滤光片比用单色光源方便的多。目前干涉滤光片的应用越来越广泛。

回顾本章开头提出的问题:孔雀的羽毛为什么色彩绚丽多变呢?显然可以用光的干涉原理来解释。由于孔雀羽毛的周期性层叠结构导致一定的色光如蓝光和绿光等在其上产生光的干涉,因而当你从不同的视角观察孔雀羽毛时便能看到不同的色彩。类似地,蝴蝶和蜂雀的彩虹色也同样是由于光的干涉而形成的。

### 9.1.5 等厚干涉

薄膜干涉中当平行光以同一入射角射到厚度不均匀的薄膜上时,由光程差条件 $\delta = 2e\sqrt{n^2 - n_1^2\sin^2 i} + \lambda/2$ 知,光程差 $\delta$ 仅与薄膜厚度 $e$ 有关;对给定波长,则具有同一厚度的各点对应同一条干涉条纹($k$ 为同一值时),这种干涉称为**等厚干涉**(equal thickness interference)。下面讨论三种典型的等厚干涉。

**1. 劈尖**

如图 9-10 所示,让两个玻璃片(折射率为 $n_1$)一端接触,一端被直径为 $D$ 的细丝隔开,形成一个(内部介质折射率为 $n$)**劈尖**(wedge film)。(玻璃的厚度比波列长度大得多,在玻璃上下表面反射的波列不相干)。当光垂直入射到劈尖上,由于劈尖角 $\theta$ 很小,可认为对于上下两块玻璃片光都是垂直入射的,光在劈尖上下两表面上反射的光的光程差为

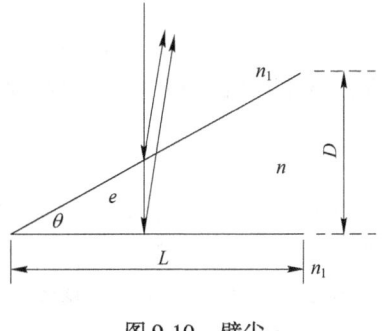

图 9-10 劈尖

$$\delta = 2en + \frac{\lambda}{2}$$

式中,$e$ 为劈尖上下表面间的距离。

干涉条件为

$$2ne + \frac{\lambda}{2} = k\lambda \quad (k = 1,2,\cdots) \quad \text{明纹} \tag{9-8}$$

$$2ne + \frac{\lambda}{2} = (2k+1)\frac{\lambda}{2} \quad (k = 0,1,2,\cdots) \quad \text{暗纹} \tag{9-9}$$

劈尖的干涉条纹是一系列平行于劈尖棱边的明暗相间的直条纹,每一明、暗条纹都与相应 $k$ 值对应,即劈尖的一定厚度相对应。如图 9-11 所示,棱边处由于半波损失,光程差 $\delta = \lambda/2$,为 $k=0$ 级暗条纹,随着膜厚的增加,依次是第 1 级明条纹、第 1 级暗条纹、第 2 级明条纹、第 2 级暗条纹……

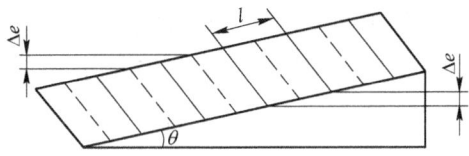

图 9-11 劈尖条纹

设相邻两明条纹(或暗条纹)间距离为 $l$,则有:相邻明条纹(或暗条纹)的光程差相差 $\lambda$,利用式(9-8)或式(9-9),可得相邻明条纹(或暗条纹)处劈尖的厚度差为

$$l\sin\theta = \Delta e = \frac{\lambda}{2n} = \frac{\lambda_n}{2}$$

式中,$\lambda_n$ 为光在折射率为 $n$ 的介质中的波长。

考虑到劈尖角 $\theta$ 极小,因而有

$$\sin\theta \approx \theta \approx \tan\theta = \frac{D}{L} = \frac{\Delta e}{l} = \frac{\lambda/2n}{l}$$

因此,细丝的直径为

$$D = \frac{\lambda}{2nl}L$$

利用式(9-8)和式(9-9)，可得相邻的明、暗条纹处劈尖的厚度差为

$$\frac{\lambda}{4n} = \frac{\lambda_n}{4}$$

以上分析表明，$\theta$ 越小，$l$ 就越大，即干涉条纹越疏；$\theta$ 越大，$l$ 就越小，即干涉条纹越密集。如果波长 $\lambda$ 为已知，可算出劈尖的微小角度 $\theta$。上玻璃板向上平移时，条纹向棱边处移动，每移动 1 条，表示上玻璃板平移 $\lambda/2n$ 的距离；上玻璃板转动时（$\theta$ 增大），条纹间距减小。

**例题 9-4** 如图 9-12 所示，利用空气劈尖测细丝直径，已知 $\lambda = 589.3\text{nm}$，$L = 2.888 \times 10^{-2}\text{m}$，测得 30 条明条纹的总宽度为 $4.295 \times 10^{-3}\text{m}$，求细丝直径 $d$。

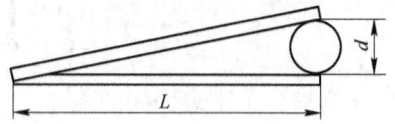

图 9-12 劈尖干涉条纹测细丝直径

**解**：设劈尖夹角为 $\theta$，明纹间总宽度为 $\Delta x$，则相邻明条纹间的间距 $l = \Delta x/29$。由于 $\theta$ 极小，因而有

$$\tan\theta = \frac{d}{L} \approx \sin\theta = \frac{\lambda/2}{\Delta x/29}$$

代入数据，可解得

$$d = 5.75 \times 10^{-5}\text{m}$$

**例题 9-5** 一标准光学平面与待测光学平面形成一空气劈尖，用单色光垂直照射，得到如图 9-13 所示的干涉条件，求待测光学平面缺陷处的凹凸程度(已知 $L$、$l$、$\lambda$)。

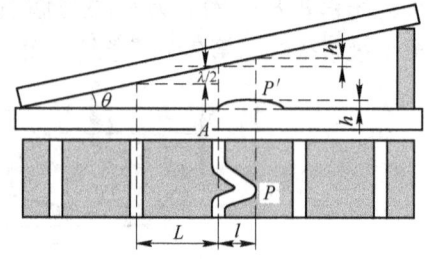

图 9-13 利用劈尖干涉检验光学元件质量

**解**：根据等厚干涉规律知，$P$ 点与 $A$ 点处的光程差相等，因而干涉条纹 $P$ 点处对应的缺陷 $P'$ 是凸出来的，设其凸出高度为 $h$，则有

$$\sin\theta = \frac{h}{l}$$

考虑到相邻条纹所对应的空气层厚度差为 $\lambda/2$，因而有

$$\sin\theta = \frac{\lambda/2}{L}$$

因此，缺陷处凸出的高度为

$$h = \frac{l\lambda}{2L}$$

**2. 牛顿环**

如图 9-14 所示,将曲率半径很大的平凸透镜放在平板玻璃上,二者相互接触形成空气(或其他介质)层。当单色光垂直入射时,在空气层上、下表面反射光在空气层上表面相遇而干涉产生干涉现象。因为厚度相同的地方对应同一条纹,而此处空气层厚度相同的地方是以平凸透镜与平板玻璃接触点为中心的圆环,所以干涉条纹是以 $O$ 为中心的一系列同心圆环,这些干涉环称为**牛顿环**(Newton ring)。

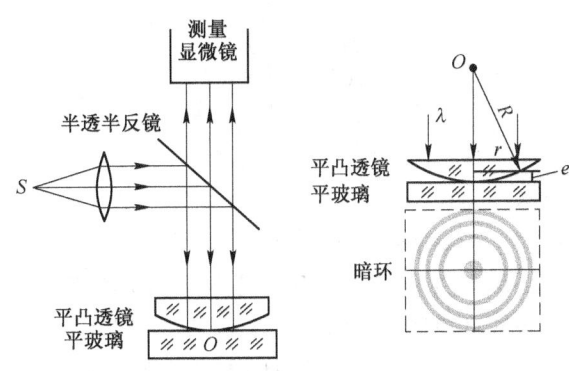

图 9-14 牛顿环

光垂直入射,在空气劈尖厚度为 $e$ 处,光程差 $\delta = 2e + \lambda/2$,可观察到以接触点为圆心的一系列同心圆,即等厚干涉条纹。

由图可知,$R^2 = r^2 + (R-e)^2$,所以 $r^2 = 2Re - e^2$,由 $R \gg e$,有 $r^2 \approx 2Re$,于是

$$r = \sqrt{2Re} = \sqrt{\left(\delta - \frac{\lambda}{2}\right)R}$$

当光程差 $\delta$ 分别为 $k\lambda$ 和 $(2k+1)\lambda/2$ 时,牛顿环分别出现明条纹和暗条纹,此时显然有

明环半径 $\qquad r = \sqrt{\left(k - \frac{1}{2}\right)R\lambda} \qquad (k = 1, 2, \cdots) \qquad$ (9-10)

暗环半径 $\qquad r = \sqrt{kR\lambda} \qquad (k = 0, 1, 2, \cdots) \qquad$ (9-11)

在接触点处 $e = 0$ 处,$\delta = \lambda/2$,为零级暗条纹。$k$ 越大,相邻明条纹(或暗条纹)间距越小,条纹分布不均匀。

牛顿环在实际工业中应用广泛,如:

1) 测曲率半径。

2) 检验光学元件表面质量。如图 9-15 所示,被测凸球面与标准凹球面紧密接触,如果被测球面有偏差,则形成空气薄层,每出现一条暗条纹,表示增加半个波长的偏差。

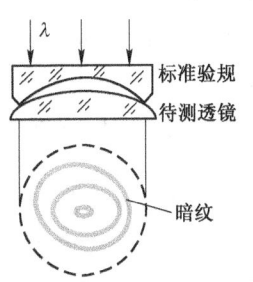

图 9-15 牛顿环的应用

3) 当牛顿环中的透镜与玻璃板间压力改变时，使空气层厚度发生变化，条纹也将移动，由此可确定压力或微小长度的改变。

**例题 9-6**  在利用牛顿环测未知单色光波长的实验中，当用波长为 589.3nm 的钠黄光垂直照射时，测得第 1 和第 4 暗环的距离为 $\Delta r = 4 \times 10^{-3}$ m；当用波长未知的单色光垂直照射时，测得第 1 和第 4 暗环的距离为 $\Delta r' = 3.85 \times 10^{-3}$ m，求该单色光的波长。

**解**：由 $r_4 - r_1 = 2\sqrt{R\lambda} - \sqrt{R\lambda} = \sqrt{R\lambda}$ 得

$$\frac{\Delta r}{\Delta r'} = \sqrt{\frac{\lambda}{\lambda'}}$$

代入数据，可解得

$$\lambda' = 546 \text{nm}$$

### 3. 迈克耳孙干涉仪

干涉仪是根据光的干涉原理制成的，是近代精密器之一，在科学技术方面有着广泛而重要的应用。干涉仪具有很多类型，其中由美国物理学家迈克耳孙（Albert Abraban Michelson，1852—1931）于 19 世纪 80 年代设计的迈克耳孙干涉仪是一种比较典型的干涉仪，它不但为很多近代干涉仪的原形，而且其实验结果否定了以太的存在，促进了爱因斯坦相对论的诞生。

图 9-16 为迈克耳逊干涉仪原理简图。图中，$M_1$，$M_2$ 是精细磨光的平面反射镜，$M_2$ 固定，$M_1$ 借助于螺旋及导轨（图中未画出）可沿光路方向做微小平移，$G_1$，$G_2$ 是厚度相同，折射率相同的两块平行平面玻璃板，$G_1$ 和 $G_2$ 保持平行，并与 $M_1$ 或 $M_2$ 成 45°角。$G_1$ 的下表面镀银层，使之成为半透半反射膜。

从扩展光源 $S$ 发出的光线，进入 $G_1$ 折射后的光线一部分在下表面薄膜银层上反射，之后折射出来形成射向 $M_1$ 的光线 1，它经过 $M_1$ 反射后再穿过 $G_1$ 向 E 处传播，形成光 1'。另一部分穿过 $G_1$ 和 $G_2$ 形成光线 2，光线 2 向 $M_2$ 传播，经 $M_2$ 反射后再穿过 $G_2$，经 $G_1$ 的银层反射也向 E 处传播，形成光线 2'。显然，1'，2' 光是相干光，故可在 E 处观察到干涉图样。若无 $G_2$，由于光线 1' 经过 $G_1$ 三次，而光线 2 经过 $G_1$ 一次。因而 1'，2' 光产生极大的光程差，为保证 1'，2' 光能相遇，

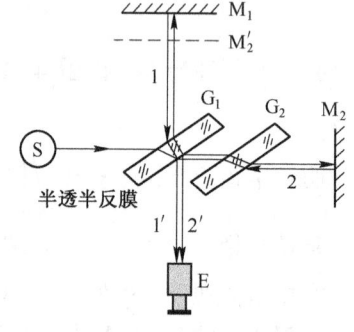

图 9-16  迈克耳孙干涉仪

故引进补偿板 $G_2$，使 2 光也经过等厚的玻璃板。由上可知，迈克耳孙干涉仪是利用分振幅法产生的双光束来实现干涉的仪器。

从 $M_2$ 反射的光可以认为是从虚像 $M_2'$ 处反射回来。当 $M_1$ 与 $M_2$ 不严格垂直，$M_2'$ 与 $M_1$ 不严格平行，它们之间的空气薄层相当于空气劈尖，故观察到的是等间距的等厚干涉条纹。当 $M_1$ 移动 $\lambda/2$ 的距离，干涉条纹平移过一条。故 $M_1$ 移动

的距离为 $\Delta d = \Delta n \cdot \lambda/2$，式中 $\Delta n$ 为移过的条纹数目。若 $M_1$ 与 $M_2$ 严格垂直，$M_2'$ 与 $M_1$ 严格平行，它们之间空气薄层厚度一样，则观察到的干涉条纹为等倾条纹。

**例题 9-7** 把折射率 $n = 1.4$ 的薄膜放入迈克耳孙干涉仪的一臂，如果由此产生了 7.0 条条纹的移动，求膜厚。设入射光的波长为 589nm。

**解**：由题意可得 $2(n-1)d = 7\lambda$

解得
$$d = 5.154 \times 10^{-6} \text{m}$$

## 9.2 光的衍射

### 9.2.1 光的衍射现象的分类

衍射是波动的一个基本特征。当波传播过程中遇到障碍物时，波就不是沿直线传播，它可以到达沿直线传播所不能达到的区域，这种现象称为波的衍射现象(或绕射现象)。光波也同样存在着衍射现象，但由于光的波长很短，通常情况下看不到光的衍射现象。只有当光线照射障碍物诸如小孔、狭缝、小圆屏、细针等尺寸可与光的波长相比拟时，在远处的屏上就会观察到光线绕过障碍物到达偏离直线传播的区域，并在屏上呈现出明暗相间的光强重新分布条纹，即产生了**光的衍射**(diffraction of light)现象。

衍射现象通常分为两类：一类称为**菲涅耳衍射**(Fresnel diffraction)或**近场衍射**(near field diffraction)，其光源、观察屏(或二者之一)到衍射屏的距离为有限，图 9-17 所示为观察这类衍射的实验装置示意图。另一类称为**夫琅禾费衍射**(Franhofer diffraction)**或远场衍射**(far field diffraction)，其光源、观察屏到衍射屏的距离均为无穷远，图 9-18 所示为观察这类衍射的实验装置示意图。

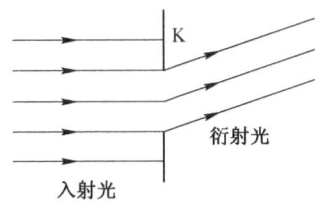
图 9-17 菲涅耳衍射

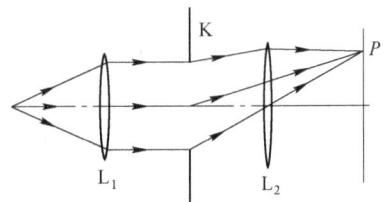
图 9-18 夫琅禾费衍射

由于夫琅禾费衍射涉及的是平行光，因而数学处理较菲涅耳衍射简单，且这种衍射在实际应用和理论上都十分重要，因此本书只讨论夫琅禾费衍射。

## 9.2.2 惠更斯-菲涅耳原理

在上一章机械波的衍射一节我们已经知道惠更斯原理,该原理指出:波在介质中传播到的各点,都可以看做是发射子波的波源,其后任一时刻这些小波的包迹就是该时刻的波阵面。将惠更斯原理应用到光的波动现象中,可以定性地说明光波传播方向的改变(即衍射)现象,但是不能解释光的衍射图样中光强的分布。原因是这一原理没有讲到波相遇时能产生干涉问题。菲涅耳对惠更斯原理作了补充。菲涅耳假设:从同一波阵面上各点发出的子波同时传播到空间某一点时,各子波间也可以相互叠加而产生干涉。

菲涅耳接受了惠更斯的次波概念,并提出各次波都是相干叠加的,从而将惠更斯原理发展成为**惠更斯-菲涅耳原理**(Fresnel-Huygens principle)。根据这一原理,如果已知光波在某一时刻的波阵面,就可以计算下一时刻光波传到的点的振动。

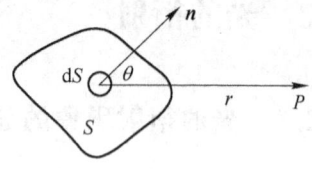

图 9-19 惠更斯—菲涅耳原理

如图 9-19 所示,菲涅耳认为,波阵面 $S$ 上任意面元 $dS$ 发出的子波,在波阵面前方空间任意点 $P$ 所引起的振动的振幅大小与面元的面积 $dS$ 成正比,与面元到 $P$ 点的距离 $r$ 成反比,且随面元法线与 $r$ 间的夹角 $\theta$ 增大而减小,当 $\theta \geq \pi/2$ 时振幅为零。则空间任意点 $P$ 的光振动就可由波阵面 $S$ 上每个面元 $dS$ 发出的子波在该点叠加后的合振动表示。若 $S$ 为某一时刻的波阵面,$dS$ 为子波波源,$P$ 为考察点,$dS$ 在 $P$ 点引起的光振动的振幅为 $dE_0$,则由菲涅尔假设可得

$$dE_0 = C \frac{dS}{r} k(\theta)$$

式中,$C$ 为比例系数;$k(\theta)$ 为倾斜因子,是 $\theta$ 的函数,随 $\theta$ 的增大而减小,当 $\theta = 0$ 时,$k(\theta)$ 最大,可取作 1;当 $\theta \geq \pi/2$ 时 $k(\theta)$ 为零。所以,任一时刻的光振动可表示为

$$dE = dE_0 \cos 2\pi \left( \frac{t}{T} - \frac{r}{\lambda} \right) = C \frac{dS}{r} k(\theta) \cos 2\pi \left( \frac{t}{T} - \frac{r}{\lambda} \right)$$

波面 $S$ 在 $P$ 点引起的振动可表示为

$$E = \int_S dE = \int_S C \frac{k(\theta)}{r} dS \cos \left[ 2\pi \left( \frac{t}{T} - \frac{r}{\lambda} \right) \right] \tag{9-12}$$

式(9-12)为惠更斯-菲涅耳原理的数学表达式。

应用惠更斯-菲涅耳原理解决实际问题时,在一般情形中,计算是很复杂的。一般用半波带法或振幅矢量合成法研究衍射问题较为方便,这样,不仅可将积分运算转化为代数运算,而且物理图像更清晰。

## 9.2.3 单缝夫琅禾费衍射

通常单缝夫琅禾费衍射的实验装置如图 9-20 所示,单色光源经透镜 $L_1$ 后形成平行光垂直照射在单缝上产生衍射,再经过透镜 $L_2$ 会聚在该透镜的焦平面的屏幕上,屏上出现与狭缝平行的明暗相间的衍射条纹。

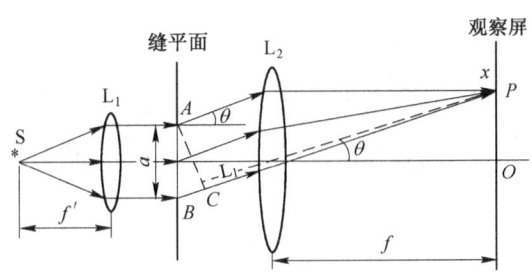

图 9-20 单缝夫琅禾费衍射

以单色平行光入射的单缝衍射条纹具有以下特点:中央明纹最亮,且宽度是其他明纹的 2 倍,越往两边明纹亮度越弱,乃至模糊不清。

单缝衍射通常可用菲涅耳半波带法加以说明。根据光程差为 $\lambda/2$(即相位差为 $\pi$)的两束相干光叠加相消的思想,菲涅耳用半波带法求出了单缝衍射明暗条纹的位置,定性说明了衍射条纹的亮度分布。

如图 9-21 所示,单色平行光垂直射到单缝上,位于宽度为 $a$ 的狭缝所在处的波阵面 $AB$ 上的每一点都是子波源,从这些点向前发出子波沿各个方向传播。我们从中任取一组平行光波,平行光与原入射光方向的夹角为 $\theta$,$\theta$ 称为衍射角。如图 9-20 所示,衍射角 $\theta$ 相同的平行光束经透镜 $L_2$

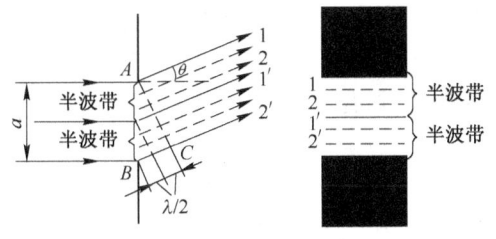

图 9-21 半波带说明用图

后,会聚于屏幕上 $P$ 点,$P$ 点条纹的明暗决定于同一衍射角 $\theta$ 的平行光束中各光线之间的光程差。由狭缝边缘 $A$,$B$ 发出的两光线之间的光程差 $\delta = a\sin\theta$。我们用彼此相距 $\lambda/2$ 的平行于 $AC$ 的平面分割 $BC$,如果恰好把 $BC$ 分成几等份,则这些平面也将把单缝处的波阵面 $AB$ 分成整数个**半波带**(half-wave zone)。这就是菲涅耳的半波带法。显然,在给定缝宽 $a$ 和波长 $\lambda$ 的情况下,半波带数目的多少和半波带面积的大小,仅决定于**衍射角**(diffraction angle)$\theta$。当单缝上的半波带数恰好为奇数时,如图 9-22a 所示,因相邻半波带发出的光两两干涉相消后,还有一个半波带发出的光未被抵消,因此,$P$ 点为明条纹。当单缝上的半波带数恰好为偶数时,如图 9-22b 所示,因相邻半波带各对应点的光线的光程差都是 $\lambda/2$,即相位差为 $\pi$,因而两两相邻半波带发出的光线在 $P$ 点都干涉相消，$P$ 点的光强为零，即 $P$ 点为暗条纹；由此，我们可以得到单缝夫琅禾费衍射条纹的明暗条件为半波带：衍射角 $\theta$ 为某些特定值时，能将单缝处的宽度为 $a$ 的波阵面分为等宽度的条带，并且相邻两条带上的对应点到 $P$ 点的光程差为半波长。这样的条带称为半波带。

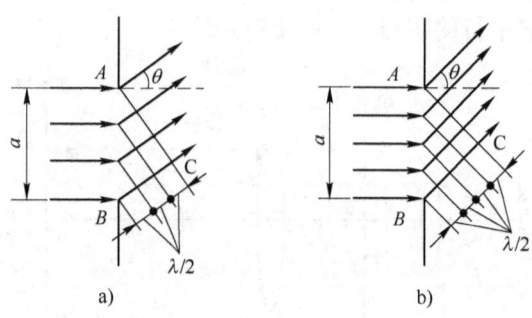

图 9-22　单缝衍射条纹的计算

当 $\theta=0$ 时，平行光汇聚在焦平面上，形成中央明条纹，光强最大。$\theta$ 角越大，半波带面积越小，明条纹光强越小。对于任意的衍射角 $\theta$，$BC$ 不能恰好分为整数个半波带，$P$ 点介于最明与最暗之间。由半波带法得到单缝衍射条纹条件：

$$a\sin\theta = \pm k\lambda \quad (k=1,2,\cdots) \quad \text{暗条纹中心} \tag{9-13}$$

$$a\sin\theta = \pm(2k+1)\frac{\lambda}{2} \quad (k=1,2,\cdots) \quad \text{明条纹中心} \tag{9-14}$$

需要指出的是，当 $\theta=0$ 时，形成中央明条纹中心，即零级明条纹被包含在里面。

设 $P$ 点到 $O$ 点距离为 $x$，透镜 L 的焦距为 $f$，则有

$$x = f\tan\theta \approx f\sin\theta$$

中央明条纹宽度（两第 1 级暗条纹间的距离），如图 9-23 所示，为

$$\Delta x = 2x_1 = 2f\frac{\lambda}{a} \tag{9-15}$$

明条纹（或暗条纹）宽度：$\Delta x = f\lambda/a$，中央明条纹是其他明条纹宽度的 2 倍，光强也最大，其他明条纹光强迅速下降。

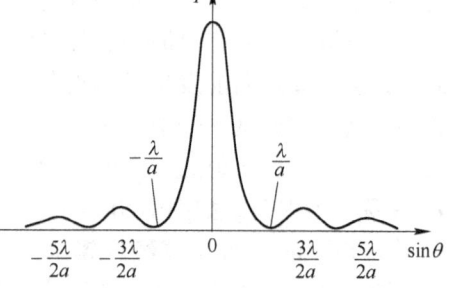

图 9-23　单缝衍射的光强分布

条纹宽度反比于缝宽 $a$，当 $a \gg \lambda$ 时，各级衍射条纹向中央靠拢，只显出单一的明条纹，即线光源通过透镜所成的几何光学的像。光的直线传播是在障碍物的大小比波长大很多时、衍射不显著的情况。几何光学是波动光学在 $\lambda/a \to 0$ 时的极限情况。

**例题 9-8**　在单缝夫琅禾费衍射实验中，缝宽 $a=5\lambda$，缝后透镜焦距为 $f=40\text{cm}$，求中央明条纹和第 1 级明条纹的宽度。

**解**：根据单缝衍射暗条纹条件

$$a\sin\theta = \pm k\lambda, \quad k = 1, 2\cdots$$

则第 1 级、第 2 级暗条纹中心分别满足

$$a\sin\theta_1 = \lambda, \quad a\sin\theta_2 = 2\lambda$$

中央明条纹宽度为

$$\Delta x = 2f\tan\theta_1 = 2f\frac{\lambda}{a} = 2 \times 0.4 \times \frac{1}{5}\text{m} = 0.16\text{m} = 16\text{cm}$$

第 1 级明条纹宽度为

$$\Delta x = f\tan\theta_2 - f\tan\theta_1 = f\left(\frac{2\lambda}{a} - \frac{\lambda}{a}\right) = f\frac{\lambda}{a} = 8\text{cm}$$

**例题 9-9** 单缝的宽度为 $a = 0.4$mm，以波长 $\lambda = 589$nm 的单色光垂直照射，设透镜焦距为 $f = 1$m，求：(1) 第 1 级暗条纹距中心的距离；(2) 第 2 级明条纹距中心的距离。

**解**：(1) 根据单缝衍射暗条纹条件，并考到衍射角 $\theta$ 很小，有

$$x = f\tan\theta \approx f\sin\theta = \frac{f}{a}k\lambda$$

当 $k = 1$ 时，有

$$x = \frac{f}{a}\lambda = 1.47 \times 10^{-3}\text{m}$$

(2) 利用单缝衍射明条纹条件，并考到衍射角 $\theta$ 很小，有

$$x = f\tan\theta \approx f\sin\theta = \frac{f}{a}(2k+1)\frac{\lambda}{2}$$

当 $k = 2$ 时，有

$$x = \frac{f}{a}\frac{5\lambda}{2} = 3.68 \times 10^{-3}\text{m}$$

**例题 9-10** 在单缝夫琅禾费衍射实验中，狭缝宽度 $a = 0.6$mm，透镜焦距 $f = 0.4$m，以单色平行光垂直照射狭缝，在屏上离点 $O$ 为 $x = 1.4$mm 的 $P$ 点看到明条纹。求：(1) 该入射光的波长；(2) $P$ 点条纹的级数；(3) 从 $P$ 点看，对可见光波而言，狭缝处的波阵面可分作半波带的数目。

**解**：根据单缝衍射明纹条件

$$a\sin\theta = \pm(2k+1)\frac{\lambda}{2}$$

考虑到衍射角 $\theta$ 很小，因而有

$$x = f\tan\theta \approx f\sin\theta = \frac{f}{a}(2k+1)\frac{\lambda}{2}$$

由此得

$$\lambda = \frac{2ax}{f(2k+1)} = \frac{4.2 \times 10^{-6}}{2k+1} = \frac{4200}{2k+1}\text{ (nm)}$$

当 $k=3$ 时，有 $\lambda=600$nm，7 个半波带；
当 $k=4$，$\lambda=466.7$nm，9 个半波带。

### 9.2.4 衍射光栅

由大量等宽等间距的平行狭缝构成的光学器件称为**光栅**(grating)。常用的光栅是在玻璃片上刻出大量相互平行、等宽等间距的刻痕制成，刻痕为不透光部分，两刻痕之间为透光部分，相当于一狭缝，这就构成一种**透射光栅**(transmission grating)，如图9-24a 所示。还有一种**反射光栅**(reflection grating)，在镀有金属层的表面上刻一系列等间距的平行槽纹，两刻痕间的金属面可以反射光，如图9-24b 所示。光栅是光谱仪、单色仪及许多光学精密测量仪器的重要元件。

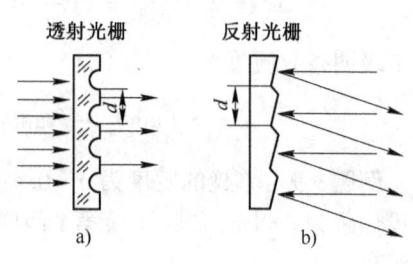

图 9-24 光栅

下面介绍透射光栅。如图 9-25 所示，设透射光栅的总缝数为 $N$，缝宽为 $a$，缝间不透光部分宽度为 $b$，则 $(a+b)=d$ 称为**光栅常数**(grating constant)。通常光栅常数是很小的，一般光栅在1cm 内有几百乃至上万条刻痕，光栅的总缝数 $N$ 的数量级可达 $10^5$。

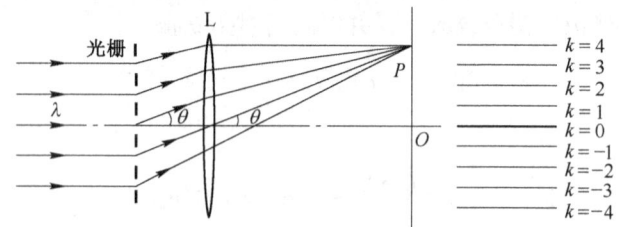

图 9-25 光栅衍射

如图 9-25 所示，单色平行光垂直照射在光栅上，透过光栅每个缝的光都有衍射，这 $N$ 个缝的 $N$ 套衍射条纹通过透镜完全重合，而通过光栅不同缝的光要发生干涉，所以，光栅的衍射条纹是单缝衍射和多缝干涉的总效果，就是 $N$ 个缝的干涉条纹要受到单缝衍射的调制。

设光栅总缝数为 $N$，光栅常数 $d=a+b$，先考虑多缝干涉。各缝发出相干光，当衍射角为 $\theta$ 时，相邻两缝到屏上 $P$ 点的光程差相等，都为 $d\sin\theta$。由相干条件有

$$(a+b)\sin\theta = d\sin\theta = \pm k\lambda \quad (k=0,1,2,\cdots) \tag{9-16}$$

$P$ 点为明条纹中心，并且各明条纹光强相等、比单缝发出的光强大很多；式(9-16)决定主明条纹位置，称为**光栅方程**(grating equation)。狭缝条数越多，明条纹越亮。由 $\Delta k=1$，$\sin\theta_{k+1}-\sin\theta_k = \lambda/d$ 可知，当 $\lambda$ 一定时，光栅常数 $d$ 越小，明条纹

越窄,明条纹间距越远;$d$ 一定时,光波长 $\lambda$ 越大,明条纹间距越远;即从相邻狭缝发出的相干光之间的光程差为入射波长 $\lambda$ 的整数倍时,这些相干光在 $P$ 点叠加后干涉加强,形成明条纹。$k=0$ 时,称为中央明条纹,$k=1,2,\cdots$ 分别称为第 1 级、第 2 级、……明条纹。由于这种明条纹是由所有狭缝的对应点射出的光叠加而成,所以光强极大,称为主明条纹或主极大。光栅缝数 $N$ 越多,则明条纹越亮。

考虑单缝衍射,由于每条缝发出的光在不同的衍射角 $\theta$ 的方向上光强不同,所以不同 $\theta$ 方向的衍射光相干叠加形成的明条纹光强也不同。各明条纹的光强受单缝衍射的调制。

由于单缝衍射在满足条件 $a\sin\theta = \pm k'\lambda$, $k' = 1, 2, \cdots$ 时,出现暗条纹,光强为零。如果明条纹的 $\theta$ 角满足 $d\sin\theta = \pm k\lambda$,则这些明条纹会消失,即 $d/a = k/k'$ 时,出现缺级现象,如图 9-26 所示。

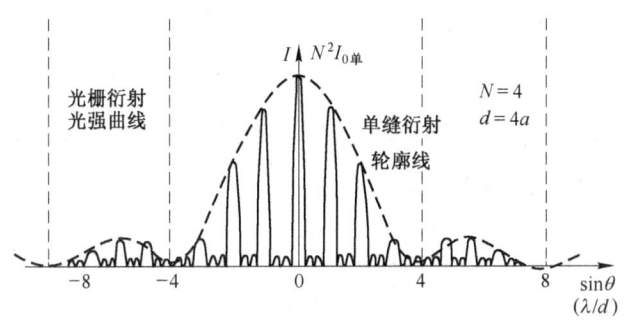

图 9-26 光栅衍射的光强分布

光栅衍射之所以出现上述的条纹特征,原因在于光栅是单缝衍射和多缝干涉的综合结果。光栅中每一缝都将按单缝衍射规律对入射光进行衍射,但是各单缝发出的光是相干光,因此将发生干涉。

如果复色光(如白光)入射到光栅上,根据光栅方程 $d\sin\theta = \pm k\lambda$,$\lambda$ 不同时 $\theta$ 也不同,即除了中央明条纹外,各种波长的光的明条纹将在不同的衍射角处出现。同级的不同波长的明条纹按波长顺序排列成光栅光谱。

由于不同元素(或化合物)各有自己特定的光谱,所以由谱线的成分可分析出发光物质所含的元素或化合物;还可从谱线的强度定量分析出元素的含量。

**例题 9-11** 用 1mm 内有 500 条刻痕的平面透射光栅观察钠光谱($\lambda = 589$nm),设透镜焦距 $f = 1$m,问光线垂直入射时,最多能看到第几级光谱?

**解**:由光栅光方程 $d\sin\theta = \pm k\lambda$ 得

$$k = \frac{d}{\lambda}$$

当 $\sin\theta = 1$ 时,有

$$k_m = \frac{d}{\lambda} = \frac{10^{-3}/500}{589 \times 10^{-9}} = 3.39$$

由于 $k$ 只能取整数，故取 $k_m = 3$，即最多能看到第 3 级光谱。

**例题 9-12** 用白光垂直照射在每厘米有 6500 条刻线的平面光栅上，求第 3 级光谱的张角。

**解**：利用光栅方程 $d\sin\theta = \pm k\lambda$ 得

$$\sin\theta = \frac{3\lambda}{d}$$

由此可得

$$\sin\theta_{\text{紫}} = 3 \times 400 \times 10^{-9} \times 6500 \times 100 = 0.78, \quad \theta_{\text{紫}} = 51.26°$$

$$\sin\theta_{\text{红}} = 3 \times 760 \times 10^{-9} \times 6500 \times 100 = 1.48 > 1$$

可见，不存在第 3 级红光，第 3 级光谱只能看到一部分，其张角为

$$90° - 51.26° = 38.74°$$

设第 3 级光谱所能出现的最大波长为 $\lambda'$，此时 $\sin\theta = 1$，因而

$$\lambda' = \frac{d}{3} = \frac{1}{3 \times 6500 \times 100} = 513\text{nm}(\text{绿光})$$

因此，第 3 级光谱只能看到紫、靛、蓝、绿光，而黄、橙、红光看不到。

### 9.2.5 光学仪器的分辨率

在观察单缝夫琅禾费衍射的装置中，若用一小圆孔代替狭缝，那么在观察屏上得到**圆孔的夫琅禾费衍射**（circular aperture diffraction）图样，如图 9-27 所示；衍射图样的中央是一明亮的圆斑，外围是一组同心暗环和明环。由第一暗环所包围的中央亮斑称为**艾里斑**（Airy disk）。其光强约为入射光束总光强的 84%。

设圆孔直径为 $D$，单色光波长为 $\lambda$，透镜焦距为 $f$，如图 9-28 所示，由理论计算可得到第 1 级暗条纹的角位置为

$$\sin\theta = 1.22\frac{\lambda}{D} \tag{9-17}$$

由于 $\theta$ 很小，因而艾里斑对透镜光心的半张角为

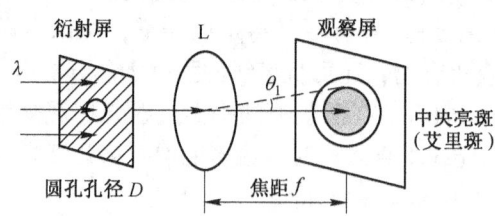

图 9-27 圆孔的夫琅禾费衍射

$$\theta \approx 1.22\frac{\lambda}{D}$$

设艾里斑直径为 $d$，则有

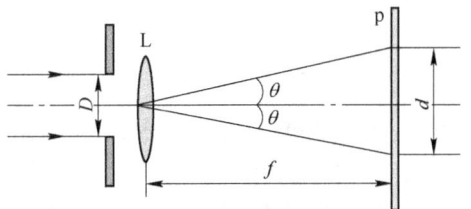

图 9-28　计算艾里斑直径用图

$$d = 2f\tan\theta \approx 2f\theta \approx 2.44\frac{f\lambda}{D}$$

按照几何光学，一个物点通过一个光学仪器形成的像是一个点，两个物点形成的像总是分离的点。即使两物点很靠近，但它们的像也总是可以分辨的即按照几何光学，仪器的分辨能力或分辨本领是不受限制的。但是，一般光学仪器都由一些透镜组成，光通过光学系统中的透镜等元件时由于受到光学仪器孔径的限制要发生衍射，因而实际上一物点发出的光波波阵面呈现的像不是一个点，而是一个衍射图样，所以光学仪器的分辨本领总会受到限制。由于强度分布只考虑艾里斑，两个点光源通过衍射孔形成两个艾里斑，如果两个艾里斑相距过近，那么两个点光源的像就不能分辨，像也就不清晰了。通常光学仪器中所用的光阑和透镜都是圆形的，因此，研究圆孔夫琅禾费衍射对评价仪器成像质量具有重要意义。如果这两个点光源（两个物点）相距很近，而它们形成的衍射圆斑又比较大，以至于两个圆斑大部分互相重叠，如图 9-29c 所示，那么就不能分辨出是两个物点了，即使将照片再放大若干倍，还是分辨不清两个物点；如果这两圆斑足够小，或者其中心距离足够远，如图 9-29b 所示，那么两圆斑虽有一些重叠，也能分辨这两物点。

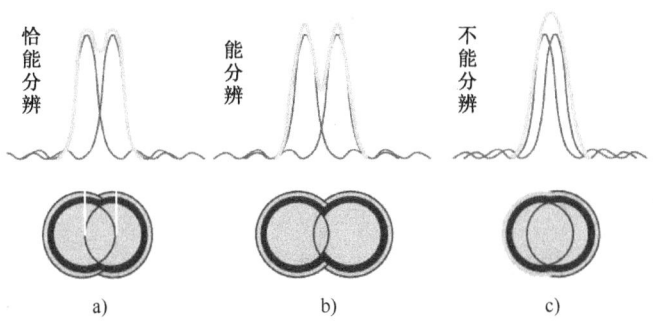

图 9-29　分辨两个衍射图像的条件

根据**瑞利判据**（Ralyleigh criterion），两个强度相等的不相干点光源，一个点光源的衍射图样的主极大刚好与另一点光源衍射图样的第 1 级暗纹中心重合时，两个点光源刚能分辨。图 9-29a 所示，即两个艾里斑中心的距离等于艾里斑的半径。恰能分辨时，两物点对透镜光心的张角 $\theta_0$ 为**最小分辨角**（angle of minimum resolu tion），其值为

$$\theta_0 = 1.22 \frac{\lambda}{D} \tag{9-18}$$

我们称最小分辨角的倒数 $1/\theta_0$ 为**分辨率或分辨本领**（resolving power）。可见，分辨率与 $D$ 成正比，与 $\lambda$ 成反比。可以通过减小 $\lambda$ 或增大 $D$ 来提高仪器分辨率。如用显微镜观察物体时不用可见光，而用紫外线。在大规模集成电路生产中就是用紫外线等短波长光来进行光刻；电子显微镜是用电子衍射线的波动特性来观察物体，它的波长可以小到 $10^{-3}$ nm，从而极大地提高了分辨率。而天文望远镜，有的镜头直径可达 6m。

**例题 9-13** 通常亮度下，人眼瞳孔直径为 3mm，则人眼的最小分辨角为多大？远处两根细丝之间的距离为 2mm，则细丝离开多远时人眼恰能分辨？

**解**：根据最小分辨率公式

$$\theta_0 = 1.22 \frac{\lambda}{D}$$

以人眼视觉最敏感的黄绿光的波长 $\lambda = 550$nm 来进行讨论，可得人眼的最小分辨率为

$$\theta_0 = 1.22 \times \frac{550 \times 10^{-9}}{3 \times 10^{-3}} \text{rad} = 2.24 \times 10^{-4} \text{rad} \approx 1'$$

设细丝间距离为 $\Delta s$，人与细丝相距为 $L$，则两细丝对人眼张角为

$$\theta = \frac{\Delta s}{L}$$

当恰能分辨时，即 $\theta = \theta_0$，所以

$$L = \frac{\Delta s}{\theta_0} = \frac{2 \times 10^{-3}}{2.24 \times 10^{-4}} \text{m} = 8.9\text{m}$$

## 9.3 光的偏振

### 9.3.1 光的偏振性

光的干涉和衍射现象说明了光的波动性，但还不能由此确定光是横波还是纵波，光的偏振现象进一步表明光的横波性。在某些传播过程中，横波和纵波的表现明显不同。如机械波传播方向上如果放置一狭缝，狭缝的位置方向不影响纵波的传播。但对横波而言，只有缝的方向和振动方向平行时横波才能完全通过，两者垂直时横波不能通过，如图 9-30 所示。光波是电磁波，在光波中每一点都有一振动的电场强度矢量 $E$ 和磁场强度矢量 $H$，$E$ 和 $H$ 及光波的传播方向是互相垂直的。由于电磁波是横波，所以光波中光矢量的振动方向总是和光的传播方向垂直。但是，在垂直于光的传播方向平面内，光矢量 $E$ 可能有各种不同的振动状态，这种波的

振动方向相对传播方向的不对称的振动状态通常称为光的**偏振态**(polarization state of light)。只有横波才有偏振现象,它是区别于纵波的明显特性。

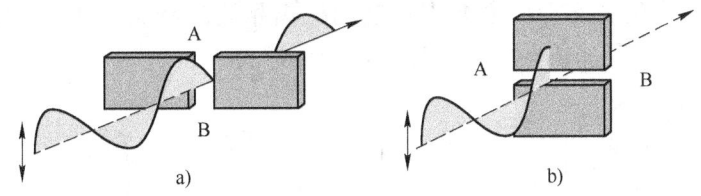

图 9-30 偏振现象

光源中各个原子各次发出的波列的光振动方向彼此不相关且随机分布,因此,在垂直于传播方向的平面内,各方向振动的光矢量都有、并且强度相同、振幅相同。在许多情况下,在垂直于光的传播方向的平面内,光振动在某一方向的振幅显著较大、或只在某一方向上才有光振动。按照振动状态的不同,可将其分为五类:**线偏振光、自然光、部分偏振光、圆偏振光和椭圆偏振光**。

**1. 线偏振光**

如果在垂直于光的传播方向的平面内,光矢量始终沿某一方向振动,这样的光就称为**线偏振光**(linearly polarized light)。我们把光的振动方向和传播方向组成的平面称为振动面。由于线偏振光的光矢量保持在固定的振动面内,所以线偏振光又称**平面偏振光**(plane polarized light),如图 9-31a 所示。

光的振动方向在振动面内不具有对称性,这叫做偏振。显然,只有横波才有偏振现象,这是横波区别于纵波的一个最明显的标志。为简单起见,我们用图 9-31 表示平面偏振光,其中在图 9-31b 中用短线表示光矢量平行于纸面振动的线偏振光。在图 9-31c 中用点表示光矢量垂直于纸面振动的线偏振光。

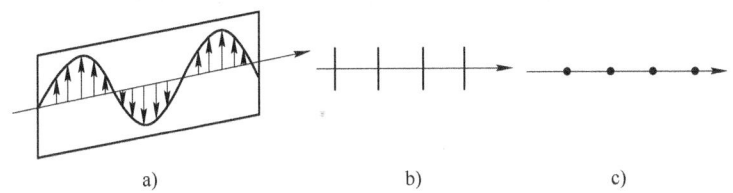

图 9-31 线偏振光
a)平面偏振光 b)振动面在纸面内 c)振动面垂直于纸面

**2. 自然光**

普通光源的发光是由构成光源的大量分子或原子发出的光波的合成。由于发光的原子或分子很多,每个分子或原子发射的光波又是独立的,不可能把一个原子或分子所发射的光波分离出来,所以从振动方向上看,所有光矢量不可能保持一定的方向,而是以极快的不规则的次序取所有可能的方向,每个分子或原子发光是间歇的,不连续的。平均在一切可能的方向上都有光振动,并且没有一个方向比另外一个方向占优势；所以在垂直光传播方向的的平面上看，几乎各个方向都有大小不等、前后参差不齐而且变化很快的光矢量的振动。按统计平均来说，光矢量的振动具有轴对称、均匀分布、各方向光振动的振幅相同的特点，这种光就是**自然光**（natural light），它是非偏振的，如图 9-32a 所示。

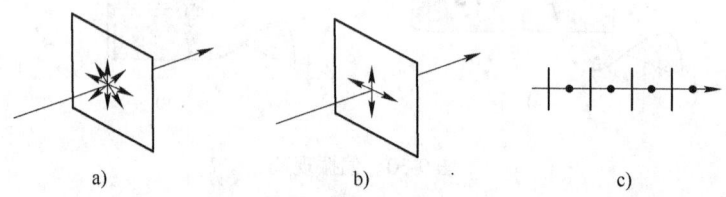

图 9-32　自然光

在自然光中，任何一个方向的光振动，可以分解成某两个相互垂直方向的振动，然后将所有光矢量的两个分量分别叠加起来，成为总光波光矢量的两个分量。由于各波列的相位和振动方向都是无规则分布的，所以这两个分量之间没有固定的相位关系。通常根据振动分解的原理，把自然光分解为两个相互独立、等振幅、相互垂直方向的振动，如图 9-32b 所示，即自然光可以用两个相互独立、等振幅且振动方向相互垂直的线偏振光表示，这两个线偏振光的光强各等于自然光光强的一半，如图 9-32c 所示。

**3. 部分偏振光**

在光学实验中，如果采用某种方法把自然光两个相互垂直的独立振动分量之一部分移去，则获得**部分偏振光**（partial polarized light）。

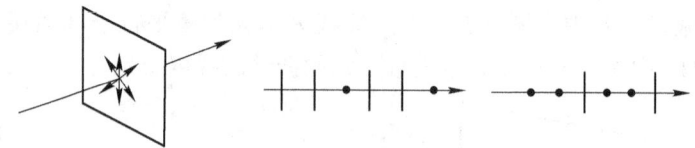

图 9-33　部分偏振光

这是介于线偏振光与自然光之间的一种偏振光，在垂直于光的传播方向的平面内，各方向的光振动都有，但它们的振幅不相等，部分偏振光的表示方法，如图 9-33 所示，可看成自然光与线偏振光的混合。

**4. 圆偏振光、椭圆偏振光**

光传播时，光矢量绕着传播方向旋转，其旋转角速度对应于光的角频率。如果光矢量的端点轨迹是一个圆，这种光称为**圆偏振光**（circular polarized light），如图 9-34a 所示；如果光矢量端点的轨迹是一个椭圆，这种光称为**椭圆偏振光**（elliptic polarized light），如图 9-34b 所示。圆偏振

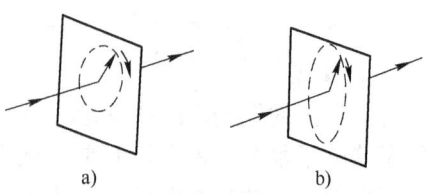

图 9-34　圆偏振光和椭圆偏振光

光和椭圆偏振光是由两个频率相同、相位差恒定而振动方向互相垂直的线偏振光叠加而成的。

## 9.3.2 偏振光的产生和检验 马吕斯定律

**1. 偏振片起偏和检偏**

可以设法从自然光中分离出沿某一特定方向的偏振光，也就是把自然光改变为线偏振光。把自然光变成线偏振光，叫做光的起偏。检查入射光的偏振性叫做光的检偏。获得线偏振光的器件或装置称**起偏器**(polarizer)。有多种起偏器，在工业生产中使用广泛的是人造偏振片，它利用某种只有二向色性的物质的透明薄体做成，它能吸收某一方向的光振动，只让与这个方向垂直的光振动通过。通常在所用的偏振片上标出记号"↕"，表明该偏振片允许通过的光振动方向，它只能透过沿某个方向振动的光矢量或光矢量振动沿该方向的分量，而不能透过与该方向垂直振动的光矢量或光矢量振动与该方向垂直的分量。这个透光方向称为**偏振化方向**或**起偏方向**(axis of transmission)。如图 9-35 所示，自然光透过偏振片后，透射光即变为线偏振光。由偏振片的特性可知，它既可用做起偏器，也可用做**检偏器**(analyzer)，检验向它入射的光是否是线偏振光。另外也可利用光的反射和折射起偏的玻璃片堆，或利用晶体的双折射特性起偏的尼科耳棱镜等来产生偏振光。

自然光通过偏振片后成为线偏振光，并且，自然光中光矢量分布均匀，将偏振片绕光的传播方向转动，透过的光的光强不变，始终是入射光强的一半。

自然光透过偏振片后，迎着光传播方向观察透射光的强弱，当转动偏振片时，

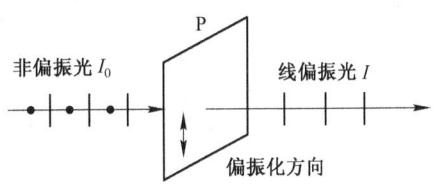

图 9-35 偏振片起偏

光强不变，因为自然光的光矢量振动相对传播方向是轴对称分布的、是大量无固定相位关系的线偏振光的混合，不论偏振片的偏振化方向转到什么方向，总有相同光强的光透过偏振片。如果线偏光入射到偏振片上，将偏振片绕光的传播方向转动，透过的光的光强会变化。偏振化方向与光矢量振动方向相同时，透过的光强最强；与光矢量振动方向垂直时，透过的光强为零，称为消光。将偏振片旋转一周时，透射光光强两次最强，两次消光。这种情况即可用来识别线偏光。此现象可以用图 9-36 所示的实验装置进行观察，$P_1$ 为起偏器，$P_2$ 为检偏器。

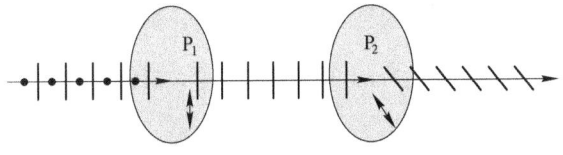

图 9-36 起偏和检偏

## 2. 马吕斯定律

如图 9-37 所示,自然光入射到偏振片 $P_1$ 上,透射光又入射到偏振片 $P_2$ 上,这里 $P_1$ 为起偏器,$P_2$ 相当于检偏器。透过 $P_2$ 的线偏振光其光强的变化规律如何?这就是马吕斯定律要阐述的内容。

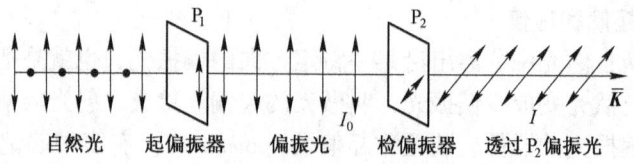

图 9-37 马吕斯实验用图

设 $P_1$ 和 $P_2$ 的偏振化方向夹角为 $\alpha$,自然光经 $P_1$ 后变成线偏振光,光强为 $I_0$,光矢量振幅为 $E_0$。光振动分解成与 $P_2$ 平行及垂直的两个分量,如图 9-38 所示,标量形式分量为

$$\begin{cases} E_\parallel = E_0 \cos\alpha \\ E_\perp = E_0 \sin\alpha \end{cases}$$

因为只有 $E_\parallel$ 能透过 $P_2$,所以透过光的光振动振幅为 $E = E_\parallel = E_0\cos\alpha$(不考虑吸收)。又因为光强与振幅平方成正比,所以入射光与透射光强之比为

$$\frac{I}{I_0} = \frac{E^2}{E_0^2} = \frac{(E_0\cos\alpha)^2}{E_0^2} = \cos^2\alpha$$

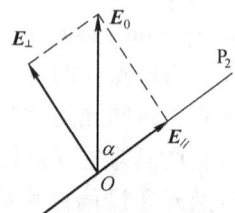

图 9-38 马吕斯定律用图

即

$$I = I_0\cos^2\alpha \tag{9-19}$$

式中,$I$,$I_0$ 分别为透射光、入射光的光强。式(9-19)称做**马吕斯定律**(Malus law),是马吕斯 1809 年由实验发现的。它表明:**透过一偏振片的光强等于入射线偏振光光强乘以入射偏振光的光振动方向与偏振片方向夹角余弦的平方。**

当 $\alpha = 0$,$\pi$ 时,$I = I_0$,光强最大;$\alpha = \pi/2$,$3\pi/2$ 时,$I = 0$,消光;$\alpha$ 为其他值时,光强介于 0 与 $I_0$ 之间。

**例题 9-14** 有两个偏振片,一个用做起偏器,一个用做检偏器。当它们的偏振化方向之间的夹角为 30° 时,一束单色自然光穿过它们,出射光强为 $I_1$;当它们的偏振化方向之间的夹角为 60° 时,另一束单色自然光穿过它们,出射光强为 $I_2$,且 $I_1 = I_2$。求两束单色自然光的光强之比。

**解**:设两束单色自然光的光强分别为 $I_{10}$,$I_{20}$,根据马吕斯定律,有

$$I_1 = \frac{I_{10}}{2}\cos^2 30°, \quad I_2 = \frac{I_{20}}{2}\cos^2 60°$$

可得

$$\frac{I_{10}}{I_{20}} = \frac{1}{3}$$

**例题 9-15** 如图 9-39 所示，在两块正交偏振片（偏振化方向相互垂直）$P_1$，$P_3$ 之间插入另一块偏振片 $P_2$，光强为 $I_0$ 的单色自然光垂直入射于偏振片，求转动 $P_2$ 时，透过 $P_3$ 的光强 $I$ 与转角的关系。

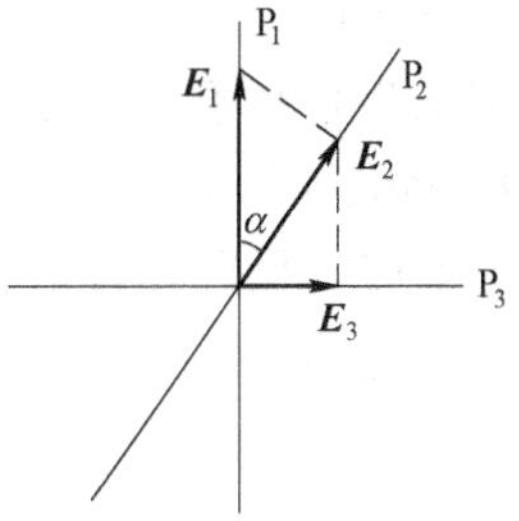

**解**：设 $\alpha$ 为 $P_1$，$P_2$ 偏振化方向的夹角，则自然光透过起偏器 $P_1$ 的光强为

$$I_1 = \frac{1}{2}I_0$$

根据马吕斯定律可得，光强为 $I_1$ 的线偏振光透过偏振片 $P_2$ 的光强为

$$I_2 = I_1\cos^2\alpha = \frac{1}{2}I_0\cos^2\alpha$$

再一次运用马吕斯定律可得，光强为 $I_2$ 的线偏振光透过偏振片 $P_2$ 的光强为

$$I_3 = I_2\cos^2\left(\frac{\pi}{2} - \alpha\right) = \frac{1}{2}I_0\cos^2\alpha\sin^2\alpha = \frac{1}{8}I_0\sin^2 2\alpha$$

图 9-39 例题 9-15 图

## 9.3.3 反射光和折射光的偏振

自然光在介质界面上反射和折射时，反射光是部分偏振光，折射光也是部分偏振光。如图 9-40a 所示，一束自然光入射到两介质的分界面，我们把自然光的光振动分解为两个相互垂直振幅相等的分振动：其一和入射面垂直，称为垂直于入射面的振动；另一是和入射面平行，称为平行于入射面的振动。由图可知：反射光束中垂直振动比平行振动强；而在折射光束中，平行振动比垂直振动强。也就是说，反射光和折射光都是部分偏振光。这些结论可用偏振片来检验。

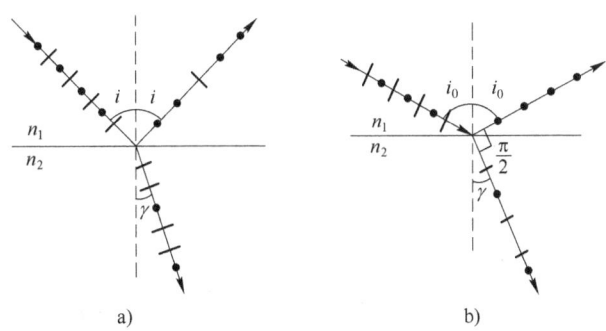

图 9-40 自然光的反射与折射
a) 自然光反射和折射后产生的部分偏振光　b) 布儒斯特角

理论和实验都证明，反射光的偏振化程度与入射角有关。1812 年布儒斯特在研究反射光的偏振化程度时发现，改变入射角 $i$ 时，反射光的偏振化程度也随之改

变。当入射角 $i$ 与折射角 $r$ 之和等于 $90°$，即反射光与折射光互相垂直时，反射光为光矢量垂直于入射面的完全偏振光。这一特定的入射角 $i_0$ 称为起偏角。如图 9-40b 所示，设 $n_1$ 和 $n_2$ 是入射光和折射光所在介质空间的折射率，当入射光与折射光垂直时，反射光为垂直入射面振动的线偏振光，折射光仍为部分偏振光，此时，入射角 $i_0$ 满足

$$\frac{\sin i_0}{\sin \gamma_0} = \frac{n_2}{n_1} \quad (\text{折射定律})$$

因为 $i_0 + \gamma_0 = \pi/2$，所以 $\sin\gamma_0 = \sin(\pi/2 - i_0) = \sin i_0$。
由以上两式显然可得

$$\tan i_0 = \frac{n_2}{n_1} \tag{9-20}$$

式(9-20)表明，当入射角 $i_0$ 满足 $\tan i_0 = n_2/n_1$ 时，反射光为垂直于入射面振动的线偏振光，这一规律称为**布儒斯特定律**(Brewster law)式(9-20)即为布儒斯特定律数学表达式。$i_0$ 称为**布儒斯特角**(Brewster angle)或**起偏角**(polarizing angle)。

当入射角为布儒斯特角时，反射光为垂直于入射面的线偏振光，并且该线偏振光与折射光线垂直。折射光为部分偏振光，平行入射面振动占优势，此时偏振化程度最高。

**例题 9-16** 水的折射率为 1.33，空气的折射率近似为 1，当自然光从空气射向水面而反射时，起偏角为多少？而当光由水下进入空气时，起偏角又是多少？

**解**：光由空气射向水面时，有

$$\tan i_0 = \frac{n_2}{n_1} = 1.33, \quad i_0 = 53.1°$$

光由水下进入空气时，有

$$\tan i_0' = \frac{n_1}{n_2} = \frac{1}{1.33}, \quad i_0' = 36.9°$$

还需指出，自然光以布儒斯特角从空气入射到玻璃片上时，在经过一次反射、折射后，反射光虽然是完全偏振光，但光强较弱(大约只占 7.5%)；折射光是部分偏振的，光强很强。为了增强反射光的强度和折射光的偏振化程度，常把许多相互平行的玻璃片堆在一起。自然光以布儒斯特角入射玻璃堆时，光在各层玻璃面上反射和折射，可以使反射光光强得到加强，折射光也因垂直分量多次被反射而接近完全偏振光，如图 9-41 所示。当玻璃片足够多时，最后透射出来的折射光就接近于完全偏振光，因而就可以从反射方向和折射方向得到振动方向正交的两束偏振光。

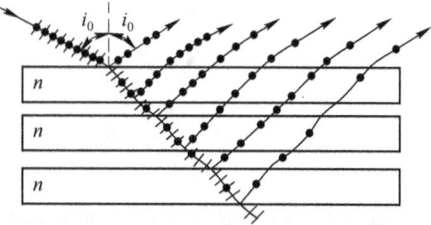

图 9-41 利用玻璃堆偏产生完全偏振光

## 习 题

**9-1** 为什么两个独立的同频率的普通光源发出的光波叠加时不能得到光的干涉图样？

**9-2** 如习题9-2图所示，光线1，2从相位相同的$A$，$B$两点传至$P$点，光波长为$\lambda$，玻璃折射率为1.5，求光线1，2在相遇处$P$的光程差和相位差。

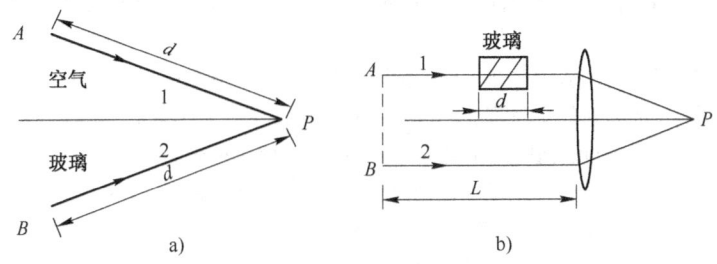

习题9-2图

**9-3** 在杨氏实验中，光源波长$\lambda$为640nm，两狭缝间距为0.4mm，光屏离狭缝的距离50cm，求：(1)光屏上第一亮条纹和中央亮条纹之间的距离；(2)若光屏上$P$点离中央条纹为0.1mm，问两束光在$P$点的相位差是多少？

**9-4** 在杨氏实验中，光源波长$\lambda$为600nm，在其中一缝后插入一折射率为1.5的玻璃片，中央亮纹迁移到原来第5亮条纹所在的位置，求玻璃片的厚度。

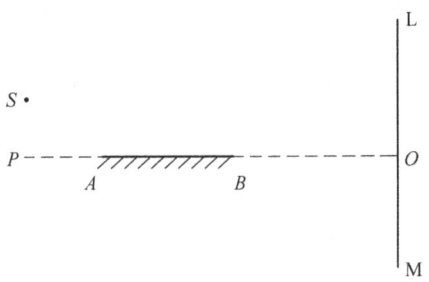

习题9-5图

**9-5** 习题9-5图所示是劳埃德镜实验，$S$是一点光源，光波的频率为$6 \times 10^{14}$Hz，$A$和$B$是水平放置的反射镜的两端，$SP$，$PA$，$AB$和$BO$的距离分别为1mm，5cm，5cm和190cm。(1)计算条纹可见的区域并计算可见条纹的数目。(2)如果在直射光路中放入一云母片(折射率$n=1.5$)使最低的条纹成为中心条纹，云母片厚度$d$为多少？

**9-6** 在棱镜($n_1 = 1.55$)的表面镀一层增透膜($n_2 = 1.30$)，如果要使此增透膜适应于640nm波长的光，膜的厚度应取什么值？

**9-7** 一平面单色光波垂直照射到厚度均匀的薄油膜上，油膜覆盖在玻璃板上。油的折射率为1.30，玻璃的折射率为1.50，若单色光的波长可由光源连续可调，可观察到500nm与700nm这两个波长的单色光在反射中消失，求油膜层的厚度。

**9-8** 在很薄的尖劈型玻璃板上用垂直入射光投射，从反射光中看到相邻暗条纹间隔为5mm，已知光的波长为580nm，玻璃板的折射率为1.5，求板间的夹角。

**9-9** 波长为680nm的平行光垂直的照射到12cm长的两块玻璃上，两玻璃片一边相互接触，另一边被厚为0.048mm的纸片隔开，求在这12cm内呈现多少条明条纹？

**9-10** 用波长为500nm的单色光垂直照射到由两块光学平玻璃构成的空气劈形膜上，在观察反射光的干涉现象中，距劈形膜棱边 $l=1.56$cm 的 $A$ 处是从棱边算起的第四条暗条纹中心。

(1) 求此空气劈形膜的劈尖角 $\theta$；

(2) 改用600nm的单色光垂直照射到此劈尖上仍观察反射光的干涉条纹，$A$ 处是明条纹还是暗条纹？

(3) 在第(2)问的情形从棱边到 $A$ 处的范围内共有几条明条纹？几条暗条纹？

**9-11** 使用单色光来观察牛顿环，测得某一明环的直径为3.00mm，在它外面第五个明环的直径为4.60mm，所用平凸透镜的曲率半径为1.03m，求此单色光的波长。

**9-12** 用迈克耳孙干涉仪可测量单色光的波长。当 $M_2$ 移动距离 $d=0.3220$mm 时，测得某单色的干涉条纹移过 $N=1204$ 条，求该单色光的波长。

**9-13** 在迈克耳孙干涉实验中，当镜片移动距离为0.08mm时，250条干涉环将湮灭在环心处，试计算其波长。

**9-14** 某种单色平行光垂直入射在单缝上，单缝宽 $a=0.15$mm，缝后放一个焦距 $f=400$mm 的凸透镜，在透镜的焦平面上，测得中央明条纹两侧的两个第3级暗条纹之间的距离为8.0mm，求入射光的波长。

**9-15** 一单色平行光垂直照射在宽为1.0mm的单缝上，在缝后放一焦距为2.0m的会聚透镜。已知位于透镜焦面处的屏幕上的中央明条纹宽度为2.5mm，求入射光波长。

**9-16** 在单夫琅禾费衍射实验中，波长为 $\lambda$ 的单色光的第3级亮纹与 $\lambda'=630$nm 单色光的第2级亮条纹恰好重合，试计算 $\lambda$ 的数值。

**9-17** 在迎面驶来的汽车上，两盏前灯相距120cm，试问人在离汽车多远的地方，眼睛恰能分辨这两盏灯？设夜间人眼瞳孔直径为5.0mm，入射光波长 $\lambda=550$nm。

**9-18** 月球距地面约 $3.84\times10^5$km，设月光波长可按 $\lambda=600$nm 计算，问月球表面距为多远的两点才能被地面上直径 $D=1000$cm 天文望远镜所分辨？

**9-19** 利用一每厘米有4000条缝的光栅，可以产生多少完整的可见光谱(可见光的波长范围为 400~700nm)？

**9-20** 波长为500nm及600nm的平面单色光同时垂直照射在光栅上，除零级外，它们的谱线第三次重叠时在 $\theta=30°$ 的方向上，求此光栅的光栅常数。

**9-21** 用1.0mm内有500条刻痕的平面透射光栅观察钠光谱($\lambda=589$nm)，设透镜焦距 $f=1.00$mm。问：

(1) 光线垂直入射时，最多能看到第几级光谱？

(2) 若用白光(波长范围为 400~760nm)垂直照射光栅，求第1级光谱的线宽度。

**9-22** 波长 $\lambda=600$nm 的单色光垂直入射在一光栅上，第2级、第3级光谱线分别出现在衍射角 $\theta_2$、$\theta_3$ 满足下式的方向上，即 $\sin\theta_2=0.2$，$\sin\theta_3=0.3$，第4级缺级，试问：(1)光栅常数等于多少？(2)光栅上狭缝宽度有多大？(3)在屏上可能出现的全部光谱线的级数是多少？

**9-23** 一台光谱仪有三块光栅，每毫米刻痕分别为1200条、600条和90条，若用于测定波长范围为 700~1000nm 间的光谱，应选用哪块光栅？

**9-24** 一束光可能是：自然光、线偏振光和部分偏振光，如何用实验来判定这束光是哪一种光。

9-25　一束自然光入射到互相重叠的四块偏振片上，每块偏振片的偏振化方向相对前面一块偏振片沿顺时针(迎着透射光看)转过30°角，问入射光的光强有百分之几透过这组偏振片(不计偏振片对光的吸收)？

9-26　平行放置两偏振片，使它们的偏振化方向成60°的夹角。

(1) 如果两偏振片对光振动平行于其偏振化方向的光线均无吸收，则让自然光垂直入射后，其透射光强与入射光强之比是多少？

(2) 如果两偏振片对光振动平行于其偏振化方向的光线分别吸收10%的能量，则透射光强与入射光强之比是多少？

9-27　一光束由光强相同的自然光和线偏振光混合而成，此光束垂直入射到几个叠在一起的偏振片上。

(1) 欲使最后出射光振动方向垂直于原来入射光中线偏振光的振动方向，并且入射光中两种成分的光的出射光强相等，至少需要几个偏振片？它们的偏振化方向应如何放置？

(2) 这种情况下最后出射光强与入射光强的比值是多少？

9-28　怎样测定不透明电介质的折射率？今测得某一电介质的起偏角为58°，试求它的折射率。

9-29　一束太阳光，以某一入射角入射到平面玻璃上，这时反射光为完全偏振光。若透射光的折射角为32°，试问：

(1) 太阳光的入射角是多少？

(2) 此种玻璃的折射率是多少？

9-30　水的折射率为1.33，玻璃的折射率为1.50，当光由水中射向玻璃而反射时起偏角为多少？当光由玻璃射向水而反射时起偏角又为多少？

# 第 10 章　量子物理基础

从 19 世纪末到 20 世纪初，随着科学技术的进步，当人们研究的触角进入了"微观粒子"尺度时，物理学家们陆续发现了一系列经典物理学无法正确解释的新实验现象，例如黑体辐射、光电效应、康普顿效应、原子的线状光谱等。这使得当时已经相当完善的经典物理学处于非常困难的境地，迫使科学家们跳出传统的物理学框架去寻找解决问题的新途径，从而导致了量子理论的诞生。图示为日常生活中的量子物理学。

量子理论首先是从黑体辐射问题上突破的。1900 年，普朗克（M. Plank）为了解决经典理论在解释黑体辐射实验规律时遇到的困难，首次提出了能量子的概念，即能量量子化的概念。这对经典物理理论是一个极大冲击，因为在经典理论中，能量的连续性被认为是"天经地义"的事情。爱因斯坦关于光的波粒二象性的假说，以及随后德布罗意（de Broglie）关于实物粒子的波粒二象性的假设，使人们认识到，一切微观粒子都具有波粒二象性。在此基础上，1926 年，薛定谔（E. Schrodinger）提出了描述微观粒子运动规律的非相对论性的薛定谔方程。1928 年，狄拉克（P. A. M. Dirac）又提出了相对论性的狄拉克方程。它们是量子力学的基本方程。经过众多物理学家们的共同努力，终于在 20 世纪 30 年代建立了量子力学。这是关于微观世界的理论，它和相对论一起，已成为现代物理学的理论基础。

量子力学是反映微观物质世界运动规律的理论，其研究成果及研究方法已深入到现代科学与技术的各个领域。本章将介绍量子力学中的一些基本概念和规律。

本章内容提要

◆黑体辐射

◆爱因斯坦光量子说对光电效应的解释

◆德布罗意波

◆不确定关系

◆薛定谔方程

## 10.1 光的量子性

### 10.1.1 热辐射

热力学温度不等于零的物体都要辐射出电磁波。从物质结构看，物质都是由分子原子组成的，原子是由原子核和电子组成的。只要温度不是0K，分子原子就会处在不断的运动中，其中的带电部分也就处在运动中，而带电物体的运动就会辐射出电磁波。例如，加热一个铁块，我们发现，开始铁块是黑的，随温度的上升，铁块开始变红，然后变白。这表明随温度上升，铁块开始发出红光，然后发出白光，进一步的研究表明，铁块开始发出的是人眼没法发现的红外线。红光、白光和红外线都是电磁波，只不过其波长不同而已。其实，人们在生产和生活中对于这类现象早有注意，例如，人们可以根据炉火的颜色判断炉的温度高低，明亮得发青的炽热物体比暗红的物体温度高。由此可见，物体都会辐射出电磁波，但由于温度的不同，其辐射的电磁波波长或者频率不同，即这些电磁波的波谱（能量与波长的关系）与温度有关，与温度有关的这种辐射就叫**热辐射**（thermal radiation）。

在19世纪末20世纪初，欧美国家正值钢铁、化工等重工业大发展时期，急需高温测量、辐射计和光度计等方面的新技术和新设备，许多研究人员开展了热辐射的实验研究。在热辐射的研究中，人们对于辐射的能量，尤其是辐射能量随波长分布的特性非常感兴趣。为定量描述热辐射能量，我们需要引入以下物理量：**辐射出射度**（radiation exitance）和**单色辐射出射度**（Monochromatic radiation exitance）。定义如下：

1）辐射出射度：单位时间内从物体单位面积上辐射出来的各种波长电磁波的总能量，用 $M$ 表示。

2）单色辐射出射度：单位时间内从物体单位面积上辐射出来的波长在 $\lambda$ 附近单位波长区间电磁波的能量，用 $M_\lambda$ 表示。

### 10.1.2 黑体辐射的实验规律

物体在进行热辐射的同时，也吸收照射到它表面的电磁波。一般说来，入射到物体上的电磁辐射，不能全部被物体所吸收。通常人们认为最黑的煤烟，也不能完全吸收入射电磁波的能量。任何温度下对任何波长的电磁辐射都能全部吸收的物体称为绝对黑体，简称**黑体**（black body）。

黑体只是一种理想模型，一个空腔可以看做是黑体。如图10-1所示，在一个不透明材料制成的空腔壁上开一个小孔，当电磁辐射经小孔射入腔内时，它将在腔内壁上多次反射，每反射一次空腔内壁将吸收部分能量，所以入射的电磁波经该小孔再次溢出腔外的可能性是极小的，这样的小孔就可以看做一个理想黑体。空腔中的电磁辐射常称为黑体辐射。加热这个空腔，小孔就成了不同温度下的黑体。实验可测出不同温度下由它发出的电磁波的强度按波长分布的曲线，如图 10-2 所示。实验结果显示，这种分布是随温度而变化的，温度越高，发射的能量就越大，发射的电磁波最强部分对应的波长就越短。

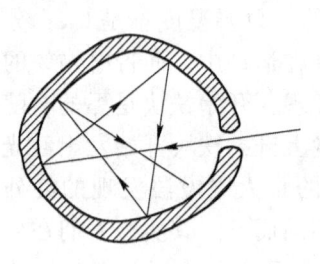 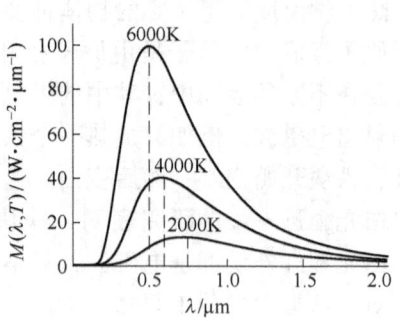

图 10-1　黑体模型　　　　　　　图 10-2　黑体的辐射本领

### 10.1.3　黑体辐射定律

物体热辐射的本领用辐射出射度来描述。单色辐射出射度仅是热力学温度 $T$ 和辐射波长 $\lambda$ 的函数，可表示为 $M(\lambda, T)$。在单位时间内，从温度为 $T$ 的黑体的单位面积上，所辐射出的各种波长的电磁波的能量总和，称为辐射出射度，用 $M(T)$ 表示，其值可由单色辐射出射度 $M(\lambda, T)$ 对所有波长的积分求得

$$M(T) = \int_0^\infty M(\lambda, T) \mathrm{d}\lambda = \sigma T^4 \tag{10-1}$$

式 (10-1) 称为**斯特藩-玻耳兹曼定律**。式 (10-1) 指出，黑体的辐射出射度与黑体的热力学温度的四次方成正比。其中 $\sigma$ 称为斯特藩-玻耳兹曼常量，其值为 $\sigma = 5.670400 \times 10^{-8} \mathrm{W \cdot m^{-2} \cdot K^{-4}}$。从图 10-2 可以看出，在黑体辐射中，随着黑体的热力学温度升高，辐射最强的波长 $\lambda_\mathrm{m}$ 向短波方向移动。满足

$$\lambda_\mathrm{m} T = b \tag{10-2}$$

称为**维恩位移定律**。式中 $b$ 为维恩 (W. Wien) 常数，其值为 $b = 2.897756 \times 10^{-3} \mathrm{m \cdot K}$。维恩位移定律有许多实际的应用。例如通过比较物体表面不同区域颜色的变化，可确定物体表面的温度分布情况。

19 世纪末，在钢铁工业大发展的背景下，很多理论和实验物理学家都十分关注黑体辐射的研究，人们试图从理论上解释黑体辐射实验。但是，用当时已被认为相当完善的经典理论得出的结果都与实验明显不符。

1893 年，维恩根据经典热力学理论的讨论，并加上一些特殊假设给出一个维

恩公式。由图 10-3 可以看出，维恩公式在短波波段与实验结果还符合，但在长波部分则显著不一致。

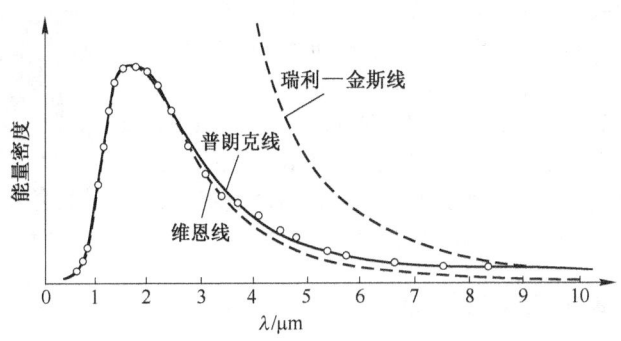

图 10-3　黑体辐射公式与实验曲线

1900 年，瑞利 (L. Rayleigh) 和金斯 (J. Jeans) 根据经典电动力学和统计物理学理论也得出了一个黑体辐射能量分布公式，他们的公式只在长波部分与实验结果较符合，而在短波部分与实验结果则明显不符合。这就是物理学史上所谓的"紫外灾难"。

黑体辐射的经典理论困难是由德国物理学家普朗克在 1900 年引进**能量子**(energy quantum) 的概念后才得以解决的。普朗克把代表短波波段的维恩公式和代表长波波段的瑞利-金斯公式结合起来，并利用数学上的内插法，很快找到一个经验公式

$$M(\lambda, T)\mathrm{d}\lambda = \frac{2\pi hc^2}{\lambda^5} \frac{\mathrm{d}\lambda}{\mathrm{e}^{\frac{hc}{\lambda kT}} - 1} \tag{10-3}$$

式中，$c$ 代表真空中的光速；$h$ 称为普朗克常量 (Planck constant)，它的数值是 $h = 6.6206876 \times 10^{-34} \mathrm{J \cdot s}$。普朗克的公式在全部波长范围内与实验曲线惊人地符合，这个公式的成功激发他去揭示公式中所蕴藏着的重要科学原理。

随后，普朗克提出，空腔内壁的原子、分子的振动可以看成是许多带电简谐振子的振动，空腔黑体的热辐射是这些带电的谐振子向外辐射各种频率电磁波的结果。不像经典理论所认为的那样，黑体可以连续地发射和吸收辐射能量。普朗克大胆地假设：黑体是以 $\varepsilon = h\nu$ 为基本单位来吸收或发射能量的，能量单位 $h$ 称为能量子。这说明空腔壁上频率为 $\nu$ 的带电谐振子吸收和发射的能量是不连续的，即简谐振子的能量是量子化的，只能取 $h\nu$ 的整数倍

$$\varepsilon = nh\nu \quad n = 1, 2, 3, \cdots \tag{10-4}$$

式中的普朗克常量 $h$ 是一个非常重要的常数。由于 $h$ 值非常小，所以能量的不连续性在宏观上很难被觉察。普朗克正是基于这个假设，并利用经典的波耳兹曼统计方法，得到了与实验结果符合得很好的普朗克黑体辐射公式 (10-3)。

普朗克（M. Planck，1858—1947），德国理论物理学家，量子论的奠基人（见图10-4）。1900年，他提出能量量子化的概念，并导出黑体辐射能量分布公式。普朗克的能量子假设是对经典物理学的重大突破。因为从经典物理学的角度来看，这种能量不连续的概念是完全不允许的。当时，在相当长的一段时间里，普朗克的这一工作并未引起人们的普遍重视。直到1905年爱因斯坦基于能量子假设，提出了光量子理论，成功地解释了光电效应之后，量子思想才逐渐为人们所接受。能量子概念的提出，标志着量子论的诞生，他为此获得了1918年诺贝尔物理学奖。由于量子的概念是普朗克首次提出的，所以人们尊称他为量子之父。

图10-4　普朗克

### 10.1.4　光电效应的实验规律

光电效应（photoelectric effect）最早是由德国物理学家赫兹（H. Hertz）在做电磁实验时发现的。1887年，他发现，当紫外线照射在金属上时，能使金属发射带电粒子。1900年，勒纳德（P. Lennard）通过实验证实，紫外线使金属释放出的是电子。当光照射到金属表面上时，电子会从金属表面逸出，这种现象称为光电效应，所逸出的电子称为**光电子**（photoelectron）。

图10-5为光电效应的实验装置简图。在光电管的阳极A和阴极C之间加上直流电压$U$。当光照射在金属阴极C表面上时，有光电子被发射出来，在电极A，C间的加速电场作用下，形成光电流。到达阳极A的光电子数可以由安装在A，C间的电流计测量出来。

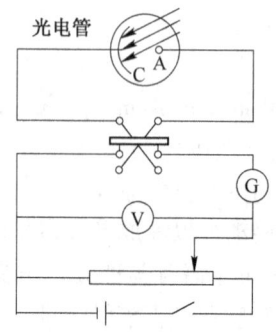

图10-5　光电效应的实验装置简图

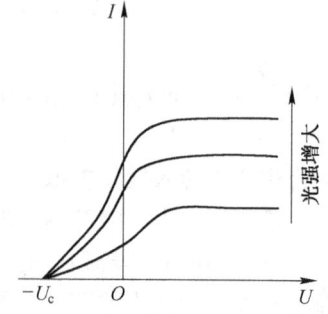

图10-6　光电流和加速电压的实验曲线

光电效应有如下的实验规律。

（1）饱和光电流（saturation photocurrent）　图10-6中给出的是在三种不同光强的光照下，光电流$I$随加速电压$U$变化的实验曲线。不难看出，光强一定时，光电流$I$开始随加速电压增大而增大，随后就趋于一个饱和值$I_m$，电流饱和现象说明这时单位时间内从阴极逸出的光电子全部到达阳极。实验发现，饱和光电流$I_m$与入射光光强成正比。

(2) 截止电压(cut-off voltage) 图 10-6 的实验曲线还表示,当加速电压减少到零时,光电流并不为零。这说明光电子逸出阴极表面后具有一定的动能,没有加速电场也可以到达阳极。当 A 和 C 之间所加的反向电势差等于 $U_c$ 时,光电流才为零,$U_c$ 叫做截止电压。截止电压的存在说明,从阴极 C 逸出的具有最大初动能的电子,将其初动能全部用于克服截止电压产生的外电场力的阻碍,刚好不能到达阳极 $A$。

由能量关系可得出截止电压 $U_c$ 与光电子的最大初动能之间有如下关系:

$$\frac{1}{2}mv_m^2 = eU_c \tag{10-5}$$

式中,$m$ 和 $e$ 分别是电子的质量和电荷量;$v_m$ 是光电子逸出金属表面的最大速度。从上式可以看出,光电子的最大初动能与截止电压 $U_c$ 成正比。如图 10-6 所示,不同光强度的光电流 $I$ 的实验曲线在 $U = U_c$ 处交于一点,这表明截止电压 $U_c$ 和光电子的最大初动能都与入射光的光强无关。

(3) 截止频率(cut-off frequency) 在保持饱和光电流的大小不变的条件下,改变入射光的频率 $\nu$ 可得截止电压 $U_c$ 与入射光频率 $\nu$ 的实验关系曲线,如图 10-7。当入射光的频率 $\nu$ 增大时,截止电压 $U_c$ 将随之线性地增加,即

$$U_c = k\nu - U_0 \tag{10-6}$$

式中,$k$ 是与阴极金属材料性质无关的普适常量;$U_0$ 是与金属材料有关的量。将式(10-6)代入式(10-5)可得

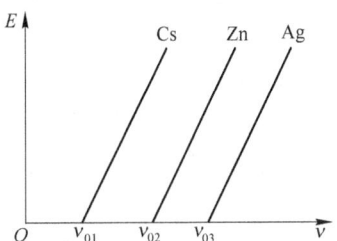

图 10-7 截止电压与入射光频率的关系

$$\frac{1}{2}mv_m^2 = ek\nu - eU_0 \tag{10-7}$$

即光电子的最大初动能随入射光频率的增加而线性地增加,当频率 $\nu$ 降低到 $\nu_0$ 时,光电子的最大初动能减少到零,电子不能逸出金属表面而发生光电效应。频率 $\nu_0$ 称为光电效应的截止频率。对于不同的金属有不同的截止频率 $\nu_0$,要使某种金属产生光电效应,必须使入射光的频率大于其相应的截止频率 $\nu_0$ 才行,也就是说,对于频率低于截止频率的入射光,无论光强多大,光照时间多长,都不能产生光电效应,所以频率 $\nu_0$ 又称为红限频率。截止频率可由实验曲线求出

$$\nu_0 = \frac{U_0}{k} \tag{10-8}$$

(4) 弛豫时间(relaxation time) 实验还发现,无论光强怎样微弱,光电子几乎都是立即发射的,其滞后时间不超过 $10^{-9}$s。

光的经典波动理论无法解释光电效应的实验结果。按照经典波动理论,光强越

大则光的能量越大，打出光电子的初动能也就越大，这与实验结果光电子的初动能与光强无关相矛盾；至于存在截止频率就更无法解释，因为电子可连续不断地吸收光波的能量，只要光照时间足够长，其频率再小也应有光电效应。在经典的波动理论中，光波的能量是均匀分布在波面上的，阴极电子积累能量克服逸出功需要一段时间，光电效应也不可能瞬时发生。显然，光的经典波动理论与光电效应实验发生了尖锐的矛盾。

### 10.1.5 爱因斯坦的光子理论

1905年，为了解释光电效应，爱因斯坦（A. Einstein）在普朗克能量子假设的基础上，提出了**光量子**（photo quantum）的概念。他认为，普朗克讨论辐射问题的观点还不够彻底，仅仅认为空腔壁谐振子与辐射场交换能量才显示出不连续性，不能解释光的产生和转换现象中与实验的不一致，应该认为辐射场本身就是不连续的。爱因斯坦进一步假设：一束光就是一束以光速运动的粒子流，频率为 $\nu$ 的光的每一个光量子所具有的能量与光的频率成正比

$$\varepsilon = h\nu \tag{10-9}$$

式中，$h$ 为普朗克常量。这些光量子后来称为光子，每个光子只能整个地被吸收或发射出来。按照爱因斯坦光量子理论，在光电效应问题上出现的经典理论的困难立即迎刃而解。在光电效应中，一个光子的能量可立即被金属中的自由电子整个吸收，几乎不需要能量积累的时间，所以光电子的发射几乎与光照同时发生。

电子吸收一个频率为 $h\nu$ 的入射光子后，就获得能量 $h\nu$，如果能量 $h\nu$ 大于该金属的逸出功 $A$，则由能量守恒定律可知光电子获得的最大初动能为

$$\frac{1}{2}mv_m^2 = h\nu - A \tag{10-10}$$

式（10-10）称为**爱因斯坦光电效应方程**（The equation of Einstein photoemission）。显然，按照这个方程，光电子的最大初动能与入射光的频率成线性关系，而与光强无关。如果光子的频率低于截止频率，电子所吸收的光子能量不足以克服逸出功，那么无论光强多大，光照时间多长，都不会发生光电效应。当光电子的最大初动能为零时，由式（10-10）可得出截止频率与逸出功的关系为

$$\nu_0 = \frac{A}{h} \tag{10-11}$$

因为各种金属的逸出功 $A$ 有所不同，因而截止频率也会不同。另外，光强大时，能流密度大，包含的光子数多，照射金属时产生光电子多，因而饱和电流大，从而饱和电流与光强成正比。

1916年密立根做了较为精确的实验，证明截止电压 $U_c$ 与入射光频率 $\nu$ 的关系确实是一条很好的直线。根据爱因斯坦公式，直线的斜率为 $h/e$，人们根据实验测定的斜率和电子电荷，得到了普朗克常量 $h$ 值。

# 第 10 章 量子物理基础

阿尔伯特·爱因斯坦（A. Einstein, 1879—1955），美籍德国犹太人（见图 10-8）。他是现代物理学的开创者和奠基人，他对于科学事业的伟大贡献是多方面的。他的科学业绩主要包括四个方面：早期对布朗运动的研究、狭义相对论的创建、推动量子力学的发展、建立了广义相对论，开辟了宇宙学的研究途径。其中，1905 年创建的狭义相对论和 1921 年创建的广义相对论是爱因斯坦的最重要的科学研究成果。而 1921 年的诺贝尔物理学奖则是由于他提出了光的量子概念和发现了光电效应定律而获得的。

图 10-8 爱因斯坦

由于爱因斯坦是相对论——"质能关系"的提出者；"决定论量子力学诠释"的捍卫者（振动的粒子）——不掷骰子的上帝；他创立的代表现代科学的相对论，为核能开发奠定了理论基础，对现代科学技术和应用产生了广泛而深刻的影响，开创了现代科学的新纪元。因此，爱因斯坦被公认为是自伽利略、牛顿以来最伟大的科学家、思想家。为纪念他对科学及相关领域所做出的杰出贡献，1999 年 12 月 26 日，爱因斯坦被美国《时代周刊》评选为"世纪伟人"。

**例题 10-1** 用波长为 200nm 的单色光照射在金属铝的表面上，已知铝的逸出功为 42eV，求：（1）光电子的最大动能；（2）截止电压；（3）铝的截止波长。

**解：**（1）根据爱因斯坦光电效应方程，光电子的最大动能为

$$E_{km} = h\nu - A = h\frac{c}{\lambda} - A$$

$$= \frac{6.63 \times 10^{-34} \times 3 \times 10^8}{200 \times 10^{-9} \times 1.6 \times 10^{-19}} eV - 4.2eV$$

$$= 2.0eV$$

（2）由式（10-5）可得截止电压为

$$U_c = \frac{E_{km}}{e} = \frac{2.0}{1}V = 2.0V$$

（3）由式（10-11）可得截止波长为

$$\lambda_0 = \frac{c}{\nu_0} = \frac{hc}{A} = \frac{6.63 \times 10^{-34} \times 10^8}{4.2 \times 1.6 \times 10^{-19}}m = 2.96 \times 10^{-7}m = 296nm$$

## 10.2 波粒二象性

### 10.2.1 德布罗意波

在爱因斯坦光量子理论的启发下，法国青年物理学家德布罗意（De Broglie）

推想：既然通常表现为波的光也具有**粒子性**（corpuscular property），是不是我们对于实物粒子，把"粒子"的图像想得太多，而过分地忽视了波的图像？1923年，年轻的德布罗意在他的博士论文中提出大胆假设：实物粒子也具有**波动性**（undulatory property）。

德布罗意以其敏锐的思维把对光的**波粒二象性**（wave-particle dualism）的描述，应用到了实物粒子上。一个质量为 $m$ 以速度 $v$ 运动的实物粒子，既具有以能量 $E$ 和动量 $p$ 所描述的粒子性，也具有以频率 $\nu$ 和波长 $\lambda$ 所描述的波动性。与具有一定能量 $E$ 和动量 $p$ 的实物粒子相联系的波的频率和波长分别为

$$\nu = \frac{E}{h} \tag{10-12}$$

$$\lambda = \frac{h}{p} \tag{10-13}$$

以上两式称为德布罗意关系，为实物粒子的物理量和波的物理量二者之间提供了定量关系。与实物粒子相联系的波称为**德布罗意波**（De Broglie wave）。

德布罗意进而把德布罗意波和驻波联系起来，比较自然地导出了玻尔的量子化条件。如图10-9所示，他认为氢原子定态中的电子绕核作圆周运动，相应的电子波绕核传播，传播一周后的波应该光滑地衔接起来，相当于电子波在此圆周上形成了稳定的驻波。因此电子绕核的轨道受到限制，即要求轨道的周长应该等于电子波长的整数倍。设 $r$ 为电子稳定轨道的半径，则有

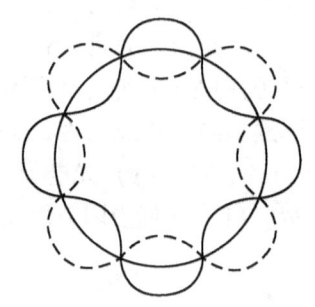

图 10-9　玻尔量子化条件的导出

$$2\pi r = n\lambda \quad (n = 1, 2, 3, \cdots) \tag{10-14}$$

由德布罗意关系式（10-13），可得电子绕核运动的角动量

$$rmv = n\frac{h}{2\pi} \tag{10-15}$$

这正是玻尔有关电子轨道角动量的量子化条件。

一个静止质量为 $m_0$、运动速度为 $v$ 的粒子（当 $v$ 较小时，不需考虑相对论效应）的德布罗意波长为

$$\lambda = \frac{h}{m_0 v} \tag{10-16}$$

如果电子的加速电压为 $U$，则有

$$\frac{1}{2}m_0 v^2 = eU \tag{10-17}$$

相应的德布罗意波长为

$$\lambda = \frac{h}{\sqrt{2m_0 e}} \frac{1}{\sqrt{U}} \approx \frac{1.225}{\sqrt{U}}\text{nm} \tag{10-18}$$

式中，$U$ 是以 V（伏）为单位的加速电压。当加速电压 $U=150\text{V}$ 时，$\lambda \approx 10\text{nm}$；$U=1.5\times 10^4\text{V}$ 时，$\lambda \approx 1\text{nm}$。可见在通常条件下，电子的德布罗意波长与 X 射线的波长同数量级。

由于普朗克常量 $h$ 是一个很小的量，所以宏观物体的德布罗意波长一般是非常短的，小到实验无法测量的程度，因而在通常的情况下，宏观物体的波动性难以显现出来。但是对微观粒子就不同了，微观粒子的波动性会表现得很明显。

## 10.2.2　电子衍射实验

1927 年，戴维逊（C. J. Davisson）和革末（L. H. Germer）通过电子束在镍单晶体表面上散射的实验，观察到了和 X 射线衍射类似的电子衍射现象，首先证实了电子的波动性。使一束电子投射到镍晶体特选晶面上，用探测器测量沿不同方向散射的电子束的强度，如图 10-10 和图 10-11 所示。实验发现，反射电子在某些相当确定的方向上强度较大，像 X 射线一样，电子束极大的方向满足布拉格方程

$$d\sin\psi = k\lambda \quad k = 1,2,3,\cdots \tag{10-19}$$

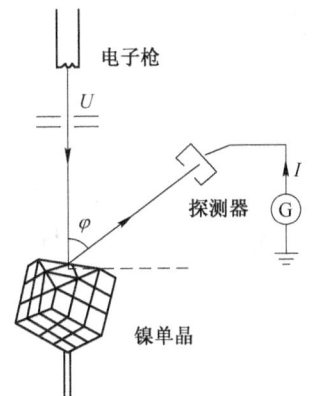

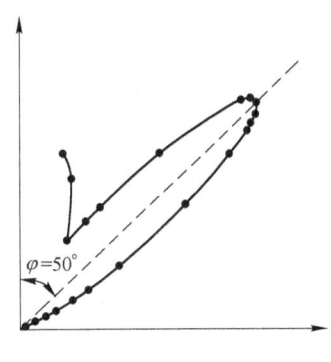

图 10-10　戴维逊-革末实验装置示意图　　图 10-11　散射电子束强度分布图

将德布罗意波长公式（10-18）代入式（10-19），得

$$d\sin\psi = k\frac{h}{\sqrt{2m_0 e}}\frac{1}{\sqrt{U}} \tag{10-20}$$

当入射电子的能量为 54eV 时，在 $\psi = 50°$ 的方向散射电子束强度最大，如图 10-11 所示。镍单晶的原子间距 $d = 2.15\times 10^{-10}\text{m}$，取 $k=1$，将上述有关实验数据代入式（10-20），可得电子的波长 $\lambda = 0.165\text{nm}$。根据式（10-18），该电子的德布罗意波长为

$$\lambda = \frac{h}{\sqrt{2m_0 e}}\frac{1}{\sqrt{U}} = \frac{1.225}{\sqrt{54}}\text{nm} = 0.167\text{nm}$$

在实验中，由分析衍射条纹得出的波长与德布罗意波长公式（10-18）的计算结果符合得很好。这证明电子像 X 射线一样具有波动性，也同时证明了德布罗意公式的正确性。

同年，英国的汤姆逊（G. P. Thomson）用多晶体薄膜做电子衍射实验，也观察到和 X 射线衍射类似的电子衍射现象，如图 10-12 所示。10 年后，戴维逊、汤姆逊因电子衍射实验的成果共同获得了 1937 年度诺贝尔物理学奖。随后，人们又用衍射实验进一步证实了中子、质子、原子和分子等微观粒子都具有波动性，实验证实，德布罗意公式对这些微观粒子是同样正确的。这些实验进一步表明，实物粒子也具有波粒二象性。

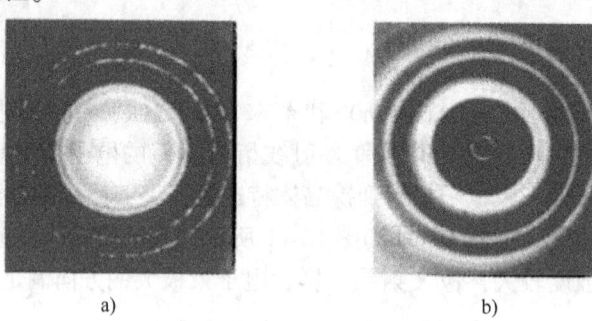

图 10-12　电子衍射与 X 射线衍射的比较
a）电子束穿过铝箔的衍射图　b）X 射线穿过铝箔的衍射图

## 10.3　不确定关系

根据经典力学，质点的运动都沿着一定的轨道，质点任意时刻在轨道上都有确定的位置和动量。然而，对于微观粒子，它的空间位置是用概率波来描述的，而概率波只能给出粒子在各处出现的概率，那么任一时刻对于有波粒二象性的微观粒子是否也能同时具有确定的位置和动量呢？下面我们以电子单缝衍射实验为例来讨论这个问题。

在某一方向，粒子位置的不确定量和该方向上动量的不确定量有一个简单的关系，称为**不确定关系**（uncertainty relation）。这一关系是由海森伯（W. K. Heisenberg）于 1927 年首先提出的。在电子单缝（缝的宽度为 $a$）衍射实验中，虽然我们不知道打在屏上的电子每次是从缝的哪一部分通过的，但我们可以说，电子通过缝时在 $x$ 方向上位置的不确定范围为 $\Delta x = a$，如图 10-13 所示。另一方面，因为衍射效应，电子经过狭缝后，$x$ 方向的动量 $p_x$ 也不确定，用 $\Delta p_x$ 代表 $x$ 方向上的动量不确定度。由于电子绝大部分都落在主极大范围内，因此粗略地说，$p_x$ 的不确定范围为

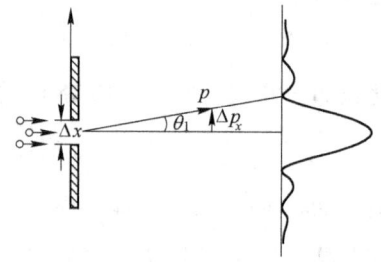

图 10-13　用电子衍射说明不确定关系

$$\Delta p_x = p\sin\theta_1 \qquad (10\text{-}21)$$

式中，$\theta_1$ 为中央极大的半角宽度，它满足 $a\sin\theta_1 = \lambda$。由此可得

$$\Delta x \cdot \Delta p_x = ap\sin\theta_1 = p\lambda \tag{10-22}$$

再利用德布罗意关系 $p = h/\lambda$，可得

$$\Delta x \cdot \Delta p_x = h \tag{10-23}$$

考虑到有些电子可能落到次极大中，故实际的动量不确定范围会更大些，由此可得到

$$\Delta x \cdot \Delta p_x \geqslant h \tag{10-24}$$

这就是坐标 $x$ 和相应的动量分量 $p_x$ 的不确定范围之间必须满足的基本关系。用 $\Delta x$ 表示粒子坐标的不确定度，$\Delta p_x$ 表示同一时刻相应的动量不确定度，那么，这两个不确定度的乘积绝不可能小于普朗克常量 $h$，这叫做不确定关系。这个关系表明，如果把粒子的动量非常精密地测定，即 $\Delta p_x \to 0$，那么位置就非常不确定，即 $\Delta x \to \infty$。反之，若位置非常精确地测定，动量就非常不确定。

1927 年，海森伯由量子力学给出更严格的结论，位置和动量的不确定关系更精确的结果应当是

$$\Delta x \cdot \Delta p_x \geqslant \frac{\hbar}{2} \tag{10-25}$$

其中 $\hbar = h/2\pi$，称为约化普朗克常量。在 $y$ 轴和 $z$ 轴方向，存在同样的不确定关系

$$\begin{cases} \Delta y \cdot \Delta p_y \geqslant \dfrac{\hbar}{2} \\ \Delta z \cdot \Delta p_z \geqslant \dfrac{\hbar}{2} \end{cases} \tag{10-26}$$

不确定关系来源于微观粒子的波粒二象性，它不仅适用于电子，也适用于其他微观粒子。企图对微观粒子同时确定其位置和动量是办不到的，也是没有意义的。也正因为如此，对于微观粒子，轨道的概念已失去意义。必须强调的是，不确定关系是微观粒子固有属性的一种表现，并不是测量仪器本身存在缺陷使测量不准确所造成的。

在量子力学中，能量和时间之间也存在相似的不确定关系

$$\Delta E \cdot \Delta t \geqslant \frac{\hbar}{2} \tag{10-27}$$

式中，$\Delta E$ 代表微观粒子处于某一状态的能量有一个不确定范围；$\Delta t$ 代表粒子在该能量状态停留的时间间隔。

**例题 10-2** 设子弹的质量为 0.01kg，枪口的直径为 0.5cm，求子弹速度的不确定量。

**解**：枪口的直径可以看做子弹射出枪口时的位置不确定量 $\Delta x = 0.5\text{cm}$，由不确定关系式（10-25）可得横向速度的不确定量为

$$\Delta v_x \geqslant \frac{\hbar}{2m\Delta x} = \frac{1.05 \times 10^{-34}}{2 \times 10^{-2} \times 0.5 \times 10^{-2}} \text{m} \cdot \text{s}^{-1} = 1.1 \times 10^{-30} \text{m} \cdot \text{s}^{-1}$$

这也是子弹的横向速度,它远远小于子弹射出枪口时的几百米每秒的速度。注意到不确定关系式(10-25)中,常数 $\hbar$ 是一个极小的量,其数量级大约是 $10^{-34}$。因此不确定关系对于像子弹这样的宏观物体的射击瞄准没有任何实际的影响。子弹的运动几乎不显现波粒二象性。所以对于宏观物体,轨道的概念是有意义的。

**例题 10-3** 电子在原子中运动,如果测量在 $x$ 方向的坐标,其不确定值 $\Delta x = 10^{-11}\text{m}$(原子本身大小为 $10^{-10}\text{m}$,即测量误差的相对值为 0.1),试求电子相应速率的不确定值。

**解**:由不确定关系式(10-23)可得横向速度的不确定量为

$$\Delta v_x = \frac{h}{m \cdot \Delta x} = \frac{6.63 \times 10^{-34}}{9.11 \times 10^{-31} \times 10^{-11}} \text{m} \cdot \text{s}^{-1} = 7.28 \times 10^{7} \text{m} \cdot \text{s}^{-1}$$

能量为 10eV 的运动电子速度的数量级约为 $10^6 \text{m} \cdot \text{s}^{-1}$,此时电子速度不确定值比电子本身速度值还大 10 倍(测量相对误差为 10)。可见,在微观粒子运动领域中,粒子的位置和相应的动量是不能同时精确测定的。这表示经典理论中"粒子"的概念不适用于微观领域。

## 10.4 薛定谔方程

### 10.4.1 波函数

人们对微粒子的认识是从光子的波粒二象性开始的,进而推广到所有的微粒子同时具有波粒二象性。具有二象性的微粒子与经典粒子当然不同,例如位置和动量不能同时确定,没有确定的运动轨道等。那么微粒子运动的状态和过程中的规律又该如何描述?或者说如何体现粒子性和波动性在微粒子上的统一呢?

说到粒子性,首先是指它们具有不可分割的整体性。因为探测光子、电子时,测到的总是整个光子和电子,以及它们所具有的能量和质量等。从来没有测到部分光子或部分电子或者部分粒子具有的物理量。这种物质粒子的整体不可分割性是粒子性的核心内容和主要特征,也是微粒子与经典粒子的共性。

再看波动性,机械波与电磁波是经典物理中波动的代表,它们有着完全不同的意义。机械波是媒质质点振动状态在空间媒质中的传播,从而形成振动位移随时空坐标的周期性分布;电磁波是由于电磁场的相互激发,从而形成场强随时空坐标的周期性分布。两种波动虽然含义不同,但可以有相同的数学表达,在波动传播过程中都会表现出相干叠加性。现在,对运动微粒子的波动性又该如何理解呢?

微观粒子在穿过单缝、双缝或者晶体光栅时表现出的衍射、干涉现象,只是说明微粒子运动过程中表现相干叠加这一波动的共性,至于物质波的含义或本质到底是什么,历史上曾经有许多种设想和解释,目前被广泛认同和接受的是玻恩(M. Born)的**概率波**(probability wave),即**微粒子物质波反映的是运动粒子在空**

间出现概率的分布。为了理解概率波，先引入**波函数**（wave function），再讨论波函数的含义。

在经典力学中，一个沿 $x$ 轴正向传播的频率为 $\nu$（波长为 $\lambda$）的平面机械波，波的表达式为

$$y(x,t) = A\cos 2\pi\left(\nu t - \frac{x}{\lambda}\right) \tag{10-28}$$

式中，$y(x,t)$ 是一个时间和空间的函数，也叫做行波表达式。它表示沿 $x$ 轴正向传播的正弦或余弦波。该表达式也可写成复数形式

$$y(x,t) = A\mathrm{e}^{-2\pi\left(\nu t - \frac{x}{\lambda}\right)\mathrm{i}} \tag{10-29}$$

取其实数部分为余弦波，取其虚数部分为正弦波。

对于保持动量 $p$ 运动的自由粒子，由德布罗意假设可知，它是频率 $\nu = E/h$，波长 $\lambda = h/p$ 的一个平面物质波。当这个波沿 $x$ 轴正向传播时，它应该与一维机械波有相同的表达式（尽管波的意义不同），设为

$$\phi(x,t) = \phi_0 \mathrm{e}^{-2\pi\left(\nu t - \frac{x}{\lambda}\right)\mathrm{i}} = \phi_0 \mathrm{e}^{-\frac{2\pi}{h}(Et-px)\mathrm{i}} \tag{10-30}$$

即 $\phi(x,t)$ 是一个复数函数，在量子力学中称为波函数。它也是一个时间、空间的函数，表示一列沿 $x$ 轴正向传播的平面波。式中，$\phi_0$ 是波函数的振幅；$2\pi\left(\nu t - \frac{x}{\lambda}\right)$ 表示波的相位。

### 10.4.2 波函数的统计解释

由于波函数是一个复数，所以它本身没有直接的物理意义，而波函数的平方即波函数的模的平方 $|\phi|^2 = \phi \cdot \phi^*$，才有真实的物理意义：它表示的是一个**概率密度**（probability density），即波粒子在 $t$ 时刻，出现在空间位置 $x$ 处单位体积内的概率。

对于自由粒子，由于不受外力的作用，粒子的动量 $p$ 和能量 $E$ 不随时间改变。其平面物质波是一般物质波的特殊情况，或者说是一种理想状况。其波函数的平方为

$$|\phi|^2 = \phi \cdot \phi^* = \phi_0 \mathrm{e}^{-\frac{2\pi}{h}(Et-px)\mathrm{i}} \cdot \phi_0 \mathrm{e}^{\frac{2\pi}{h}(Et-px)\mathrm{i}} = \phi_0^2 \tag{10-31}$$

是一个常量，表明粒子在空间各点出现的概率是相同的。这一点也符合不确定关系。因为平面波描述自由粒子的动量是完全确定值时，粒子相应动量方向坐标（$\Delta x$）则有完全不确定取值，故而自由粒子在 $x$ 空间各处出现，且出现在各处的概率相同。

关于物质波波函数 $\phi(x,t)$ 的理解，可以把它与机械波函数 $y(x,t)$ 及电磁波函数 $E(x,t)$ 进行一一比较。三个波函数分别代表三种波动，它们的共同点是都为时空坐标的函数，并且随时空坐标的变化都会表现出周期性，时间轴上的周

期记为 $T$，空间轴上的周期记为波长 $\lambda$。此外，描述的数学方法都是相似或者相同的。当然，更主要的还是要区分三种波函数的不同意义。机械波函数 $y(x, t)$ 表示了质点振动位移的大小，电磁波函数 $E(x, t)$ 表示了空间点在时刻 $t$ 的场强，它们都有实际的物理意义；而 $\phi(x, t)$ 表示的物质波函数，虽然也反映了时空变化，但必须取模 $|\phi(x, t)|^2$，才有真实的概率意义，这就是物质波函数 $\phi(x, t)$ 和 $E(x, t)$ 的最大不同。

玻恩的概率波概念可以用电子双缝衍射实验结果来说明。图 10-14 是电子双缝衍射实验示意图。

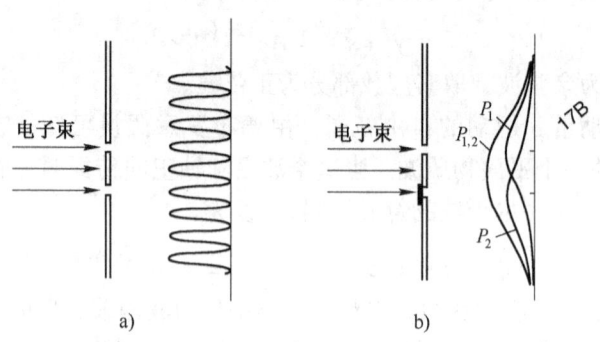

图 10-14 电子双缝衍射实验示意图

实验时可以调节入射电子束的强度至很弱，以致电子是一个一个地通过双缝，则随着电子数的积累，衍射"图样"将依次如图 10-15 所示。图 10-15a 是只有一个电子穿过双缝所形成的图样，图 10-15b 和图 10-15c 是只有少量电子穿过双缝后在接收屏上形成的图样。这几幅图样说明穿过双缝的电子依然是一个个的粒子，因为图样是由点构成的。它们同时也说明穿过双缝后电子的去向是不确定的，一个电子到达屏上何处完全是概率事件。随着入射电子总数增多，衍射图样依次如图 10-15d，e，f 所示。随着电子的堆积逐渐显示了条纹，最后呈现明晰的衍射条纹。这与大量电子短时间内通过双缝形成的条纹一样。也就是说，尽管一个电子穿过双缝后打在屏上的位置不确定，但大量电子在屏上形成的条纹是稳定的，电子打在屏上不同位置的概率分布是一定的。物质波正是这种概率分布的表现。

用经典的粒子或波动是不能解释上述实验的。如果电子只是经典粒子，则每一个电子只是从双缝中的一个缝穿过，从而在接收屏上形成一个单缝图样，双缝齐开（见图 10-14a）时的图样应与分别单开两缝（见图 10-14b）后的叠加图样相同。然而实验结果并非这样。在双缝同时打开时，穿过单缝 1 到接收屏上的电子波函数为 $\phi_1$，穿过单缝 2 到达接收屏上的电子波函数为 $\phi_2$。用波函数的叠加表示电子到达接收屏上的状态，则：

$$\phi = \phi_1 + \phi_2 \tag{10-32}$$

根据波函数的玻恩解释，$|\phi|^2 = |\phi_1 + \phi_2|^2$ 才是接收屏上的电子强度分布。依

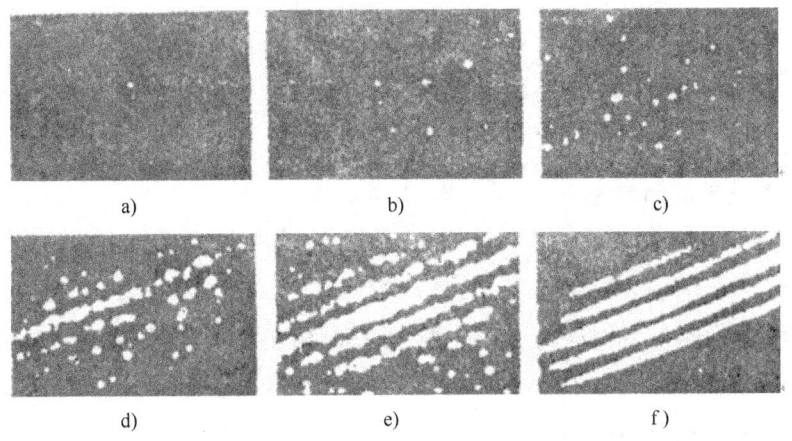

图 10-15　电子逐个穿过双缝的衍射实验结果

据复数运算，有

$$|\phi|^2 = |\phi_1 + \phi_2|^2 = |\phi_1|^2 + |\phi_2|^2 + 干涉项$$

正是干涉项的存在解释了叠加图样的强弱分布。与此同时，波函数的概率意义也在本实验中得到了很好的证明。

将自由粒子的一维空间波函数 $\phi(x,t)$ 推广到一般三维情况下的波函数 $\phi(r,t)$。根据玻恩的统计解释，波函数 $\phi(r,t)$ 与概率分布相关，它必须是单值和连续的函数，或者说，单值、连续和有限是波函数必须满足的标准化条件。同时依据波函数特殊的统计意义，它还必须是归一化的，即

$$\int_{-\infty}^{+\infty} |\phi(r,t)|^2 dV = 1 \tag{10-33}$$

如果求出的波函数不是归一化的，而是

$$\int_{-\infty}^{+\infty} |\phi(r,t)|^2 dV = N \tag{10-34}$$

式中，$N$ 为常数。如何进行归一化？上式可写成

$$\int_{-\infty}^{+\infty} \left[\frac{1}{\sqrt{N}}\phi(r,t)\right] \cdot \left[\frac{1}{\sqrt{N}}\phi(r,t)\right]^* dV = 1 \tag{10-35}$$

因此，只要定义 $\phi(r,t) = \frac{1}{\sqrt{N}}\phi(r,t)$，则波函数 $\phi(r,t)$ 就是归一化的，其中 $\frac{1}{\sqrt{N}}$ 称为归一化常数。这个过程叫做波函数的归一化。

**例题 10-4**　试求下列谐振子归一化的波函数：

$$\phi(x,t) = A e^{\frac{-\beta^2 x^2}{2}} \cdot e^{-i\frac{2\pi}{h}Et}$$

式中，$\beta$，$E$ 都是实常数；$A$ 是待定的归一化常数。

**解**：先求归一化积分

$$\int_{-\infty}^{+\infty} \phi(x,t) \cdot \phi^*(x,t) \mathrm{d}x = A^2 \int_{-\infty}^{+\infty} \mathrm{e}^{-\beta^2 x^2} \mathrm{d}x = A^2 \sqrt{\frac{\pi}{\beta^2}} = 1$$

则
$$A = \left(\frac{\beta^2}{\pi}\right)^{\frac{1}{2}}$$

因此，归一化的波函数为

$$\phi(x,t) = \left(\frac{\beta^2}{\pi}\right)^{\frac{1}{2}} \mathrm{e}^{-\frac{\beta^2 x^2}{2}} \cdot \mathrm{e}^{-\mathrm{i}\frac{2\pi}{h}Et}$$

注意：本例计算的时间因子 $\mathrm{e}^{-\mathrm{i}\frac{2\pi}{h}Et}$ 在取模时相互抵消了。可见，波函数乘上任何一个与 $x$ 无关的相位因子不改变波函数归一化的性质。

### 10.4.3 薛定谔方程

在经典力学中，如果知道质点的受力情况，以及质点在初时刻的坐标和速度，那么由牛顿运动方程可得质点在任何时刻的状态。在量子力学中，微观粒子的状态是由波函数描述的，那么又该如何描述微粒子运动的过程呢？如果知道波函数变化的运动方程，并且由初时刻的状态和能量，可以求解微粒子不同时刻的波函数。下面以自由粒子的波函数为出发点，引出自由粒子的**薛定谔方程**（schrodinger equation），然后，在此基础上，建立在势场中运动的微观粒子所遵循的薛定谔方程。需要说明的是，薛定谔方程是微观粒子运动的基本方程，就像牛顿定律的方程一样，并不能由别的基本原理推导。

设有一质量为 $m$、动量为 $p$、能量为 $E$ 的自由粒子沿 $x$ 轴运动，则其波函数为

$$\phi(x,t) = \phi_0 \cdot \mathrm{e}^{-\mathrm{i}\frac{2\pi}{h}(Et-px)} \tag{10-36}$$

将波函数对 $x$ 取二阶偏导数，对 $t$ 取一阶偏导数，分别得

$$\frac{\partial^2 \phi}{\partial x^2} = -\frac{4\pi p^2}{h^2}\phi \tag{10-37}$$

$$\frac{\partial \phi}{\partial t} = -\mathrm{i}\frac{2\pi}{h}E\phi \tag{10-38}$$

考虑到自由粒子的能量 $E$ 只等于其动能 $E_k$，且当自由粒子的速度较光速小很多时，在非相对论范围内，自由粒子的动量与动能之间的关系为 $p^2 = 2mE_k$，于是有

$$p^2\phi = 2mE\phi \tag{10-39}$$

代入式（10-38）可得

$$-\frac{h^2}{8\pi^2 m}\frac{\partial^2 \phi}{\partial x^2} = \mathrm{i}\frac{h}{2\pi}\frac{\partial \phi}{\partial t} \tag{10-40}$$

这就是一维运动的自由粒子的薛定谔方程。

若粒子在势能为 $E_p$ 的势场中运动，则其总能量为 $E = E_k + E_p = p^2/2m + E_p$，将其代入式（10-38），并应用式（10-37），得到

$$-\frac{h^2}{8\pi^2 m}\frac{\partial^2 \phi}{\partial x^2} + E_p\phi = i\frac{h}{2\pi}\frac{\partial \phi}{\partial t} \qquad (10\text{-}41)$$

这就是在势场中作一维运动的微粒子的薛定谔方程。它描述了一个质量为 $m$ 的微粒子在势能为 $E_p$ 的势场中，其状态随时间变化的规律。

如果空间的势场分布不随时间变化，微粒子在一个稳定的势场中运动，即势能 $E_p$ 只是坐标的函数，而与时间函数无关，则薛定谔方程还可以进一步简化。首先对稳定场中微粒子的波函数进行分解，分成坐标函数和时间函数的乘积，即

$$\phi(x,t) = \phi(x)\Phi(t) = \phi(x)e^{-i\frac{2\pi}{h}Et} \qquad (10\text{-}42)$$

代入式（10-41）可得

$$\frac{h^2}{8\pi^2 m}\frac{d^2\phi(x)}{dx^2} + (E - E_p)\phi(x) = 0$$

或

$$\frac{d^2\phi(x)}{dx^2} + \frac{8\pi^2 m}{h^2}(E - E_p)\phi(x) = 0 \qquad (10\text{-}43)$$

这个方程称为势场中一维运动粒子的定态薛定谔方程。其中，与时间无关的波函数 $\varphi(x)$ 称为幅函数。在定态方程描述的过程中，不仅粒子的势能只是坐标的函数，与时间无关，而且系统的总能量也是一个与时间无关的常量。在定态过程中，微粒子空间概率密度 $\phi\phi^*$ 的分布不随时间改变。

如果粒子是在三维势场中运动，定态薛定谔方程可表示为

$$\frac{\partial^2 \phi}{\partial x^2} + \frac{\partial^2 \phi}{\partial y^2} + \frac{\partial^2 \phi}{\partial z^2} + \frac{8\pi^2 m}{h^2}(E - E_p)\phi = 0 \qquad (10\text{-}44)$$

引入拉普拉斯（Laplace）算符 $\nabla^2 = \frac{\partial^2}{\partial x^2} + \frac{\partial^2}{\partial y^2} + \frac{\partial^2}{\partial z^2}$，上式便可改写成

$$\nabla^2\phi + \frac{8\pi^2 m}{h^2}(E - E_p)\phi = 0 \qquad (10\text{-}45)$$

这就是一般意义的定态薛定谔方程，也称为定态场中波粒子的波动方程。

薛定谔方程是描述微观粒子运动过程的最基本的规律，其正确性只能由实验来验证。由于薛定谔方程推导出的结论确实能解释一些实验结果，因而应该能反映微观粒子运动的规律。至于将来是否需要修正或者被取代，则是将来的事。

下面对一些简单但又很有实际意义的问题，应用薛定谔方程进行求解，从中可以了解微观粒子的一些特性，并掌握处理微观领域问题的基本方法。

**1. 一维无限深势阱**

在原子、分子以及固体材料中，由于势场的作用，电子不可能自动地从这些物质中逃逸。物现学将这些势能场形象地称为**势阱**（potential well），对运动电子而言是一个势能深阱。实际情况下的原子、分子内的势阱是很复杂的。以下的讨论仅限

于理想化的但又是最简单的一维势阱。对一维势阱中粒子运动问题的讨论,是应用定态薛定谔方程的一个简明的例子,有助于加深对能量量子化和薛定谔方程意义的理解。

势能分布满足

$$E_p = \begin{cases} 0 & 0 < x < a \\ \infty & x \leq 0, x \geq a \end{cases}$$

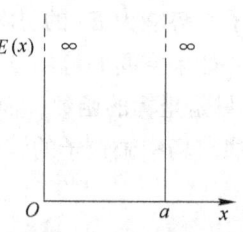

图 10-16  一维无限深势阱

条件的势阱称为**一维无限深势阱**（one dimensional infinite potential well），其势能分布曲线如图 10-16 所示,其中 $a$ 为势阱的宽度。粒子在这种稳定场中运动所处的状态表现为定态。运用定态薛定谔方程能够对其中运动的粒子求出精确的解。下面分步进行求解。

首先是列出定态方程,因为是一维势阱,定态薛定谔方程也应该是一个一维问题,即

$$\frac{d^2\phi(x)}{dx^2} + \frac{8\pi^2 m}{h^2}(E - E_p)\phi(x) = 0 \tag{10-46}$$

根据势能分布模型,方程只能分区求解。在 $x \leq 0$ 及 $x \geq a$ 的两个区域内,因为 $E_p \to \infty$,为保证波函数在该区域内是有限的,只有波函数等于零才能满足条件。于是可得方程在两区域的解为

$$\phi(x) = 0 \quad (x \leq 0, x \geq a)$$

在区域 $0 < x < a$ 中,$E_p = 0$,方程可简化为

$$\frac{d^2\phi(x)}{dx^2} + \frac{8\pi^2 m}{h^2}E\phi(x) = 0 \tag{10-47}$$

对此一元二阶方程变形,令 $k = \sqrt{\dfrac{8\pi^2 m}{h^2}E}$,则

$$\frac{d^2\phi(x)}{dx^2} + k^2\phi(x) = 0 \tag{10-48}$$

其次是求解式（10-48）代表的一元二阶线性齐次微分方程。这是一个标准方程,它的通解为

$$\phi(x) = A\sin(kx + \varphi) \tag{10-49}$$

式中,$A$,$k$,$\varphi$ 均为待定常数,可由波函数的性质确定。由势阱壁处的波函数必须连续,得

$$\phi(x)\big|_{x=0,a} = 0$$

代入式（10-49）,可分别确定 $k$ 和 $\varphi$。当 $x = 0$ 时,有

$$\phi(0) = A\sin(k \cdot 0 + \varphi) = 0$$

即

$$A\sin\phi = 0 \tag{10-50}$$

上式成立的条件是 $A=0$ 或 $\sin\phi=0$。如果 $A=0$,则波函数 $\phi(x)$ 恒等于零,显然这是没有物理意义的。所以,只有满足 $\sin\phi=0$,即 $\varphi=0$,$\pi$,$2\pi$,$3\pi$,…。

为了表述简便,取 $\varphi=0$,于是有

$$\phi(x) = A\sin kx \tag{10-51}$$

再代入 $x=a$,依据势阱壁处波函数的连续性

$$\phi(a) = A\sin ka = 0$$

因为 $A\neq 0$,所以必须有 $\sin ka=0$,即

$$ka = n\pi \quad (n=1,2,3,\cdots)$$

或

$$k = \frac{n\pi}{a} \quad (n=1,2,3,\cdots) \tag{10-52}$$

代回式(10-49),得波函数表达式

$$\phi(x) = A\sin\frac{n\pi}{a}x \quad (n=1,2,3,\cdots)$$

于是整个一维势阱中波函数的分布为

$$\phi(x) = \begin{cases} 0 & x\leqslant 0, x\geqslant a \\ A\sin\dfrac{n\pi}{a}x & 0<x<a \end{cases}$$

式中待定常数 $A$ 可通过归一化求得。用幅函数 $\phi(x)$ 乘以时间因子 $\mathrm{e}^{-\mathrm{i}\frac{2\pi}{h}Et}$ 可得完整波函数

$$\phi(x,t) = \phi(x)\mathrm{e}^{-\mathrm{i}\frac{2\pi}{h}Et}$$

由归一化条件

$$\int_{-\infty}^{+\infty}|\phi(x,t)|^2\mathrm{d}x = \int_{-\infty}^{+\infty}|\psi(x)|^2\mathrm{d}x = \int_{-\infty}^{+\infty}A^2\cdot\sin^2\frac{n\pi}{a}x\mathrm{d}x = A^2\cdot\frac{a}{2} = 1$$

得

$$A = \sqrt{\frac{2}{a}}$$

于是得到在一维无限深势阱中运动粒子的归一化完整形式的波函数为

$$\phi(x,t) = \phi(x)\mathrm{e}^{-\mathrm{i}\frac{2\pi}{h}Et}$$

$$\phi(x) = \begin{cases} 0 & x\leqslant 0, x\geqslant a \\ \sqrt{\dfrac{2}{a}}\cdot\sin\dfrac{n\pi}{a}x & 0<x<a, n=1,2,3,\cdots \end{cases} \tag{10-53}$$

最后,还可根据以上求解过程得到势阱中粒子的量子化能级。由量子化条件式(10-52)代入 $k$ 的定义式得势阱中粒子能量为

$$E = \frac{h^2}{8ma^2}n^2 \quad (n=1,2,3,\cdots) \tag{10-54}$$

式中，$n$ 为量子数。该式表述的能量有如下几点特征：

1）因为能量仅取决于不连续的整数 $n$ 的取值，所以它是不连续的，称之为量子化的，它们形成的是分立的能量阶梯或能级。

2）量子数 $n$ 的最小取值为 $n=1$ 而不是 0。当时 $n=1$，微粒子的能量 $E_1$ 也最小，称为零点能，且

$$E_1 = \frac{h^2}{8ma^2}$$

$n=1$ 的定态称为基态。一维深势阱中基态能量并不为零，说明处在最低能态的微粒子仍然在不停地运动。这与经典理论关于粒子处于最低能态必然静止的结论是完全不相同的。

3）在量子数很大即能量很高时，有

$$\frac{\Delta E_n}{E_n} = \frac{2n+1}{n^2} \xrightarrow{n \to \infty} \frac{2}{n} = 0$$

可见，在高能级处，相邻两能级间隔之大小与该能级的量值相比要小得多，此时的能级分布可视为连续。因此，当势阱的粒子在高能级状态上运动时，量子力学的处理结果将与经典力学的结果趋于一致，这也是波尔对应原理的一种体现。

**例题 10-5** 一质量为 $m=2.00\times10^{-5}$ kg 的宏观质点，在宽度 $a=2.00\times10^{-2}$ m 的无限深势阱中以速度 $v=3.00$ m/s 运动，假使用量子力学计算其能量和概率分布，试问与经典理论有何差别？

**解**：按经典观点来看，当质点在两端为刚性壁的无限深势阱中运动时，其能量可为任意值，也就是说能量的变化是连续的。用经典理论计算其能量为

$$E = \frac{1}{2}mv^2 = \frac{1}{2}\times 2.00\times 10^{-5}\times 3.00^2 \text{ J} = 9.00\times 10^{-5} \text{ J}$$

而按量子理论，能量取分立值，相应于 $E=9.00\times 10^{-5}$ J 的能量，粒子的能态量子数 $n$ 为

$$n^2\cdot\frac{h^2}{8ma^2} = 9.00\times 10^{-5} \text{ J}$$

将 $h=6.63\times10^{-34}$ J·s，$m=2.00\times10^{-5}$ kg，$a=2.00\times10^{-2}$ m 代入，可得

$$n = 3.62\times 10^{25}$$

此时两相邻能级的能量差与能级量值之比为

$$\frac{\Delta E}{E} \approx \frac{2}{n} = \frac{2}{3.62\times 10^{25}} = 5.52\times 10^{-26}$$

可见，能量的相对变化是微不足道的，即能量的变化是连续的。这表明，即使应用量子力学来处理宏观粒子运动问题，得出的结果将与经典理论一致。

**2. 一维方势垒隧道效应**

作为薛定谔方程的应用求解，我们在了解方势阱的问题后，还要介绍**一维方势**

垒 (one dimensional square barrier) 和**隧道效应** (tunnel effect)。它们是研究原子核的 α 衰变和金属电子冷发射等现象的理论基础。图 10-17 所示为 α 粒子与原子核之间相互作用的势能曲线，当 α 粒子处于半径为 R 的原子核内 ($x<R$) 和核外 ($x>r$) 的区域Ⅰ、Ⅲ时，其势能小于核半径 R 附近区域Ⅱ中的势能；区域Ⅱ中的势能曲线形如一个具有较高势能的"壁垒"，称之为势垒。

为了计算方便，常对类似的实际势能曲线进行理想化处理，从中得出一个简单的计算模型，称之为一维方势垒，如图 10-18 所示。它表示一个高度为 $V_0$、宽度为 $0 \leqslant x \leqslant a$ 的一维势场，简称为高度为 $V_0$ 的方势垒，即

$$U(x) = \begin{cases} 0 & x < 0 \\ V_0 & 0 \leqslant x \leqslant a \\ 0 & x > a \end{cases} \tag{10-55}$$

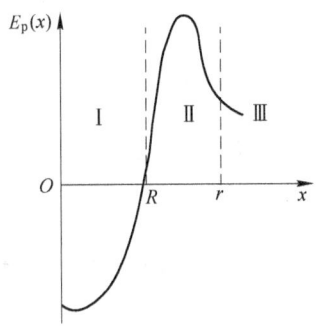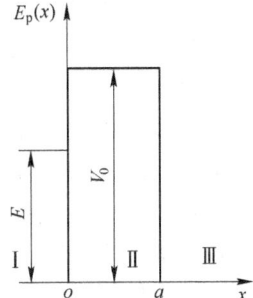

图 10-17　α 粒子与原子核相互作用的势能曲线　　图 10-18　一维方势垒

下面讨论粒子的能量 $E < V_0$ 的情况。E 是粒子的动能 $E_k$ 与势能 $E_p$ 之和。当粒子进入区域Ⅱ时，$E = mv^2/2 + V_0$，即 $E_k = mv^2/2 = E - V_0 < 0$，粒子的动能为负值，这在经典力学看来，显然是不可能的；也就是说，经典力学的观点认为粒子在 $x=0$ 处的壁垒处被反弹回去，粒子是无法进入势垒区域Ⅱ，更无法穿过。但在量子力学中，考虑到运动微观粒子的波动性，就像光波入射到介质表面那样，微粒子的物质波有可能进入区域Ⅱ并穿过势垒，即微粒子有一定的概率穿过 $V_0 > E$ 的势垒区域，这种现象称为隧道效应。

具有物质波动性的微粒子穿越势垒的隧道效应可用薛定谔方程的求解来解释。将式 (10-55) 代入定态薛定谔方程可得

$$\begin{cases} \dfrac{d^2\phi}{dx^2} + 2m\left(\dfrac{2\pi}{h}\right)^2 E\phi = 0 \\ \dfrac{d^2\phi}{dx^2} + 2m\left(\dfrac{2\pi}{h}\right)^2 (E - V_0)\phi = 0 \end{cases} \tag{10-56}$$

由此求出各区域中满足标准条件的波函数（计算从略）。结果表明，在区域 Ⅱ、Ⅲ 中，波函数都不等于零，如图 10-19 所示。这就是说，原来在 Ⅰ 区中的粒子有一部分将穿透势垒而到达区域 Ⅲ。为此引入贯穿系数 $D$ 来描述，其定义为：在区域 Ⅲ $(x>a)$ 和区域 Ⅰ $(x<0)$ 中，单位时间内通过垂直于 $Ox$ 轴的单位面积的粒子数之比。量子力学的计算表明，当 $E<V_0$ 时，贯穿系数 $D=e^{-\frac{4\pi}{h}a\sqrt{2m(V_0-E)}}$，由此可见，贯穿系数 $D$ 随势垒的加高（$V_0$ 增大）及宽度的加大（$a$ 扩大）而迅速减小，以至趋近于零。这时，量子力学的贯穿效应近乎消失，结果趋同于经典力学。

图 10-19 中，$\phi_1$ 为 $x<0$ 区域的波函数；$\phi_2$ 为 $0\leqslant x\leqslant a$ 区域的波函数；$\phi_3$ 为 $x>a$ 区域的波函数。

按照经典力学观点，隧道效应是不可理解的。然而，它已被许多实验事实所证实，微观世界的隧道效应是真实存在并广泛发生。这是微观粒子的波动性行为所决定的，是微观粒子的特有现象。利用隧道效应原理可以制成半导体和超导体中的隧道器件以及扫描隧道显微镜。

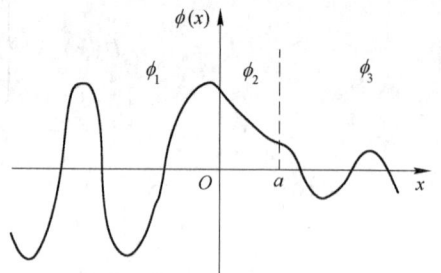

图 10-19　从左方射入的粒子，在各区域内的波函数

这种显微镜的灵敏度极高，它能够在原子尺度上进行无损探测。它把人类的视野带进了单个分子和原子的研究范围，在材料科学和生物科学的研究中有着特别的应用。

薛定谔（E. Schrodinger, 1887—1961），生于奥地利维也纳，是著名的理论物理学家，量子力学的重要奠基人之一（见图 10-20）。薛定谔在固体的比热、统计热力学、原子光谱及镭的放射性等方面的研究都有很大成就。薛定谔对分子生物学的发展也做过工作。由于他的影响，不少物理学家参与了生物学的研究工作，使物理学和生物学相结合，形成了现代分子生物学的最显著的特点之一。

1926 年薛定谔提出薛定谔方程，为量子力学奠定了坚实的基础。他想出薛定谔的猫思想实验，试图证明量子力学在宏观条件下的不完备性。薛定谔的波动力学，是在德布罗意提出的物质波的基础上建立起来的。他把物质波表示成数学形式，建立了称为薛定谔方程的量子

图 10-20　薛定谔

力学波动方程。薛定谔方程在量子力学中占有极其重要的地位，它与经典力学中的牛顿运动定律的价值相似。在经典极限下，薛定谔方程可以过渡到哈密顿方程。薛定谔方程是量子力学中描述微观粒子（如电子等）运动状态的基本定律，在粒子运动速率远小于光速的条件下适用。

由于薛定谔"发现了在原子理论里很有用的新形式"（即量子力学的基本方程——薛定谔方程和狄拉克方程），1933 年薛定谔和英国物理学家保罗·狄拉克共同获得了诺贝尔物理学奖。

## 习　题

**10-1**　绝对黑体是否就是平常所说的黑色物体？两者之间有无区别？绝对黑体是否在任何温度下总是黑色的？

**10-2**　想要在实验中产生光电效应现象，有人采用"使入射光强增加 1 倍"的办法；有的人采用"使入射光频率增加 1 倍"的办法。这两种情况的结果有何不同？

**10-3**　怎样理解光子的波粒二象性？波动性和粒子性是如何在微观客体上实现统一的？

**10-4**　电子束双缝衍射实验说明了大量电子集中体现了波动性或者一个电子就包含有物质波动性，哪种观点正确？

**10-5**　电子可以存在于原子核内吗？试说明理由。

**10-6**　薛定谔方程是通过严格的推理过程导出的吗？什么是波函数必须满足的标准化条件？波函数的归一化又是什么意思？

**10-7**　对太阳辐射光谱测量分析表明：太阳光谱的单色辐射出射度最大值对应的波长为 $\lambda_m = 460\text{nm}$。

（1）求太阳表面的温度。

（2）求太阳表面的辐射出射度 $M$。

**10-8**　光合作用是植物绿色细胞在光的作用下将 $CO_2$ 和 $H_2O$ 合成为碳水化合物的过程。在此过程中每固定 1mol $CO_2$ 分子约需 468kJ 的能量，设叶绿素只有在波长为 690nm 的光下才发生光合作用，实验还测量固定一个 $CO_2$ 分子需要 10 个光子。问光合作用能量转换效率是多少？

**10-9**　钾的光电效应红限是 $\lambda_0 = 6.20 \times 10^{-5}\text{cm}$。求：

（1）钾电子的逸出功。

（2）在波长 $\lambda = 3.30 \times 10^{-5}\text{cm}$ 的紫外光照射下，钾的遏止电压 $U_a$。

**10-10**　从铝中移出一个电子需要 4.20eV 的能量，今有波长 200nm 的光投射到铝表面上，问：

（1）由此发射出来的光电子的最大动能为多少？

（2）遏止电压为多少？

（3）铝的截止波长为多大？

**10-11**　质量为 0.01kg、速度为 400m/s 的子弹的德布罗意波长是多少？

**10-12**　原子的线度按 $10^{-10}\text{m}$ 估算，原子中的电子的动能 $E_k$ 按 10eV 估算，求原子中电子运动速度的不确定量。

**10-13**　试比较电子和质量为 10.0g 的子弹在确定它们位置时的不确定量。假定它们都在 $x$ 方向以 $v = 200\text{m/s}$ 的速度运动，速度的误差在 0.01% 以内。

**10-14**　电视机显像管中，电子的速率为 $5 \times 10^7 \text{m} \cdot \text{s}^{-1}$，电子枪枪口直径取 0.1mm，求电子射出后的速度的不确定量。

**10-15**　有一粒子沿 $x$ 轴正向运动，其波函数为

$$\phi(x) = \frac{A}{1+ix}$$

（1）将此波函数归一化。

（2）求粒子按坐标的概率分布函数。

（3）问在何处找到粒子的概率最大？

**10-16**　试推导宽度为 $a$ 的一维无限深势阱中的运动微粒子的状态波函数及量子化能级表达式。

# 附　录

## 附录 A　国际单位制（SI）

### 表 A-1　国际单位制（SI）的基本单位

| 量的名称 | 单位名称 | 中文符号 | 单位符号 | 定　义 |
|---|---|---|---|---|
| 长度 | 米（meter） | 米 | m | 米是光在真空中（1/299 792 458）s 的时间间隔内所经路径的长度 |
| 质量 | 千克（kilogram） | 千克 | kg | 千克为质量单位，它等于国际千克原器的质量 |
| 时间 | 秒（second） | 秒 | s | 秒是铯－133 原子基态的两个超精细能级之间跃迁对应的辐射周期的 9 192 631 770 倍的持续时间 |
| 电流 | 安培（Ampere） | 安 | A | 在真空中，截面积可忽略的两根相距 1m 的无限长平行圆直导线内通以等量恒定电流时，若导线间相互作用力在每米长度上为 $2\times10^{-7}$ N，则每根导线中的电流为 1A |
| 热力学温度 | 开尔文（Kelvin） | 开 | K | 开尔文是水三相点热力学温度的 1/273.16 |
| 物质的量 | 摩尔（mole） | 摩 | mol | 摩尔是一系统的物质的量，该系统中所包含的基本单元数与 0.012kg 碳－12 的原子数相等，在使用摩尔时，基本单元应予指明，可以是原子、分子、离子、电子及其他粒子，或是这些粒子的特定组合 |
| 发光强度 | 坎德拉（candle） | 坎 | cd | 坎德拉是一光源在给定方向上的发光强度，该光源发出的频率为 $540\times10^{12}$ Hz 的单色辐射，且在此方向上的辐射强度为（1/683）W/Sr |

### 表 A-2　国际单位制辅助单位

| 量的名称 | 单位名称 | 单位符号 | 定　义 |
|---|---|---|---|
| 平面角 | 弧度 | rad | 弧度是一圆周内两条半径之间的平面角，这两条半径在圆周上截取的弧长与半径相等 |
| 立体角 | 球面度 | Sr | 球面度是一立体角，其顶点位于球心，而它在球面上所截取的面积等于球半径为边长的正方形面积 |

**表 A-3　国际单位制的词头**

| 因数 | 词头名称 | 词头符号 | 因数 | 词头名称 | 词头符号 |
|---|---|---|---|---|---|
| $10^{24}$ | 尧［它］(yotaa) | Y | $10^{-1}$ | 分 (deci) | d |
| $10^{21}$ | 泽［它］(zetta) | Z | $10^{-2}$ | 厘 (centi) | c |
| $10^{18}$ | 艾［可萨］(exa) | E | $10^{-3}$ | 毫 (milli) | m |
| $10^{15}$ | 拍［它］(peta) | P | $10^{-6}$ | 微 (micro) | μ |
| $10^{12}$ | 太［拉］(tera) | T | $10^{-9}$ | 纳［诺］(mano) | n |
| $10^{9}$ | 吉［咖］(giga) | G | $10^{-12}$ | 皮［可］(pico) | p |
| $10^{6}$ | 兆 (mega) | M | $10^{-15}$ | 飞［母托］(femto) | f |
| $10^{3}$ | 千 (kilo) | k | $10^{-18}$ | 阿［托］(atto) | a |
| $10^{2}$ | 百 (hector) | h | $10^{-21}$ | 仄［普托］(zepto) | z |
| $10^{1}$ | 十 (deca) | da | $10^{-24}$ | 幺［科托］(yocto) | y |

# 附录 B　常用物理常数

| 物理量 | 符号 | 量值 | 单位 |
|---|---|---|---|
| 真空中光速 | $c$ | $3.00 \times 10^{8}$ | $m \cdot s^{-1}$ |
| 引力常数 | $G$ | $6.67 \times 10^{-11}$ | $N \cdot m^{2} \cdot kg^{-2}$ |
| 阿伏加德罗常量 | $N_A$ | $6.02 \times 10^{23}$ | $mol^{-1}$ |
| 摩尔气体常数 | $R$ | 8.31 | $J \cdot mol^{-1} \cdot K^{-1}$ |
| 玻耳兹曼常数 | $k$ | $1.38 \times 10^{-23}$ | $J \cdot K^{-1}$ |
| 电子电荷 | $e$ | $1.60 \times 10^{-19}$ | C |
| 电子静质量 | $m_e$ | $9.11 \times 10^{-31}$ | kg |
| 质子静质量 | $m_p$ | $1.67 \times 10^{-27}$ | kg |
| 中子静质量 | $m_n$ | $1.67 \times 10^{-27}$ | kg |
| 原子质量单位 | $u$ | $1.66 \times 10^{-27}$ | kg |
| 真空电容率 | $\varepsilon_0$ | $8.85 \times 10^{-12}$ | $F \cdot m^{-1}$ |
| 真空磁导率 | $\mu_0$ | $1.26 \times 10^{-6}$ | $H \cdot m^{-1}$ |
| 玻尔半径 | $\alpha_B$ | $5.29 \times 10^{-11}$ | m |
| 玻尔磁子 | $\mu_B$ | $9.27 \times 10^{-24}$ | $J \cdot T^{-1}$ |
| 普朗克常量 | $h$ | $6.63 \times 10^{-34}$ | $J \cdot s$ |
| 里德伯常量 | $R_\infty$ | $1.10 \times 10^{7}$ | $m^{-1}$ |
| 斯忒藩-玻耳兹曼常量 | $\sigma$ | $5.67 \times 10^{-8}$ | $W \cdot m^{-2} \cdot K^{-4}$ |
| 重力加速度（海平面处） | $g$ | 9.81 | $m \cdot s^{-2}$ |

## 附录 C  希腊字母

| 小写 | 大写 | 英文名称 | 小写 | 大写 | 英文名称 |
|---|---|---|---|---|---|
| α | A | Alpha | ν | N | Nu |
| β | B | Beta | ξ | Ξ | Xi |
| γ | Γ | Gamma | o | O | Omicron |
| δ | Δ | Delta | π | Π | Pi |
| ε | E | Epsilon | ρ | P | Rho |
| ζ | Z | Zeta | σ | Σ | Sigma |
| η | H | Eta | τ | T | Tau |
| θ | Θ | Theta | υ | Y | Upsilon |
| ι | I | Iota | φ, φ | Φ | Phi |
| κ | K | Kappa | χ | X | Chi |
| λ | Λ | Lambda | ψ | Ψ | Psi |
| μ | M | Mu | ω | Ω | Omega |

## 附录 D  矢　　量

### D.1  矢量概念

**1. 定义**

矢量（又称向量）是既有大小又有方向，并且按平行四边形法则相加的量。

**2. 表示**

印刷品中矢量常用黑斜体字母（例如 $A$）表示（手写时用带箭头的字母，例如 $\vec{A}$ 表示），即

$$A = |A|e_A = Ae_A$$

式中 $|A| = A$ 表示矢量的大小，称为矢量的模。$e_A$ 是矢量 $A$ 方向的单位矢量，$|e_A| = 1$。

在直角坐标系下，矢量 $A$ 可用三个坐标轴上的分矢量表示，即 $A = A_x\boldsymbol{i} + A_y\boldsymbol{j} + A_z\boldsymbol{k}$。其中 $\boldsymbol{i}, \boldsymbol{j}, \boldsymbol{k}$ 分别为 $x, y, z$ 三个坐标轴的单位矢量，$A_x, A_y, A_z$ 为 $A$ 在三个坐标轴上的投影。

矢量也可用一条有方向的线段表示，如图 D1 所示，线段的长度表示矢量的大小。运算时可以将有向线段平移。

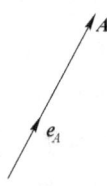

图 D1

## D.2 矢量运算

**1. 矢量加法**（合成）

如图 D2 所示，矢量 $A$ 与 $B$ 合成矢量 $C$，满足平行四边形法则（见图 D2a）或三角形法则（见图 D2b），即 $C = A + B$ 或 $C = B + A$。

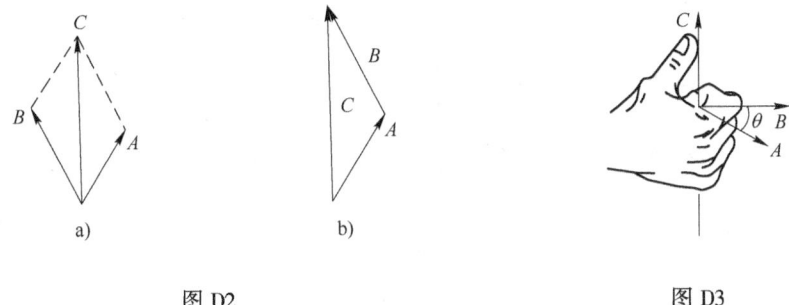

图 D2　　　　　　　　图 D3

**2. 矢量乘法**（合成）

（1）矢量数乘

若 $C = kA$，则 $C = kA$；$k > 0$ 时 $C$ 与 $A$ 同方向，$k < 0$ 时 $C$ 与 $A$ 反向。

（2）矢量的标量积

定义 $A \cdot B = AB\cos\theta$，其中 $\theta$ 为 $A$ 与 $B$ 两矢量之间的夹角。

（3）矢量的矢量积

若 $C = A \times B$，则 $C = |C| = AB\sin\theta$，$C$ 的方向由右手螺旋法则确定，如图 D3 所示。

**3. 矢量函数的求导**

设有矢量函数 $A(t) = x(t)i + y(t)j + z(t)k$，且 $x(t)$，$y(t)$，$z(t)$ 可导，则

$$\frac{dA}{dt} = \frac{dx}{dt}i + \frac{dy}{dt}j + \frac{dz}{dt}k$$

显然，$\frac{dA}{dt}$ 是矢量，大小为

$$\left|\frac{dA}{dt}\right| = \sqrt{\left(\frac{dx}{dt}\right)^2 + \left(\frac{dy}{dt}\right)^2 + \left(\frac{dz}{dt}\right)^2}$$

注意 $\left|\frac{dA}{dt}\right| \neq \frac{dA}{dt}$。

**4. 矢量函数的积分**

若 $\frac{dA(t)}{dt} = B(t)$，则 $A = \int_a^b B(t)dt$。通常先将三个分量分别积分，然后再合成，即

$$A = \left(\int_a^b B_x(t)\,dt\right)\mathbf{i} + \left(\int_a^b B_y(t)\,dt\right)\mathbf{j} + \left(\int_a^b B_z(t)\,dt\right)\mathbf{k}$$

# 附录 E  数学公式

## E1  角 $\theta$ 的三角函数

$$\sin\theta = \frac{y}{r} \quad \cos\theta = \frac{x}{r} \quad \tan\theta = \frac{y}{x}$$

$$\cot\theta = \frac{x}{y} \quad \sec\theta = \frac{r}{x} \quad \csc\theta = \frac{r}{y}$$

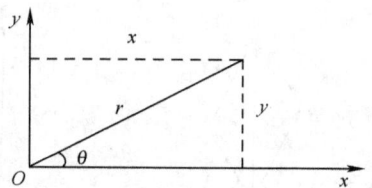

## E2  三角恒等式

$$\sin(\pi/2 - \theta) = \cos\theta, \quad \cos(\pi/2 - \theta) = \sin\theta$$
$$\tan\theta = \sin\theta/\cos\theta, \quad \sin^2\theta + \cos^2\theta = 1$$
$$\sec^2\theta - \tan^2\theta = 1, \quad \cos 2\theta = \cos^2\theta - \sin^2\theta$$
$$\csc^2\theta - \cot^2\theta = 1, \quad \sin 2\theta = 2\sin\theta\cos\theta$$
$$\sin(\alpha \pm \beta) = \sin\alpha\cos\beta \pm \cos\alpha\sin\beta$$
$$\cos(\alpha \pm \beta) = \cos\alpha\cos\beta \mp \sin\alpha\sin\beta$$

## E3  二项式定理

$$(1+x)^n = 1 + \frac{nx}{1!} + \frac{n(n-1)x^2}{2!} + \cdots \quad (x^2 < 1)$$

## E4  指数展开

$$e^x = 1 + x + \frac{x^2}{2!} + \frac{x^3}{3!} + \cdots$$

## E5  对数展开

$$\ln(1+x) = x - \frac{x^2}{2} + \frac{x^3}{3} - \cdots \quad (|x| < 1)$$

## E6  导数和积分

在下列公式中，字母 $u$ 和 $v$ 代表 $x$ 的函数，而 $a$ 和 $n$ 为常数。

$$\frac{d}{dx}(au) = a\frac{du}{dx}, \qquad \frac{d}{dx}(u+v) = \frac{du}{dx} + \frac{dv}{dx}$$

$$\frac{d}{dx}x^n = nx^{n-1}, \qquad \frac{d}{dx}\ln x = \frac{1}{x}$$

$$\frac{d}{dx}(uv) = v\frac{du}{dx} + u\frac{dv}{dx},$$
$$\frac{d}{dx}e^x = e^x$$

$$\frac{d}{dx}\sin x = \cos x,$$
$$\frac{d}{dx}\cos x = -\sin x$$

$$\frac{d}{dx}\tan x = \sec^2 x,$$
$$\frac{d}{dx}\cot x = -\csc^2 x$$

$$\frac{d}{dx}\sec x = \tan x \sec x,$$
$$\frac{d}{dx}\csc x = -\cot x \csc x$$

$$\int dx = x,$$
$$\int (u+v)dx = \int u dx + \int v dx$$

$$\int x^n dx = \frac{x^{n+1}}{n+1}(n \neq -1),$$
$$\int \frac{dx}{x} = \ln|x|$$

$$\int u\frac{dv}{dx}dx = uv - \int v\frac{du}{dx}dx,$$
$$\int e^x dx = e^x$$

$$\int \sin x dx = -\cos x,$$
$$\int \cos x dx = -\sin x$$

$$\int \tan x dx = \ln|\sec x|,$$
$$\int e^{-ax} dx = -\frac{1}{a}e^{-ax}$$

$$\int xe^{-ax}dx = -\frac{1}{a^2}(ax+1)e^{-ax},$$
$$\int x^2 e^{-ax}dx = -\frac{1}{a^3}(a^2x^2 + 2ax + 2)e^{-ax}$$

$$\int_0^\infty x^n e^{-ax}dx = \frac{n!}{a^{n+1}},$$
$$\int_0^\infty x^{2n}e^{-ax^2}dx = \frac{1 \cdot 3 \cdot 5 \cdots (2n-1)}{2^{n+1}a^n}\sqrt{\frac{\pi}{a}}$$

$$\int_0^\infty x^{2n+1}e^{-ax^2}dx = \frac{n!}{2a^{n+1}}(a>0),$$
$$\int \frac{dx}{\sqrt{x^2+a^2}} = \ln(x + \sqrt{x^2+a^2})$$

$$\int \frac{x dx}{(x^2+a^2)^{3/2}} = -\frac{1}{(x^2+a^2)^{1/2}},$$
$$\int \frac{dx}{(x^2+a^2)^{3/2}} = -\frac{x}{a^2(x^2+a^2)^{1/2}}$$

$$\int \frac{x dx}{x+a} = x - a\ln(x+a)$$

## 附录 F  习题参考答案

### 第 1 章

1-1  D
1-2  D
1-3  C
1-4  A

1-5    C
1-6    A
1-7    B
1-8    D
1-9    A
1-10   (问答题，略)
1-11   (问答题，略)
1-12   (问答题，略)
1-13   (问答题，略)
1-14   (问答题，略)
1-15   (问答题，略)
1-16   (问答题，略)

1-17   (问答题，略)
1-18   (问答题，略)
1-19   (1) 1000,
       (2) $9.145 \times 10^{-4}$ J,
       (3) $9.145 \times 10^{-4}$ J
1-20   288kPa; 29.39m
1-21   $1.186 \times 10^5$ Pa
1-22   $h = \dfrac{2\gamma}{\rho g}\left(\dfrac{1}{R_A} - \dfrac{1}{R_B}\right)$
1-23   $2.8 \times 10^4$ Pa, $1.4 \times 10^4$ Pa
1-24   $1.37 \times 10^5$ Pa
1-25   $-0.157$ m

## 第 2 章

2-1    (问答题，略)
2-2    (问答题，略)
2-3    (问答题，略)
2-4    $h = H/2$，水平射程最远且为 $H$
2-5    (1) 优点：可以测很高的压强，而压强计的高度不用很大
       (2) $p_A \approx 2.43$ atm
2-6    $1.65 \times 10^6$ Pa
2-7    压强值 $6.664 \times 10^4$ N/m²
2-8    $9.332 \times 10^4$ N；$45°26'$

2-9    224.5 s
2-10   (证明题，略)
2-11   5.35 Pa；0.0028 N
2-12   (a) $\rho Qv$；(b) $-\rho Qv\sin\alpha$
2-13   当血液流速大于26m/s时，将会出现湍流。
2-14   $2.64 \times 10^{-3}$ Pa
2-15   $2.5 \times 10^{-5}$ m
2-16   0.77 m/s

## 第 3 章

3-1    662.6 ℃
3-2    $1.20 \times 10^5$ Pa
3-3    30 ℃
3-4    $2.42 \times 10^{10}$ m⁻³
3-5    $2.53 \times 10^{-21}$ J
3-6    (问答题，略)
3-7    (问答题，略)

3-8    (问答题，略)
3-9    104 J
3-10   (1) $1.35 \times 10^5$ Pa；
       (2) $7.5 \times 10^{-21}$ J；362 K
3-11   3/4；3/2
3-12   72.5 K；903 m/s
3-13   4

附 录

3-14 氢分子 1823m/s；2057m/s；2233m/s；氧分子 456m/s；514m/s；558m/s
3-15 （问答题，略）　　　　　　　　3-16 （问答题，略）

# 第 4 章

4-1 （问答题，略）　　　　　　　　4-3 （1）268J；（2）−208J
4-2 （问答题，略）　　　　　　　　4-4 （问答题，略）
4-5 （1）$9.25 \times 10^5$Pa；41L　（2）279.9K；45.9L
　　（3）282.6K；$1.05 \times 10^5$Pa
4-6 （1）1247J；2030J；3770J；（2）1247J；1687J；3934J；图略
4-7 （1）3753J；（2）5740J；（3）图略
4-8 （问答题，略）　　　　　　　　4-9 $1 - T_3/T_2$；不是
4-10 （1）$5.1 \times 10^5$Pa；$1.45 \times 10^5$Pa；$2.91 \times 10^5$Pa；48.8L；24.4L
　　（2）210J　（3）699J　（4）30%
4-11 （1）（问答题，略）　（2）；124.7J；−84.3J；8.43J/（mol·K）
4-12 （1）1.26；1.32　（2）不正确　（3）不同　（4）−534J；534J
4-13 （1）71.4J；2000J；（2）（问答题，略）
4-14 （1）2.7%；　（2）10%；第一种方案更好
4-15 （1）$5(p_2 - p_1)V_1/2$；$7p_1V_1/2$　（2）14.6%
4-16 （问答题，略）　　　　　　　　4-21 6059J/K
4-17 1227J/K　　　　　　　　　　　4-22 63.9J/K
4-18 1300J/K　　　　　　　　　　　4-23 11.5J/K
4-19 −1760J/K　　　　　　　　　　4-24 5740J；5740J；0
4-20 2.78J/K
4-25 （1）对　（2）对　（3）错　（4）错
4-26 （A）错　（B）错　（C）对
4-27 （A）错　（B）对　（C）错
4-28 （1）错　（2）错　（3）对　（4）对
4-29 （1）错　（2）对　（3）对　（4）错
4-30 正；正；零
4-31 负；负；正
4-32 上行：负，负，正，负；下行：负，负，正，正
4-33 上行：正，正，正；下行：正，正，负

# 第 5 章

5-1 （问答题，略）　　　　　　　　5-2 0.07N，斥力

5-3   $4l\sin\theta \sqrt{\pi\varepsilon_0 mg\tan\theta}$

5-4   $\dfrac{q}{2\pi^2\varepsilon_0 R^2}$

5-5   675V/m

5-6   (问答题，略)

5-7   (问答题，略)

5-8   (问答题，略)

5-9   $\dfrac{q}{2\varepsilon_0}\left(1-\dfrac{d}{\sqrt{R^2+d^2}}\right)$

5-10   $3.4\times 10^3 \text{V}\cdot\text{m}$

5-11   $0\text{V/m}$; $\dfrac{q_a}{4\pi\varepsilon_0 r^2}$; $\dfrac{q_a-q_b}{4\pi\varepsilon_0 r^2}$; $0\text{V/m}$

5-12   (1) $0$; $2.88\times 10^3\text{V}$   (2) $-2.88\times 10^{-6}\text{J}$; $2.88\times 10^{-6}\text{J}$

5-13   (1) $\dfrac{q_0 q}{6\pi\varepsilon_0 l}$   (2) $\dfrac{q_0 q}{6\pi\varepsilon_0 l}$

5-14   (1) 350V   (2) $-350$V   (3) $a$点的电势能大

5-15   900V；450V

5-16   $\dfrac{\lambda}{4\pi\varepsilon_0}\ln\dfrac{(a+L)+\sqrt{(a+L)^2+b^2}}{a+\sqrt{a^2+b^2}}$

5-17   电位移 $D$：$0$ $(r<R_0)$；$\dfrac{Q}{4\pi R}$ $(r>R_0)$

      电场强度 $E$：$0$ $(r<R_0)$；$\dfrac{Q}{4\pi\varepsilon_0 r^2}$ $(R_0<r<R_1)$；

      $\dfrac{Q}{4\pi\varepsilon_0\varepsilon_r r^2}$ $(R_1<r<R_2)$；$\dfrac{Q}{4\pi\varepsilon_0 r^2}$ $(r>R_2)$；

5-18   $\dfrac{U}{1+\varepsilon_r}$

5-19   串联：$4\mu\text{F}$，$9.6\times 10^{-5}\text{C}$；$1.6\times 10^{-5}\text{V}$，8V；

      并联：$18\mu\text{F}$，24V；$1.44\times 10^{-4}\text{C}$，$2.88\times 10^{-4}\text{C}$

5-20   55V；会击穿

5-21   (1) $0.177\text{J/m}^3$，$0.354\text{J/m}^3$   (2) $1.416\times 10^{-6}\text{J}$，$4.248\times 10^{-5}\text{J}$

      (3) $4.3896\times 10^{-5}\text{J}$

# 第 6 章

6-1   (问答题，略)

6-2   (问答题，略)

6-3   (问答题，略)

6-4   (问答题，略)

6-5   (问答题，略)

6-6   (问答题，略)

6-7   (问答题，略)

6-8   (问答题，略)

6-9   (问答题，略)

6-10   B

6-11　A

6-12　a) $\dfrac{\mu_0 I}{8R}$，方向垂直纸面向外

b) $\dfrac{\mu_0 I}{2R} - \dfrac{\mu_0 I}{2\pi R}$，方向垂直纸面向里

c) $\dfrac{\mu_0 I}{2\pi R} + \dfrac{\mu_0 I}{4R}$，方向垂直纸面向外

6-13　$1.73 \times 10^{-4}\mathrm{T}$

6-14　(证明题，略)

6-15　$\dfrac{\mu_0 I}{2\pi b}\ln\dfrac{r+b}{r}$

6-16　(1) $-0.24\mathrm{Wb}$　(2) 0　(3) $0.24\mathrm{Wb}$

6-17　$-\pi r^2 B\cos\alpha$

6-18　0，$\mu_0 (I_1 + I_2)$

6-19　(1) $\dfrac{\mu_0 I r}{2\pi a^2}$　(2) $\dfrac{\mu_0 I}{2\pi r}$　(3) $\dfrac{\mu_0 I (c^2 - r^2)}{2\pi r (c^2 - b^2)}$　(4) 0

6-20　(1) $\dfrac{\mu_0 I r^2}{2\pi a (R^2 - r^2)}$　(2) $\dfrac{\mu_0 I a}{2\pi (R^2 - r^2)}$

6-21　$\mu_0 I / 2$

6-22　(1) $6.67 \times 10^{-4}\mathrm{m/s}$　(2) $2.8 \times 10^{27}$　(3) (图略)

6-23　$2.98 \times 10^{-3}\mathrm{m}$

6-24　$CD$：向左、$I_2 b\dfrac{\mu_0 I_1}{2\pi d}$　$FE$：向右、$I_2 b\dfrac{\mu_0 I_1}{2\pi (d+a)}$

$CF$：向上、$\dfrac{\mu_0 I_1 I_2}{2\pi}\ln\dfrac{d+a}{d}$　$ED$：向下、$\dfrac{\mu_0 I_1 I_2}{2\pi}\ln\dfrac{d+a}{d}$

合力：向左、$\dfrac{\mu_0 b I_1 I_2 a}{2\pi d (d+a)}$

6-25　$\dfrac{\mu_0 I_0 I}{2\pi}\ln\dfrac{b}{a}$、向下

6-26　(证明略)

6-27　$\dfrac{\mu_0}{\pi^2 R}I^2 L$

6-28　$9.35 \times 10^{-3}\mathrm{T}$

6-29　$\dfrac{\mu_1 I r}{2\pi R_1^2}$ $(r < R_1)$；$\dfrac{\mu_2 I}{2\pi r}$ $(R_1 < r < R_2)$；$\dfrac{\mu_0 I}{2\pi r}$ $(r > R_2)$

6-30　$2.0 \times 10^{-2}\mathrm{T}$，$3.2\mathrm{T}$，$6.25 \times 10^{-3}$

6-31 (1) 200A/m, $2.5 \times 10^{-4}$T  (2) 200A/m, 1.05T

6-32 0, $\mu_0 M$

## 第 7 章

7-1 （问答题，略）

7-2 （问答题，略）

7-3 （问答题，略）

7-4 $-0.09$V, 负号表示 $ab$ 中 $\mathscr{E}$ 的方向与回路的绕行方向相反，即沿 $a$ 到 $b$ 的方向

7-5 $\mathscr{E} = 2.0 \times 10^{-6}$V, 方向为顺时针方向

7-6 (1) $\dfrac{\mu_0 I}{2\pi} l \ln \dfrac{a+d}{d}$  (2) $\dfrac{\mu_0 l I_0 \omega}{2\pi} \ln \dfrac{d+a}{d} \sin\omega t$

7-7 $-8.0 \times 10^{-6}$V, $A$ 端电势高

7-8 $-\dfrac{1}{2}\omega B L^2$，负号表示电动势的方向为由 $A$ 指向 $O$；电势差为 $\dfrac{1}{2}\omega B L^2$

7-9 $L = n^2 \mu_0 V$

7-10 (1) 8V; 4V  (2) 6V; 6V  (3) 0

7-11 (1) 0.2V; (2) $v = at$; $0.2t$ (V); (3) 0; (4) $0.1t$ (A)

7-12 $\dfrac{\mu_0}{2\pi} \ln \dfrac{R_2}{R_1}$

7-13 $4.47 \times 10^{-3}$V

7-14 $1.2 \times 10^3$ 匝

7-15 (1) $1.3 \times 10^{-3}$H  (2) 6.5H  (3) $-2.6 \times 10^{-3}$V; $-13$V

7-16 $1.0 \times 10^{-3}$H; $5.0 \times 10^2$

7-17 $N_2 \mu_0 N_1 \pi R^2 / l$

7-18 $\dfrac{\mu_0 N_1^2}{2R} a^2$; $L_2 \dfrac{\mu_0 N_2^2}{2R} a^2$; $\dfrac{\mu_0 N_2 N_1}{2R} a^2$

7-19 $6.9 \times 10^{18}$J

## 第 8 章

8-1 (1) 0.59Hz  (2) 0.68N/m  (3) 0.44m/s  (4) 1.64m/s$^2$
(5) 0.38m/s  (6) $-1.64$m/s$^2$

8-2 (1) $2\pi$s  (2) 0.02m/s$^2$  (3) $0.02\cos t$ (m)

8-3 (2) 不是，其余是。证明略

8-4 20.8cm; $5 \times 10^{-3}$N; 2s

8-5 $0.2\cos \pi t$ (m); $0.141 \cos (2t - \pi/4)$ (m)

8-6 （证明略）

8-7 （1） 7.81cm； 84.8°　（2） $3\pi/4$； $-3\pi/4$

8-8 （作图略）

8-9 （1） 0.08m　（2） ±0.8m/s

8-10 $B$ 点在原点左边，且波沿 $x$ 轴正向传播，$y = A\cos\left[2\pi\nu\left(t - \dfrac{d+x}{u}\right) + \varphi\right]$；

$B$ 点在原点右边，且波沿 $x$ 轴正向传播，$y = A\cos\left[2\pi\nu\left(t - \dfrac{x-d}{u}\right) + \varphi\right]$；

$B$ 点在原点左边，且波沿 $x$ 轴负向传播，$y = A\cos\left[2\pi\nu\left(t + \dfrac{x+d}{u}\right) + \varphi\right]$；

$B$ 点在原点右边，且波沿 $x$ 轴负向传播，$y = A\cos\left[2\pi\nu\left(t + \dfrac{x-d}{u}\right) + \varphi\right]$

8-11 （作图略）

8-12 （1） $y_P = 0.04\cos\left[2\pi\left(\dfrac{t}{5} - \dfrac{x}{0.4}\right) - \dfrac{\pi}{2}\right]$ （m）

（2） $y_P = 0.04\cos\left(0.4\pi t - \dfrac{3\pi}{2}\right)$ （m）

8-13 0cm； 9.43cm/s

8-14 $2\cos\left(\dfrac{4\pi t}{3} + \dfrac{2\pi}{3}\right)$ （cm）

8-15 （1） $\dfrac{1}{12000}$s　（2） $\Delta\varphi = \pi/2$　（3） 18.8m/s，不等于波的传播速度。

8-16 $y = A\cos\left[2\pi\left(\nu t - \dfrac{x}{\lambda}\right) + \dfrac{\pi}{2}\right]$

8-17 （1） $y = 0.2\cos\left[\pi\left(t - \dfrac{x}{2}\right) + \dfrac{\pi}{2}\right]$ （m）

（2） $y_P = 0.2\cos\left(\pi t - \dfrac{\pi}{2}\right)$ （m）

8-18 （1） $x = 0, 2, 4, \cdots, 30$m 为静止点

（2） $x = 1, 3, 5, \cdots, 29$m 为静止点

8-19 （1） 4Hz； 1.5m； 6.0m/s

（2） 节点位置：$\pm\dfrac{3(k+1/2)}{4}$ （m），$k = 0, 1, 2, 3, \cdots$

（3） 节点位置：$x = \pm\dfrac{3}{4}k$ （m），$k = 0, 1, 2, 3, \cdots$

8-20 （1） 驶近时，2.19kHz　（2） 远离时，1.84kHz

8-21 30m/s

## 第 9 章

9-1　它们是非相干光源。

9-2　(a) $0.5d$, $\frac{\pi d}{\lambda}$　(b) $(n-1)d$, $\frac{2\pi}{\lambda}(n-1)d$

9-3　(1) $0.8$mm　(2) $0.25\pi$

9-4　$6000$nm

9-5　(1) 距离 $O$ 点上方 $1.9\sim 3.9$cm 的区域，40 条

　　(2) $3.8\times 10^{-5}$m

9-6　$246$nm

9-7　$673$nm

9-8　$3.87\times 10^{-5}$rad

9-9　141 条

9-10　(1) $\theta = e_4/l = 3\lambda/2l = 4.8\times 10^{-5}$rad　(2) $A$ 处是明纹

　　　(3) 共有 3 条明纹，3 条暗纹

9-11　$5.9\times 10^{-7}$m

9-12　$534.9$nm

9-13　$640$nm

9-14　$500$nm

9-15　$625$nm

9-16　$450$nm

9-17　$8.94\times 10^{3}$m

9-18　$281$m

9-19　可以产生 3 级完整的可见光谱

9-20　$1.8\times 10^{-5}$m

9-21　(1) 第 3 级　(2) $3.6\times 10^{-2}$m

9-22　(1) $6\times 10^{-6}$m　(2) $1.5\times 10^{-6}$m

　　　(3) $k=0$，$\pm 1$，$\pm 2$，$\pm 3$，$\pm 5$，$\pm 6$，$\pm 7$，$\pm 9$。

9-23　选每毫米刻痕为 600 条的那块光栅。

9-24　让光通过一偏振片，旋转偏振片一圈，有两次消光现象的为线偏振光，无光强变化的为自然光，有光强变化但无消光的为部分偏振光。

9-25　有 21% 透过这组偏振片。

9-26　(1) $\frac{I}{I_0} = 0.125$　(2) $\frac{I}{I_0} = \frac{1}{8}(1-10\%)^2 = 0.101$。

9-27　(1) 两个偏振片就行，最后一个偏振片偏振化方向与入射线偏振光方向夹角为 $90°$　(2) $1/4$

9-28　由布儒斯特定律，$\tan i_b = n = 1.60$

9-29　(1) $58°$　(2) $1.6$

9-30　当光从水中射向玻璃反射时：$\alpha_1 = \arctan \dfrac{n_2}{n_1} = 48°26'$

　　　当光从玻璃射向水中反射时：$\alpha_2 = \arctan \dfrac{n_1}{n_2} = 41°34'$

# 第 10 章

10-1　(问答题，略)

10-2　(问答题，略)

10-3　(问答题，略)

10-4　(问答题，略)

10-5　(问答题，略)

10-6　(问答题，略)

10-7　(1) $6.3 \times 10^3 \text{K}$　(2) $8.931 \times 10^7 \text{W/m}^2$

10-8　$27\%$

10-9　(1) $2.00\text{eV}$　(2) $1.77\text{V}$

10-10　(1) $2.00\text{eV}$　(2) $2.00\text{V}$　(3) $290\text{nm}$

10-11　$2.21 \times 10^{-34} \text{m}$

10-12　$0.6 \times 10^6 \text{m/s}$，电子的速度为 $2 \times 10^6 \text{m/s}$，速度的不确定度 $\Delta v$ 和速度 $v$ 本身有相同的数量级，即粒子的速度完全不确定。

10-13　电子 $3.64 \times 10^{-2} \text{m}$，子弹 $3.32 \times 10^{-30} \text{m}$

10-14　$7.28 \text{m/s}$

10-15　(1) $\phi(x) = \dfrac{1}{\sqrt{\pi}} \dfrac{1}{1 + \mathrm{i}x}$　(2) $\omega(x) = \dfrac{1}{\pi} \dfrac{1}{1 + x^2}$　(3) $x = 0$

10-16　(证明，略)

# 参考文献

[1] 习岗，李伟昌. 现代农业和生物学中的物理学 [M]. 北京：科学出版社，2001.
[2] 姜永超，李光，张宁. 农业与生物科学用物理学 [M]. 沈阳：吉林科学技术出版社，1998.
[3] 陈德万. 普通物理学 [M]. 北京：中国农业出版社，2006.
[4] 张文杰，曹阳. 大学物理教程 [M]. 北京：中国农业大学出版社，2009.
[5] 许金煜. 物理化学 [M]. 北京：北京大学医学出版社，2002.
[6] 金仲辉. 大学基础物理学 [M]. 北京：科学出版社，2000.
[7] Serway & Faughn. College Physics. (Sixth Edition，影印版) [M]. 北京：清华大学出版社，2005.
[8] 王育竹，徐震. 激光冷却及其在科学技术中的应用 [J]. 物理学进展，2005，25 (4)：347-358.
[9] 段鹤. 电偶极子模型及其应用 [J]. 齐齐哈尔大学学报，2011，27 (2)：40-43.
[10] 胡盘新，汤毓骏，钟季康. 普通物理学简明教程：上册 [M]. 2版. 北京：高等教育出版社，2007.
[11] 胡盘新，汤毓骏，钟季康. 普通物理学简明教程：下册 [M]. 2版. 北京：高等教育出版社，2007.
[12] 习岗. 大学物理学 [M]. 北京：中国农业大学出版社，2006.
[13] 习岗. 大学基础物理学 [M]. 北京：高等教育出版社，2008.
[14] 梁灿彬，秦光戎，梁竹健. 电磁学 [M]. 北京：高等教育出版社，1980.
[15] 童开宇，陈世红，等. 大学物理学 [M]. 成都：四川大学出版社，2011.
[16] 商振德，马莉. 细胞膜电容放电的生理作用 [J]. 医学理论与实践，1997，10 (4)：332-334.
[17] 金仲辉，申兵辉，祁挣，等. 大学物理 [M]. 北京：中国农业大学出版社，2002.
[18] 王海婴，罗贤清，张文杰，等. 大学基础物理学 [M]. 2版. 北京：高等教育出版社，2004.
[19] 汤钧民，康垂令，吴少平. 大学物理：下册 [M]. 武汉：武汉理工大学出版社，2008.
[20] 苟秉聪，胡海云. 大学物理：下册 [M]. 2版. 北京：国防工业出版社，2011.
[21] 余虹，姜东光，李雪春，刘昱. 大学物理学 [M]. 2版. 北京：科学出版社，2008.
[22] 郭奕玲，沈慧君. 物理学史 [M]. 北京：清华大学出版社，1993.
[23] 刘银春. 大学物理教程：波与粒子 [M]. 北京：机械工业出版社，2006.
[24] 张三慧. 大学物理学：波动与光学 [M]. 2版. 北京：清华大学出版社，1999.
[25] 倪光炯，王颜森，钱景华，等. 改变世界的物理学 [M]. 上海：复旦大学出版社，1999.
[26] 何国兴，张铮杨. 文科物理 [M]. 上海：东华大学出版社，2003.
[27] 胡玉才，汪静. 大学基础物理学 [M]. 北京：科学出版社，2011.
[28] 袁艳红. 大学物理学：下册 [M]. 北京：清华大学出版社，2010.
[29] 周怡，万士保. 大学物理：下册 [M]. 武汉：武汉理工大学出版社，2008.